時間と宇宙のすべて

About Time

アダム・フランク
Adam Frank

水谷淳 訳
Jun Mizutani

早川書房

時間と宇宙のすべて

ABOUT TIME

Cosmology and Culture at the Twilight of the Big Bang

by

Adam Frank

Translated by

Jun Mizutani

First published 2012 in Japan by

Hayakawa Publishing, Inc.

This book is published in Japan by

arrangement with

the original publisher, Free Press

a division of Simon & Schuster, Inc.

through Japan Uni Agency, Inc., Tokyo.

アラナへ、いつまでも。

目次

はしがき　始まりと終わり

ニューヨーク州ロチェスター　二〇〇七年四月一六日午後三時二〇分

三列目の女子学生が手を挙げる。面倒なことになるのは分かっている。

講堂は学生でいっぱいだ。最前列では、ノートに延々と殴り書きをしていた医学部生たちがペンを置く。いつもは、よい成績を狙って試験に出てきそうな内容を一つも逃すまいとしているこの学期の学生たちが、今年はじめてわたしの一言一句をやみくもに書き取るのをやめ、ただただ耳を澄ませる。後ろのほうでは、お揃いの野球帽をかぶって並び、いつもは新聞で顔を隠したり、周りに集まっている遊び好きっぽい女子学生たちとひそひそ話をしている、似たり寄ったりの格好をした男子学生たちが、意外にも講義に集中している。

わたしの大好きな授業だ。長年の教職経験から、誰もがこのテーマには関心を向けることは分かっている。担当する天文学入門クラスの宇宙論の講義は、佳境に入った。今日はビッグバンと宇宙の起源についてで、学生たちは目を見開いている。この一時間で、彼らにとって宇宙への扉が開かれる。この一時間で、成績や就職やセックスといった日々の関心事から抜け出し、人類が問いかけ、そして答えることを学んだもっとも深遠な疑問に、ひととき驚きを見せるのだ。

　この学生たちが、恒星の進化、天文学の歴史、比較惑星学といったわたしのほかの講義に、これほど夢中になるとは思えない。しかし、ビッグバンの話となると長時間集中し、万物の枠組みにおけるわたしたち共通の立ち位置を、いっとき垣間見ることができるだろう。そしてこの一時間のうちに、いずれ誰かが話を断ち切り、あるとんでもない質問をするだろうことも、わたしには分かっている。

「教授？」と女子学生が声を上げる。名前はソフィー。今年このテーマに夢中になる子の一人だ。真面目で頭がよく、天文学の講義で自然と浮かんでくる大きな疑問の数々に気づいている。さあ来たか、とわたしは思う。そして、何だね、と返事をする。

「しかし教授、ビッグバンの以前には何が起こったのですか？」

　いつものめまいに襲われる。ああ、いい質問だ、とわたしは思う。ビッグバン以前にいったい何が起こったかって？　長い沈黙があり、クラスじゅうがいまや遅しと答を待つ。まるで、わたし、あるいはほかの誰かが実際に答を知っているかのように。


　午後四時八分。学生たちは講義に付いてきていない。講堂を見渡すと、謎は消えてしまったことが分かる。現実世界が戻ってきた。授業は四時一五分に終わることになっている。まだ講義の最中だが、すでに、授業の終了を告げる仮想の一線に近づきすぎている。わたしの宇宙創造の話は切迫性を失い、事実と細部の列挙と化している。時間の始まりと時間の性質の話に対しては、上の空になっている。時間と宇宙の収縮の話は、次の授業、宿題の評価、待ち遠しいジムでの運動、友達とのお茶の約束といった、いま切迫した事柄へと吸収されてしまう。

教科書をまとめ、授業は終わりだともじもじしながら物音を立てはじめるのは、まだ早い。学生たちは座ったまま、数分がゆっくりと――あまりにゆっくりと――退屈のしずくへとしぼんでいくのを感じている。待つことの苦痛、彼らの道具や技術だけが取りなす空虚な場面の苦痛に囚われる。開いたノートパソコンの時計を見つめている者もいる。時間を潰そうと、中庭を挟んだ建物の反対側、あるいは大陸の反対側にいる友達にメールを送っている者もいる。世界じゅうを数ミリ秒間隔で流れる電磁気エネルギーと情報に一台一台接続された携帯電話のなかで、抽象的な時間が具体的な時間になるのを見ている者もいる。わたしは時間と宇宙に関する講義を続けるが、学生たちは、そのどちらもが自分の重荷になっていることを、自分の経験として感じる。せめて、彼らの個人的な世界が、わたしが説明している宇宙の歴史の流れとどれほど密接につながっているかが、分かってくれればいいのだが。そして、それがどれほど様変わりしようとしているかを、理解してくれればいいのだが。

時間について

本書では、いままで決して一緒には語られてこなかったが、きつく絡み合っていて切り離すことができない二つの物語を話す。二〇〇七年四月にわたしがおこなった宇宙論の講義のように、いまから始めるその二つの物語は、わたしたち人類がこれまでに想像して探求できたなかでも、もっとも壮大な宇宙の概念を含んでいる。それと同時に、もっとも身近でもっとも個人的な世界の経験――人間生活の枠組みそのもの――をも含んでいる。

本書は、宇宙と人間の両方における、時間に関する本だ。

時間の話題は、わたしたちを、もっとも深いレベルの省察へと導く。宇宙の深淵を覗けば決まって時間をさかのぼることになるため、わたしたちの宇宙の科学は例外なく、もっとも大きなスケールにおいて、時間の深淵に関する物語でもある。わたしたちが経験する時間の性質に関する、哲学的な、専門家向けの、そして一般向けの本が数多く出ている。科学的な宇宙論の壮大な物語を詳しく語ることで、宇宙的な時間の歴史を説明した本もまた、同じくらいの数出ている。しかし、宇宙の時間に関するわたしたちの物語が、わたしたちの日常生活における時間の織物とどのように密接に結びついているか、それをわざわざ問いかける機会はほとんどない。本書で、宇宙の歴史と人間的時間が絡み合った物語を一体のものとして語るのには、いやおうない理由がある。ビッグバン理論は死にかけており、その代わりになるものはまだ知られていないからだ。

宇宙全体の学問である宇宙論はすでに厳密科学になっている、と言う人たちがいる。彼らは、すべてを包含するその壮大な学問分野が、ここ五〇年で、理論モデルと高精度データとの正確な比較により、哲学的思索の領域から純粋な科学の領域へと移動してきたと言う。彼らの言っていることが正しいのは、知っておくべきだ。いまや、人類の長い思考の歴史においてはじめて、宇宙の歴史を詳細かつ検証可能な形で説明できるようになったのだ。

だから、先ほどわたしはビッグバン理論は死んだと言ったが、それは決して、宇宙が今日《こんにち》よりはるかに高温高密度な状態から始まったというストーリーを指しているのではない。また、宇宙が膨張し、何十億年もかけて物質が冷え凝集することによって恒星や銀河が生まれたというストーリーを指しているのでもない。その物語、つまり過去一三七億年の宇宙の進化に対する科学的説明は、いかなる点でも揺るがない。

置き換えられようとしているのは、宇宙の始まり、創成だ。ビッグバンの始まりにおける、特異点としてのきわめて重要な創造の瞬間——時間と存在の始まり——は、排除されようとしている。つまり、世界を理解しようという終わりなき探求のなかで、わたしたちが放棄しようとしているのは、ビッグバン理論における爆発《バン》にほかならない。創造の瞬間はただ一度であり、それ以前というものは存在しないという考え方は、きわめて精度の高い科学によって真偽の評価に掛けられ、すでに否定されているのだ。

いまや科学は、ビッグバンの先、すなわち以前へと進もうとしている。宇宙論は、次の大革命の瀬戸際にある。唯一の問題は、それによってここからどこへ——あるいはいつ——行くかだ。わたしたちは始まりに見切りを付け、別の道を進みはじめようとしている。

宇宙論とその差し迫った改革が、本書の最初の物語を構成している。宇宙に関するわたしたちのもっとも壮大な理論がどのように変わろうとしているかを理解しようとしたら、まずは、そもそもどのようにしてビッグバンへたどり着いたのかを知らなければならない。そこでは、アインシュタインの相対性理論から、強力だが奇妙な量子力学や素粒子物理学の分野に至るまで、現代物理学においてきわめて影響力のある諸概念に触れることになる。この第一の物語では、宇宙論の基礎を探究し、機が熟したときに、ビッグバンに代わる奇妙な概念の多様さと意味を想像できるようにする。

それはすべて時間と関係している。宇宙論の基礎を作りかえるには、時間の新たな概念として、その起源と物理的性質を含むものが欠かせない。ビッグバン宇宙論において物理学者は、時間はただ単に始まったのであり、まるで神が宇宙のポルシェのエンジンを始動させたかのようだと想像していた。

地平線から姿を現そうとしている代替宇宙論は、その見方を何か別のものに置き換えなければならない。

しかし、時間はつかみ所のない代物《しろもの》だ。時間に関する抽象的な考え方においても、その直接的経験を理解しようとする試みにおいても、決まって薄氷を踏むことになってしまう。時間に関する科学的理論を構築しようとしても、どこかの時点で必ず、わたしたちの日々の具体的な行動に出会う。しかしそれはどの時点だろうか？　宇宙論の科学が時間の概念を再構成しようとしているとしたら、それによって、瞬間瞬間にわたしたちがどのように時間を経験するかに、どのような影響が及ぶのだろうか？

この疑問が、本書における第二の物語の中核をなしている。第一の物語が現代宇宙論の危機へ導くとしたら、第二の物語は、いわば時間の社会史――生きた時間の歴史――とでも呼べるだろうものを語ることになる。その第二の物語では、次のような根源的な真理が待ち受けている。「宇宙論と宇宙的時間に関するわたしたちの考え方が変化することで、人間的時間もまた変化してきた」。ニュートンの科学的発見がもととなり、人々の生活を劇的に変えた産業革命は、人間的時間と宇宙的時間を結びつけるものとして、おそらくもっとも強力で明白な例だろう。ニュートンが切り開いた新たな普遍物理法則は、一八世紀を通じ、人間による天空の概念を作りかえた。やがてニュートン力学は、それまでに人間文化が作ってきたどんなものとも異なる機械の青写真となり、産業主義の勝利の礎《いしずえ》を築いた。労働者が、タイムレコーダーに支配された、効率的な生産のための新たな生活に入っていくにつれ、彼らの世界は、重力と運動の簡潔な法則に支配された軌道を惑星が規則的に動いていくという、新たな時計仕掛けの宇宙像を忠実に写すものとなった。それまでも、人間的時間と宇宙的時間は相互変換によって手を組んでいた。しかし、それら二つの時間――宇宙的時間と人間的時間――はつねに絡み合っており、明確に分けられた時代は決してなかった。

昼間は日の出から始まって日没に終わるというように、時間と自然に関する厳然たる事実は単純なものではあるが、そこから先を考えると決して単純ではない。社会的および個人的時間に対するわたしたちの感覚は、五万年前に人類が自己意識に目覚めて以来、何度もの革命により変質し作りなおされてきた。狩猟採集者の集団から、農耕の発展、さらに産業革命により、わたしたちの時間との邂逅《かいこう》は何度も繰り返し新しい形を取ってきた。その変質においては、知らず知らずのうちに人間的時間と宇宙的時間との共鳴がきわめて重要な役割を果たす。おのおのの文化は、自分たちの占める位置をより大きな森羅万象の枠組みのなかで理解するために、宇宙論を必要とする。しかし宇宙論――神学的宇宙論であろうが科学的宇宙論であろうが――は、集団的取り組みと文化全体の資源から生まれる協同的な創作物である。文化的時間と宇宙的時間が変化するときには、両者が一緒に変わる。単純な仮定として、科学の進歩が支配する時代には、新技術がその変化を導き、それにより生まれた新たな宇宙的物語が文化を作りかえると考えられるかもしれない。これから見るように、真理はそれよりはるかに豊かだ。文化の変化と宇宙論の変化は、否応なしにつねに互いに影響を及ぼしあっている。歴史のある瞬間には、一方が時間の変化の主導権を握り、別の瞬間には、もう一方が前に出てきて変化を引き起こす。しかし、時間――宇宙的時間と人間的時間の両方――はつねに必ず、わたしたちがまだ完全には理解できていない形で変化している。

友達に「いま何時?」と聞けば、腕時計を見て「午後一時一七分だ」と返ってくるだろう。しかし、午後一時一七分とは何か?　そのような正確な分の値は、どのような意味を持っているのか?　この種の時間に、固有の、客観的な、あるいは神により与えられた要素は何一つない。のちほど見るように、機械式時計が登場したのは一四世紀のことで、当時は分針もなかった（分針が発明されるまでには、さらにおよそ三〇〇年かかる）。一〇〇〇年前の、暗黒時代のヨーロッパ、宋時代の中国、あるいはペルシャ帝国の中心部に住んでいた小作農にとって、午後一時一七分はそもそも存在していたのか？　大多数の人々が何らかの時間計測装置を利用できるようになるより何千年も昔に、午後一時一七分のようなものは存在していたのだろうか？

しかし、あなたにとって一時一七分は存在している。至るところに時間計測装置があふれている、技術的に進歩した文化の住人として、あなたは一時一七分をもっといろいろな形で感じており、それゆえ、おそらくそれについて考えたいと思っているだろう。

電車やバスや約束事など、あなたの電子カレンダー上で正確に予定された事柄に時間どおり間に合ったという経験は、どのくらいあるだろうか？　何らかの理由で遅れることもある。バスが遅れ、電車が到着せず、約束が延期になった。あなたは突然、待つのに耐えなければならなくなる。ちょうどわたしの学生が、講義が終わるまでの数分間を、一時一一分、一時一五分、一時一七分と数えながらうんざりするように、あなたも腕時計や携帯電話（時間帯に合わせ自動的に更新される精密時計を搭載している）を見ながら、その数分は遅々として進まないと感じる。そのもどかしさは、フラストレーション、退屈さ、怒りを生む。あなたにとって、その数分間は現実だ。

人類の長い進化を基準に考えると、このような時間経験は新しく、きわめて急進的だ。あなたは、二〇〇〇年前のどんな人とも違う形で時間を感じる。紀元前二〇〇〇年や紀元八五〇年には、文化的に取り決められた午後一時一七分は存在していなかった。人類が生活してきた大部分の時代には、

「昼食後」または「午後」しか存在していなかったのだ。

午後一時一七分は、高度にデジタル化し、離れた場所にも存在し、瞬時にメッセージをやりとりできる社会のなかでわたしたちが作り出した、新しい時間だ。GPSでマッピングされた地球のすべての地点に同時に接続し、最後のEメールの束を二時三〇分の会議の前に送らなければとあがいたあげく、新しいメールの山が届くのをなすすべもなく見つめる。それはわたしたちが作り出した新しい時間であって、時間を残さず持ち去ったように思われる。

わたしたちが生きている時間が、人類の進化において新しいものだとしたら、はたしてそれは現実のものだろうか？　ほかの文化がそれぞれの瞬間にまったく異なる形で動いているとしたら、わたしたちがさまざまな重要性、緊急性、意味を持たせている午後一時一七分は、どれほど具体的なものだろうか？　のちに見るように、宇宙においてわたしたちが想像する時間と、人間的経験のなかでわたしたちが想像する時間は、実は互いにしっかり織り合わさっているため、わたしたちは、そのおのおのが何であるかを理解する能力を失っている。

わたしたちの宇宙論には時間が染みこんでおり、それが文化や経験の世界を形作ってきた。わたしたちの文化には時間が染みこんでおり、それが、神話から、今日《こんにち》目にしている厳密科学や技術まで、わたしたちが想像するもっとも壮大な宇宙論を形作ってきた。わたしたちは、この科学と文化との絡み合いの物語を語るのにまだ慣れていない。科学を、のしのしと歩く巨人が厳然たる事実を拾い集め、それを革新的技術（携帯電話、核兵器、抗生物質）としてわたしたちに差し出すことだと考えるのは簡単だ。しかし、科学を、芸術や政治や精神的願望といった人間のほかの営みから、ナイフで切ったかのように分け隔てるというのは、あまりの空理空論であって、正しくもなければ役にも立たない。

わたしたちは、科学がどのように形作られるか、すなわち、経験や、科学が作り出した文化によってどのように発展するかを垣間見たい。そのためには、時間、宇宙、そしてそれらの始まりに関するもっとも深遠な疑問を問いかけなければならない。

ここから始まりへ——科学的宇宙論の物語

この現代宇宙論の物語は、現代から始まって時代をさかのぼっていく。わたしたち天文学者や物理学者が、ビッグバンストーリーの断片をどのようにして集めるようになったかという物語だ。まず、わたしたちの周りに見える、空間と時間の流れに伴って遠ざかる数々の銀河からなる、膨張宇宙から始める。そして、その膨張の様子を写した映画を逆回転させたと想像する。銀河は遠ざかる代わりに、密集していく。空間が密度を増し、銀河がバラバラになり、原子が互いに衝突し、無限大の密度に達する。解放された熱によって宇宙全体の温度がとてつもなく上昇し、ついには特異的な瞬間、すなわち時間そのものが誕生した想像を絶する始まりの瞬間へとさかのぼる。

最初の宇宙論は、わたしたちの遠い祖先の神話だった。それらの天空神と地母神の物語にも、現代の科学的取り組みと同じく、宇宙を説明したいという衝動が読み取れる。わたしたちの科学的技術的な宇宙の物語において新しいのは、それをデータによって検証できるという、きわめて重要な能力だ。わたしたちは、自分たちが正しいかどうかを宇宙に問いかけ、一致するかどうかを判断できる。しかし、ビッグバン宇宙論は実は一つの物語でなく、多数の物語からなる。それは、現実の性質に関するいくつもの科学的物語が、蜘蛛の巣のように互いに絡み合ってできている。地球上の実験室、天文台、理論物理学者の想像力のなかで過去五〇〇年にわたって積み上げられてきた成果、すなわち文化としての最大の偉業の一つだ。ビッグバン理論——その成功、失敗、そしてその代わりとなりうるさまざまな理論——を理解しようとするなら、物理学と天文学の幅広い分野を扱わなければならない。わたしたちの現在の立場を完全に理解し、次に何が起こるかを想像できるようにしなければならない。

ビッグバンと、ぼんやり浮かび上がってきたその代わりとなる概念を理解するには、自然のもっとも深遠な諸法則が形作った、目を見張る美しさと多様性を備えた地形を持つ領域を対象としなければならない。この先いくつかの章で、その土地を横切りながら、現代物理学の基礎——アインシュタインの相対性理論、量子物理学と素粒子物理学、熱力学、天体物理学——を探っていく。これらの基本的な概念に十分な時間寄り道をすることで、宇宙がどのようにして、わたしたちの肉眼や望遠鏡で見ているような形になったのかを感じ取れるようにしたい。

この土地を横切れば、わたしたちが現在直面している絶壁へたどり着く。二大物理理論である量子力学とアインシュタインの重力理論（一般相対論と呼ばれる）は、強力であるにもかかわらず、一つ大きな欠点を持っている。互いに通じ合えないのだ。微小領域（量子物理学）と極大領域（重力）は、調和させることができない。五〇年間試みられてきたが、いまだに物理学の聖杯、すなわち、宇宙全体を原子一個のなかに閉じこめられるような、きわめて小さいスケールにおける空間と時間の理論である量子重力理論は、得られていない。ビッグバンにおけるバンを理解するには、量子重力が必要だ。それゆえ、わたしたちの宇宙論はいまだ不完全である。

量子重力の探求と、それに伴う諸概念が、本書の物語の半分をなす。もう半分は、ビッグバンを悩ませている数々の問題やパラドックスからなる。天文学者や物理学者は、現在最良のデータからビッグバン宇宙論を救い出すために、初期宇宙——万物創造の直後——に起こった出来事を考えざるをえなかったが、それによって「創造の瞬間」という概念そのものが揺らぐことになった。ビッグバンの救出は、量子重力の攻略とともに、空間、時間、万物創造の最前線への扉を開く未開拓の新たな概念へとつながった。本書の物語における最後の部分は、それらの最前線の探検である。

爆発は一度きりでなく、何度も繰り返されたのだろうか？　わたしたちの宇宙は、延々と連なる周期のうちの一つでしかないのだろうか？　つねにたくさんの爆発が起こっていて、同時に存在する無数の宇宙——無限の可能性を持つ多宇宙——を作り出しているのだろうか？　さらに過激だが、わたしたちの時間の概念全体が間違っているのかもしれない。時間は幻想なのかもしれない。ある瞬間から次の瞬間へという時間の経過は、実在しないのかもしれない。大切にされてはいるが数奇なビッグバン理論のなかで、わたしたちの現在の立ち位置を読み取ることができれば、それらを含むいくつかの可能性を探究し、宇宙論と、わたしたちの時間の概念そのものの未来を見据えることができる。

始まりから現在へ——人間的時間の物語

わたしたちにとって宇宙論の構築は、はるか昔から続く営みだ。神話や宗教では、以前からビッグバンが考え出されていた。それでも、科学者が独自の研究の道筋によって、聖書に書かれた万物創造の瞬間を彷彿《ほうふつ》とさせる$t=0$に近づいたときの驚きが損なわれることはなかった。代わりとなる宇宙論モデルについても、神話や宗教に先例があることを、科学者の多くは知らなかった。

時間に対する人類の関わり、構築、発明は、わたしたちの精神の目覚めとともに始まった。考古学者のスティーヴン・ミズンはその精神の目覚めを、「意識のビッグバン」という適切な名前で呼んでいるが、それは宇宙の起源と同じくいまだに神秘的で謎めいている。二〇〇〇世代前、最終氷河期の厳寒のなかでわたしたち人類は、時間における自分たちの苦境に気づいた。そしてそれと闘うために、新たな形の社会組織と新たな思考方法を考え出し、それが人類をかつてない進化の道へと送り出した。わたしたちは文化を発明し、それによって自分自身を発明したのだ。

それは、およそ七万年から四万年前、死者の埋葬とともに始まった。死はつねに、時間の大きな謎への入り口でありつづけてきた。死は（少なくともわたしたちが知るかぎり）自身にとっての時間を終わらせるため、時間の現実性と意味を考えるきっかけになる。人類は文化的発展の初期段階にはすでに、そのことを感じ取っていた。死者の身体をくるんで永眠のための体勢を取らせ、愛する人を、死を時間として意識させるネックレスやナイフなどの貴重品とともに墓のなかに横たえた。その後、洞窟の壁や岩の崖に、世界に対する自らの内なる反応を、今日《こんにち》まで残る絵画として永遠に記録した。考古学者は、バイソンやマンモスの絵画で覆われた洞窟のなかで、骨で作った横笛や、月の満ち欠けを記録したように見える骨の彫刻も発見している。人類は一つの種《しゅ》として、絵画による象徴表現だけでなく、音楽による内なるリズムや、天空に認められる外的なリズムによる、直接的な時間の経験にも気づいた。

個人的時間と宇宙的時間は、文化の草創期から結びつけられてきた。およそ一万二〇〇〇年前、氷河の後退により農耕が発展すると、それとともに新たな時間の感覚が生まれた。農耕が余剰の作物と富をもたらし、村が町へ変わり、町が都市へ変わり、都市が帝国へ成長した。その各段階において、文化の物質的要求から直接、新たな時間との邂逅が起こったのだろう。物質世界との直接の具体的な関わり——何を作るか、どのように作るか、それが社会をどのように変えるか——を通じて、時間そのものが変化したのだ。それぞれの文化は、構築した技術と「制度上の事実」——新たに考え出され、技術によって可能となり支えられた社会的現実——を通じて、日々の生活を組み立てた。

しかし文化（および考え出された制度）には、正当化する理由と、支えになる土台が必要だ。また、個人や集団の生活に意味を与える宇宙的背景に対して、自らを位置づけることも必要だ。本書の中心的テーマは、人間的時間と、天空、星々、起源、終焉に関する宇宙的物語との、謎めいた絡み合いを探ることである。

人類史における大きな変化のたびに、単に時間に関する考え方だけが変わったのではないことは、ぜひ認識しておかなければならない。変質したのは、時間の経験、すなわち時間に対して感じられるイメージだ。その物語を理解し、時間との直接的な邂逅が宇宙論における時間に関する想像とどれほど密接に結びついているかを知るには、物理学や天文学の探究の道筋と平行に走る道を進まなければならない。旧石器時代の農民は、バビロニアの大都市に住む商人とはまったく異なる形でその日を生き、時間を経験した。人類による時間との邂逅は流動的で、自在に姿を変える。再び変わることもあるだろう。

そこで、人間的時間に関するこの物語は、わたしたちの狩猟採集者の祖先が生きた五万年前から始め、最初の農民や都市の建造者の経験を通じて進めていく。ルネサンスが始まり、街の広場に時計がはじめて設置されると、物語は新たなテーマを帯びてくる。産業革命では、まったく新たな形の時間が文化を支配するようになり、それを新たな政治が追いかけていく。二〇世紀に入ると、電気が普及した世界がまた別の形の時間との邂逅を生み、それが現代の無線で結ばれた世界を予感させる。そして、宇宙時代の幕開けやデジタル革命とともに、正確さと時間厳守が求められ、つねに時間が足りない時代のなかで、わたしたち自身へとたどり着く。

わたしたちの時間の物語を、宇宙的時間の理解の芽生えと歩調を合わせて語ることにより、わたしたちがいまどこにいて、ほかにどのような時間を作ることができるのかを、よりよく認識できるようになるだろう。

人類の文化の発展にいくつもの道筋があった（現在もある）ことは、指摘しておかなければならない。本書では歴史、科学、時間の大きな発展に焦点を当てるが、その際にはおもに、西洋に関係した文化的発展の道筋に注目する。それで物語が理にかなったものになるのは、もちろん、科学や科学的宇宙論が、歴史学者のイアン・モリスが言う「西洋の核」――メソポタミア、エジプト、ギリシャなど――で生まれた伝統から現れてきたからだ。[*1] しかし、東洋の核――中国や朝鮮など――から生まれた伝統もまた、独自の文化によって時間のために用いられ、独自の宇宙観を持っていたことは、心に留めておくべきだ。いまや科学は真にグローバルになっているため、将来わたしたちは、西洋以外のそれらの伝統に結びつけられる象徴を見て取り、宇宙論や文化的な時間の構築の道筋を見いだすかもしれない。先を見据えるうえで、決して見失ってはならない可能性だ。

人類の再発見

まだ午前九時のリンドス、断崖の頂上につながる狭い階段を上る天文学者の友人とわたしに、横から日の光が強く射している。昨夜は海岸で寝た。猛暑と人混みに襲われる前に神殿に到着するには、それしかなかった。

リンドスは、ギリシャのロードス島にある小さな海沿いの町だ。ここでおよそ二五〇〇年前、海面から数百メートルの高さにそびえる花崗岩の断崖の上に、ギリシャ人が女神アテーナーの神殿を建てた。崖下の海岸から見ると驚くような光景で、まるで空中要塞のようだ。階段の頂上に着いて神殿の敷地へ歩いていくと、圧倒的な威容が広がる。

この島にやってきたのは観光のためではなく、はるかこの神殿にまでさかのぼるある仕事のためだった。わたしたちは一週間ずっと、天文学の学会に出席していた。連れもわたしも星形成を研究している――塵の混じった星間ガスの巨大な雲から恒星や惑星が凝集する現象に焦点を当てた、天文学の一分野だ。ほかにも一五〇人の天文学者が島の反対側のリゾートホテルに集まり、新たなデータ、新たなモデル、そして、射す光でいまわたしたちを温めているのとそっくりの恒星の若年期に関する、新たな洞察を発表しあった。一日じゅう部屋にこもりたがり、暗い会議室で身を寄せ合い、パワーポイントのスライドを飽きることなく見つめるわたしたちは、旅行者の目には奇異に映っていたに違いない。

この学会の場所がロードス島だったのは、主催者の気まぐれな選択ではなかった。二〇〇〇年前、ロードス島のこの町には、古代ギリシャ最高の観測天文学者ヒッパルコスが住んでいた。この神殿が、アテーナーの地上でのおこないに神官たちが仕える場だった時代、ヒッパルコスはこの町でせっせと星空の目録を作っていた。

わたしは神殿にそびえる円柱のたもとに立ち、強い日差しから身を守りながら、澄み渡った空と紺《こん》碧《ぺき》のエーゲ海を見つめた。真の天文学研究が最初の足がかりを得た島の、一日一日のリズムが神への祈りによって定められていたこの神殿では、人間的時間と宇宙的時間との結びつきが、大海原を見下ろす巨大な石の円柱と同じくらい頑丈に思われる。

　ここから始まった営みは、わたしと同僚たちが先週の学会で探求した宇宙へと直接つながる長い歩みのなかで、絶えず姿を変えてきた。いまやわたしたちはみな——科学者もそうでない人も——たとえ気づかないとしても、その歩みを新たに始めようとしている。一種類の時間、一種類の宇宙を終わらせる準備はできている。始まりを終わらせ、再び始めるのだ。

第1章　語る空、働く石、生きる野
――有史以前から農耕社会へ

フランス、ドルドーニュ県アブリブランシャール　紀元前二万年

シャーマンは洞窟の入り口の前に立ち、待っている。夜が訪れ、身を刺すような秋の冷気が、動物の皮でできたマントに染み渡る。低い断崖で囲まれたU字型の穏やかな湾の向こうの外海は、風が強い。その風は、数百キロ北、北ヨーロッパの大部分を覆う氷河の青白い壁から吹いてきている。*1

まもなく冬が訪れ、シャーマン率いる人々はすぐに移動しなければならない。毛皮と食料を集め、低い空にかかる太陽とより温暖な野営地に向かって旅を始めることになる。しかし今晩は、シャーマンはいまこのときに神経を集中させ、待つ。シャーマンの役割は、生き物の世界が与えてくれるしるしを読み解くこと。そして、地球、動物、天空の変転を知ること。率いられる人々がその知恵を頼りにしており、シャーマンは、死の間際の母親から託された任務を果たすために待つ。片手でトナカイの骨片、片手で火打ち石の鋭い破片をまさぐりながら。

シャーマンは見た。東の空に光を。偉大なる母が昇ってきたのだ。シャーマンは、青白く力に満ちた月の顔を見ようと待つ。見えた！　再び完全な姿で。

何日か前の尖った三日月形から完全な姿で復活し、生き返った。復活と再生を約束するまん丸の月の顔が、戻ってきたのだ。シャーマンは淡い光のもと、骨片を月にかざす。そして、それまでに骨に彫った長いヘビの這い跡を人差し指でなぞる。端に来たら、火打ち石のナイフで今晩の印を付け、今晩の満月の形を硬い骨に彫りこむ。

月の死と再生のサイクルが二周、記録された。シャーマンの仕事は完了した。天空における生と死のサイクルは、女性の生理周期のように、形が与えられ、記憶され、記録され、あがめられている。シャーマンは、昔母親からもらったまじないの道具を隠した岩の下に、骨を戻す。付け加えられた時の経過の記録は、のちに使われ、子供へ引き継がれる。*2

さまよう時間――旧石器時代の世界

人類の文化の起源には時間の概念が深く染みこんでいるが、その真理が明らかとなったのは最近になってからだ。それまでずっと、人類が進化して自己、宇宙、時間を意識するようになった時代の証拠には、ぎりぎりのところで手が届いていなかった。記憶されている歴史の大半を通じて、文化と文化的時間の誕生の手掛かりは忘れ去られ、地面から数十センチ下に埋まっていた。しかし一八七〇年代後半に発見が始まり、わたしたちは思い出しはじめた。

わたしたちが人類の意識の目覚めとはじめて邂逅したのは、一八七九年スペイン、アマチュア考古学者マルセリノ・サンス・デ・サウトゥオラの九歳の娘が、アルタミラにある洞窟へ父親を連れていったときだった。なかへ入ったサウトゥオラは、洞窟の壁が、現在では二万年前のものと分かっている鮮やかな絵画で埋め尽くされていることを知った。考古学者による体系的な調査が始まると、新たな洞窟がいくつも発見され、その多くはやはり絵画で覆われていた。それらの洞窟はいわば動物寓話集であり、壁にはクマ、バイソン、マストドンがほかの種とともに登場する。一頭で描かれている場合もあれば、群れで描かれている場合もある。ときにはわたしたちも登場し、人間の絵が動物の群れに向かって槍を投げようとしている。

これらの絵画は、それまで沈黙していた過去に口を開かせ、初期の人類が表現、抽象化、反応のできない「野蛮人」ではなかったことを証明した。文字による記録以前のこの生き生きとした先史は、二〇世紀の綿密な研究によって時系列のなかに組みこまれた。放射性炭素年代決定法により、それぞれの洞窟にいつ人間が住んでいて、絵画がいつ描かれたのかが分かるようになった。時系列が完成すると、わたしたちの祖先がいかに急速に、人間であることの意味を考えなおすようになったかが、理解されるようになった。それにより、進化の概念と人間の精神の起源が見えるようになった。科学者は、精神がどのようにして急速に自己と時間に目覚めたかを説明できる、新たな理論の手掛かりを探しはじめた。

絵画が描かれた壁のそばでは、人の手で作られた遺物が発見された。大きな尻とぶら下がった乳房、精密に表現された外陰部を持つ女性の像で、生殖力の神秘に焦点を当てているように見える。槍の穂先、針、火打ち石の短刀、ハンマーは、この文化がさまざまな目的のさまざまな道具を作るのに長《た》けていたことを物語っている。そして、フランス中部のドルドーニュ県アブリブランシャールにある洞窟の地面からは、[*3]「ちょうど掌《てのひら》の大きさで、くぼみや切りこみがたくさん刻まれた小さく平たい卵

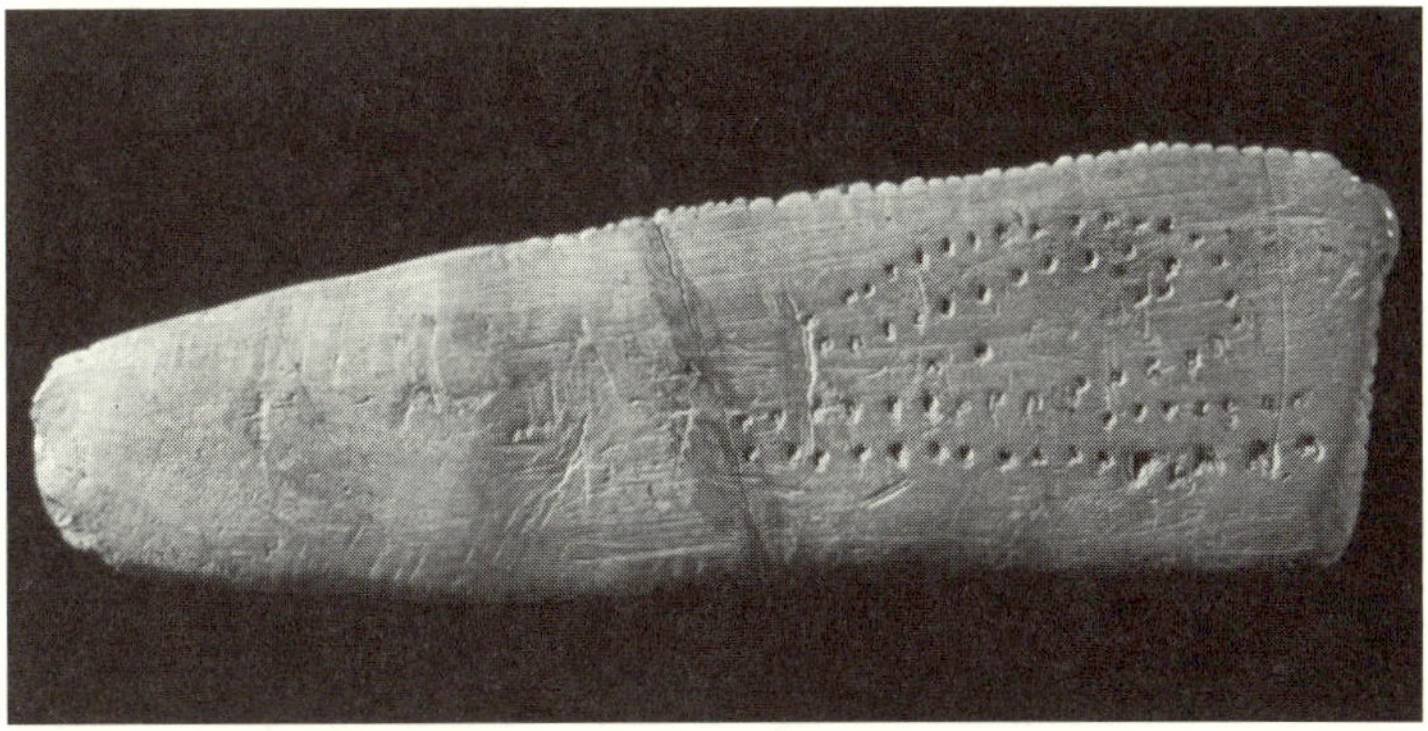

図1.1　時間の認識。アブリブランシャールの骨片（紀元前1万2000年から2万年）。考古学者アレクサンダー・マーシャックは、この彫りこみの明瞭なパターンは月の満ち欠けの記録であると提唱している。

形の骨片」が発見された。[4]

何十年ものあいだフランスのとある博物館に収められていたそのアブリブランシャールの人工遺物に、アマチュア考古学者のアレクサンダー・マーシャックがたまたま出会った。マーシャックは一九六二年にＮＡＳＡに報道担当者として雇われ、アポロ月着陸計画へつながる人類の長い道のりを文章にした人物だ。その取り組みのなかでマーシャックは天文学の歴史を深く掘り下げ、人間的時間の夜明けにまでたどり着いたことに気づいた。飛び飛びにしか明るみになっていない忘れ去られた考古学的時間経過のなか、ＮＡＳＡの計画の一環としてアブリブランシャールの骨に出会ったマーシャックは、それに心惹かれた。ようやくのことで、パリ近郊に堂々と建つ国立考古学博物館へやってくると、その遺物は、「かび臭い……石の箱のなか、色褪せて黄色くなったラベルの付いたガラスの下に詰めこまれた、上部旧石器時代の道具のなかで」ほとんど忘れ去られていた。[5]

マーシャックはこのアブリブランシャールの骨片を何年もかけて熱心に研究し、彫りこまれた切りこみは単なる気まぐれの装飾であるという定説を斥けた。マーシャックは、細かく刻まれた三日月形と円が作る曲線列を何度も繰り返しなぞった。そしてついに、自らの関心事と、月が人間の生活、時間、文化へ与える影響に関する進行中の研究に呼応した、あるパターンを発見する。一九七〇年にマーシャックは、綿密な論証を尽くした説得力のある説として、この骨片の彫りこみは二カ月にわたる月の満ち欠けの記録であり、世界最古の時間経過の記録であると発表した。[*6] それは気まぐれないたずら書きではなく、アブリブランシャールの骨片を作った人間は、おそらく史上はじめて体系的な方法で時間を記録していたのだ。

ほかにも世界じゅうの洞窟で、人類初の時間との邂逅の断章が見つかっている。連続した切りこみが入っている棒や、等間隔で彫りこみが入れられた平らな石は、時間の意識がどんどん洗練されていった証拠となっている。[*7] 何万年も前にそれらの洞窟において、人間の精神のなかで時間の夜明けが訪れたのだ。[*8]

科学者はこの時代を旧石器時代と呼んでいる。人間の文化（そして人間的時間）は、紀元前およそ四万三〇〇〇年から一万年までの、いわゆる上部旧石器時代に興《おこ》った。[*9] この時代にはすべての人間が狩猟採集者として生活しており、彼らの思考を文字として記録したものは残っていない（文字は紀元前四〇〇〇年頃になってようやく登場する）。しかし科学者は、入念な分析と相当な想像力を駆使して、旧石器時代の人類の世界のあらましをつなぎ合わせた。世界じゅうの遺跡で見つかった人工遺物や現代の狩猟採集者の話をもとに、彼ら最古の現代人に関する理解がある程度得られている。

アブリブランシャールの骨片は、地球が現在のような比較的温暖で湿潤な様子とはまったく違う、一万二〇〇〇年前から二万年前にさかのぼる。[*10] この時代、北半球の大部分が氷に覆われていた。フラ

図1.2　アブリブランシャールの骨が発見されたドルドーニュ県の洞窟群にあった、旧石器時代の住居の想像図。

ンスは、アブリブランシャールで月の記録を取った名もなき古代天文学者が経験したように、極沙漠、ツンドラ、そびえ立つ氷河からなる地域だった。[*11] 地上に人間はまばらで、彼らは厳しい気候に何とか耐えていた。ホモ属がこのような気候変化を生き延びたのは、それがはじめてではなかった。過去にも氷床は前進と後退を繰り返していたが、最終氷河期のあいだにホモ・サピエンスに驚くようなことが起こり、やがてそれによって地球そのものが姿を変えることとなる。

最終氷河期の厳しさとそれによる困窮が、わたしたちの祖先の行動を革新的に一変させた。その時代のはじめの頃に、人類は死者の埋葬を始める。その後、芸術と音楽を発明した。やがて、動物の生皮を縫い合わせて衣服を作るようになった。[*12] 人々は数を数えるための体系を発明し、そして何より重要なこととして、時間の経過を記録しはじめた。[*13] その時代に、分析、比喩、具体化、抽象化を好む現代的精神が生まれたのだ。それ以前の時代と比べると、このような根本的な変化が人々のあいだに広まるスピードは驚くほどで、学者たちは上部旧石器時代を意識のビッグバンと呼ぶまでになった。[*14] 宇宙的時間と人間的時間との分かちがたい物語をどのように理解するにしても、意識が急速に拡大し、やがてその意識が誕生した場である宇宙そのものを飲みこむことになる、この時代から始めなければならない。

精神から生まれた時間——現代的意識の起源

自然の反復パターンを明確に認識して表現したことは、ヒト科の進化における根本的な進展だった。精神のなかにおける時間の出現を理解するには、はじめに精神の出現について理解しなければならない。

わたしたち以前のヒト科の種も、わたしたちの祖先と同じような困難に直面した。化石記録によると、最初期のホモ・サピエンスは短期間、ホモ・エレクトスやホモ・ハイデルベルゲンシスと時代的に重なっていたかもしれないという。[*15] また、わたしたちはわずか数万年前まで、おそらくホモ・ハイデルベルゲンシスの子孫であるヒト科の種、ホモ・ネアンデルタレンシス（ネアンデルタール人）と直接の競合関係にあったことが明らかになっている。[*16] このようにほかの種、とくにわたしたちとほぼ同じ大きさの脳を持っていたネアンデルタール人と時代的に重なっていたことを考えると、ある重要な疑問が浮かんでくる。「旧石器時代に何が意識のビッグバンを促したのか？」[*17]

わたしたちを目覚めさせたのは、環境ではなかった。旧石器時代の認識の革命以前の長い期間にも、同じような苦境は何度も繰り返されていた。氷床は前進しては後退していた。初期のヒト科の種は、状況に応じて行動を変えることで適応した。しかし、速やかに新たなものを採り入れることや学習することには欠けていた。ヒト科の種の道具はそれ以外の種のものと比べて高度であり、火を自由自在に扱ったり、切ったり引っかいたりするために石の形を意図的に整えたりしていた。[18] しかし、それらの道具の発明や、その際に用いられたであろう精神作用の革新のペースは、明らかに遅々としていたようだ。

一五〇万年前にわたしたちの祖先が使っていた原始的な石器は、それから一〇〇万年後の彼らの子孫が使った道具とかなり似ている。何千世代ものあいだ、技術的な革新はほとんど見られない。[19] その一方で、紀元前一〇万年に使われていた素朴な石の削り道具と、紀元前二万年に発明された針、銛《もり》、鏃《やじり》、斧とを比べると、筏船と原子力潜水艦との違いにも匹敵する。

人間の現代的な精神が急速に誕生したことに関しては、互いに競い合ういくつもの学説がある。もっとも実り多い研究の道筋の一つは、一九八〇年代と九〇年代に進化心理学者が、先史時代の精神をスイスアーミーナイフのようなものだと考えはじめたことに端を発している。その観点から見ると、精神は驚くほど複雑であり、きわめて特異的な進化圧力に応じてのみ獲得できる、非常に特化したいくつもの作業をこなす。研究者のリーダ・コスミデスとジョン・トゥービーはそれぞれ、精神にはスイスアーミーナイフのように、いくつもの異なる刃身、つまり認識モジュールがあると論じている。[20] それぞれのモジュールは、一〇万年前にわたしたちの狩猟採集者の祖先が直面した特異的な苦境に応じて改良された。それらのモジュールは独自のデータや命令セットを伴っており、内容に富んでいる。五万年前に生まれたホモ・サピエンスの子供はすでに、狩猟、社会的交流、道具製作などのためのモジュールを持っていた（その点については五〇年前の子供も同じ）。つまりそれぞれのモジュールは、大量に蓄積されたデータとともに直接組みこまれたという。

この主張を支持する説得力のある論拠がいくつもある。トラが岩陰からあなたに飛びかかってきたとき、すべての可能な反応を選り分ける汎用コンピュータのように組み立てられた精神では、最適な進化の舞台にならないだろう。しかし、スイスアーミーナイフのように組み立てられた脳なら、生き延びるための進化的適応を手際よく提供してくれるかもしれない。腹を空かせたトラの素早さを考えると、トラを認識して一目散に逃げるという反応を支配する、あらかじめ組みこまれたモジュールを持ったスイスアーミーナイフの精神のほうが、表面的には進化戦略としてより成功するように思われる。[*21]

このようにモジュールが組みこまれているという考え方にも、説得力のある証拠が存在する。いくつかの学派によれば、わたしたちは少なくとも四つの異なる領域における直観的知識を持って生まれるという。それらのモジュールは、言語、人間心理、生物、物理を支配する、内容に富んだものである。それぞれの領域において、人間は理解のための内なるガイドブック、つまり進化によって作られた組みこみモジュールを持って発達し、それらが、意思疎通、社会交流、生活環境、物質世界の振る舞いを素早く処理するのに役立っているという証拠がある。

高校の科学の授業における経験から、多くの人は、自分には物理学を直観的に理解する能力はないと断言するかもしれない。しかし、心理学者のエリザベス・スペルキは、そうではないという。スペルキはルネー・ベイヤージョンなどの研究者とともに、わたしたちがみな生まれながらに持っている「民族物理学」の概念を探究している。[*22]そしてスペルキは、乳幼児でも物理的物体の振る舞いを明確に理解していることを証明している。幼児の生活は他人との交流を中心に組み立てられ（および依存して）いるが、幼児は、人間、それ以外の生き物、無生物の諸特性をはっきりと区別できる。また何より重要なこととして、幼児は、固さ、重力、慣性の概念を持って生まれてくるらしい。進化の観点から見ると、直観的な物理学には意味がある。投射体の飛行から二つの石の衝突まで、物理の直観的理解は、道具の作製や武器の使用といった、学ぶことで獲得する技術の認識的土台となるのだ。

スイスアーミーナイフにたとえた精神の進化の物語は、きわめて示唆に富んではいるが、それだけでは語り尽くせそうにない。考古学者のスティーヴン・ミズンは、意識のビッグバンを推し進めるには、精神の「アーキテクチャー」、つまり特定の認知構造を、特定の形で進化させなければならなかったと論じている。とくに、モジュール間で情報を移動させる能力を、現代的精神と、文化によって考え出された時間のための重要な能力とをもたらした、新機軸と捉えている。モジュール間で情報を移動させることにより、人間の創造性に欠かせない比喩と類推が可能となる。モジュール間で情報が共有されるようになったときに、おおよそ人間の形をした粘土の塊が、世を去った祖先の魂となり、壁に飛び散った色つきの液体が、激しい狩りで倒した雄牛のシンボルとなり、骨に彫られた印が、月の満ち欠けの記録となったのだ。

ミズンは、進化しつつある精神を、それぞれ異なる認識モジュールを収めたいくつかの部屋を持つ建物にたとえている。精神の進化の物語は、その設計をしなおすことに相当する。隔てられたモジュールのあいだの壁を取り除くことで、人間の精神の設計プラン《アーキテクチャー》を変えたときにのみ、意識と文化の急速な進化を開始することができた。ミズンが言うように、「［現代的な］精神のアーキテクチャーにおいて、特化した知性が作り出した思考と知識は、いまや精神のなかを自由に流れることができる。……それぞれ異なる領域で作られた思考が互いに絡み合えるようになったとき、ほぼ限界のない想像力が生まれる[*23]」。

この精神の新たなアーキテクチャーは、もちろんそれだけで出現したのではない。進化によってわたしたちのなかに直観的な物理学が染みこんだという事実は、進化しつつある精神の物理的側面を無視してはならないことを意味している。ミズンが考えたように、もしモジュールのあいだに通路が開いて文化が作られたのだとしたら、世界の物理的現実との文化を通じた邂逅によってその通路の幅が拡大するような、フィードバックループもまた存在するはずだ。自分のために見つけ形を整えた世界の「材料」――骨、木、葦――を使ってわたしたちがおこなったことが、わたしたちが実行できることと、わたしたちが想像できることを変えた。やがて時間を想像して体系づけるようになる精神は、邂逅した物理的世界、作り出した物理的文化、そして想像によりそれらをつないだ象徴的文化のあいだの、ループをなす相互作用の産物だったのだ。

それは、片手に持ったトナカイの骨と、もう片手に持った火打ち石から始まる。掌には骨の硬さ、指にはその縁のでこぼこした感触、親指には火打ち石の先端の鋭い痛みを感じる。すると精神のなかで、象徴的領域へと昇っていく。骨片の切りこみが共通体験を表現するものとなり、部族のほかの人に示すことができる。物理的物体と文化的創造――骨とその印を時間経過の象徴的表現と考えること――とのあいだの飛躍は、閉じたループをなしている。

何千年も前に始まったことは、今日《こんにち》も続いている。それは、世界との物理的邂逅、それにより生まれた文化形式、そしてわたしたちがどのように考え何を経験するかを決める意識の形とのあいだの循環だ。物理を理解するために組みこまれた進化的モジュールは、一つの出発点だった。しかし新石器時代には、外の世界と内なる反応とのあいだを流れる、絡み合ったプロセスが起こった。あまり理解されていないがきわめて重要な、この物理世界と文化的創造とのつながりは、「謎めいた絡み合い」

と呼ぶことができる。その謎めいた絡み合いを通じて、精神と物質との驚くべき対話が始まり、それが宇宙的時間と人間的時間を永遠に結びつけたのだ。

天空のサイクル――時間の原材料

人間生活は、天空の自然のリズムに合わされている。それらの天空の変化は、いわば時間の原材料だ。宇宙的時間と文化的時間が編み合わさった歴史においては、わたしたちの発展にとってもっとも重要な四つのサイクルがある。それは、一日、一月、一年、そして惑星の周期運動だ。

◎一日

わたしたちが経験するもっとも基本的な天文学的周期は、夜になって朝になるという一日の変化だ。昼夜、すなわち明暗のサイクルは、概日リズムとしてわたしたちの生態に深く刻みこまれており、睡眠と覚醒の消長を決めている。*24

一日に関して言うと、わたしたちの時間の社会史を意味のあるものにするために、一つ重要な点を認識しておかなければならない。それは、昼間の長さが変化するという点だ。夏には冬よりも、太陽が地平線の上により長い時間留まる。そして昼間が長くなる――仕事の時間も。そのため、一日に対する自然な経験と、それを正確に分割しようという不自然な試みは、不一致をきたす。夏と冬での昼間の長さの違いは、どのように処理すればいいのか？　この不一致がやがて、天文学的事実と文化的要求とのいさかいをもたらす。昼間の時間の分割単位は、一定の長さにすべきなのか、あるいは季節によって伸ばしたり縮めたりすべきなのか？　たとえばあなたが、日中の経理作業に応じて賃金が支払われるギルド組合員だとしたら、それは到底小さな問題ではない。のちほど見るように、一日を地球の自転の副産物として捉える天文学的、宇宙論的認識は、長い変遷のなかで生まれてきた。その変遷に伴って、一日を正確に測ることへの経済的要求が高まっていったのは、偶然ではない。

◎一月

自然からあてがわれている次の周期が、月の運動だ。月の周期には、天空における位置（毎日、太陽に対してどの位置に見えるか）と、見た目の変化（満ち欠け）という、二つの異なる側面がある。天文学者が言う朔望月《さくぼうげつ》は、天空において月が太陽を横切るときに起こる、新月と呼ばれる月相から始まる。朔望月はおよそ二九・五日続く。[*25] 月は太陽光の反射によってのみ輝くので、新月は事実上見えない。しかし、日が経つにつれて月が軌道上を（正午における太陽の位置に対して）東に移動し、三日月形の月相から、見慣れたD字型の上弦の月、満月、下弦の月、そして二十六夜へと移り変わっていくのが見える。

一月《ひとつき》を決める月の満ち欠けの周期は、一日の周期に続いて、天空の時間をもっとも明確かつ直感的に経験するものだ。狩猟採集者の文化において、「たくさんの月」は時間を数える手段として好まれていた。ほとんどの初期文化では、太陽暦でなく太陰暦が用いられた。そのため、月の満ち欠けのおよそ一二周期によって、一年が定められていた。月がもたらす時間周期の単位は、簡単に数えられ認識できるほど短いと同時に、何日にも及ぶ期間を測れるほどに長い。わたしたち現代人にとって、夜空が電気によって照らされ、月とその満ち欠けの周期にめったに気づけないのは、大きな損失だ。

◎一年

太陽の年間のサイクル——季節——は、天空からあてがわれる周期として、ほとんどの人が一生のうちに経験するなかでもっとも長い。

一年間の太陽の位置の変化を、夜から昼へという一日ごとの太陽の動きと同じくらい身近に感じている人は、ほとんどいない。一年での変化に細かく注意を払うことはないかもしれないが、わたしたちはみな季節の変化によって、天空における太陽の動きの影響を感じる。穏やかな気候に住んでいる人なら誰しも、夏の真昼の太陽光は痛いくらいに感じられ、空に低くかかる冬の太陽の熱は弱いことを知っている。どちらの経験も、一年のなかでの太陽の動きを無意識に感じ取ったものだ。冬よりも夏のほうが、太陽は一日のうちに空高く昇る。ここで「高く」というのは、頭の真上、天文学者が天頂と呼ぶ点により近づくという意味だ。

太陽は毎日、東から昇って弧を描き西に沈む。正午における太陽の位置の年間の変化は、太陽が地平線から上る位置、および地平線に沈む位置の変化を反映する（もちろんこの効果は地球の自転が作り出しているが）。ほとんどの人は、自然に対する経験にあまりに縁がなく、太陽がどこから昇りどこへ沈むのかほとんど気づかない。しかしわたしたちの祖先は、気づかないではいられなかった。彼らは、厳しい冬の始まりから毎朝観察した。日が経つにつれ、太陽はどんどん北から昇るようになっていく。そして夏の盛りには、日の出（および日の入り）の位置が着実に北へ動いていたのが止まり、反転する。日の出の位置は地平線上で南へ向けてさらに動き、ついに一番南へ到達して、そこから再びサイクルが繰り返される。

季節、昼間の長さ、太陽光の温かさはすべて、この年間サイクルと結びついている。一年で昼間がもっとも短い日（北半球では一二月二一日）には、太陽は地平線上でもっとも南から昇る。冬至だ。昼間がもっとも長い日には太陽はもっとも北から昇り、それを夏至と呼ぶ（現代の暦で六月二一日）。春分と秋分（三月二一日と九月二一日）には、昼の長さと夜の長さが等しくなる。

わたしたちはかつて狩猟採集者だったので、昼の長い日々から短い日々へ、暖かい月日から寒い月日へ、成長の季節から衰退の季節へという年間サイクルは、人間生活のリズムになっている。反復される天空のパターンが、生きた具体的な経験として互いに直接結びついていることで、時間と天空は固く手を取り合うようになった。しかし、重要なのは太陽だけではなかった。星々もまた、独自の宇宙的メトロノームとして作用していた。

地球が軌道上で太陽の周りを回るにつれ、わたしたち人間は、ちょうどメリーゴーランドに乗っている子供のように、春夏秋冬で違う姿の夜空を目にする。夜に見られる星座は、季節とともに変わっていく。遅くともギリシャ時代には、天球における恒星の位置が図示されていた。彼ら古代人は賢く、日中には太陽の光によって恒星がかき消されてしまうが、昼間の太陽は星々を背景に動いていると想像した。そうして、太陽は星々に対し黄道と呼ばれる線の上を動いていることを知った。さらに、太陽だけでなく、月やさまよう惑星も、天空上を動くときに黄道からあまり離れないことに気づいた。黄道上を動く際に太陽が通過する一二の星座は、十二宮と名付けられた。固定された星々のパターン、および黄道に対する太陽、月、惑星の動きは、人工光がわたしたちから夜空を奪う以前には、誰でも見ることのできる宇宙のダンスだった。

◎惑星の周期運動

わたしたちにあてがわれている最後の天体的周期は、今日《こんにち》では天文学者以外ほとんど気づかない。肉眼で見える五つの惑星（水星、金星、火星、木星、土星）はそれぞれ、恒星を背景として黄道に沿ってゆっくり進んでいる。夜ごとにそれぞれの惑星は星座のあいだをゆっくり動き、一年のうちのそれぞれ異なる期間に、それぞれ異なる日数のあいだ加速したり減速したりする。また、恒星に対して一周するにつれ、徐々に明るくなったり暗くなったりする。何よりも奇妙なのは、天空上でループを描くことだ。それは逆行運動と呼ばれ、いつもの東向きの動きを止めて、二、三カ月程度かけ小さな旋回をおこなう。

時間の始まり――旧石器時代の宇宙

夜から昼への日々の変化、一月ごとの月の満ち欠け、黄道帯上での一年ごとの太陽の動き、そして惑星の奇妙なさまよい、これら天体のダンスのステップそれぞれが、時間とのありのままの物理的邂逅となった。いずれも空に見え、寒暖の季節変化によって感じられた。このもっとも基本的な経験から人々は、宇宙、時間の起源、そして自分たちの生活にとってのその意味合いを物語へ組み立てた。

わたしたちが今日《こんにち》住んでいる世界では、日々の経験における時間と、宇宙論において科学的に定義される時間とは、明確に切り離されている。今日、歯医者の予約時間一二時一五分を、ビッグバン宇宙論が導き出す一秒の何百万分の一の時間間隔に結びつける人は誰もいない。日常の時間は、携帯電話や電子カレンダーに表示されるデジタルな時間によって進んでいく。宇宙論的時間は、科学者、天文台、大学院課程の領分だ。しかし、この区別は幻想である。

一連の文化的発展によって、人間的時間と宇宙的時間との結びつきはわたしたちから隠されてしまったが、旧石器時代の世界ではそれらは決して区別されていなかった。旧石器時代の祖先の宇宙はすべてを包含しており、そこには時間も含まれていた。新石器時代の狩猟採集者も、自分たちを、世界やその時間的動きとまだ完全には区別していなかったため、世界において自分がどんな位置を占めているかを知っていた。

旧石器時代の宇宙（および宇宙論）に関するわたしたちの理解は、神話の解釈に基づいている。いまの文脈では、神話とはでっちあげ話を意味するのではない（ある老婦人がペットのプードルを電子レンジで乾かそうとしたという都市伝説とは違う）。宇宙論の領域における神話は、もっとずっと本質的で強力だ。どの文化も独自の神話、すなわち始まりと終わりに関する説得力のある物語を持っている。現代の宇宙論の根源を先史時代の想像の領域にまでさかのぼるには、時間と存在とを結びつける神秘に対する最初の反応が読み取れる、神話の宇宙へ目を向けなければならない。

神話は、あらゆる形の宗教や科学的営みより以前に誕生した。[*26] 神話の役割は、人類を宇宙のなかで正しく位置づける「聖なる」物語を語ることだった。神話では、聖なるものとしての世界の経験が物語にまとめられているが、それらの物語はきわめて古く、宗教と科学の両方の起源を含んでいる。偉大な宗教学者のミルチャ・エリアーデは、「神話によって世界を、完璧に表現され、意味明瞭で、意義深い宇宙として理解することができる」と言っている。[*27] 神話を介すことで、先史時代の宇宙が見えるようになるのだ。

旧石器時代の祖先は自分たちの神話を文字として記録に残さなかったため、考古学者はほかの資料をつなぎ合わせて彼らの世界観を再現しなければならない。重要な資料の一つが、それから何千年も経った紀元前三〇〇〇年頃、文字が発明されたのちに書き取られた数々の神話だ。[*28] それらの物語には、先史時代の宇宙論的物語の形跡が残っている。オーストラリアのアボリジニや北極地方のイヌイットといった現存する狩猟採集者の神話も、彼ら独自の洞察を教えてくれる。[*29] それらの資料から、時間のない時間の概念と、かつて組み合わさっていたがバラバラになった各要素に支配された宇宙論が、明瞭な形で浮かび上がってくる。

狩猟採集者の世界は、人間と動物、文化と自然にははっきりと分けられておらず、対をなすそれらの世界は一体のままだ。たとえばコンゴ民主共和国のムブーティ族の人々は、自分たちが住んでいる森を人間と同一視している。森は「環境」ではなく、感覚を持ったもう一つの存在、つまり心の広い親や信頼できる親族だという。[*30] グリーンランドのイヌイットも、自分たちが狩る動物に対して似たような立場を取る。ホッキョクグマは単なる下等動物でなく、部族の一員だ。見事捕まえて殺したら、共同体のなかの故人と同じく敬って扱わなければならない。[*31]

現代の狩猟採集者にとってと同じように、旧石器時代にも人間と自然との区別は存在していなかったと思われる。人類学者のティム・インゴルドは次のように書いている。「現代の狩猟採集者にとって存在するのは、人間（社会）と物事（自然）の二つの世界ではなく、個人の力に満ち、人間と、人間が頼りにする動植物、そして人間が住み動き回る地形をすべて包含した、一つの世界――一つの環境――だ」[*32]

人間と環境との継ぎ目のない連続性は、彼らの時間と宇宙の概念にも反映されている。しかし、それらの結びつきにはひねりが入っている。旧石器時代の創造の物語には、人類が意識のビッグバンで目覚めたときに、一つの厳然たる区別が押しつけられたという認識が反映されている。狩猟採集者の神話にはしばしば、失われた楽園が語られている。「以前」は、人間は不老不死であり、世界や、世界を形作った神の力とのバランスをつねに保ちながら生活していた。人間と動物は互いに話ができ、動物から人間への変化も一般的なことだったという。

旧石器時代の宇宙論的神話においてもっとも重要な要素は、堕落、すなわち、人間と人間以外の世界とのあいだに以前から存在していた完璧な調和が失われたことだ。神話によれば、その調和はどういうわけか破壊されたという。カレン・アームストロングは次のように言う。「世界の中心には、一本の木、あるいは一つの山、あるいは地上と天とを結ぶ柱が立っていて、人々はそれを登って簡単に神の領域へ行くことができた。するとやがて大異変が起こった。山が崩れ、あるいは木が切り倒され、天へ行くのはもっと難しくなった[*33]」

その神話では、以前から存在していたエデンは時間と無縁な場所だった。完全であり、何も変化せずに存在していた。その黄金時代の人々は、きわめて長く、あるいは永遠に生きていた。したがって、堕落は時間の始まりでもあった。多くの神話では、調和が破壊されたとき、時間と死がともに世界に出現した。しかし、黄金時代が真に去ったわけではない。時間と無縁な原型としての状態で残され、それは回復でき、また回復する必要があった。たとえばオーストラリアのアボリジニは、いつか「夢の時代」の原始宇宙に戻ると考えている。「夢の時代は……時間と無縁であり、『すべての時間』だ。それは、死、流転、終わりなく連なる出来事、そして季節のサイクルに支配された日常生活に対する、揺るぎない背景を形作る」とアームストロングは書いている[*34]。

黄金時代と堕落の神話は、初期の人類の各文化においてほぼ共通している[*35]。オーストラリアのアボリジニが夢の時間を重視しているように、それらの宇宙論的神話の要点は、歴史を語ることでなく、本来の時間を取り戻すことにあった。「今日《こんにち》わたしたちは、宗教を世俗から切り離している。それは旧石器時代の狩人には理解できなかっただろう」とアームストロングは言う。これらの神話には目的があった。すなわち、「思弁的恍惚の瞬間だけでなく、日々の生活の習慣的課役において、この原型的な世界をどうしたら取り戻せるかを、人々に示している」[36]。つまり、始まりの時は、今日わたしたちが宇宙論において想像しているように過去に存在するのではなく、つねに存在する「すべての時間」のなかにあった。[37] 藪のなかにうずくまり、動物の群れが足を止めるのを待つ狩人にとって、創造の時といまの自分の経験とは決してかけ離れていなかった。籠に野生の穀類を詰める女性にとっては、自分の行動と、世界を動かしはじめた原初の神のおこないは、つねに密接に組み合わさっていた。

旧石器時代の人々にとっての日常の時間は、「向こう側」でなく、すぐそばにある宇宙に合わされていた。それは、誕生も死も、直線的な時間もない宇宙だった。それはつねに存在する生命や神の力に満ちあふれた宇宙であり、太陽の復活によって一日ごとに、月が満ちることによって一月ごとに、光と暖かさの移ろいによって季節ごとに、世界に活力を与えた。

しかし、やがて文化とその要求が変化して、宇宙に生気を与える力が遠くに離れ、作用しにくくなる。かつて身近にあった人間的な神の存在は、徐々に遠ざかり、身勝手になっていった。そのような解釈のなかで、天空は神の最初の逃げ場だった。より複雑な文化の発展により、天空を、遠く離れた神の第一の領域とする神話が生まれた。アームストロングは、その時代に天神――遠くにあるが強力な造物主――が登場しはじめたという。「天は彼ら［旧石器時代の人々］より高くそびえ、想像できないほど広大で、近寄りがたく、永遠だった。まさに超越と他性の精髄だった」。回転してパターンを繰り返す天空は、父なる神の第一の住み家、神の力の本来のありかだった。[*38]

旧石器時代の宇宙は、わたしたちが時間に対する日々の経験にはじめて目覚めたことを直接反映していた。人々は狩猟採集者として、動物の群れを追い、季節ごとに食べられる植物が熟するのを観察した。意識のビッグバンのなかで彼らは、身の回りの世界のサイクルを観察しはじめ、そこから時間の概念を導いた。そうして、精神が具現化して文化を創造したように、文化が時間を創造した。経験した物理的性質と象徴的な文化的心像との謎めいた絡み合いが、日常生活と神話の両方に存在する時間を作り出した。しかし世界が温暖化するにつれ、人間は変化し、それとともにわたしたちの宇宙も変化する。人類の次の大きな革命とともに、新たな種類の時間、そして世界との新たな関係が生まれる。地球が耕され、わたしたちの注目の対象、そしてわたしたちの意識は作りかえられることとなる。

家に留まる――新石器時代の革命

世界は永遠に凍結したままではない。

およそ一万二〇〇〇年前、それより何千年何万年も前から数え切れないほど起こってきたのと同じように、気候が変動した。地球が温暖化し、氷河が後退して、旧石器時代が終わった。[*39] しかしそれまでの間氷期と違い、気候の春の再来とともに新しいものが生まれた。わたしたちの種《しゅ》が、人間であることのまったく新しい方法を学んだのだ。

暖かい季節が長くなって氷が姿を消すと、いくつかの狩猟採集者集団が新たな生活スタイルを発明した。彼らは、より暖かい草原まで動物の群れを追うのをやめた。そして定住し、その土地に適応しはじめた――狩猟と採集から計画的な穀物栽培へと切り替えた。年をまたいで持つ住まいも作った。[40]住まいはひとところにまとめ、何世代も続く村を作った。相互に促されたこれらの変化はすべて、人々が土地を耕し作物を収穫することを学んだために可能となった。この革命において、宇宙と時間はそれぞれ、別々あるいは一体として、きわめて重要な側面だった。この新石器時代には、人間の創造力が花開きはじめた。機械の時代に至るまで匹敵するもののない、根本的な変化の時代だった。

考古学者のコリン・レンフルーは、新石器時代の革命の重要な特徴として、少なくとも以下の七つを挙げている。[41]

1. 小麦、豆、大麦、亜麻などの栽培植物による食料生産の進歩
2. それらの植物の加工のための、石臼などの道具の利用
3. ヒツジ、ヤギ、ウシ、ブタなどの動物の家畜化
4. 定住家屋による安定した村落生活の開始
5. 祭壇や彫像を用いた宗教的儀式の出現
6. ときに墓標を用いた、死者の墓地への埋葬
7. 黒曜石などの原材料の長距離調達システムの発達

これらの文化的革新はすべて、本質的に新しい人間活動の組織化のしかたと、文化および、宇宙における文化の位置づけを想像する新しい方法を必要とした。そして同じく重要なこととして、いずれの文化的革新にも、それ以前と違って日々の時間との関わりが必要だった。

一部の研究者によれば、旧石器時代に始まったある変化が新石器時代において完了したという。レンフルーなどの考古学者が見るところでは、四万年前、三万年前、二万年前の芸術革命は局所的であり、すべての地域で起こったのではない。スペインやフランスで発見された驚きの洞窟壁画は、人間集団全体に及ぶ普遍的現象ではなかった。それに対して、大規模な地球温暖化ののち、定住と農耕の開始はすべての大陸で急速に広がった。ほぼいたる場所でほぼすべての人を変えた革命だった。つまり、旧石器時代には認識の革命のなかで小競り合いが長く繰り返され、新石器時代になってその革命が完了したと見ることができるかもしれない。

この最後のステップは、何によって可能となったのだろうか？　その答は、現代に至るまで文化を作りつづけてきた、物理的具現化である。わたしたちはこの世界のなかで、自分の肉体とその物質性を通じて生きている。[*42]人間の精神を変えたのは、単にわたしたちの頭のなかに新たな考え方が導入されたことだけでなく、わたしたちが手で組み立てたものを通じて世界と新たに邂逅を果たしたことでもあった。

栽培と収穫の技術、砥石の作製と使用、冶金《やきん》の技術といったきわめて重要な数々の発明は、新石器時代におこなわれた。これらの変化によって、人々の物質世界との邂逅のしかたが根本的に変化した。それは文字通り、世界に存在する原材料を加工してこれらの発明品を作り、それによって新たな思考方法と新たな人間活動の組織化の方法を可能にしたおこないだった。この物質的関わりのプロセスが意識のビッグバンを完了させ、その後のすべての革新や革命の根本原因となった。

物質的関わりは、厳然たる事実に始まり、新しい人間のあり方に終わる。紀元前五五〇〇年頃の北ヨーロッパの農民たちは、自然界になり代わって原材料を取り扱う新たな方法により、祖先である狩猟採集者の文化を超えていた。たとえば、狩猟採集者の住み家を作るには、「もとからしなやかなハシバミの木、繊維質のヤナギの木、最初から板になっているカバの樹皮を集めて組み合わせるだけでよかった」[*43]。しかし、新たな農民が木骨作りの家を建てるには、「自然をバラバラにして新たに世界を作る」ことが必要だった。

物質的関わりの変化は、制度上の事実と呼ばれるものの変化によって文化を規定しなおした。制度上の事実は、わたしたち一人一人が生まれ出た人間世界を規定する。タイムカードで管理された仕事から陪審員への指名まで、文化がどのように組織され、わたしたち個人の生活にそのシステムがどのように課されるかを規定するのが、制度上の事実だ。しかし文化的組織は、精神的な象徴の領域でその力を得る。したがって、物質的関わりがもたらした変化は、単に農民が鋭い斧を作る新たな方法を考え出すことに留まらなかった。物質的関わりにおけるそれらの変化は、かつて社会的であると同時に認識的である知識を共同体のなかで共有することを含んでおり、それによって新たな制度上の事実の創造を促した。農村にとって、その新たな生活を可能にしたそれらの素材は、共同体の日々の組織に反映されていた。新石器時代の農民は、耕した畑と一日の仕事を思い返しながら、まったく新しい世界を歩みつづけていた。

物質的関わりの進歩とともに、時間を経験する新たな方法が生まれた。手で粘土をこねたり、火のなかに鉄鉱石をくべたり、羊毛を木の枠に張って引き伸ばしたりすることにより、人々はまったく新たな方法で物質世界と関わるようになったが、その過程で時間は欠かせない要素だった。粘土を焼いて陶器にするのに、どれだけ長くかかるか？　鉄の鋤《すき》を鍛造するのに、それぞれ所要時間の異なるどれだけの工程が必要か？　一つ一つの発明が新たな形の文化を可能にしたのと同じく、文化的心像も技術とともに発展した。物理世界と心像との境界面にはつねに時間が存在しているため、時間は、物質的関わりおよび、文化においてそれが促した変化と密接に結びつくようになる。

物質的関わりが制度上の事実に与えた影響がもっとも顕著に表れているのは、ストーンヘンジなど新石器時代の巨石遺構だ。巨石遺構は、高度に組織化された巨大な石像物である。それらの印象的な石の遺跡や、土で作られた巨大な構造物は、世界じゅうの先史文化と関連づけられている。巨石の作製は、狩猟採集者の文化から農耕文化への変化を物語る特徴の一つだ。たとえば、アイルランドのダブリンの北およそ五五キロ、ニューグレンジにある幅八〇メートルの円形の塚は、アイルランドで農耕が始まってしばらくのちに作られた。ストーンヘンジの最古の構造物はそれより後に作製されたが、やはりイングランドにおける新石器農耕時代に含まれる。

これらの構造物を建設するには、材料を何百キロも遠くから運搬するために、大勢の人が組織的に集中して取り組む必要があった。たとえばニューグレンジの巨石構造物の前面には、何十キロも離れたダブリン近郊の海岸で見つかる石英が用いられている。[*44] 巨大な塚の中央には、長さ二五メートルの狭い通路からしか入れない丸天井の部屋がある。この部屋と通路を支える石もまた、何キロも遠くから引きずってこなければならなかった。同様に、ストーンヘンジの中央に置かれた、一個五〇トンある巨大な石の塊も、おそらくマールボロダウンズの石切場から二五キロもの距離を運んでこなければならなかった。[*45] したがって、これらの巨石構造物を作ろうとしたこと自体、共同体全体に時間と財産を捧げて石の象徴物を作ろうという意志があったことを物語っている。そしてその取り組みのなかで、時間と象徴が新たに作りかえられた。

ストーンヘンジの建設には、のべ三〇〇〇万時間以上の労働が必要だったと思われる。あまりの労働量のため、建設作業は何世代にも及んだに違いない。[*46] 父から息子、母から娘へ受け継がれたこの新たな形の物質的関わりによって、巨石構造物の建設自体が、新たな形の文化と時間を想像するための媒体となった。巨石構造物を建設したことの直接的影響として、それらの構造物を中心に新たな種類の生活共同体が誕生することとなる。

巨石構造物は、まさにその労働と時間のかかる建設の過程を通じて、文化と時間を再構築した。そして時間はつねに、物理レベルと象徴レベルの両方において、巨石構造物の不可欠な一面だった。男性は、農場から駆り出され、傾けた石の板によじ登ったり、地面に掘られた水浸しの穴にかがみこんだりさせられた。他方で、神話的、宇宙論的文脈における時間への関心が、これらの巨石構造物建設のそもそもの中心的動機だったのは間違いない。

ニューグレンジとストーンヘンジは、冬至や夏至などの天文学的事象に対応して作られているという証拠が大量にある。ニューグレンジ中央の部屋のなかは、懐中電灯がないと漆黒《しっこく》の闇だ。しかし、一年のうち冬至前後の何日かだけ、日の出の方向が古代の通路と完璧に一致し、一筋の太陽光がその闇を貫く。その数分間だけ、中央の部屋は暖かい黄土色に輝き、近づく春とともに光と生命が訪れることを約束する。ニューグレンジの建造物と冬至に照らされる部屋は、宇宙的儀式のために建設されたもので、いまではその儀式の意味は失われているかもしれないが、この天文学的配置は見過ごすことができない。ニューグレンジの入り口と太陽が一直線に並ぶ現象は、人々が空とその動きに関するありのままの事実に関心を持っていたことを物語る、説得力のある実例の一つだ。

しかしそれらの巨石構造物は、単なる先史時代の計算機に留まらなかった。ストーンヘンジは、いくつもの形で天文学的に配置されているのに加え、族長や年長者の埋葬の場でもあったかもしれない。[*47]

図1.3　ストーンヘンジの新石器時代の巨石遺構。（上）直立した石はそれぞれ80トンの重さがある。ストーンヘンジの建設はのべ何百万時間もの労働を必要とし、その過程で時間との新たな文化的邂逅がもたらされた。（下）ストーンヘンジの天文学的配置。それぞれの矢印は、石の配置と天空の周期パターンとの関係を示している。長い矢印（A）は、地平線上で太陽がもっとも北に達する夏至の日の出の方向を表す。

このように、儀式と信仰が、巨石構造物を建設しようという象徴的要求の中核をなしていたに違いない。彼ら建設者は宇宙的時間をはっきりと意識し、丸い天球とその周期的パターンに語りかける建造物を作るうえで、労働力と財産を進んで捧げた。

何度も繰り返し――永遠の回帰と新石器時代の宇宙論

農民の宇宙論は、狩猟採集者の宇宙論と似てはいなかった。狩猟採集者の物質的関わりは農耕文化の人々が経験するものと根本的に異なっていたため、宇宙の概念自体とそれを表現するのに使われる象徴もまた、根本的な形で変化せざるをえなかった。移動する狩猟採集者は森林や野原の野外で生活しており、そこには対等な仲間と見なす野生動物が棲んでいた。それに対して農民は、無限に広がる移ろう夜空の代わりに、安定した家の屋根の下での、野性味を欠く定住生活を受け入れた。農民にとって役畜《えきちく》は所有物であり、人間の主人の奴隷として働くものだった。狩猟採集者は途切れのない一体としての時間を生きたが、農民は、日々めぐってくる動物の飼育、家の管理、村の生活によって区切りを付けられる時間のなかを生きていた。このように、時間と宇宙の概念が変わったのは、人々が物質世界と邂逅する方法が変わったためだった。

カレン・アームストロングは、旧石器時代の社会から新石器時代の社会への変化に注目し、役に立たなくなった神話は捨てられなければならないと語っている。つまり、農耕の発達とともに、新たな宇宙論と新たな宇宙的時間の概念が考え出されなければならなかった。

農耕は、初期の科学とも言える分析的思考の産物だった。しかし新石器時代の農民の農耕は、現代の技術革新と異なり、決して「純粋に非宗教的な事業」ではなかった。[*48] 新石器時代の神話的宇宙では、新たな活動と、それらを取り巻くより広大な宇宙の理解の変化が混ざり合っていた。旧石器時代の狩猟のように、新石器時代の農耕は神聖なおこないだった。念入りな種蒔きと栽培によって得られた作物は、新たな形の象徴であり、時間の新たな表現だった。栽培植物は、大地との物質的関わりと、時間のなかで放たれるそのパワーを通じて生長する。したがって、作物は食料であるとともに、神の力でもあった。時間は、農耕の現実世界と神々の象徴的世界を仲立ちするものとして作用した。時間を通じて操られる目に見えないエネルギーが、新たな神話の核となり、耕された地面が共同体にとっての多産な胎内となったのだ。

新石器時代の人々の儀式や神話は、この新たな農耕的宇宙の要求に応えるものだった。共同体の全員が畑に出て一緒に立ち、農民はその年の最初の種を、新たな作物の生長を引き起こす神の力への供物として捧げるしきたりだった。それから何カ月か後、最初の果実が落ち、農耕サイクルを活性化させる隠れた力が再び補充されたとき、人々にとって宇宙的時間が畑のなかでその姿を現す。ときには、土と種と雨の聖なる結婚を表すために、種蒔きの前に儀式的性交がおこなわれた。[*49] これらの儀式のなかで人々は、季節のように明確な時間周期を持つ広大な宇宙の創造力を引き出した。農耕を可能にした、世界の綿密な観察結果は、新たな聖なる神話のなかで内面的に完全なものとなった。

その前の旧石器時代には、天空を目の前にしたときの畏《おそ》れと驚きが、天神の宇宙的神話を生んだ。新石器時代には、大地が母なる神という形で神話の中心となった。肥沃な三日月地帯の神話は、女神とその農耕との結びつきを語っている。旧石器時代に広まった勇敢な狩人の旅の物語は、母なる女神が黄泉《よみ》の国へ下り、戻ってきて新たな生命をもたらすという、危険な旅路の物語に取って代わられた。

それらの神話は、農民が繰り返し経験する地上の恵みと、旱魃《かんばつ》、飢饉《ききん》、洪水といった破壊的行為の両方を表現した。神話は決して現実逃避ではなかった。神話は人々の個人的知識を正直に表現したものであり、死や流転のただなかで人生の現実に立ち向かわせ、新たな農耕的時間のなかで生活に意味を与えるものだった。

もっとも重要なこととして、それらの新たな神話は、農耕的な一年のサイクルおよび、時間の概念におけるその意味合いに強く影響を受けた。たとえば、新石器時代までさかのぼるデメテルとペルセポネの神話には、生と死の一年のサイクルが登場する。デメテルは土地の生産力をつかさどっている。その娘ペルセポネが冥界の神ハデスにさらわれると、悲しむデメテルは生長の季節を突如終わらせ、人々は飢える。そこで、ゼウスがペルセポネを救い出しに行かざるをえなくなった。しかし、黄泉の国の果実を口にしていたペルセポネは、完全に地上に戻ることを許されず、毎年何カ月かはハデスとともに過ごさなければならない。その何カ月かはデメテルが嘆き悲しみ、それが冬の不毛の原因である。この聖なる物語の筋書きでは、季節と密接に結びついた時間が重要な役割を果たしている。*50

偉大な宗教学者のミルチャ・エリアーデは著作『永遠回帰の神話』のなかで、この神話の発展過程を詳述している。農耕を中心とした社会構造が作られると、時間そのものが年ごとに再生されるようになった。「時間が『年』という独立単位に分割されると、ある期間がしかるべく終了して次の期間が始まるだけでなく、過ぎ去った年と過ぎ去った時間が捨てられることにもなる*51」

新たな収穫から最初の種蒔きまで続く祝祭は、単に創造の様子を演じたものではなかった。それは文字通り、時間の再生だった。共同体全員が参加する聖なる演劇として、衣装を着た演者が神話を表現する。「新年は、最初からの時間の再開である」とエリアーデは言う。つまり共同体は、新年が来るたびに儀式として宇宙の起源を反復する。多くの農耕文化において、この時間再開の儀式には、王の死を介した人間の積極的な関与が必要だった。すなわち、その「王」を象徴的に、あるいは実際に殺すことが必要だった。王の血を流し、その創造のエネルギーを大地に返すことで、時間と宇宙を甦らせたのだ。

大地を耕作地へと変えた革命は、人間の意識を作りかえ、現在、すなわちいま起こっているすべての出来事によって定義される時間から、わたしたちを解放した。毎年再開する周期的時間、周期的宇宙は、新たな生活スタイルの要求に合致し、何千年にもわたって人類の想像力をしっかりとつかんだ。そうして新石器時代に、はじめて一つの宇宙論から別の宇宙論へ切り替わった。農耕の到来とともに、世界との新たな物質的関わりによって介される、異なる宇宙的時間が出現した。物質的関わりを通じて謎めいた形で絡み合ったこの宇宙と文化の物語は、今日《こんにち》に至るまで何度も繰り返される。そして、ビッグバン宇宙論の終焉と宇宙論の革命に直面している現在もなお、それは作用している。

第2章　都市、周期、周転円
――都市の形成と理論に基づいた宇宙観

バビロン　紀元前一五六〇年*[1]

彼は急がなければならなかった。さもなければすべてを失う。すでに午後の影が長くなっていたが、まだ、観測をおこなって板の上に記録する準備ができていなかった。法衣をなびかせながら混み合った通りを走ってくる祭司長の姿は、きっと人々の注目を集めるだろうが、いまは気にする余裕などなかった。

彼は若いながら高い身分にあり、さまよう惑星の観測技術と驚くべき計算能力のために急速に地位を上げた。年上の祭司の多くは、嫉妬心をあらわにしていた。しかし王は彼を気に入っていた。彼の惑星の記録から、アンミサドゥカ王は、谷の反乱を鎮圧する確実な方策を得た。いまのところ、王宮における彼の地位は安泰だった。

しかしいまや、すべてが危うくなっていた。彼に金星表を完成させるよう課していたのは、王ただ一人だった。太陽に対するその美しい惑星の出の記録が鍵だった。石に刻まれたその記録は、二一年近く前から続いていた。しかし、以前の祭司長たちの観測記録を見返したところ、曖昧さや矛盾が見つかった。彼の計算は台無しになり、金星の長期的な道筋と、王の将来にとってのその意味合いを解釈するのは難しくなる。精確な観測結果がなければ、王の将来や、王の計画――同盟関係をもたらすものの危険をはらんでいる、娘とシュメールの醜い王子との結婚など――の成否は予測できない。[*2] しかし、今日のように金星を正確に観測できれば、それが正しく再構成するための鍵になるのは間違いない。そして、記録の間違いをすべて直し、正確な解釈ができる。

彼は露天や商店の店先を走り過ぎた。市場《いちば》は、谷からやってきた大勢の商人や農民で溢れかえっていた。彼は人混みをかき分け、ごった返した埃っぽい通りを進んだ。すると前方に、日干しレンガでできた一階建てや二階建ての街の建物から高く頭を出した、ピラミッド型神殿の威風堂々とした階段が見えた。急げ、急げ。白い金星が地平線から姿を現すときまでには、しかるべき場所に着いていなくては。

歴史的時間の始まり――都市国家の創造

それは、さまざまな場所でそれぞれ異なるときに起こった。肥沃な三日月地帯では、都市を中心とした帝国への移り変わりが、少なくとも五〇〇〇年前に始まった。[*3] 中国はそれより多少後に変化を起こし、インド亜大陸のインダス川の文化もそうだった。[*4] 時代は異なっていたが、結果はいずれも同じだった。

人々は、新石器時代を特徴づける小さな農耕集落を離れ、自分たちを支える大都市や広大な帝国を作りはじめた。その都市革命が、人間文化と人間的時間における第二の大きな再編成となった。人口密度の高い都市へ権力が移るとともに、人間的関心や宇宙的構造を支配する時間が作りかえられ再構

図2.1　都市革命における生活と時間――ウルの台の「平和の面」。ウルの台の使用目的は不明だが、古代バビロニアの生活を様式的に美しく描写している。

成された。

ヨーロッパ、地中海、そして最終的に南北アメリカという西洋世界において、都市革命の道のりはすべて、肥沃な三日月地帯、そしてチグリス川とユーフラテス川に挟まれた広大な平原で発達したその諸文明にまでさかのぼる。メソポタミアでは、ウルクなどの大都市がはじめて出現する。[5] それとおおよそ同じ頃、西方では活気あるエジプトの諸王国が興《おこ》った。[6] これらの複雑な都市社会によって、新石器時代のより小さくより分散した村々では想像できなかった形で、日常生活が構成されるようになる。たとえばバビロニアの各都市は、一万から五万の人口を擁していた。自らの食料の生産に直接関与しない人々をこれだけ多く支えるには、人間社会のパターンを作りなおさなければならなかった。農耕は都市の要求に従うようになり、都市のなかでの労働は特化した要求に従うようになった。革製品から布製品まであらゆる品物の商業が、おのおの特化した独自の訓練、経済的需要、政治的関心を伴って生まれた。

都市革命がもたらしたこれらの意識の変化は、物質的関わりを次のレベルへ進めた。人々はさらに高度な象徴を使って考えるようになった。文化の複雑さ（およびそれが可能にした宇宙論の複雑さ）の増大は、情報を個人の記憶の内部だけでなく外部的にも保存するという、人間の能力にかかっていた。そうして、文字言語や文字による記録の発達が始まった。人間文化とその時間への取り組みの進化において、文字が都市革命のもっとも重要な所産だった。

文字言語の歴史は、時間や経済的必要性の歴史と密接に絡み合っている。紀元前四〇〇〇年頃、シュメルの古代都市の人々は、経済取引にメダルを使いはじめた。[*7] そのメダルは小さく平らな粘土製（大きさは硬貨ほど）で、はじめは一日の労働や籠一杯の小麦といったものの代用に使われていた。[*8] しかしシュメル人はすぐに、このメダルであらゆる時間や物を代用できることに気づいた。シュメルの穀物庫では大量のメダルが発見されている。シュメル文明がさらに複雑で高度になるにつれ、メダルの数と種類も増していった。

すべて異なる形をしたそれらのメダルの管理はシュメル人商人にとって重荷になり、やがて彼らはそれらを束ねて粘土に包んで保管するようになった。その包みに印を付けて焼き固めることで、なかのメダルの枚数と種類を管理できるようにした。しかし世代が進むとこのシステムは進化し、刻まれた印そのものが時間や量の象徴としてメダルに取って代わるようになる。粘土の包みに刻まれた印を見ればいいだけなのに、なぜ扱いづらいメダルを使って、小麦の容器の数や課された労働日数を覚えておかないといけないのか、ということだ。こうして、この粘土の包みが粘土板の原型となり、その上に、はじめての本格的な文字体系であるくさび形文字が書かれるようになる。[*9]

メソポタミアの新たな都市国家において、文字と、経済的利益のための時間の利用は、最初から密接に結びついていたようだ。エジプトでも（その何千年ものちにメソポタミアでも）同様の展開が起こり、王家の血統や歴史的出来事を記録するという政治的必要性によって、文字の起源が時間と直接結びつけられる[*10]。

本格的な文字体系は徐々に発明されていったが、その出現は、物質領域と象徴領域との関係がどんどん複雑になっていったことを物語っている。この複雑さの増大は、人間的時間と宇宙的時間の両方に直接的な影響をもたらした。再び、世界との物質的関わりが、文化および認識の革新の源となったのだ。ある重要な分野が、都市革命におけるこの革新の例証となっている。それは計測基準の発明だ。

計測システムを発達させるには、きわめて集中した形の物質的関わりが必要だ。それには、物理的物体を抽象化しなければならない。個々の特性を無視し、固有の性質の客観的基準として用いなければならないということだ。少し混乱しているように聞こえたなら、実際に混乱しているに違いない。ある特定の石を普遍的な計測基準へ変えるには、きわめて巧妙な抽象化が必要だ。「計測単位」という概念はあまりに微妙なものであり、その発達だけでも人間の思考が劇的に変化したことを意味する。

この高度な形の物質的関わりの実例のなかでもとくに鮮明なのが、インダス川流域のハラッパー文化の考古学的研究によるものだ[*11]。パキスタンのシンドー州にあるハラッパーの都市モヘンジョ＝ダロから、大きさがそれぞれ規則的に異なる磨かれた石の立方体が発見されている。それらの立方体は初期における重さの計測体系と考えられており、その重要性はいくら強調してもしすぎることはない[*12]。それぞれの立方体は、それまで測られたことのなかった固有の特性を象徴している。重さの単位としての石の立方体が作られたことにより、重さそのものが「はじめて独立して調べられ測られるようになった」[*13]。

図2.2　ハラッパーの錘と天秤。これらの磨かれた石は、商業取引を容易にするために「重さ」の概念を標準化することで、物質的関わりを抽象化しようとする試みの、初期段階を特徴づけている。

わたしたちが経験する重さをわたしたちが概念化できる重さへと変える認識の変化は、新たな形で重さと関わる必要性によって起こる。同じプロセスが時間に関しても起こったはずだ。経済的要求のために石の立方体の基準が開発されたことで、重さの概念が再構成されたように、時間もまた、ほぼ同じ理由から同じ時代に再構成される。都市革命のあいだに、時間が世界の個別の性質として姿を現し、文化と宇宙の様子を永遠に変えたのだ。

この種の認識の変化においては、物理的具象化がその変化の軸となる。重さの体系の発達に必要な象徴的思考は、重い物体を実際に具体的に扱うことから始まる。次のステップでは、個人を離れ、興りつつある文化の共通した必要性へと歩を進める。重さの象徴としての、ラベルを付けられた石の立方体は、単なる「言葉遊び」の産物ではない。その力としてきわめて重要なのは、物体の特定の性質を抜き出す人間の想像力だ。標準化された錘《おもり》はそれ自体が象徴的——重さの象徴としての錘——だが、その象徴は、都市革命をもたらした認識と文化の変化がなかったら、意味を持たなかっただろう。それは新たな種類の認識的思考であり、たとえば商人が商品の価格を取り決めるために何らかの基準を必要とするときの、現実世界の関心事から芽生えたものだ。

重さについてうまくいったことは、時間についても同じく有効であることが明らかとなる。都市革命により、時間と邂逅して利用する方法が変わり、世界との交流が豊かになった。石の立方体が重さを表すようになったのと同じように、古代シュメルのメダルは時間を表現するのに使われた。時間は、磨かれた石と違って直接的な意味で物理的ではないが、それでも物理世界との邂逅の一部をなしている。人類の初期の進化的発達においては、スティーヴン・ミズンが旧石器時代の認識のビッグバンの説明で述べている、組みこまれた物理的モジュールのなかに、時間は畳みこまれていた。しかし都市革命の時代に、文化は進化をはるかに超えて拡大した。都市の住民が継承してきた象徴的思考によって、遺伝的に組みこまれたモジュールは強化された。

都市革命のあいだに、文字で書かれた暦と、一日を明確に分割する単位がはじめて登場した。たとえばシュメル人は、月の満ち欠けと太陽年の長さに基づいて月日を追跡する太陰太陽暦を使っていた。くさび形文字が刻まれた大量の粘土板からは、メソポタミアの農耕、経済、政治的要求に合わせて明確で正確な暦が必要だったことが読み取れる。拡大する都市計画事業や腹を空かせた軍隊を維持するための税を徴収する日にちを決めるのに、暦は必要だった。[*14] また、王と国家を維持するという明確な政治的機能を持つ宗教的祝祭の日にちを決めるのにも、暦は必要だった。[*15] ほかにもさまざまな理由から、新たな都市文化には、新たに始まった時間の使い方に合う正確な暦が必要だった。その要求に合わせるために、時間という特性が抽象化され、人間の時間との邂逅が再構成された。

時間との物質的関わりは、その原材料、すなわち季節や天空のパターンを扱うことにほかならない。たとえばメソポタミア人は、一二カ月（天空における月の一二周期）と一年（天空での太陽の動きの一周期）が等しくないという、基本的な天文学的事実に気づいていた。[*16] この食い違いのために、真夏の月が季節を移動して真冬にやってくるようなことがない、正確な暦が求められた。

時間をつなぎ合わせておけるように、暦に一三番目の月を付け加えて月の周期と太陽の周期を同期させる、閏月《うるうづき》のシステムが考え出された。[*17] のちほど見るように、閏月によって月と年のバランスを取る方法は、その後何千年にもわたって暦の制作者や改良者を悩ませることとなる。閏月は、人類が市民の共有資源として時間と物質的に関わることの起源を物語っている。それぞれの文化が進化して複雑さを増すと、その制度上の時間を、要求に合うように変形させなければならなかった。その過程で都市の住民は、税の徴収の日程、宗教的祝祭、都市権力の定期的な誇示を通じて、時間の新たな経験を作り出した。より身近なレベルでは、新たな形の社会組織体系を通じてのみ可能な新しい形の物質的関わりから、鍛冶屋や陶工にとっての生きた一日の形が生まれた。日々の経験としての生きた時間も、市場《いちば》の開店と閉店の規則と同じくらい単純な形で変化し、また、商業による都市国家の繁栄に伴う商人の生産性への要求の高まりと同じくらい複雑な形で変化した。

時間との新たな形の物質的関わりによってもたらされたこれらの文化的革新が、同時に二方向に進んでいたことを理解するのは重要だ。一方では下流へ進み、日常生活における時間を形作った。しかし同時に上流へも進み、時間の新たな概念が、神話を通じた新たな宇宙論のなかで発展した。この過程は人類の文化の進化において基本をなすものであり、物質的関わりと文化と宇宙の謎めいた絡み合いのなかには、一つの循環が存在している。文化の変化が新たな種類の技術（物質的関わり）を発展させ、それによって新たな形の個人的経験が可能となり、さらにそれが新しい形の文化の変化をもたらすのだ。

作られた宇宙——都市革命における宇宙論と時間

宇宙論的神話は、経験とともにつねに変化する。都市革命が進むにつれ、人類はより自分を意識するようになった。人間はもはや自然の一部ではなく、その枠組みから踏み出していた。それに応じて都市建設者は、都市のように無秩序から出現した宇宙を作り出した。彼らの宇宙は、ときに争いに発展する神々のやりとりのなかで作られた、秩序立った場所だった。

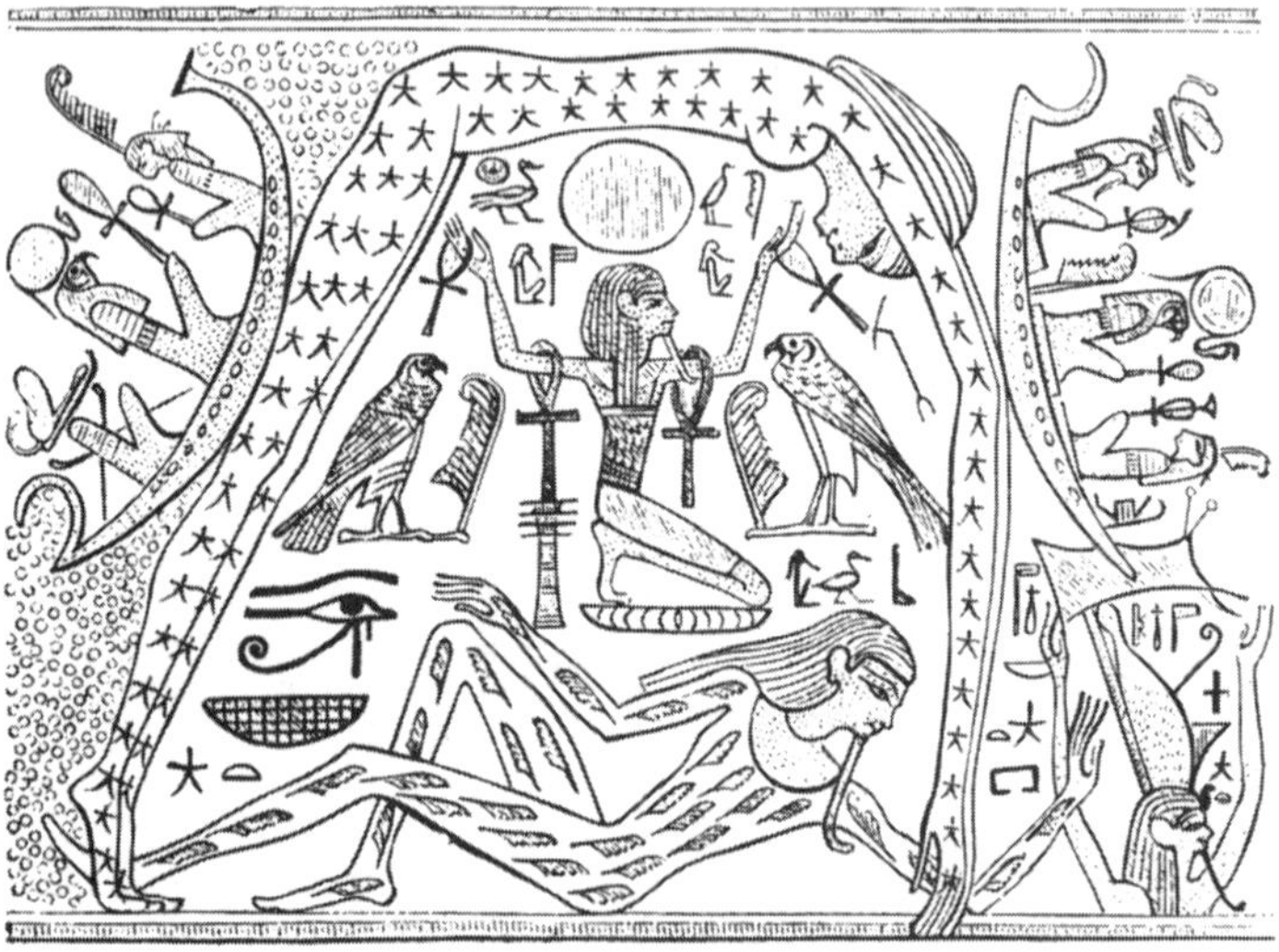

図2.3　このエジプトの創世神話の絵では、大気の神シューが大地と天を分けた。天空の上を進む船は、1日の経過を象徴している。

古代エジプトには少なくとも三つの異なる創世神話があり、そのいずれもが、果てしなく広がる暗い原初の水から始まる。エジプト人はそれらの物語のなかで、宇宙的荒野から秩序を切り開いた、自分たちの都市建設の経験を反映した宇宙を想像した。[*18]

政治的に高度な都市の住人が、宇宙を形作る強い政治権力を擬人化した創世物語を想像したとしても、驚きではないはずだ。エジプトではそれは、混沌とした原初の水を具現化した神ヌンだった。[*19] ヌンから真の創世神アトゥムが現れ、それが大気の神シューおよび、雨と湿気の神テフヌートを産んだ。続いて大地の神ゲブと空の神ヌトが生まれた。さらに、宇宙におけるそれぞれ異なる生命力を擬人化した、Aランクの神とBランクの神が現れた。

科学史家のヘルゲ・クラフは、「これらの[神話]は宇宙を、創造され、生命、変化、活動にあふれた動的な実体として描写している」と言っている。[*20] もっとも重要なこととして、その活動は人間どうしの（あるいは神と人間との）ものだった。宇宙論の変化が人間の変化を反映していたことになる。

メソポタミアの宇宙論的神話にも、複雑な都市帝国を維持するのに必要な、衝突を招きやすい真剣な交渉の様子が反映されている。メソポタミアの宇宙は、三人の神に支配されていた。大地と水はエアの領域で、神エンリルは天をつかさどり、アヌはそのあいだの大気を支配していた。これら三人の意気揚々たる高位の神の下には、それぞれ宇宙の独自の領域に責任を負う、争い好きな下位の神々が住んでいた。エジプトの宇宙においてと同じく、メソポタミアの神々も原初の混沌のなかから現れた。やってきた人間は、自分たちが住んでいる宇宙が、形のない状態からすでに形ができあがっているものであることを知った。彼らの宇宙は政治的緊張の場でもあり、神々の終わりのない小競り合いが、人間が経験する日々の世界を形作っていた。

メソポタミア人にとっては、人類の創造さえも政治的内部抗争に端を発していた。バビロニア人による人類の起源の神話では、偉大な神エンリルが下位の神々を奴隷にした話が語られている。エンリルは長いあいだ下位の神々を、絶え間ない運河建設と灌漑事業に強制的に従事させていた。ついに下位の神々が反乱を起こし、エンリルは彼らを奴隷の身分から解放するしかなくなった。新たな労働力が必要となったエンリルは、反乱を起こした神の一人を殺した。そして、その不運な神の血と粘土を混ぜて人類を作り、運河建設による世界のさらなる構築の責務を負わせた。[*21]

このように、メソポタミア人の宇宙は、彼らが作った都市に似ていた。もはや人類は、旧石器時代のように自然世界と絡み合ってはいなかった。人間と動物が会話できた時代はとうに過ぎており、遠いエデンの物語のなかだけに残っていた。新石器時代の純粋に農耕的な世界も、すでに衰えていた。

この時代の多くの神話は循環的な時間を描きつづけ、一年一年は儀式によって更新しなければならなかったが、ある重要な変化がそれらの儀式の形を変えていた。時間の連続性を確保するための儀式は、都市革命のなかで、王とその国家のためにおこなわれるようになった。いまや、年の更新と時間の連続性を求めるのは、神王がつかさどる組織となった。国家は宇宙と結びつけられるようになっていた。

この変化におけるきわめて重要な側面が、聖職者階級の誕生だった。宗教が国家の支配領域になると、熟達した聖職者のグループが出現した。彼らの仕事は、人類の世俗的な領域と神の不変の領域を仲立ちすることだった。バビロニアの大都市では、彼ら聖職者たちが初の本格的な天文学者となり、はじめて天体現象を長期的に記録するようになる。そのような長期的な記録が必要だったのは、たとえば土星の軌道を追跡するには少なくとも三〇年にわたって連続して観察しなければならないためだ。天文学者兼聖職者が、人間の寿命の何倍にもわたって長期的に天体の動きを追跡しはじめたことで、宇宙的時間と人間的時間が明確に結びつけられた。観測は、現在のわたしたちが占星術と呼ぶ、王と国家の未来を予測する営みのためにおこなわれていたが、それが天空に対するわたしたちの態度、および、より重要なこととして、宇宙に対するわたしたちの態度の転換点となった。[*22] 献身的な聖職者階級は、意識的に宇宙と関連させた文化的目的に寄与することとなった。彼らの営みのなかで、時間との物質的関わりが新たなレベルに成長し、科学としての天文学の土台が定着した。

物質と精神のメカニズム——ギリシャの目覚め

のちにアンティキティラの機械と呼ばれるようになる遺物は、その優れた能力が解明されるまで地

図2.4　アンティキティラの機械。紀元前100年頃の難破船とともに沈んだギリシャの天文計算機。この機械の歯車は、2000年のあいだ水のなかにあったため融合している。再現されたレプリカから、日食などの天体現象の追跡におけるこの機械の精度がうかがわれる。

中海の底で二〇〇〇年間待ちつづけていた。一九〇〇年に発見されたその機械は、アンティキティラ島という小さなギリシャの島の沖合に沈む紀元前一世紀の難破船に乗っていた。海水の作用で融合した歯車や梃子《てこ》や留め具からできたその機械は、ただちにアテネの博物館へ送られたが、その真の天文学的目的が明らかになるまでにはさらに一世紀待たなければならなかった。二〇〇七年に研究者のグループが、そのアテネの博物館に高度なX線断層写真撮影装置を持ちこみ、この機械の内部構造の詳細な三次元図を作製した。

アンティキティラの機械のデジタル画像のなかからは、歯車に刻まれた、古代の使用説明書のように読め、この機械の使用目的をはっきりと示すギリシャ語の文章が見つかった。この機械は、惑星の運動、月の満ち欠け、さらには日食の日時さえも予測できるよう設計された、とてつもなく正確な天文時計だった。あまりに正確に設計製作された装置であり、現代の時計職人の面目さえも潰すくらいだ。研究者の一人は、「美しい設計で、その天文学は正確で正しい。この機構の設計のしかたには唖然とさせられるばかりだ」と言っている。[*23]まるで、古代ギリシャ人の全英知がたった一個の機械に注ぎこまれたかのようだ。

紀元前七〇〇年から一〇〇年までにギリシャで起こった出来事に関しては、それを網羅した書物をすべてかき集めてもなお、十分に語り尽くしたとは言えない。それ以前の五万年間における旧石器時代と新石器時代の革命、および都市革命は、分散した事象であり、地球上の別々の場所で文化ごとに異なる道筋を経て起こった。ヘレニズム時代のギリシャ人が始めた精神と文化における革命は、人類の才能が局地的にただ一度花開いたものだった。もちろん人類文化史のなかでは、八世紀から九世紀の中国の唐や一六世紀の西ヨーロッパのルネサンスのように、創造力の爆発の瞬間がほかにもある。[*24]それでもギリシャの経験は並外れている。ギリシャ人は、人間的時間と宇宙的時間がつながり合った物語において中心軸をなす。わたしたちがヘレニズム時代のギリシャと呼んでいる都市国家の緩い連合体の全土にわたって、自然、秩序、時間のまったく新たな概念が編み出された。世界のなかにパターンと秩序を見いだし、自然のなかにメカニズムを見て取り、文化の物質的基盤としてのメカニズムを作り出すギリシャ人の才能は、それ以前には見られないものだった。彼らによって確立された見方が、その後の二〇〇〇年にわたる知的探究を支える基礎となる。

個人的な宇宙——ヘレニズム時代のギリシャにおける個人的時間

アンティキティラの機械と、その精巧に作られた歯車や文字盤は、ギリシャ人が物質と精神の両面における秩序立った世界をどのように想像していたかを物語っている。古代ギリシャからいまも残っている多くの物語、論評、演劇もまた、独自の用途のために時間を秩序づける、高度な感覚を持った文化の証だ。その秩序がもっともよく現れているのが、紀元前七世紀に農民で詩人だったヘーシオドスが詠んだ『仕事と日』だ。[*25]

ヘーシオドスの『仕事と日』は、詩と農民の指導書を一対一で混ぜ合わせたものだ。アンソニー・アヴェニによれば、『仕事と日』は、山がちなペロポネソス半島の農耕環境のなかで「どのようにして規律正しい秩序立った生活を送るかを詩人が語った、自立のための古代の教科書」のように読めるという。[*26] ヘーシオドスが聞き手に（この詩は歌う前提で作られている）年間の困難な農耕作業を手引きしているが、詩のなかの至るところには言外のテーマとして時間が登場する。

ヘーシオドスのこの詩は、ギリシャの創世神話から始まる。その物語は、時間そのものの権化である神クロノスのもとで世界が調和していた、黄金時代について語っている。以前の旧石器時代の神話を彷彿とさせるように、この黄金時代は銀の時代や真鍮の時代へと着実に衰退し、いまでは失われている。時代が進むたびに、人類は高潔な起源からさらに堕落し、退廃的になって互いや神々を尊重しなくなる。ヘーシオドス本人が生きた時代は、もっとも卑しい金属にちなんで鉄の時代と呼ばれる。

この詩人いわく、鉄の時代のギリシャを立ち直らせ、世界の完全な破滅を防ぐには、苦しいが律儀な労働による方法しかないかもしれない[*27]。

ヘーシオドスは、宇宙の舞台を設定したのに続いて、読者に、「道徳に基づく農民の時計」をもとに自分の生活をいかに秩序づけるかを助言する[*28]。そして、天体の周期に具現化されている自然が、一年の労働を秩序立てる道しるべになるとして、次のように述べている。

アトラスの娘、プレアデスが昇るときに
収穫を始め、沈むときに再び耕せ。
プレアデスは四〇の夜と四〇の昼にわたり隠れている。
そして一年がその時点まで進むと
プレアデスは再び姿を現すので、そのときはじめて鉄器を研《と》げ（三八三 - 三八七[*29]）。

詩のなかでヘーシオドスは、星々を暦として使っている。プレアデスは、おうし座にある、はっきりと見える七つの星からなる星団だ。おうし座は十二宮の一つなので、一年のうちある期間しか夜空に見えない。そのため、夕方の空におうし座のプレアデスがはじめて現れることが、農民にとって明確で優れた時間の指標となる。このようにプレアデスを使うことで、ヘーシオドスは、時間との物質的関わりの明確な例を提供している。季節による星々の出現は、研がなければならない硬い鉄の刃と同じく、秩序立ったギリシャの農民の生活のなかで確実に関わりを持つべき材料なのだ。

ヘーシオドスは『仕事と日』の第一巻『仕事』の全篇を通じて、種蒔き、収穫、ワインを造るためのブドウの圧搾、海への船出、馬の去勢、さらには性交のための、時間に基づく数多くの規則を示している。作物の収穫については、馴染み深いオリオン座を用いている。

力強いオリオンがはじめて姿を見せたら奴隷を働かせ
デメテルの聖なる作物を唐箕《とうみ》にかけよ（五九七 - 五九八）。

ヘーシオドスは、性についても、愛とはまったく関係なく、天空を使って周期を定める。夏の夜空に恒星シリウス（セイリオス）が現れると、女性の欲求と男性の減退が始まるという。

そして山羊がもっとも肥え、ワインがもっともおいしくなるとき
女性はもっとも淫らになるが、男性の精力はもっとも役に立たない。
セイリオスの星が根元と頭を同じようにしぼませるからだ（五八五 - 五八七）。

アンソニー・アヴェニが著書『時の帝国』のなかで示しているように、ヘーシオドスの『仕事』の構成は、ギリシャ人の時間の経験について強力な洞察を与えてくれる。アヴェニは次のように述べている。

ヘーシオドスの創作から、初期のギリシャ人は今日《こんにち》のわたしたちと違い、時間を、時計で計られる抽象的な現象としては考えていなかったことが分かる。彼らにとって時間とは、土地の耕作か

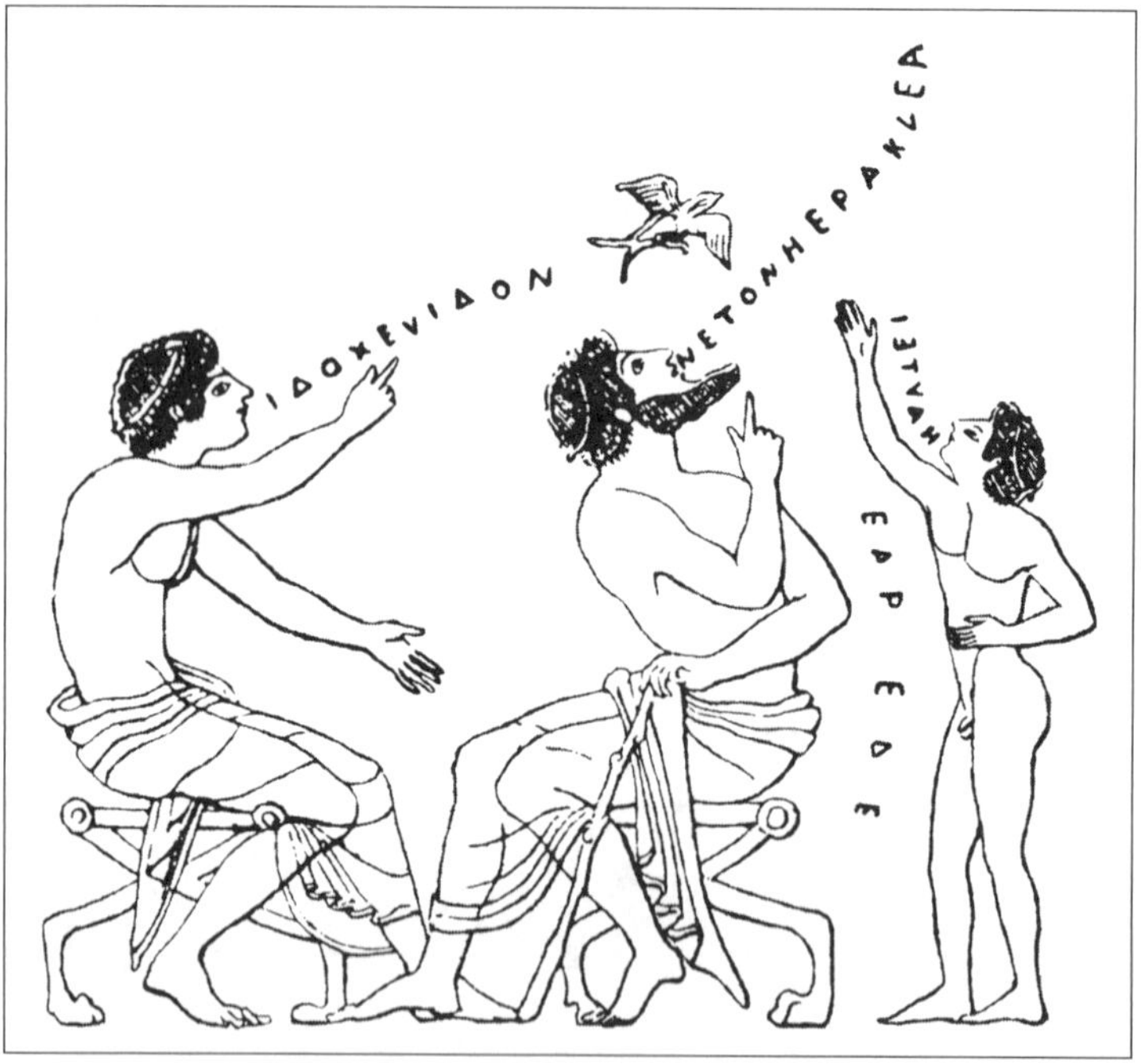

図2.5　初期のギリシャで描かれた、時間の指標として使われた自然のサイン。図中の文は、「あのツバメを見ろ」「ヘラクレスのツバメだ」「飛んでいくぞ！」「春が来た！」という意味。

ら神々の崇拝まで、日常生活における種々の出来事に関連づけようとした、感じ取ることのできる自然の出来事がなす、秩序立ったサイクルであった。ヘーシオドスにとって時間の真の本質は、自然と文化のあいだで絶えず続けられる対話のなかにあった。[*30]

ヘーシオドスはこの詩の全篇を通じて、生活の秩序を天体的時間と人間的時間の両方の文脈のなかにはっきりと位置づけている。天空のリズムと経験される生活のリズムを筋の通ったパターンで関連づけるこの能力が、ギリシャ文化の道筋の出発条件を定めている。まもなくギリシャ人は、神の説明に頼らずに自力で自然のパターンと関連づけることにより、宇宙という構築物のためのまったく新しい枠組みを作り出すこととなる。

ヘーシオドスは明敏な鋭い目で星々、気象、動物からなる自然界を観察したが、彼を分類学者や科学者と見るのは間違いだろう。[*31] ヘーシオドスは創作のなかで、土地の世話をし、自然を通じて時間がどのように現れるかに気を配る、農民の日常生活を描いている。その後の何世紀かにわたって、アテナイ、コリント、ロードスなどギリシャの大都市では、より幅広い時間の心像が姿を現す。その新たな宇宙像が、ヘーシオドスによる自然と天体の秩序のサインを、より抽象的な新たな領域へと高める。農民であったヘーシオドスは、「自然の出来事を天文学的、鳥類学的、園芸学的、気象学的範疇へ分類すること」には関心がなかったが、[*32] ギリシャの諸都市に出現した哲学の各学派がまさにそれをおこなう。彼らは徹底的に分類をおこない、宇宙と、時間における宇宙の位置に関する、まったく新たな見方を考え出すこととなる。

幾何学的宇宙――ギリシャ宇宙論の秩序ある宇宙

ギリシャの宇宙論的考え方は、六〇〇年のあいだにさらに革新的な世界像を確立させた。ギリシャ人が文化、芸術、政治、そして日常生活に秩序を導入して花開かせたことが、宇宙（ギリシャ語のKOSMOSという単語で体現された概念）もまた合理的に秩序立っているという確信へと反映された。[*33] 都市革命によってできた都市国家は、相争う神々が天空と人間的事柄の両方を支配しているという、神話の宇宙を作り出していた。しかし新たな系統のギリシャ人思想家は、この自己中心的な世界観を飛び越え、物質、空間、そして時間そのものの謎が人類の理性の能力に屈する、精神の宇宙を作り出した。[*34]

この考え方はイオニアに端を発する。イオニア人は、古代ギリシャ世界を構成する三つの集団の一つだ。現在のトルコに近い島々と海岸沿いに住んでいたイオニア人たちは、共通の方言と、自然界に関する独特の考え方によって結びつけられていた。[*35] 紀元前六世紀のイオニア人哲学者タレスは、神に頼らずに世界を説明しようという意志を固め、革命の火を付けた。そして、エジプトから学んだ幾何学とバビロニアから学んだ天文学を使い、新たなフロンティアを切り開いた。紀元前五八五年にタレスは、太陽と月の運動を表す数学モデルだけを用いて日食を予測した。現代の学者は、その話は実話というより神話に近いと考えているが、のちのギリシャ人作家たちがタレスの才覚を詳しく語っている。たとえこれが作り話だったとしても、数学に関するタレスの功績を熱狂的なギリシャ人哲学者が神話化してくれたおかげで、ヘレニズム世界に起こった急激で著しい文化の変化についてたくさんのことが分かる。

この革命を推し進め、自然哲学の基本的諸概念を明確に提示したのは、タレスの教え子たちで、その諸概念のいくつかは二〇〇〇年後に現代科学によってさらにはっきりと表現されることになる。タレスの弟子アナクシマンドロスは、世界は「熱と冷、乾と湿、明と暗という、互いに混ざり合った対立物」でできていると説いた。[*36]これらの対立物のあいだの緊張状態が、動的で進化する世界を生み出すという。アナクシマンドロスの説明によれば、すべての動物や人間はより劣った海洋生物から進化したという――チャールズ・ダーウィンの洞察の原型と言える。

タレスとその信奉者たちがそれまでの人々と大きく違っていたのは、宇宙は人間の精神によって理解できると主張していたことだ。自然は合理的に構築されており、説明するために超自然力や神の勧告や占いに頼る必要はないとした。ギリシャ哲学者たちはタレスの方法論を採り上げ、自然を聖職者の占いの言語でなく、拡大しつつある数学の言語で記述することによって、新たな道具をいくつも付け加えた。

やはりイオニア出身のピュタゴラスは、ギリシャ人哲学者が新たな宇宙を構築するために使うこととなる数学的道具をいくつも作り出した。ピュタゴラスは諸定理を簡潔かつ厳密に定式化しはじめ、幾何学を発展させて、それをエウクレイデス（ユークリッド）などのちの思想家が引き継ぐこととなる。紀元前六世紀前半にイオニア海のサモス島で生まれたピュタゴラスは、地中海のいくつもの文化圏を広く旅し、学んだ事柄を新たな思考形態へと消化したとされている。[*37]

ピュタゴラスが紀元前六世紀中頃に作った哲学学派は、その後の古代史にとてつもない影響を与えた。メンバーの誰もが深い神秘主義に通じたピュタゴラス学派は、秘密結社だった。しかしそれ以前の新興宗教と異なり、ピュタゴラス学派の宗教的歓喜のもととなるのは、数学的な美を深く考え探究することだった。「すべては数である」というのが彼らの信条だった。ピュタゴラス学派にとって、現実は数学そのものだった。「ＫＯＳＭＯＳ」という概念——数学的に探究し考察できる宇宙——は、ピュタゴラス学派によって作り出されたとされている。ピュタゴラスの流儀に従う人々は、この宇宙の数学的探検に悟りを見いだした。古代も現代も含め、ピュタゴラスを信奉する人たちにとって、宇宙は「算術的神性に満ちあふれている」[*38]。

ピュタゴラスの世界像の中心をなすのが、のちにプラトン立体と呼ばれるようになる五種類の幾何学的構成物だ。プラトン立体は、幾何学の規則だけを使って構築される対称性の高い五種類の三次元図形からなる。そのうちもっとも単純なのが、正四面体と呼ばれる、四つの面を持つ錐体。複雑さの段階でその上にあるのが、六つの面を持つ立方体で、その先は正八面体、正一二面体、正二〇面体と続く。

それぞれのプラトン立体は、美しい幾何学的関係を豊富に有している。たとえば、五種類のプラトン立体を適当な大きさに合わせると、すべてを入れ子にして、内側の立体の頂点が次の外側の立体の面にそっと触れるようにすることができる。さらに、それぞれのプラトン立体は、あらゆる図形のなかでももっとも完璧である球の内側に、頂点が触れるようにして入れることができる。ピュタゴラス学派にとって、プラトン立体は美と調和を体現したものだった。それはきわめて重要な点で、彼らの宇宙像では美と真理は同じものだった。彼らギリシャ人数学者兼哲学者は、プラトン立体の美しい対称性を見て、それぞれの図形を物理世界の根源的特性と関連づけた。そして、立方体は土という元素であり、火は正四面体に結びつけられ、気は正八面体で体現され、水の本質は正一二面体のなかにあり、正二〇面体は宇宙全体と関連づけられた。そしてその正二〇面体は、完璧な球のなかに入れられていると考えた。*39

基本的な数学的図形を基本的な物理的本質と関連づけるというのは、宇宙論的思考にとってまったく新たな前進だった。それにより、根底をなす数学的現実が、観測可能な世界の形態や振る舞いと関連づけられるようになった。この関連づけを促した論理は、いまなお、世界を理解しようとする科学的試みを駆り立てており、たとえば、さらに抽象的な数学モデルを見つけて素粒子や時空そのものを記述することに、科学者は重点を置いている。今日《こんにち》の宇宙論は変化の瀬戸際に立っており、競い合う数学モデルの美しさとエレガントさが、科学者の注目を集めるうえで重要な、あるいは誇大な役割を果たしている。それは、ピュタゴラスとその信奉者たちの遺産だ。

「幾何学を知らない者をここに立ち入らせるな」。この警告文は、プラトンの有名な哲学の学校であるアカデメイアの門に掲げられていた。紀元前五世紀から前四世紀に黄金時代のアテナイに生きたプラトンは、ピュタゴラス学派の数と数学に対する喜びを受け継いだ。ほかのギリシャ人思想家と違い、宇宙の詳細なモデルを編み出すことはなかったが、西洋科学の構築にきわめて重要な役割を果たすこととなる包括的な考え方に寄与した。

プラトンはピュタゴラス学派の各理論をもとに、現実の外見の裏には完璧な数学的世界が横たわっていると論じた。その欠陥のない数学的図形の領域が、わたしたちの見ているすべてのものの青写真になっているという。プラトンにとって、わたしたちがこれほど鮮明に経験する、時間に縛られた世界は、数学的図形からなる、時間と無縁の理想的な世界が劣化したものだった。しばしば形相論（あるいはイデア論）と呼ばれるこの考え方は、哲学者たちの精神のなかにさざくれのように留まり、何千年にもわたる、世界の根底にある純粋な構造を探そうという試みに火を付けた。プラトン以後、数学は、世界という肉体をぶら下げる骨格として捉えられるようになった。今日《こんにち》なお、プラトンの理想論は強力な背景となり、暗黙のうちに、現代の物理学者や宇宙論学者の取り組みを特徴づけている。

プラトンのイデア論がもたらした結果としてもっとも長期的に影響を与えたものの一つが、ギリシャ人天文学者たちに、「仮象を守れ」、すなわち、ギリシャの秩序と美の理想に当てはまる天空の数学的モデルを見つけよと忠告したことだった。観測のみによって宇宙の性質を探るのでなく、自然は数学的、幾何学的図形によって秩序づけられているという前提に基づいて、宇宙のモデルを構築しなければならない。そしてそれらのモデルは、幾何学を用いることで、恒星に対する惑星の逆行運動を含め、すべての天体運動を説明し予測できなければならない、ということだ。

ギリシャ幾何学において完全性を象徴するのは、円だった。そのため、惑星の真の運動は、円軌道に沿って一定の速さで荘厳と進むものでなければならなかった。プラトン哲学は、真の太陽系モデルに対し、すべての惑星が円軌道上を一定の速さで運動することを求めた。天空上での見かけの不規則な惑星運動——加速、減速、謎めいたループ運動——は、地球上における錯覚として説明しなければならない。その難問に対する完全な答を出し、一〇〇〇年以上続く地球を中心とした宇宙像の基礎を構築することとなるのが、プラトンのもっとも優秀な教え子だった。

その教え子が、アリストテレスだ。アレクサンドロス大王の個人教師をしていたアリストテレスは、アテナイに戻って私設学校リュケイオンを設立した。そして師とはまったく異なる哲学を発展させ、その違いから、二人は西洋文明にそれぞれ独自の足跡《そくせき》を残すこととなる。アリストテレスは、生物学、物理学、天文学と、自然世界のあらゆる側面に関心を持ったが、現代的な意味で科学者ではなかった。自らの理論を厳密な実験によって検証するのでなく、自明だと考えるいくつかの中核的な信念を、世証拠のバランスが崩れた状態のもとに、宇宙の精密な記述を導いた。
界の振る舞いに関する、取捨選択した観測結果と組み合わせた。[*40] そうしてアリストテレスは、推論と
五〇以上の世代にわたって人々の精神を支配したアリストテレスの宇宙は、いわば分割された神の
国だ。万物の中心には球体の地球があるが、それは穢《けが》れた領域であり、アリストテレスによれば、月
より内側の領域は堕落と不完全の地である。アリストテレスによる物理の見方（天文学と同じく歴史
的に重要である）は、この月より内側と外側の領域の区分に依存していた。アリストテレスの宇宙に
は、土、水、火、気、そしてエーテルという五種類の元素が存在する。それぞれの元素は「自然な」
運動を伴う。土と水は、「自然に」地球の中心へ向かって動こうとする。気と火は、自然に天の領域
へ向かって上がっていく。そしてエーテルは、天球を構成する神聖な物質だ。これらの「自然な」傾
向は、アリストテレスにとっては自明であり、個別の検証は必要としなかった。それから何世紀も経
ってようやく、ガリレオ（一六世紀後半から一七世紀前半）などの新たな系統の科学者が、自然の運
動などの仮説を実験によって検証することを求めることとなる。

アリストテレスは、見た目が不規則な天空の運動（その最たるものが逆行運動）から秩序を取り戻
すために、やはりプラトンの教え子であるエウドクソスが提唱したモデルをもとに独自の宇宙を構築
した。[*41] それは、地球を中心とする完全に幾何学的な宇宙像であり、地球はいくつもの回転する同心の
球殻に取り囲まれている。太陽と各惑星は、それぞれ異なる透明な球殻にくっついて地球の周りを回
っており、球殻はそれぞれ、一定の速さで数学的に完璧な円運動をしながら天体を動かしている。エ
ウドクソスは、各球殻の回転運動が観測結果と合うよう調節し、独自の「宇宙体系」を使って、プラ
トンが守るよう求めていた見かけの運動の多くを再現した。

アリストテレスの太陽系モデルは、うぬぼれた地球中心の考え方と幾何学的調和とを混ぜ合わせることで、ギリシャ人の想像力を捕らえた。しかし、ロードス島のヒッパルコスなどの天文学者によるさらに精確な観測結果と詳細に比較するには、それでは不適当だった。ギリシャの宇宙の創造における最後の輝かしい手柄は、ギリシャからではなく、古代世界の知的な栄華であり、いまで言う完全に公費で賄われる研究所である、エジプトのアレクサンドリアにあった大図書館からもたらされる。そのアレクサンドリアで、天文学者のクラウディオス・プトレマイオスが、プラトンの難問を最終的に解決した。

プトレマイオスは、ヒッパルコスのデータにも耐えられる、地球を中心とした真に正確な天体運動の幾何学モデルを作った。プトレマイオスの宇宙は、一定の円運動のみを用いて組み立てられている（「一定」という言葉を多少拡大解釈させなければならなかったが）。平均的な能力を持つ天文学者なら誰でも、プトレマイオスの研究成果を用いて、太陽、月、惑星の運動を、肉眼による最良の観測結果にも匹敵する精度で予測できた（望遠鏡が登場するのはそれから一五〇〇年後のこと）。

プトレマイオスの研究成果はきわめて強力で、紀元一四〇年代に書かれた彼の著書『数学全書』は、一〇〇〇年以上にわたって天文学の標準的な教科書となった。ヨーロッパが暗黒時代に陥っていたあいだに科学を前進させたアラビアの天文学者は、プトレマイオスのその本を『アルマゲスト』、すなわち単に「最高のもの」と呼んだ。それから一三〇〇年にわたり、天文学の研究はすなわちプトレマイオスの研究であった。

しかしクラウディオス・プトレマイオスは、ある代償を払って正確さを達成したのであり、その代償とは単純さだった。プトレマイオスの地球中心モデルにおいて仮象を守るには、印象的な一連の幾

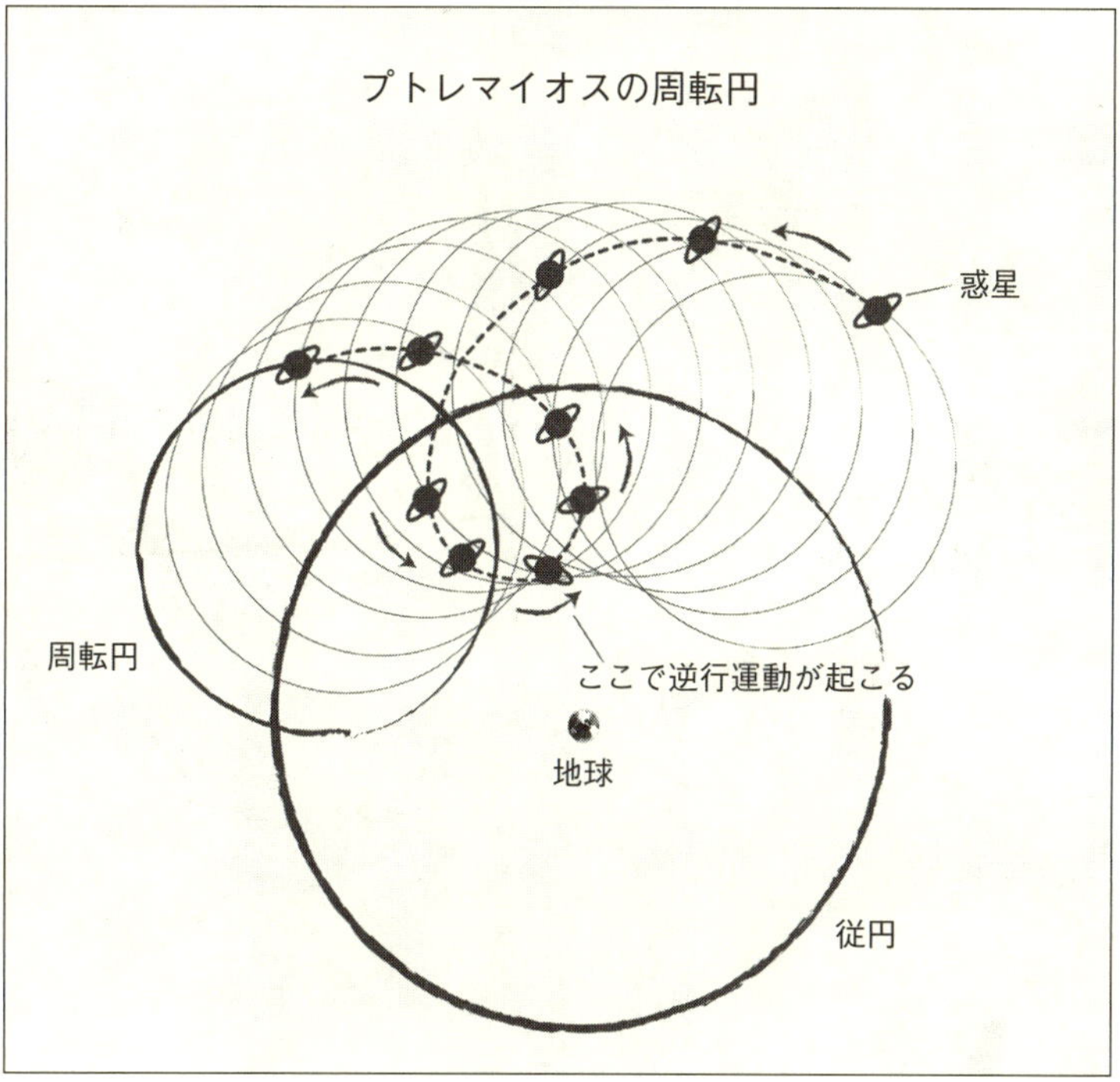

図2.6　プトレマイオスの天文学における逆行運動と周転円。プトレマイオスは、惑星運動が周期的にループをなすことを説明するために、それぞれの惑星は「周転円」の上に乗っており、その周転円の中心が従円上で地球の周りを公転していると想像した。地球上の観測者にとっては、周転円上での円運動と従円上での円運動が組み合わさることで、天空上での見かけの逆行運動が生み出される。

何学的装飾品を付け加えなければならなかった。たとえば逆行運動を表現するには、それぞれの惑星が地球を中心とした円軌道上を直接運動しないようにする必要があった。代わりに惑星は、周転円と呼ばれるもっと小さな円周の上を動き、その周転円の中心が地球の周りを（従円上を）一定の速さで動く。周転円上の惑星の動きが周転円の軌道運動と同じ方向のとき、地球上の観測者には惑星が天空上を着実に動いているように見える。その動きはつねに、恒星に対する運動であることを思い出してほしい。惑星が恒星に対して東の地平線へ向かって動いているときには、周転円上での惑星の運動方向は軌道上での周転円の運動方向と一致する。しかし、惑星が周転円の反対側に回りこむと様子が変わり、惑星の動きは周転円全体の動きと逆方向になる。そのためその惑星は、天空上で方向を変え、西の地平線へ向かって後ずさりするように見えることになる。プトレマイオスのモデルは、周転円上での惑星の運動と、地球を中心とした周転円の公転という、二つの運動を組み合わせることにより、プラトンの懸案を解決した[*42]。

後知恵ではあるが、プトレマイオスの太陽系像は、手の込みすぎたからくりのように見える。円と円運動を好むギリシャ哲学が支配していた古代世界（およびその後一五〇〇年間）の天文学者にとっては、プトレマイオスの研究成果は理性の大勝利に見えた。プトレマイオスは幾何学だけを使い、完璧な天空の完璧なメカニズムを描き出したのだから。

時間、変化、そして五つの宇宙論的疑問

のちのギリシャ思想家たちは数学と幾何学を重視して、宇宙——彼らにとっては太陽系を意味した

──の高度なモデルを作ったが、それでもなお、答えるべきさらに深遠な疑問がいくつかあった。プラトン、アリストテレス、および彼らの後継者たちによる哲学的、天文学的偉業の裏には、時間そのものの性質に関わる根本的な疑問があった。変化、ひいては時間は、はたして現実なのか？　それとも幻想なのか？

あらゆる事柄に関わるこの疑問をめぐる意見の対立は、ビッグバン宇宙論の次のステップを探す今《こん》日《にち》に至るまで尾を引いている。その対立は、ソクラテス以前の二人の有名な哲学者、エレア（イタリア）のパルメニデス*43とエフェソス（トルコの海岸沿い）のヘラクレイトス*44の教えに見事に体現されている。

パルメニデスは変化する世界を見て、それは感覚による幻想でしかないと考えた。現実のもっとも深いレベルでは、変化も変換もなく、そのため時間も存在しないという。パルメニデスはこの結論に達するのに、存在するものを考えるのでなく、存在しないものを考えた。唯一残っている著作の一部『自然について』のなかでパルメニデスは、存在と非存在の関係について考察する。そして「存在するものを語り考えることが必要だ。存在は存在し、無は存在しないからだ」と結論づけた。「存在は存在し、無は存在しない」という表現によってパルメニデスは、非存在という概念そのものを否定し、無から物事が出現することも、また物事が消滅することもありえないと結論せざるをえなかった。「無から出現するものはない」というのがパルメニデスの主張だった。しかし運動は必ず、空虚──前の瞬間には何も存在していなかった場所──へ動いていくことを伴うため、やはり可能ではありえない。したがって、見かけの変化、見かけの運動の裏には、時間と無縁なただ一つの統一された現実が存在していなければならない。変化と時間は幻想なのだ。

ヘラクレイトスはそれと逆の結論を導いた。「万物は流転する」というのがヘラクレイトスの教義であり、その著作には「一人の人間が同じ川に二度足を踏み入れることはできない」と書かれている。ヘラクレイトスの哲学によれば、世界は絶え間ない運動と変化から構成されている。そして、すべての物体は瞬間ごとに新しいものと見なされる。この終わりのない流転のもととなっているのは、世界の相異なる元素のあいだで続けられる衝突だ。四種類の元素のなかで火がもっとも重要であり、その変化が、わたしたちが理解する世界の基礎であるという。「商品と金《きん》が等価で、金と商品が等価であるように、万物は火と等価であり、火は万物と等価である」

こうして意見の対立が始まった。外見の裏に時間と無縁の永遠の世界が存在しているのか、それとも、時間と変化だけが本質的現実なのか？　イデア論を説くプラトンは、当然ながらパルメニデスを評価した。ヘラクレイトスにも信奉者がおり、哲学学派としてのちにギリシャとローマ帝国の両方で影響力を発揮するストア派は、ヘラクレイトスの変化の規則を自分たちのものと主張する。彼らの宇宙論では、世界は「エキピロシス」によって（「火から」）生まれ、再び火へ戻るという。[*45]

現実と変化に対するこれらの相異なる見方を両立させる試みとして広く影響を及ぼしたものの一つが、原子論者たちの成果から生まれた。[*46]紀元前四〇〇年頃にデモクリトスなどのギリシャ人哲学者は、驚くほどの先見の明を発揮して、目に見えるすべての現象は、原子と呼ばれる微小で分割不可能な物質の粒の運動によって起こると論じた。これらの原子が持つ不変性は、変化を否定するパルメニデスの立場を満たす。しかし、デモクリトスはパルメニデスの結論の大半は受け入れたものの、彼を含め原子論学者たちは、変化は幻想だという考え方は斥けた。原子は確かに動いており、無限の空虚のなかを運動しているという。[*47]

ヘラクレイトスとパルメニデスの主張は、原子論学者の考え方と同様、何千年の時を経て現代に至るまで波紋を広げることになる。一方の見方がもう一方より支持を得ても、のちに再び見捨てられる。そのため、人間的文脈における宇宙的時間は、ヘラクレイトスとパルメニデスの論争を反映して、不変と変化の両方を示す。人間が宇宙に関して問う質問には不変性が含まれるが、何世紀も経っていずれかの文化を支配するその答には変化が含まれる。このバランスを理解するのはきわめて重要だ。同じく重要なのが、宇宙論が提供するそれらの疑問と答が、ギリシャよりさらに昔にさかのぼるということだ。

人類がはじめて主題として時間や宇宙と邂逅したのは、都市革命の神話的心像が生まれたのと同じときだった。そしてある意味、その同じときに終わった。エジプト人からヒッタイト人、さらには初期中国文明やメソアメリカの文化（アステカやインカなど）に至るまで、幅広く創造神話を見ていくと、時間と宇宙に関して成立しうるほぼあらゆる説明をはっきりと描き出すことができる。したがって、時間の起源に関する考え方も同じだけ存在することになる。

これは、宇宙論学者のマフセロ・グレイゼフが著書『踊る宇宙』のなかで言葉豊かに探究しているポイントだ。神話は、時間と宇宙の起源の疑問に対して考えうる答の宝庫だ。グレイゼフは次のように書いている。「これらの多様な神話は、現代の宇宙論において見いだされるものを含め、宇宙の起源に関する疑問に対して与えうるすべての論理的な答を含んでいる*48」

人類がはじめて時間や宇宙と理性的に直面したのは、ギリシャ人によるもので、その影響は今日《こんにち》に至るまでわたしたちとともに生きつづけている。パルメニデスとヘラクレイトスの対立、原子論者たちの先見の明、無限の空間と時間に関する議論、真空の性質、宇宙全体としての太陽系の数学的モデル、これらはすべて、次に続くものの舞台を整えた。その後の二〇〇〇年で宇宙論的思考に何一つ新しい事柄は生まれなかったと論じるのはばかげているだろうが、ギリシャ人たちが確立させたパレットを使ってのちの思想家が自分たちの宇宙に色づけした経緯を無視するのも、同じく好ましくないだろう。

したがって、一方には神話が、もう一方にはギリシャ人たちがおり、そのおのおのが、宇宙と時間に対する反応として、文化的変化のサイクルによっても変化しないものを定義していることになる。グレイゼフいわく、最初期の創世神話に隠された衝動は、現代の宇宙論科学を推進しているものと同じだ。両者の取り組みが生む結果は、一つ重要な点において等しい。グレイゼフは、宇宙と時間に対するわたしたちの幅広い反応を、創世神話と非創世神話という二つの異なる形態、つまり二つの異なる時間の幾何へとまとめている。

時間とともに誕生する宇宙は、起源に関する疑問に対して一つの神話的な答を与える。万物創世をもとにしたそれらの神話は、西洋の都市革命で出現した諸文明においてほぼ共通している。宇宙が創造され、その創造とともに時間が始まった。その創造は、造物主の作用によって起こったのかもしれないし、時間と無縁の混沌たる場所から出現したのかもしれない。いずれにおいても、時間と宇宙は組み合わさっている。

それに対して非創世神話では、始まりのない宇宙を想像する。いくつかの非創世神話では、無限の過去と無限の未来を持ち、始まりを必要としない宇宙が示される。宇宙はつねに存在し、時間もつねに存在するという。神話において探究されているもう一つの可能性が、永遠に循環する宇宙だ。それらの神話のなかでは、時間はループをなしており、宇宙の歴史は何度も永遠に繰り返される。始まりはあるが、それ以前も存在する。

聖書では、本来の創世記の記述は第一のカテゴリーに分類される。造物主のヤハウェが、非存在から宇宙を存在させようとする。するとすぐに、分化していない統一体が、互いに相反する部分に分かれる。注目すべき点として、創世記ではほかの創世神話と異なり、初期状態が存在しない。創世記における闇と水は、神が創造のおこないを始めようと決断するまでは存在しない。のちの教会は、神が創世を完全につかさどっていたことを強調するために、聖書には明示的に述べられてはいないものの、「無からの創造」という教義を採り入れる。神自身は時間を超越していなければならないため、これはしばしば、宇宙とともに時間が創造されたという意味で捉えられてきた。

シヴァの踊りに関するヒンドゥー人の神話は、第二のカテゴリーに含まれる。この神話では、終わりなく繰り返される創造と破壊が、偉大な神シヴァの宇宙的舞踊によって表現されている。ヒンドゥー人の神話的心像に関して驚くべきことは、宇宙の歴史のサイクルに伴うとてつもなく大きな数を理解しようとしている点だ。創造と破壊の一サイクルはマハーユガと呼ばれ、それは神の年で一万二〇〇〇年続き、神の一年は人間の三六〇年に相当する。したがって、一つのサイクルは四〇〇万太陽年以上続く。神ブラフマー（シヴァより下位に位置する）の一日はカルパと呼ばれ、二〇〇〇マハーユガに相当する。ブラフマーは大勢いて、おのおのが死んでは甦る。一人のブラフマーの一生は、ブラフマーの年で一〇〇年、すなわち人間の年で三〇〇兆年続く。神話に描かれた初期の試みとして、万物創世を含まない宇宙の歴史は果てしない時間に及ぶはずだという直観が、このような膨大な時間の広がりのなかに採り入れられているのが見て取れる。

グレイゼフの図式によって、わたしたちの神話の遺産が宇宙的時間の二つの基本的幾何にどのように分類されるかが分かる。創世神話は時間を、出発点のある直線として考える。非創世神話は時間を、両方向に果てしなく延びる直線か、または円として考える。この後の章で述べるように、宇宙論の歴史は、これらのモデルの多様な探究を描き出す。そしてのちほど見るように、時代の移り変わりに伴う一方のモデルからもう一方のモデルへの優位性の変化は、ランダムではない。それは、それぞれの文化が物質世界とどのように関わり、物質世界がそれにどのように応じてきたかに大きく左右される。

ギリシャ人はそれらの考えうるモデルをまず神話のなかで表現し、その後それらを抽象化して、完全に自然で完全に合理的な宇宙におけるそれらの論理的可能性を探ることができるようにした。時間の長さに関して考えうる基本的なモデルは、ギリシャにおける、変化と時間超越性、永遠の宇宙と創造された宇宙との論争のなかで肉付けされた。その後ギリシャ人は、真の真空の存在と別の宇宙の存在可能性によって浮かび上がる概念上のジレンマに直面する。そしてギリシャ時代の終わりまでには、その後の宇宙論的論争の基盤が確立していた。

このように、神話時代からギリシャ時代までに、その後のほぼすべての論争や宇宙論的心像を導くこととなる、限られた数の疑問を見て取ることができる。

疑問一　宇宙は一つか、あるいは複数存在するか？

わたしたちが見ているすべての恒星や銀河、すべてのものが、宇宙に相当するのか？　わたしたちが見ることのできない別の物質の集団が存在するのか？　わたしたちの宇宙とは違う法則を持った別の宇宙が存在するのか？

疑問二　空間は無限か、あるいは境界があるのか？
　空間は限りなく広がっているのか？　境界を持っているのか？　もし境界があるとしたら、その向こうには何があるのか？
疑問三　空間はそれ自体で存在するのか？
　真の真空は存在しうるのか、それとも空間は、それを埋める物質に対してのみ存在するのか？　物質を含まない宇宙に空間は存在するのか？
疑問四　時間はそれ自体で存在するのか？
　時間は宇宙の真の特性だろうか？　あるいは、物質の変化に対してのみ存在するのか？　物質を含まない宇宙に時間は存在するのか？
疑問五　宇宙に始まりはあるか？　あるいは時間に終わりはあるか？
　宇宙は誕生したのか？　終わりはやってくるのか？　もしそうだとしたら、それ以前や以後には何が起こるのか？　宇宙が永遠だとしたら、それはどのようにして可能なのか？

　これらの五つの疑問は、宇宙的時間と人間的時間の絡み合った物語のなかで何度も繰り返し登場する。神話時代からデジタル時代まで、それぞれの文化における答のなかに、生きた経験と一見抽象的な宇宙的時間の領域がどのように絡み合っているかを、見て取ることができるだろう。

第3章　時計、鐘楼、神の球体
——中世の修道院からルネサンスの宇宙へ

イタリア、モンテカッシーノ　紀元一一〇〇年

あのフランス人神父は、またもや面倒なことになった。

修道院長は、信徒席にもたれかかる寝姿を見て、神に寛容を請うた。外は暗かった。修道院はまだ、深い夜の静けさのなかにあった。修道院長は普段はこれほど夜更かしはしないのだが、北に一三〇キロ離れたヴァチカンと続いている揉め事のせいで、再び寝付けないでいた。[*1] 毎年変わらないことだが、それでもやきもきしていた。眠れなくなった修道院長は、深夜の祈りに加わることにした。聖具室に入ると、何とも驚いたことに、時間計測係のジャック修道士が居眠りをしていて、祈りの合図をし損なっていた。

修道院長は唇をかみしめた。彼は怒りに身を任せるようなたちではなかった。それでも、教会の日課を欠かしてはならない。一日を規則正しい祈りの間隔、ホーライ（時間）に分割して、修道士の生活リズムを一定にするという宗規を定めたのは、聖ベネディクトゥスだった。毎日毎日、毎年毎年、モンテカッシーノのベネディクト会修道士たちは、規則正しい祈りの日々を送った。それは彼らの礼拝の心拍のようなものだった。修道院長は聖ベネディクトゥスの言葉を引用して、「真に修道士であるには、自らの勤めに従って生活

図3.1　修道院で時間を管理する修道士。ヨーロッパが暗黒時代を抜け出すと、修道院が新たな形の「時間の意識」のモデルとなった。ハインリヒ・ゾイゼ著*Horologium Saptieniae*（1406頃）より。

しなければならない」と修道士たちに説く。[*2] 一日を勤めの周期と祈りの周期に分割することは、神自身の秩序を手本としていた。しかし、修道士の何人かは耳を傾け、熱心に実践した。しかし、何人かは怠惰の罪にさいなまれた。その最たる者が、この親愛なるフランス人神父だった。

ジャック神父は、シトー修道会から逃げてきて、モンテカッシーノの僧団に加わらせてほしいと懇願した人物だった。神と修道院の生活に対する敬愛がはっきりとうかがわれ、修道院長は彼を追い返すことができなかった。しかしジャック神父は、修道院長に課せられたほとんどの仕事をうまくこなせなかった。やけになった修道院長は、彼に聖具保管者の役割を与えた。ホーライを管理し、ベルを鳴らして修道士たちに時間の変化を知らせ、礼拝に呼び出す仕事だ。聖具保管者は重要な身分だった。[*3] もちろん、時間の変化を正確に計る方法はなかった。砂時計を使って時間を計っている修道院があると聞いたことがあったが、そんなことはやりたくないと思った。

神の時間を会計簿のように記録するなどできなかった。そこで修道院長は、朝に東から昇ってくる星や、鳥の鳴きはじめといったサインを観察するよう教えた。修道院長はそれを「神の祈りのための、自然からの神のサイン」と呼んだ。それがあれば十分だった。しかしもちろん、それらのサインを読み取るには起きていなければならなかった。

修道院長は長いため息をつき、思いやりで心を満たして言った。「ジャック、ジャック、眠っているのか？　起きなさい、起きなさい！」

歯車の回転——天空から時計へ

収集家の飾り棚にピン留めされた蛾のようにしっかりと固定された時《じ》からなる、わたしたちが現在生きている一日は、人間の世界と神の宇宙の交わるところで始まった。正確に計られる現代の一日がはじめておぼろげに姿を現したのは、暗黒時代の、世俗から隔離された世界においてのことだった。中世の修道院が、一日を祈りの間隔で分ける時課の習慣という形で、現代の時間の原型をもたらした。修道士は日の出から次の日の出まで、時課に沿って生活を送った。一日の祈りは、日の出（朝課）から始まって、正午（六時課）、さらに日没（終課）へと続き、夜を挟んで再び朝課が始まる。[*4] 祈りの時間（ホーライ）は、寝ずの番をする修道士が知らせた。ホーライは、祈りや宗務とともに、勤めや神の崇拝の秩序ある日々のなかで一定の位置を占めていた。

ヨーロッパの暗黒時代は紀元五世紀頃に始まり、紀元一一〇〇年以後まで続いた。[*5] ローマの没落から長いあいだ、学問と探究のバトン――およびギリシャ語やラテン語の文書――は、イスラム帝国の手に渡されていた。イスラム教徒の学者が新たな発明によって天空をどんどん正確に記録していき、プトレマイオスの天文学は支配を続けた。その後ヨーロッパが再び自らの才覚に目覚め、時間と宇宙が再び形作られた。

暦の支配――政治、宗教、実体化した時間

ヨーロッパの暗黒時代のほとんどを通じて、人々はローマの時間体系を拠りどころとしていた（今《こん》日《にち》でもそうである）。[*6] calendar（暦）という単語はラテン語のcalendsから来ており、これはローマにおいて、新月から始まる一カ月を表していた。[*7] 最初期のローマ暦は、天空上での太陽の周期を記録するのでなく、月の満ち欠けの周期を数えることに基づいて作られていた。天文考古学者のアンソニー・アヴェニによれば、最初のローマ暦は農民の便宜のためのもので、祝祭の日や、畑仕事をおこなう「正しい日」を列挙した程度のものだっただろうという。ローマにおける初期の時間計測の基礎は、天文学的に与えられた月の周期を数えることで形作られたが、同時に、八日間からなる「市場週」という、純粋に経済的な時間単位も生まれた。初期のローマの一年は一〇カ月であり、一カ月は三〇日からなっていた。[*8]

ローマ人は太陽の周期がおよそ三六五と四分の一日であることをよく知っていたが、一年がそれより短い三〇〇日であることは問題とは考えていなかった。作物が育たない季節に、余分な二カ月を追加していたからだ。それはいわば時間のない時間であり、少なくともそのときには時間を数える必要

はなかった。

紀元前一世紀、ローマ人は西洋世界の大半を着々と支配しつつあった。新たな帝国にもっとも必要だったものの一つが、より合理的な時間体系だった。rationality（合理性）という単語はもともとラテン語のratio（比）という意味を持っており、事実、暦においては二つの重要な数の比が重要視されることとなった。

三六五・二四二二日という太陽の周期に二九・五三〇六日という月の周期をはめこもうという試みが、暦の物語の大半を活気あるものにしている。[*9] 一年の長さを一カ月の長さで割る（365.2422÷29.5306）と、一二・三六八三という数が出てくる。[*10] ローマ社会が複雑さを増すにつれ、時間を連続的に数える必要が出てきた。一年は一二カ月であると社会的に取り決めるのは、比較的簡単だった。しかし、残った〇・三六八三カ月は無視できない。一太陽年ごとにおよそ一一日が、忘却の淵に追いやられてしまう。手を打たないと、その一一日のせいで一年がずれはじめ、それぞれの月が季節のあいだを漂って、冬の月が真夏に訪れるようになってしまう。この窮地を克服するためにローマ人は、ほとんどの月を二九日か三一日にし、二月だけは二八日にした。しかしこの措置だけでは、一二カ月を一年と時間的に完璧に合わせることはできなかった。一日の何分の一かが、数え上げられずに残ってしまう。十分に長く経てば、一日の何分の一かのずれでさえ、それぞれの月を季節間で移動させ、夏の祝祭を雪のなかで祝うことになってしまう。

共和制ローマの終わり頃、暦の「祭司」である大神官という特別な階級が作られた。大神官の務めは、暦を定期的に調節し、メルケードーニウス（恵みの月）と呼ばれる二七日間の追加の月を挿入することで、それぞれの月が季節と一致するように維持することだった。[*11] 物質的関わりが新たな制度上の事実を生んだ明確な例として、大神官がこの閏月《うるうづき》を意図的に調節し、自分たちや友人が得をするよう余分な月の挿入を早めたり遅らせたりすることで、時間と政治が接近していった。そして紀元前六三年、軍事的栄光を夢見る、野望に燃えた一人の若い政治家が、最高神官に選出された。その名はユリウス・カエサル。ガリアを征服して血なまぐさいローマ内戦に勝利したのちの紀元前四六年、カエサルは時間の劇的な改革に取り掛かった。そうして、三一日からなる六つの月、三〇日からなる五つの月、および二八日からなる二月という、ユリウス暦が標準となった。*12 それぞれの月と季節の歩調を合わせるために、四回ごとの太陽周期は閏年となり、二月に一日が追加された。*13

ユリウス暦は、何世紀ものあいだにわずかな修正や調節しか必要とせず、その後一六〇〇年間にわたり時間測定の事実上の標準となった。カエサルの作ったこの暦をもっとも悩ませた問題は、キリスト教の到来とともに起こった。

古代メソポタミアとエジプトで暦が考案されて以降、何よりも重要なのは、祝祭日を定めるというその神話宗教的役割だった。ヨーロッパを支配する力としてのキリスト教の出現も、その例外ではなかった。キリスト教の宇宙にとってユリウス暦の大きな欠点は、復活祭というもっとも重要な聖日を特定できないことだった。三六五日と六時間の周期を持つユリウス暦の一年は、まだ一一分長すぎたのだ。*14 小さなずれに思えるかもしれないが、何世紀も経つとこの余分な一一分が積み重なっていく。一三八年経つと、ユリウス暦は一日進んでしまう。そして、春分（ユリウス暦で三月二五日）に定められた復活祭も徐々に早まっていく。紀元三世紀にアレクサンドリアの教会が、この問題を解決するために、新たな暦の計算を使ってその日付を三月二一日に定めなおした。しかし世紀が進むにつれ、春分からの復活祭のずれはどんどん顕著になっていく。新たな暦の改正が始まるのは、一五七八年、グレゴリウス一三世による有名な大勅書においてとなる。[15]

ローマ帝国の没落後も何世紀にもわたってユリウス暦が維持されたのは、この時代にヨーロッパで天文学に基づく思考が忘れ去られたことの例の一つである。その視野の狭さは、暗黒時代のヨーロッパの精神状態を暗示している。天文学的知識と宇宙論的心像は行き詰まっていた。精神生活のなかで、時間は退化していた。

アテナイとエルサレム——中世の宇宙

ギリシャ文化の功業と比較して、中世は「暗黒」と呼ばれるにふさわしい時代だった。紀元第一千年紀を通じ、ヨーロッパの多くのキリスト教思想家がギリシャの伝統を捨て、もはや理性は探究に足る形態とは見なされなくなっていた。この「西洋精神の終結」がもっとも顕著だったのが、宇宙論と天文学だ。[16] 新たに支配力を獲得したキリスト教教会の多くの人が、自然哲学とそれを擁護するギリシャ人に敵意を抱いていた。初期のキリスト教著述家テルトゥリアヌスは、「イエス・キリストを手にしたいまや、それ以上の奇異な議論は必要ない」と書いている。[17] 古き研究の時代は過ぎ去り、ギリシャ人の偉業は見当違いとして忘れ去られた。「いったい、アテナイがエルサレムとどう関係があるというのか?」とテルトゥリアヌスは嘲るように問うている。[18]

西洋世界はあまりに学問に無関心で、地球は再び平らにされた。四世紀の司教ラクタンティウスは、地球は球形だという考え方を、異端でばかげているとして斥けた。「頭よりも足跡のほうを上にしている人間がいるなどと信じる、愚かな人がいるだろうか?」とラクタンティウスは言っている。[19] 初期

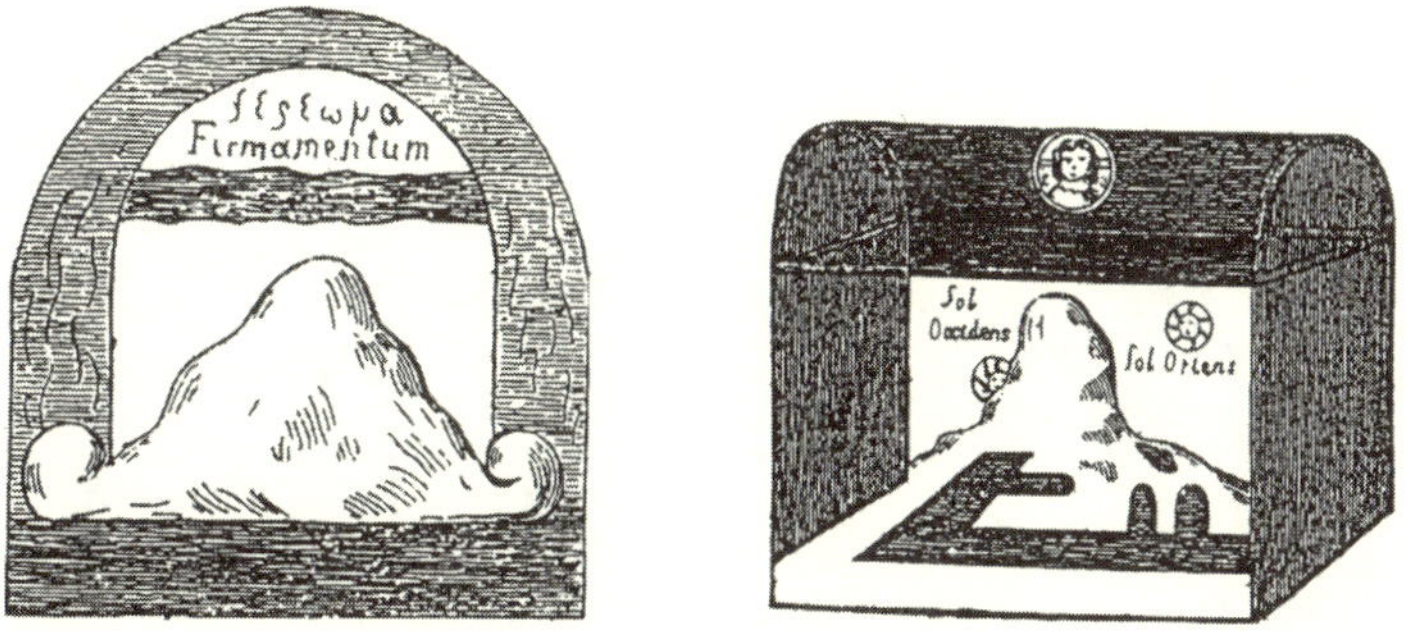

図3.2　ヨーロッパが暗黒時代に入ると、宇宙論モデルは後退した。初期のキリスト教の宇宙論によれば、宇宙は、中央に山がそびえる丸屋根の天幕とされた。

のキリスト教教父の多くは、ギリシャの宇宙論をそのまま忘れるだけで満足し、それに対して何も行動を起こさなかったが、六世紀のビザンティン帝国の商人コスマス・インディコプレウステースは、『キリスト教地誌』という題の本のなかで実際にそのような宇宙像を提唱した。この初期の著作のなかでコスマスは、宇宙は丸屋根の天幕、すなわち幕屋のような作りをしており、天体は天使の意志で動いていて、太陽と月は毎晩、宇宙の箱の中央にそびえる巨大な山の裏に隠れるのだと説いた。[*20] プトレマイオスの天文学の複雑さと、精密に調整された周転円ののちに、中央に山を抱く丸屋根の天幕というのは、間違いなく暗黒時代への一歩だった。しかし、ギリシャ人による理性の重視は捨てられたものの、物質的関わりはまだ存在しており、いまだに精神と物質の人間世界を形作っていた。

　西洋ヨーロッパでローマ帝国が崩壊すると、大規模な文化を作り上げる能力も失われた。同時に、キリスト教が日常生活における新たな宇宙論の素材となった。かつての社会構造は解体され、それとともに秩序と安定性も失われた。舗装道路は崩れ、永続的な組織は衰え、各地方で見境なく譲り渡される権力がもっとも強大なものとなった。[*21] 世界はまったく新たな形で危険になった。そこで教会は、いまの混乱した生活から永遠に救済すると約束し、生活を向上させるだけでなく、生活を完全に規定するようになった。

農耕の神話が新石器時代の生活の本質であったように、教会が提供する宗教的宇宙像は、知的生活を取り戻す前に投げ捨てるべき単なる足枷ではなかった。ローマ崩壊後の時間制度はギリシャの「最初の科学革命」からの後退だったかもしれないが、人々は宇宙を考え、学び、描くことをやめはしなかった。人々は自然哲学者と同じ方法で世界に取り組むことはなかったかもしれないが、愚かではなく、宇宙論的思考においてコスマスやラクタンティウスのように無様なことも決してなかった。

たとえば、ベーダ・ヴェネラビリス（尊いベーダ）と呼ばれているイギリス人修道士は、学識と想像力に富んだ人物だった。熱心な研究によってユリウス暦を信頼できる形で調整したベーダは、『物事の性質について』という文章のなかで、宇宙論と世界全体の性質に関心を向けた。知的教養があったベーダは、前の章で詳しく述べた、絶えず浮かび上がってくる五つの宇宙論的疑問を理解した。[*22] 聡明なベーダはまた、地球が球形であることの論拠の有効性も認めた。それでも、ギリシャの多くの思想家に触れることができなかったため、ベーダを含めヨーロッパのほとんどの自然哲学者は、確立されたキリスト教の教義からあえて大きく外れるための道具を持ち合わせていなかった。

暗黒時代にはじめて光が射したのは、スペインにおいてだった。比較的寛容なムーア人による支配が何世紀も続いていた一二世紀のスペインは、イスラム教、キリスト教、ユダヤ教の各文化の交差点になっていた。そして、イスラムの図書館に保管されていたギリシャの文書や、アリストテレス、プトレマイオス、ヒッパルコスなどギリシャ人思想家の多くの著作のアラビア語翻訳が、スペインに伝わってきた。トレドの町でクレモナのゲラルドゥスは、ギリシャの文書のアラビア語翻訳をラテン語まもなく、いわゆる翻訳運動が始まった。[*23] あらゆる文書のラテン語翻訳が、ヨーロッパじゅうに広まりはじめた。アリストテレスの宇宙論の文書『天について』からエウクレイデスの数学の傑作『原論』に至るまで、に翻訳しはじめた。ゲラルドゥスなどの取り組みにより、

　一三世紀には、ギリシャの思想が広まったことでヨーロッパの天文学および宇宙論の思考に再び光が灯った。[*24] ヨーロッパで再び、人間の理性という鋭いメスを使って、時間、空間、存在の性質に関するとらえがたい諸問題が切り分けられることとなる。しかしその復活の上には、キリスト教の教義の影が重くのしかかっていた。アリストテレスの自然哲学は、教会が認める神と創世の概念に押しこめられるかぎりは問題なかった。学者たちが、宇宙における地球の位置、宇宙の空間的広がり、およびいまも存在する時間とその幾何の問題などを再び採り上げはじめても、彼らの想像力は、異端のかどで告訴される懸念に縛られたままだった。

　ギリシャ時代にそうであったように、宇宙論と天文学が関連していることは知られていたが、互いを参考にすることなく探究されることが多かった。天文学者は、天体運動を正確に予測するための数学モデルを作ったが、それらのモデルの現実性には議論の余地があると見なされていた。多くの学者が、円に円を組みこんだそれらのモデルは単なる計算道具でしかないと見ていた。天空上での惑星の位置を決めるのにはよかったが、現実を記述したものではなかったのだ。そのため宇宙論は、天文学に遠慮することなく追究できた。彼ら学者の視点から見ると、空間と時間の両方における宇宙の真の構造は、理性によってしか推測できなかった。しかし理性は、聖書の記述に従うしかない。この時代、宇宙論的思考は、聖書による検閲を通った場合にしか認められなかった。

　そしてプトレマイオスの天文学は、ギリシャを基盤とする学問と、聖書に基づく教会の長年の権威

との統合のシンボルとなった。完全なる天の領域の中心に、堕落した地球を置いた地球中心の宇宙は、教会の神学的描像と見事に嚙み合った。そうして、プトレマイオスとアリストテレスがキリスト教化された。一四世紀には理性的な学者のほとんどが地球は球形であるという説を受け入れたが、地球が毎日自転しながら身をよじらせていると想像したがる人はほとんどいなかった。何といっても聖書には、ヨシュアは地球でなく太陽を静止させたと書かれているのだから。

教会と新たな学問は、五つの宇宙論的疑問のうち二番目と三番目である、宇宙の幾何と物理的広がりについて一致点を見いだした。ほとんどの学者は、物理世界は有限であるに違いないと考えていた。アリストテレスのいう一番外側の透明な球殻の向こうに、非物質的な神の領域が存在するという考え方を受け入れていた人もいたが、創造された物質世界は有限の広がりを持つはずだという点でほぼ例外なく一致していた。そのためほとんどの学者は、一番外側の天球の向こうの空虚、すなわち真の真空は存在しえないと信じていた。[*25]この時代に、真空の存在を否定して有限の宇宙を支持する議論があったことは、物理学的論法がどれほど回復したかを物語っている。たとえば一四世紀のパリの学者ジャン・ビュリダンは、無限に大きい物体が円運動をすると、中心から遠くでは回転速度が無限に大きくなるはずだが、それは明らかに不可能なので、物理世界は有限であるに違いないと論じた。[*26]

しかし時間については問題だった。一三世紀と一四世紀に著作の翻訳がヨーロッパじゅうに広まったことで、アリストテレスの重要性が急激に高まり、「至高の哲学者」と呼ばれるようになった。学者たちはアリストテレスの著作に異議を唱えることを忌み嫌った。しかしアリストテレスは『天について』のなかで、宇宙は時間的に無限であり、これまでも今後もつねに存在すると論じていた。この見方と、無からの創造という教会の公認の教義との辻褄《つじつま》を合わせるには、どうしたらいいのか？　何といっても教会は、時間も宇宙も神の創世のおこないによって始まったと断言していた。

するとパリ大学で、ある急進的な学者のグループが、「アリストテレスの理性主義と自然主義を可能なかぎり推し進める」と宣言した。[*27] 教授であるブラバンティアのシゲルスとダキアのボエティウスは、宇宙の永遠性や年齢などの問題について教会の権威に異議を唱えた。それを受けて教会は、「間違っており異端であると断言される」主張のリストを発表した。教会が警告した二一九の主張のうち、少なくとも二〇が宇宙論に直接関連しており、宇宙論の五大問題すべてが関わっていた。学者たちは、「神は二つ以上の宇宙を作ることができない」などと論じないよう警告を受けた。教会は、無から何かを作ることは可能だ（神が作るのであれば）と念を押し、神が宇宙を作る以前には真空が存在していたはずだと考える学者を非難した。しかし、なかでももっとも異端的だったのは、リストの八七番、「世界はそのなかに棲むすべての種《しゅ》に関して永遠であり、時間もまた永遠である」という主張だった。[*28]「以前」の問題が息を吹き返した。このキリスト教に染まりきった時代でさえ、宇宙の始まりを甘んじて受け入れられないキリスト教学者はいた。一三世紀、万物創世以前に何があったかという問題は、力強く生きつづけていた。

「悪い宣伝というものはない」という古い格言は、一三世紀でも現代と同じく通用した。教会による二一九の異端リストは、新たな宇宙論の議論にさらに関心を集めさせただけだった。多くの学者は教会との揉め事を避けるために、無限の宇宙、別の宇宙の存在、地球の自転の現実性といった禁じられた話題を論じるときには、文学的な特殊表現を使った。宇宙論や天文学の新たな考え方を詳しく分析した後で、すぐにそれを撤回し、聖書の権威にへつらったのだ。ニコル・オレームは、地球は自転しているという論を見事に分析するなかで、そのトリックを使った。地球は自転していると読者に納得させるまさに瀬戸際で、話を中断して踵《きびす》を返している。

しかし、誰もが断言し、またわたし自身も考えるように、動いているのは天であって地球が動いているのではない。なぜなら、神は世界が動かないように作ったからだ。……知的訓練の寄り道としてここまで述べてきたことは、議論によりわたしたちの信仰に異議を唱えようとする者たちを、このようにして論破し非難するための有用な手段となりうる。*29

二〇〇年のうちに、このような足踏み表現はもはや必要なくなった。創造的な探究の歯車は回りつつあり、ヨーロッパは新たな知的大胆さを持って、天文学の全体像に地殻運動を引き起こす準備を整えていた。しかしその精神の転換は、何もないところからは起こりえなかった。再び、物質的関わり――人間が作ったものに体現された、世界との具体的かつ詳細な人間的邂逅――が、その土台を敷くこととなる。来たるべき革命の歯車は、二輪戦車や投石機のなかでなく、大陸じゅうの都市の時計塔のなかで回った。時計と時計仕掛けはヨーロッパ人の時間の経験を作りかえ、必然的に宇宙もそれを追いかけることとなる。

フランス、モンス　一一八八年

「臆病者はやってこない」と騎士は言った。「わたしは勝った。処罰を求める!」

サン・オベールのジェラルダスは地元エノーの伯爵のいとこであり、他人から異を唱えられるような男ではなかった。ジェラルダスは横柄で、突然に暴力をふるうことも多かった。しかし、その朝、貴族たちを集めて決闘を挑んだのは、ジェラルダスのほうではなかった。勇敢な行動と誇りの高さで知られた騎士、ボーランのロベールが、決闘を求めたのだった。ロベールは、ジェラルダスに自由人の地位を無視され、もとは農奴だったと言いふらされたことで、名誉を傷つけられたと主張した。エノーの伯爵は、事態を収拾するために決闘を認めるしかなかった。[30]

その日の朝は晴れて暖かかった。修道士が一時課の祈りに集まる頃、伯爵とその貴族たちがモンスの中央広場にやってきた。すでに修道院の前には、ジェラルダスと従者たちが集まって待っていた。しかし、ボーランのロベールの姿はどこにもなかった。太陽が空高く昇ったが、ロベールはまだ現れない。待ちつづけるジェラルダスは、いらいらして怒り出した。ついに修道院の鐘が九時課を告げ、決闘が認められる時間が終わった。

「臆病者は姿を見せなかった」とジェラルダスは叫ぶ。「わたしは勝った」

「まだだ」と伯爵の顧問は言う。「九時課の時間はまだ過ぎていない」

「しかし鐘が」とジェラルダスは言い張る。「九時課の鐘はもう鳴った」

忍耐強い顧問は、低い声でジェラルダスに、修道士が九時課と呼ぶ祈りの時間と、宮中で九時課と呼ぶ時間は違うと説明した。「宮中ではつねに、異なる九時課の解釈を用いている。修道士は彼らの時間を持っていて、わたしたちはわたしたちの時間を持っており、これらは同じではない。法的問題においては、重要なのはわたしたちの時間だと考える[31]」。ジェラルドゥスが脇のほうに立つなか、顧問と修道院の聖職者たちが身を寄せ合い、西に傾きはじめた太陽を指差した。そして鐘楼の鐘を指差した。彼らは話し合い、地面に図を描いた。ジェラルダスはそれ以上立っていられなかった。

「待ちくたびれた。おまえらバカどもは、誰も時間を知らないのか？」

時計の勝利

一一九三年のモンスの広場で時間に関する意見の一致に達するのは難しかっただろうが、数百年のうちにそれは、街の中心にちょっと目をやるくらいに簡単なこととなる。一一九三年、大多数の人間には、正確な時間測定をする必要も、それを知る必要もなかった。しかし一三九三年までには、ヨーロッパの多くの都市に、もっとも現代的な装置が取り付けられていた。機械式時計だ。時計塔は、時間を表示する目立つ文字盤と、大きな音で時間の区切りを付ける鐘によって、ヨーロッパの生活の隅々にまで影響を及ぼした。一日が分割され、二度と一体にはならなかった。

しかし、都市の直接の影響が及ばない狩猟採集者や農民にとっては、一日を正確に分割する必要はほとんどなかった。出来事によって時間を指し示すだけで十分だった。たとえばエチオピア南西部のコンソ族は、いまでも一日を、それぞれ長さの異なる六つの時間に分割している。六つの時間にはそれぞれ、その時間に何が起こる予定であるかを表す名前がついている。たとえば、午前五時から六時までの時間は、カカルセーマ(「ウシが戻ってくるとき」)と呼ばれる。[*32] このように一日をおおざっぱに切り分けることしか、必要ではなかった。アンソニー・アヴェニは次のように言う。

単純に太陽が空のどちら側にあるかを観察すれば、単純な午前、昼、午後という区分は簡単に整理できるが、さらに、腕をかざすだけで一日をはっきりと八分割、一〇分割、さらにはもしかしたら一二分割できる。もし時《じ》の正確さだけが必要だったとしたら、今日《こんにち》世界じゅうには時計はまったくなかったかもしれない。[*33]

より高い精度の必要性は、より複雑な社会においてのみ生じる。しかしその必要性は、ひとりでに出てくるのではない。物質的関わりによって文化全体が、そのような精度と、それをどう扱うかを思い描く。この心像の革新によって文化は新たな制度上の事実を作り出し、それが時間の正確さを求める。例のごとく、宇宙的（科学的）時間と個人的（経験的）時間との謎めいた絡み合いは、新たな時間意識の進化の中で両者が関係づけられることを物語っている。この絡み合いこそが、時計と時《じ》の歴史において起こったことだ。

一日を二四時間に等分するというのは、バビロニア人の考案によるもので、おそらく黄道帯を一二の星座に分割したことと関連しているのだろう。[*34] それは、単純な日時計（地面に垂直に立てた棒など）が一日を互いに異なる長さに分割する――夕方や早朝よりも日中のほうが影はゆっくり動く――というよく知られた事実に応えたものと思われる。しかし、二四時間に等分されたバビロニアの一日は、科学のエリートである天文学者にしか使われず、機械式時計の登場まで広く受け入れられることはなかった。[*35]

古代ローマの時間記録係は、街のもっとも目立つ建物に対する太陽の位置に基づいて正午を知らせた。[*36] 公共の場にはおおまかな日時計も置かれ、公共時間をある程度計ることができた。しかしその測定によって得られるのは、今日の正確で抽象的で遍在的な時間とはほど遠かった。それは時計の発明まで待たなければならない。

図3.3　一般庶民の時間の輪。それぞれの月は、自然世界に対しておこなう活動に関連づけられている。1年を十二宮が取り囲んでおり、宇宙的枠組みを作っている。

重要なこととして、一日を正確に分割しようという試み——およびそれを監視できる機械的計時装置を作ろうという試み——は、ヨーロッパにおける時計の発明より以前からあったが、それはごくわずかな人々に限られていた。修道院や、イングランドのアルフレッド王などの王宮では、芯に色の帯を付けたゆっくり燃える蠟燭が使われていた。*37 大きな桶から水を流すことで動く水時計は、かさばるし不正確であり、金持ちや権力者だけのものだった。そのため、ヨーロッパのほとんどの人々、そして世界のほとんどの人々は、いまだに日常生活の即物性と直接絡み合った時間の上に「浮かんで」いた。時間の上に浮かんだ状態から、厳密に組織化した状態への移行は、聖なる宇宙の秩序が一日の各時に反映されている修道院から始まる。

「修道院が人類の営みに、規則的な共通の拍子と機械のリズムを与えるのに力を貸したという説は、……事実を曲解したものではない」。ルイス・マンフォードは有名な評論『修道院と時計』のなかでこのように書いている。*38 教会ははじめ、ローマによる等分でない一日の分割を採用し、修道院の発展と、一日を秩序づけるいわゆる宗規により、祈りの時間が、朝課、一時課、三時課、六時課、九時課、晩課、終課の七つの時間に当てはめられた。*39 朝課は日の出とともに始まり、六時課がだいたい正午、九時課が午後の半ば、晩課が勤労時間の終わりを告げ、終課に夕べの祈りをする。注目すべきこととして、修道院の内外で、一日を二四時間に分割する方法はめったに使われていなかった。*40

修道院では、祈りの時は、秩序立った修道士の生活のメトロノームのようなものだった。ゲルハルト・ドールン＝ファン・ロッスムは著書『時間の歴史』のなかで、「修道士の一日は、聖務日課、瞑想、読書、勤労、食事、睡眠というほぼ途切れのない時間帯に分割されていた」と書いている。*41 ルイス・マンフォードらはさらに、修道院の「鉄の掟」を来たるべき機械時代のメタファーと捉えているようだが、一日を秩序づけるための修道士の精神力と寝ずの番は、西洋ヨーロッパが暗黒時代の眠りから覚めるにつれ、それに倣おうとする人たちの手本となった。修道院がもたらした最大の結果は、統制された複雑な時間がほとんど使われていない世界のなかで規則的な祈りの日課を守るという、単純なおこないだったと思われる。言い換えると、時間に関して修道士たちが遺したもっとも重要な遺産は、正確さを求めたことでなく、秩序の手本となったことだったのだろう。

中世に含まれる何世紀かのあいだ、三時課が終わって九時課が始まるのがいつなのかを正確に言うための、厳密な規則も技術的能力もなかった。一般的に修道院は、鶏の鳴き声など自然の（当然曖昧な）時間の合図を使って時を決めていた。そのため、修道院での時間管理にはかなりの許容度があった。「修道士たちが寝坊したら、徹夜課の礼拝式は短縮された」とドールン＝ファン・ロッスムは説明している。[*42]

重要なのは、測定される時間の正確な単位を維持することではなかった。そうではなく、修道院では、秩序立った生活の前提として、まったく新しい時間の役割が発達しつつあった。新たな時間感覚が確立されようとしていたのだ。ドールン＝ファン・ロッスムは次のように書いている。「修道士の時間体系は、それ自体異質なものだった。一年や一日に関する規則性と反復性、および集団生活は、特別な合理性をもたらし、特別な規律を求めた……」[*43]。規則性と反復性は、共同体によって課せられる時間的秩序に従うことも求めた。「共同体によって課せられる秩序」という概念は、何千年も前、物質的関わりの進化に対する新石器時代の革命と都市革命の反応において変化した制度上の事実を、見事に定義づけている。それらの変化から現れたのは、新たな形の人間的時間（そして宇宙の構造に対する新たな描像）だった。同じプロセスが、一二世紀、一三世紀、一四世紀に再び始まろうとしていた。ルネサンス期に起こり、のちに産業革命に広がる時間意識の変化に注目する多くの学者にとって、中世は、一つの時間秩序ともう一つの時間秩序を結ぶ橋渡しとなっている。

修道士は壁のなかで時間的に秩序立った新たな形の生活を発達させたが、外の世界はもっぱら鐘楼の働きと同調していた。一三世紀と一四世紀にヨーロッパの各都市がより複雑で裕福になると、常用時とその利用を規定するうえで鐘が大きな役割を持つようになった。

各ギルドの労働時間の始まりを告げるために用いる鐘もあった。[*44] 羊毛刈りこみ人が仕事を始めるために鳴らされる鐘もあった。別の鐘、あるいは別の時間に鳴らされる鐘は、大工、指物師、武具師のためのものだった。市場《いちば》の始まりを告げる鐘や、市場の閉店を知らせるのに使われる鐘もあった。貴族やユダヤ人など、各集団がいつ市場に入ればいいかを伝え分けるために、別々の鐘が使われることもあった。[*45] 裁判の開廷から評決の発表まで、都市の政治生活を統制するためにも、鐘は鳴らされた。鐘と鐘楼は、都市の鼓動となった。

鐘楼が経済的政治的活力の直接的な象徴に変わると、物質的関わりと制度上の事実との絡み合いは明確になった。「鐘を思いのままに鳴らせる人は誰でも、その都市を容易に支配できる」と、一四世紀のミラノのガルヴァーノ・フィアンマは書いている。[*46] 一一七九年にフランスの街エダンで、小作農を集めて地方権力に反乱を起こすために鐘楼が使われると、フランドルの伯爵は懲罰としてその鐘楼を倒した。[*47] 鐘が時間を支配し、時間が都市の新たな営みを支配したのだ。

裁判のための鐘の合図、市場のための鐘の合図、ギルドのための鐘の合図――都市生活を秩序立てるための鐘の利用は、都市が複雑になるにつれ混乱の度を増していった。新たな商業や経済活動により、ヨーロッパの生活における制度上の事実は変化を強いられた。各都市は、時間の流れを秩序づけるための、より単純で万人に通用する手段を必要とするようになった。この変化の必要性のなかで、まったく新しい形の物質的関わりが姿を現した。それは間違いなく、過去一〇〇〇年でもっとも重要な発明品だった。それが機械式時計である。

時計の発明者は、修道院に関係のある人物だと思われるが、定かではない。[48] とくに、時計の重要部品である脱進装置を誰が発明したかは分かっていない。脱進装置とは、ぶら下げた錘《おもり》に蓄えられる重力エネルギーを調節し、規則的に解放させるための、切りこみのある金属製の輪だ。一八世紀のある著述家は、「歯車の動きによって時間を計る方法をはじめて発明した人物が分かれば、……その人はあらゆる賞賛に値するのは間違いない」と論じている。[49] 誰が思いついたにせよ、この発明品は、将来性の波として文化全体に急激に押し寄せた。たった一世紀のうちに、機械式時計はヨーロッパの生活を変えることとなる。

公共の時計を持つようになった都市のリストは、一三〇七年のイタリアのオルヴィエートに始まり、一三〇九年のモーデナ、一三一七年のパルマ、一三二二年のラグーザ、一三三六年のミラノ、一三四四年のパドヴァと続く。一四世紀中頃にはイタリア国外でも、一三五三年にウィンザー城、一三五三年にアヴィニョン、一三五四年にプラハ、一三五八年にレーゲンスブルクに機械式時計が姿を現しはじめる。[50] 一五世紀が幕を開けるまでに、公共の時計は小さな集落にとっても標準的なものとなっていた。街の時計は、市民の必要性と誇りの両方において重要なものとなった。

機械による時間の統制は、各都市を、扱いづらい多種多様な鐘やそれを打ち鳴らすさまざまなパターンから解放した。その新たなシステムでは、時間を表す数字を知るだけで事足りた。昼を一二時間、夜を一二時間に等分するという制度は、イタリアで始まりヨーロッパ全体にくまなく採り入れられた。

図3.4　エルフルトの時計。時計が市民生活の歩調を決めるようになり、ヨーロッパは新たな時間の経験を積み上げていく。ハルトマン・シェーデル著『年代記』（1497）のこの彩飾画は、背景に時計塔のあるエルフルトの街を描いている。都市の景観に新たに付け加えられたこのような塔を、画家は熱心に作品に採り入れた。

機械式時計のしくみによって、そのリズム、時間の統制、さらに人々の時間との関係は、抽象的なものになっていった。特別な鐘の合図で武具師に仕事の開始を知らせるのでなく、数字で表される時間を告げる鐘が、仕事の開始（および賃金の支払い）を知らせた。

初期の時計塔は依然として鐘楼であり、文字盤はなかった。そのような塔のなかでは、時計仕掛けが鐘を鳴らすタイミングを制御した。しかし一五世紀はじめまでに、等間隔の抽象的な時《じ》を告げる音響的な合図が、文字盤の登場によって視覚的なものに変わった。都市の記録によれば、一四一〇年にパリの宮殿の時計の管理人が、当局に、文字盤の複雑な機械によって作業が増えると不平を訴えた。[51] しかしこれらの初期の文字盤には、時針しかなかった。一日をさらに細かく分割する必要は、まだなかった。[52]

最終的にヨーロッパをくまなく席巻した時《じ》そのものが、その重大な変化を取り持った。「抽象的な時間が存在の新たな媒体となった」とルイス・マンフォードは書いている。[53] 一五世紀の終わりまでに、都市世界の営みは、時《じ》を刻む時計によって完全に制御されていた。共同体は、時計の鐘と時針の動きの奴隷になった。「腹が空いていなくても、時計が指示する時間に食事をした。疲れていなくても、時計が定める時間に眠った」とマンフォードは言う。信仰生活を秩序づけるものとして始まったものが、生活自体の秩序を変えたのだ。

人間による時間の経験は、時計の発明と普及により完全に姿を変えていた。学問の目覚め、新しい裕福な商人階級の拡大、高度な航洋船による新たな貿易ルートの開拓といった要素の一つ一つが、新たに想像され時計によってもたらされた生活時間の形態に寄与した。何千年も前に新石器時代の革命や都市革命において人類がおこなったように、時間はわたしたち自身が思い描く必要性のために作りかえられた。そして以前の革命と同様に、それに続いて、新たな宇宙論において宇宙が作りかえられることとなる。

回転革命——コペルニクスが天界を動かす

一四九四年、イタリア人修道士で数学者でもあったルーカ・パチョーリが、初の複式簿記の方法を発表した。借方と貸方の両方を記録する手段として、それはすぐに、急速に勃興するヴェネツィアの商人階級の標準となる。[*54] 一五一七年、扇動的な神学者のマルティン・ルターが、ヴィッテンベルクの教会の扉にヴァチカンの堕落を批判する九五箇条の提題を釘で打ちつけ、宗教改革の最初の一撃を加えた。[*55] その二年後、フェルディナンド・マゼランの指揮のもと五隻の船が、初の地球一周航海となる旅に出発した。[*56] これらの出来事のなか、若いポーランド人法学者で天文学者でもあったニコラウス・コペルニクスが、イタリアを旅しながら天界の新たな描像に取り組もうとしていた。一六世紀はじめにはさまざまな革命が起こったが、そのいずれにもコペルニクスの名が結びつけられることとなる。

時計によって進む時間がヨーロッパじゅうに広まるとともに、それを利用する新たな勢力が各都市で誕生した。一五世紀と一六世紀になると、カトリック教会とそれに協力する政治勢力は、勃興する商人階級から挑戦を突きつけられた。この新たに力を得た集団は、おもに海上貿易から得た富によって、一〇〇〇年来のヨーロッパの社会、政治、学問構造の指図を斥けた。世界を分解して説明する能力を持つ人々が、教皇の覇権に対する宗教改革の抵抗とともに、ルネサンスの理想を抱いたのだった。ルネサンスが人間にとっての地上の新秩序に照準を定めたように、宗教改革は人間の神との関係における新秩序を求めた。いずれの動きも、自らの運命を決める能力に対する自信を急速に高めた社会にもたらされた、物質的な富と、新しい形の物質的関わりによって駆り立てられた。まもなく地球そのものが新時代へ向けて進み出し、コペルニクスは「回転（revolution）」という単語に「革命的（revolutionary）」意味合いを与えることとなる。

一四七三年にポーランドで生まれたコペルニクスは、法律、医学、天文学を学んだ。三〇代後半に達する頃にはすでに、一三〇〇年経ってもなお支配的だったプトレマイオスの惑星モデルに代わるも

図3.5　中世に描かれたプトレマイオスの地球中心宇宙。中世後期に、地球中心説、アリストテレスの物理学、およびカトリックの教義が混ぜ合わされた。

のを探求していた。プトレマイオスは太陽を間違った場所に置いており、太陽系の中心にふさわしいのは地球でなく太陽だと、コペルニクスは確信していた。ギリシャの影響で等速円運動にはこだわっていたが、太陽の従属的な位置と、プトレマイオスの地球中心モデルの数学的装飾品には嫌悪感があった。宇宙の創造者である神はもっと無駄のない設計をおこなったはずだと、コペルニクスは確信していた。

コペルニクスが研究を始めるきっかけは単純さだったかもしれないが、地球中心の宇宙モデルから太陽中心のモデルへ移行するには、ある大胆な数学的取り組みが必要だった。コペルニクスは、太陽系の秩序を作りかえ、また何よりも重要なこととして、惑星運動を正確に予測できる実用的な数学モデルを編み出すという課題を自らに課した。

コペルニクスのモデルは、三つの重要な特徴を持っている。第一のもっとも明白な特徴は、太陽が惑星系の中心にあることだ。地球を含めすべての惑星は、太陽の周りを回っているとした（月は地球を回る軌道上に残した）。コペルニクスモデルの第二の重要な特徴は、一日ごとの地球の自転である。コペルニクスの時代においても、地球の自転は多くの学者にとって理解しにくい難解な概念のままだった。コペルニクスモデルの第三のもっとも重要な特徴は、天文学者を長いあいだ困らせていた惑星の逆行運動を見事に再現できることだ。

コペルニクスによる逆行運動の説明は、プトレマイオスによる周転円と比べて単純さの極致と言える。コペルニクスは、太陽からの距離とともに惑星の公転周期が長くなる（地球は金星よりも遅く、金星は水星よりも遅い）と仮定することで、すべての逆行運動を単純な追い抜き効果として説明した。速く運動する内側の惑星が、外側の惑星を追い抜くということだ。内側の惑星、たとえば地球が、外側の惑星、たとえば火星を追い抜くと、地上の観測者にとって火星の見かけの運動は、逆行運動のループをなす。同じ効果は、外側の惑星から内側の惑星を見る観測者にも起こる。つまり、太陽中心の太陽系に住んでいる観測者にとって、逆行運動の謎は、固定された恒星の背景に対する単純な相対運動へと行き着く。

この追い抜き効果を描写するためにコペルニクスは複雑な幾何学的操作を必要としたが、その根本的な考え方はプトレマイオスよりもはるかに単純だった。そして、コペルニクスの体系にはさらに利点があった。地球中心モデルでは、それぞれの惑星の軌道の大きさと公転速度は決められなかった。大きな軌道を速く公転するのと、小さな軌道をゆっくり公転するのとで、作用は変わらない。どちらの構成でも観測結果に一致させることができた。このモデルには、天空の大きさを測るための物差しが組みこまれていなかった。

コペルニクスによる太陽を中心とした太陽系像の最終版（ヨハネス・ケプラーによって完成した）では、逆行運動のタイミングから軌道は一つに決まる。これらの新たな太陽中心モデルは、観測される逆行運動の周期を用いることで、時間を空間に変換し、すべての惑星の軌道の大きさと速さを決定することができた。そうしてこのモデルから、惑星の運動のみに基づいて太陽系のおおざっぱな大きさが導かれた。計算が完成すると、新たなコペルニクスの宇宙はプトレマイオスの宇宙よりもはるかに広大であることが明らかとなった。

プトレマイオスのモデルとコペルニクスのモデルにおける大きさの違いは、驚くほどだった。太陽を中心とする宇宙は、プトレマイオスの宇宙よりも（体積にして）四〇万倍以上大きかったのだ。[*57] この宇宙の凄まじい拡大は、科学的な天文学によって宇宙が何度も拡大される最初のケースとなる。そ

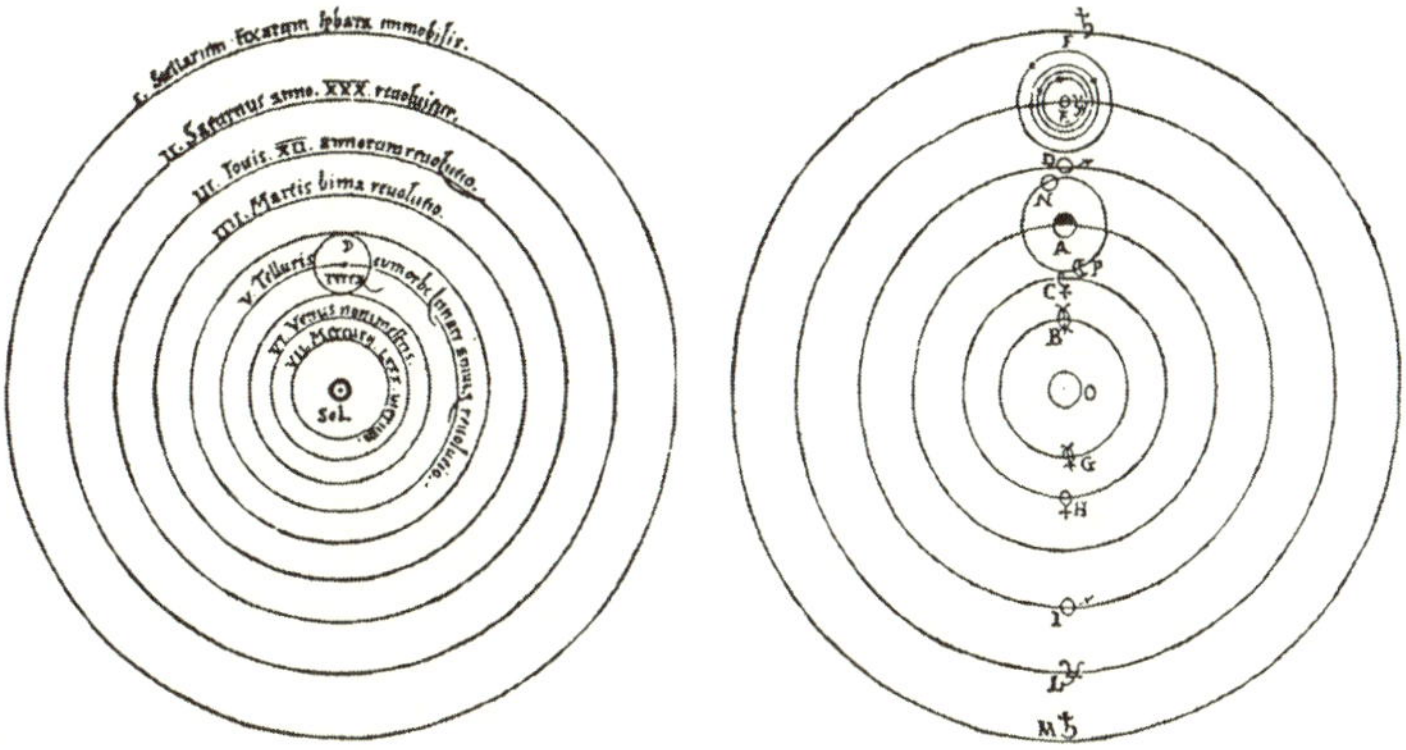

図3.6　コペルニクスは太陽を宇宙の中心に置いた。左図はコペルニクス著『天球の回転について』（1543）より。右図はガリレオ著『天文対話』（1632）による図で、ガリレオの望遠鏡観測により木星の周りを回る衛星が発見されたのちのもの。

して宇宙が広がるたびに、人類の重要性は小さくなっていった。

コペルニクスの著書『天球の回転について』は、一五四三年に彼が世を去る直前にようやく出版された[*58]。この本は、印刷書の活発な取引のおかげでヨーロッパじゅうに急速に広まった。コペルニクスの考え方は、論争の塊だった。ある人にとっては、新たな太陽中心モデルは異端だった。またある人にとっては、神の栄光と意志を讃えるものだった。しかし、変化しつつある世界のなかで、新たな宇宙論は危険な代物だった。政治的、神学的、経済的混乱を背景に、コペルニクス宇宙をめぐる論争は、比喩と宇宙的現実とのあいだを揺れうごいた。新世界の発見により、ヨーロッパは地球の中心から追いやられ、ヴァチカンは、地球上と宗教上両方の権力を唯一有するものとしての立場から引きずり下ろされようとしていた。そして地球は、新たな宇宙構造のために座を明け渡した。

皮肉なことに、二つのモデルは太陽系の構造に関してまったく異なる物語を語っているが、コペルニクスのモデルがプトレマイオスのモデルより惑星の運動をはるかによく予測するということはなかった。人類史上最大の科学革命が、はじめはデータや予測よりも美しさによって推し進められていたというのは、注目すべきことだ。ピュタゴラスやプラトンでも、コペルニクスの取り組みの意図を完璧に理解したはずだ。ギリシャに端を発し、ルネサンスに復活した、エレガントさと単純さを重視するという姿勢は、現代の宇宙論や物理学に深遠な影響を及ぼすこととなる。今日《こんにち》、両方の分野の境界で研究をおこなっている科学者は、競い合う理論のなかから選び出す根拠を考えるときに、ごくふつうに、美しさ、エレガントさ、単純さに頼る。

コペルニクスの描像を幾何学的に完成させるには、完璧な円から一歩踏み出す必要があり、その役割を担ったのは、数学を重視した寡黙な天文学者ヨハネス・ケプラーだった。ケプラーは、数学のしくみのなかに理性的な神秘主義を感じた、いわば一六世紀のピュタゴラス学派とも言える人物だ。ケプラーは丹念な研究により、世界の構造の根底には高尚で深遠な数学が貫いていると確信するようになる。その確信をもとに若きケプラーは、各惑星の軌道を五種類のプラトン立体に入れ子にすることで、コペルニクスの太陽系をモデル化しようと試みた。それは見事な幾何学的構成物となり、ケプラーは一定の名声を手にするが、すぐにそのモデルは不可能であると悟る。そして、惑星は円運動をしているという先入観を捨てる決心をし、その後の一〇年間をかけて惑星軌道の真の幾何を探した。*59 デンマーク人観測学者ティコ・ブラーエによるきわめて精度の高い肉眼観測の結果を研究したケプラーは、天空の運動を記述できる別の図形——楕円——を発見した。

円を押しつぶしたように見える楕円は、ピュタゴラスの時代から知られていた幾何学図形だ。しかし、すべての惑星が、数学者である神の手に導かれるかのように楕円軌道上を動いていることをケプラーが発見したのは、一六世紀になってからだった。それがもっとも単純な宇宙の秩序だった。ケプラーは、もっとも簡潔な数式によって表現されるエレガントな太陽中心体系において、楕円を使い、惑星運動のすべての特徴――速度変化、逆行運動、光度変化――を説明することに成功した。ケプラーの見いだした事柄はすべて、それぞれ楕円軌道に基づくわずか三つの単純な法則にまとめられる。のちにケプラーの法則と呼ばれるようになる、簡潔に表現されたそれらの関係は、自然の科学的記述の手本となった。宇宙は希薄でエレガントであり、より高級な数学の見えない超構造の上に組み立てられていたのだ。

コペルニクス革命の最後のステップにおいては、物質的関わりがとくに明白な役割を果たすこととなる。一六〇八年頃、オランダ、ミデルブルフの埃っぽい作業場で、ハンス・リッペルスハイが眼鏡のレンズをせっせと磨いていた。彼の二人の子供は、作業台で宝物を探しながら、さまざまなレンズを手に取って目の前にかざしていた。そして一人が、二枚のレンズを離して持ち、両方のレンズを通して向こうを見た。「見て、教会の塔が大きく見えるよ！」。こうして望遠鏡が発明された。[*60]

新たな光学装置――スパイグラス――の噂は、ヨーロッパの科学界に急速に広がった。一五〇〇キロ南では、野心を持ったある若い数学者兼天文学者がすぐに、自分で使うためのガラスのレンズを磨く方法を独学で編み出した。それらのレンズを長さ九〇センチの筒の両端に取り付けた若きガリレオ・ガリレイは、自らの将来の鍵を見つけたと悟った。

ガリレオは一五六四年に、ピサの教養の高い一家に生まれた。父親は有名な音楽理論家で、音階のハーモニーに関する著書は、ケプラーが太陽系の構造について考えるうえで深い影響を与えていた。ガリレオは教師たちに才能を見いだされ、若くして学問の階段を上り、ヨーロッパでもっとも有名な天文学者の一人となった。

ガリレオの才能は、科学的野心においても、また社会的野心においても等しく発揮された。若いうちから独力で名声を勝ち取ろうとしていたガリレオは、望遠鏡によって、自分が必要としていた道具を手にした。一六〇九年に独自の望遠鏡を作製すると、ヴェネツィアの貴族たちにその使い方を披露した。貴族たちはその能力にいたく感動して、若いガリレオを大学教授に任命し、地元の商人のために望遠鏡を作製するという実入りのよい仕事を与えた。商人や貴族はすぐに、遠くのものを近くに見ることには経済的および軍事的な利点があると気づいた。こうして、前部甲板でスパイグラスを掲げながら胸を張って立つ、提督、捕鯨船員、海賊のイメージが生まれた。

しかしガリレオは征服でなく天文学に興味があり、さらに強力な道具を次々に作って夜空の系統的な観測を始めた。そして一六一〇年に、『星界の報告』という題の短篇を発表した。その本が大評判となり、ガリレオはルネサンスの、いまで言うロックスターのような人気を手にした。思い上がった野心的なガリレオは、自分だけの力で教会にコペルニクスの説を受け入れさせることができるという自信を抱いた。

そしてすぐに、太陽中心宇宙説を裏付け、アリストテレスをやみくもに信奉する学者たちを斥ける大量の証拠を固めた。ガリレオは月の表面に山を、太陽に黒点を見つけた。いずれの観測結果もアリストテレスの自然科学と宇宙論に反しており、天体は地上の領域のように不完全ででこぼこしていることを意味していた。ガリレオはまた、プトレマイオスのモデルによる明確な予測と矛盾する現象として、金星が月のように満ち欠けする様子を観測した。なかでも衝撃的だったのが、木星の周りを回る衛星群の発見だった。それらの「ガリレオ衛星」は、地球の周りを回っていない天体が存在する証拠となり、地球が宇宙の中心であるとする考え方に対する人々の確信を揺るがせた。

天文学上の数々の発見を成し遂げ、コペルニクスモデルの有効性を執拗に論じたことで、ガリレオは多くの人にとって英雄となった。そして、その新たに獲得した名声ゆえ、カトリック教会にプトレマイオス天文学への支持をやめさせられると確信した。しかしガリレオは、科学に関しては天才だったが、政治感覚には明らかに欠けていた。いくつか誤った行動を取ったガリレオは、教会のなかでももっとも恐れられる裁判組織である宗教裁判所に、異端のかどで召喚された。

ガリレオの裁判は、文化と科学の歴史における転換点だった。教会はガリレオに、規則に従わずに太陽中心説を広めたとして、有罪判決を下した。教会はガリレオを自宅軟禁の刑に処して裁判には勝ったが、最終的に宇宙論をめぐる争いには敗れる運命にあった。ヨーロッパ全体に新たな波が起こりつつあった。さまざまな種類の天文学者、自然哲学者、学識者が、観測や実験によって思考を進めるために、進んで教義を無視するようになった。

しかしガリレオは、教会を動かせなかったことに戸惑い、自宅軟禁の刑に心苦しめられた。「何千倍にも広げてきたこの宇宙が、小さくしぼんでわたしの身体のなかに入ってしまった」と、愛する娘へ宛てた手紙のなかで書いている。[*61] 自宅のなかで不屈のガリレオは、まったく新しい物理学の骨組みとなる、目覚ましい実験や発見の時期に入った。若い頃にプトレマイオスの天文学の世界観に挑戦したように、晩年のガリレオはついに、アリストテレスの自然科学を覆すこととなる。

晩年におけるガリレオの最大の偉業は、物理学の実験的方法を発展させたことだ。何世紀ものあいだ学者たちは、古代の著述家たちの権威に頼っており、力と運動の関係といった問題は、いまだにアリストテレスの哲学的な著作に縛られていた。ガリレオは自然を直接探究しはじめ、木のくさび、球、水時計を使った巧妙な実験を考え出して、運動の性質に関する諸説を、単に議論するのでなく検証できるようにした。こうしてガリレオは、数々の分野が見習うこととなる科学的方法論を確立した。それから五〇年後、アイザック・ニュートンがガリレオの発見を用い、革新的な独自の理論を編み出すこととなる。

ルネサンスの宇宙論への目覚め

宇宙全体と時間の起源は、コペルニクスの壮大な計画においては関心事として明確にはされておらず、その計画のなかではくだんの五つの疑問のうち一部しか語られていない。「地球と天空との関係は……有限と無限との関係に等しい。その無限の空間がどれだけ遠くまで広がっているかは、まったく分からない」とコペルニクスは書いている。[*62] コペルニクスは、天空の次元を広げたことの意味合いは認識していたが、宇宙が最終的にどこまで広がっているかを推測することには関心がなかった。しかしほかに、宇宙の構造と無限の空間両方に関する疑問に取り組もうとしている人たちがいた。

コペルニクスの宇宙が計り知れない大きさだったことから、無限に関する議論が甦った。中世を通じて学者たちは、プトレマイオスのモデルにおける一番外側の天球の向こうに何があるかを議論していた。多くの人は、真の真空、すなわち物質を含まない物理空間が存在する可能性を認めたがらなかった。コペルニクスは、地球を万物の中心から斥け、代わりに太陽を据えることで、万物の真の中心というものは存在しないのではないかという可能性を浮かび上がらせた。地球が特権的地位から追いやられたことで、学者たちは空間全体、およびその物質との関係を考えなおしはじめた。

無限の復活は、原子論の復活によるところもあった。物質は微小な粒子でできており、それらは純粋な空虚に隔てられているという、ギリシャ以来の説だ。フランシス・ベーコンやエドワード・シャーバーンなどイギリスの自然哲学者は、化学に対する関心の高まりから原子論にも興味を持った。[*63]そしてギリシャ哲学者の古典を、天空に関する最新の議論に即して読み解くことで、原子からなる無限の宇宙と、それらの粒子を隔てる無限の空虚を想像するようになった。

無限に関する直観を別のところから得た人もいた。過激な哲学者で以前はドミニコ会の托鉢修道士だったジョルダーノ・ブルーノも、宇宙には恒星、惑星、さらに生命が無数に存在すると主張した。しかし、異端的な思想で有名なブルーノ――カトリック教会に火刑に処された――は、決して体系的な自然哲学者ではなかった。磁気の研究を先駆けたイギリス人医師のウィリアム・ギルバートは、無限に関する考え方についてもっと一貫していた。コペルニクスの世界体系を完全に受け入れていたかどうかは定かでないが、ギルバートはその考え方を深く考察し、恒星が有限な大きさの外殻の上に位置しているという点に疑問を抱いた。「それならば、わたしたちとそれらのもっとも遠い恒星とのあいだには、想像できないほど大きな空間が広がっているのだろうか？　そして、それらの恒星が置かれているとされる想像上の球殻は、計り知れないほど大きく遠いのだろうか？」[*64]

無限の空間の概念は、決してあまねくは受け入れられなかった。ケプラーはコペルニクスと違い、宇宙の空間的大きさに関する疑問に進んで取り組んだ。そして、恒星が無限に存在する可能性は論理だけから排除できると考え、宇宙は無限の広がりを持つという考えを否定した。「あらゆるものの数は、それが数だという理由から、実際に有限である」[*65]

無限の空間に関する議論は活発だったが、宇宙的時間の疑問についてはもっと意見が一致していた。

ケプラーは同時代のほとんどの人と同じく、時間と無限について考えるうえで聖書の正説にこだわった。ケプラーによれば、宇宙の時計は万物創世とともに動き出したという。ケプラーは聖書の各物語から太祖の年齢を推定し、世界の創造は紀元前三九九二年であるという結論に達した[*66]。

ケプラーのように知的才能があり、宇宙の空間構造と大きさに関する正説に異議を唱える意志を持った人物が、時間と宇宙の起源については、その同じ正説を斥けようとしなかったというのは、注目に値するとともに意味ありげなことだ。この点についてそのような態度を取ったのは、ケプラーだけではなかった。一六世紀と一七世紀を通じ、これらの問題に関して聖書の権威に異議を唱えようとする学者はほとんどいなかった。

一六五〇年、アイルランドの大主教ジェームズ・アッシャーが、聖書に基づく世界年代記の決定版となるものを出版した。そのなかにおいても、世界の物質的変化に促された制度上の事実の変化が、役割を果たしている。アッシャーの著作は、宗教改革と分かちがたく結びついていた。イギリスのプロテスタントであるアッシャーが時間の起源を研究したのは、カトリックが、時間の起源だけから神、人間、世界を真に説明できると主張していたためだった[*67]。学識を駆使したアッシャーの年代記は、ペルシャ、ギリシャ、ローマの文献に頼ることで、現代の解釈とも驚くほど一致する古代世界史を編み出した。もちろんアッシャーは最古の歴史については間違いを犯しており、神の創造のおこないは紀元前四〇〇四年一〇月二三日だったと特定している。ケプラーや、さらにはアイザック・ニュートンなどの学者も独自の年代記を作ったが、アッシャーの著作が権威と見なされた。アッシャーの宇宙創造論——宇宙史年表——は、科学革命が本格的に始まってもなお容易には揺るがなかった。

始まりと終わり――時計、宇宙、影響のリズム

ルネサンスの思想家たちが聖書的時間を振り払えなかったことは、第一印象としては驚きに感じられるかもしれない。宇宙の構造の素性に関する正説にあれほど進んで異論を唱えた人々が、宇宙の歴史は五〇〇〇年であるという、聖書に基づいた主張から脱することができなかったのは、いったいどういうわけだろうか？　しかし、宇宙的時間と人間的時間の絡み合った歴史を探る際には、両者の変化を促した影響の盛衰に注目しなければならない。荒れ狂った海峡でうねる波のように、歴史上のある瞬間には文化的影響が押し寄せ、宇宙論の科学と時間の描像を前に押し出す。そして別の瞬間には科学の変化が押し寄せ、文化と時間の利用が否応なく影響を受ける。

時間の経験と観念の変化はつねに、人類が世界の物質的現実と邂逅することで始まる。それは、わたしたちが物質――木材、金属、繊維、ガラス――を加工する新たな方法を見つけ、それらの新たな形の物質的関わりによって、時間を通じて時間における文化の構成のしかたを変えられるようになることで始まる。「時間を通じて」というのは、新たな形の物質的関わりから人間の制度が生まれ出て、それが独自の生命を獲得して世代間を広がっていく様を指す。「時間における」というのは、学校の組織化された授業時間や仕事日など、それらの制度によって強いられるわたしたちの生活の日々の秩序を指す。これらが合わさって、物質的関わりから、新たな制度上の事実と、時間に対する新たな人間的経験へという、下向きの流れが表現される。時計の発明とヨーロッパ全体への急速な普及は、この下向きの流れの鍵となる例だ。しかしヨーロッパ文化における変化は、宇宙的秩序に対する新たな説明を開き、さらにはそれを求めた。コペルニクス革命で明白なように、科学的方法の始まりは、新

たな形の物質的関わりから、概念、理論、宇宙的観念の領域へという上向きの流れを示す。

この宇宙的時間と人間的時間の絡み合いがもっとも顕著に表れているのが、時計仕掛けの宇宙という比喩だ。宇宙を時計のような精巧な機械として表現したのは、この時代が最初だった。早くも一三世紀には、ヨハネス・ド・サクロボスコが、宇宙を「世界の機械」と呼んでいる。[*68] しかしそれは、時計の普及以前のことだった。機械的時間がヨーロッパに十分に広まっていた一三七七年には、ニコル・オレームが著書『天体・地体論』において、時計と宇宙とのつながりを堅固なものにした。オレームは世界を、「進みも遅れもせず、決して止まらず、夏も冬も動きつづける規則正しい時計仕掛け」と表現している。惑星の運動は、正確な時計仕掛けを駆動する、よく調整された脱進機構に似ているという。「人間が時計を作って動かしはじめると、ひとりでに動きつづけるのに似ている」とオレームは書いている。[*69]

人々は日々の身近な世界を時計のリズムに合わせて作りかえていたため、それを取り囲む宇宙もそれに従うはずだという考え方は自然なものにすぎなかった。しかしそれからの何世紀かでニュートンの科学が、物理法則を、宇宙的時間の一定のリズムを刻むように作りかえることで、時計の比喩を堅固なものにする。ニュートンの力学が機械時代を前進させるのに伴い、時間、文化、宇宙論の絡み合いは強固なものとなる。

第4章　宇宙の機械、照らされた夜、工場の時計
――ニュートンの宇宙から熱力学と産業革命へ

イングランド、ウィンラトン、クラウリー製鉄所　一七〇一年

時計が憎たらしい。時計監視人が憎たらしい。

ふいご係は疲れ、高い壁に掛かった、いつも視界に入ってくる時計の一つを見上げた。火のそばでの勤務は長く、四時間ぶっ通しで強い火を保ち、鉄鉱石を悪魔の血管のなかの血のように流しつづける。その男は、腫れ上がって煤で黒くなった自分の手を見た。北のダラム州にやってきてクラウリー製鉄所に勤めはじめてから、六年以上になる。[*1] サラが死に、子供たちのために農業をやめるしかなくなった。「クラウリーは何か違うぞ」と酒場の客。「定期的に給料がもらえるんだ」。娘たちを食べさせるには給料こそが必要だったため、男は荷物をまとめて北へ旅立った。

家族にとってクラウリーは確かによい場所で、ふいご男はありがたく思った。子供の学校があり、また誰かが怪我をしても家族が食いはぐれることはなかった。しかし、代償はあまりに大きかった。

彼はふいごのそばに立ちながら、通り過ぎる時計監視人に向かって小声で悪態をついた。またもや給料が下がる。ほかにも忌々しい規則を破っていた。規則はあまりにも多く、誰が守っていられるというのか？

図4.1　イングランドのかみそり工場、1783年頃。産業革命によって、労働生活がさらに時計に縛られるようになると、時間は物質的関わりの一部となった。

ほぼあらゆる規則や法規が彼の時間を奪おうと狙っており、まるで老人が、呼吸のたびに自分の肩を見つめるようだった。

「いいか、クラウリーの時間を無駄にするな」と時計監視人は言い、息抜きしすぎたからと給料を下げる。小便に時間がかかるのは、はたして彼の落ち度だろうか？　時計監視人は気など遣わない。規則第一〇三号だ！　規則第四〇号だ！　彼はふいごの上に深く身をかがめ、製鉄所を見渡した。至るところに自分の仕事で忙しい男たちが見え、至るところで彼らは、時計、忌々しい時計監視人、そして老人のようなクラウリーの規則を見ていた。[*2]

二人の男、一つの新たな時間

ときに革命は、たった一人の天才の頭のなかから始まる。またときには、邂逅した世界の実体——木材、鉄、作業場——から生まれる。ときには、その違いを見分けるのは難しい。

アイザック・ニュートンとアンブローズ・クラウリーは同時代の人物だ。二人とも一七世紀半ばに生まれ、一八世紀初頭まで生きた。[*3] 天才物理学者のアイザック・ニュートンは、時間と空間を作りかえ、産業革命における機械に支配された世界の骨組みとなる力学理論を確立させる。アンブローズ・クラウリーの名前は、ニュートンほどには歴史に語り継がれていないが、独自の形でやはり時間の未来を捉え、それを生きた形に変えた。

時間に縛られて──クラウリーの鉄の掟

鍛冶屋の一家に生まれた敬虔なクエーカー派のアンブローズ・クラウリーは、尊敬されるとともに恐れられ、あざ笑われるとともに褒め称えられた。[*4] 若いうちに革新と発展の精神の高まりを感じ取ったクラウリーは、イングランドのウェストミッドランズ州（いわゆるブラックカントリー）にあったこの業界の制約に甘んじようとは思わなかった。[*5] 一七世紀のイングランドの製鉄業は、厄介な地理的条件と貧弱な輸送体制のために、小規模なままだった。名もない家の出のクラウリーは、ニューカッスル近郊の村ウィンラトンに製鉄所を建て、それらの制約を克服した。原料の「棒鉄」の国内供給地に近いのに加え、港が近く、スウェーデンからも鉄を調達できた。ニューカッスルはさらに、炭鉱（北）と市場（南のロンドン）にも近かった。[*6]

クラウリーの新たな製鉄所モデルが成功したのは、空間と時間にわたって人間の活動を組織化する才能ゆえだった。はじめは釘の生産のために建てられたウィンラトンの製鉄所は、一六九〇年に事業を拡大し、家庭向けのコンロや調理道具を含むさまざまな製品を作るようになった。一七〇七年には重要な造船契約を結び、スウォールウェルで操業していたライバル会社を買収した。[*7] クラウリーの製鉄帝国はすぐに、無秩序に広がるロンドンの造船所を除いて当時最大の産業事業となった。一七〇二年、クラウリー製鉄所は一九七人の労働者を雇っていたが、一八世紀後半には、その数は一〇〇〇人を超える。少なくとも規模においては、近代的な工場の初の理想的な姿だった。

クラウリーは「厳格で要求の厳しい男で、強引すぎて友人がおらず」、製鉄産業の再生計画に断固たる目的意識を持ちこんだ。[*8] 新たな製鉄モデルを展開するうえでクラウリーが直面した大きな制約条件が、組織と労働力だった。そこで、能力のある労働者を見つけるために、遠方まで幅広く（イギリス海峡を越えてまで）代理人を派遣した。また、一カ所で大勢の人間を働かせるために、作業の組織化と管理のための一連の規則を守らせた。[*9] その規則集『クラウリー製鉄所の規則書』のなかに、新たな産業的時間の姿が浮かび上がってくる。

作業の流れを維持して規則を遵守させるために、クラウリーは、監視人という新たな身分を作った。[*10] 監督官や作業時間係とも呼ばれるその監視人は、構内に寝泊まりし、労働者一人一人の出社退社時間を正確に記録した。監視人の見張りのもと、工場は正確な時間で動いていた。『規則書』には次のように書かれている。

毎朝五時、監視人は始業のベルを鳴らし、八時には朝食、その三〇分後に再び作業開始、一二時に昼食、一時に作業開始、八時に作業終了のベルを鳴らし、すべて施錠する。[*11]

クラウリー製鉄所での労働は長く厳しく、労働者は週六日で計八〇時間働くよう決められていた。[*12] 長時間労働にもかかわらず、労働者は時間を守り、時間——新たに貴重な物資と認識されたもの——を無駄に費やさないようにしなければならなかった。監視人は、労働者の有給時間から、飲食、喫煙、会話に「捨てた」時間を差し引いた。より大きな違反の一つが、時間をいじることだった。メインの時計を不正にいじれば、厳しい罰が下された。また、時間に従わない者（および一般的に怠けている者）の密告が推奨された。

クラウリーは天才的な組織術で財産を築いたが、単に冷淡な実業家を真似ただけではなかった。クラウリーは妻のメアリー・オーウェンとのあいだに一一人の子供をもうけたが、無事成長したのは六人だけだった。[*13] そのような繰り返される喪失のトラウマとクエーカー派の教義が組み合わさって、クラウリーは、労働者とその家族の窮状に敏感だった。クラウリーの規則の多くは、学校教育、医療、および怪我をして家族を養えなくなった労働者への配慮を含め、彼らの世話を定めていた。たとえば規則第九七番には、「病気などの理由で貧窮し自活できなくなった労働者とその家族を救済するために、蓄えを増やし維持しつづける」ことを定めた前文が記されている。[*14]『規則書』を書くうえでクラウリーは、効率的な事業だけでなく、社会組織に道理を当てはめ、誰もがよりよい生活を送れる楽園のようなものを思い描いた。

しかしクラウリーによる労働時間の革新は、効果的だったと同時に急進的であり、時間の歴史において自らの地位を確立した。クラウリーは事実上、産業革命に半歩足を踏み入れたことになる。実際の生産（次の世紀にカール・マルクスによって新たな重要性を獲得する言葉）の手段は古い方法に捕らえられており、依然として製鉄作業そのものは「ショップ」と呼ばれる小さな単位でおこなわれていた。変わったのは各労働者の「時間の義務」であり、自分の生活を工場の時間と労働時間の枠組みに合わせなければならなくなった。

クラウリーの労働者は新たな種類の人間的時間の誕生のなかで働いたが、その概念は、何世紀か前に機械式時計が急速に普及したときにはすでに姿を現していた。クラウリーが生きた一八世紀までには、時計の技術と製造がかなり進歩し、商人や貴族の家にも置かれるようになっていた。[*15] しかし注目すべきは、一七世紀後半、まさにクラウリーが製鉄所を建設しているときに、分針が広く使われるようになったことだ。[*16]

実はその分針が、人間的時間を新たな次元へと突き動かすこととなる。分は、小さいが実用的な時間単位だった。分は経験できる。分が経過するのを見ていれば、分は時間との新たな関わりの素材となる。何世代にもわたる学校の生徒、作業場の工場労働者、机につく事務従事者に見つめられることとなる分針、その出現は後戻りできない変化をもたらした。分針は、自宅、仕事場、そしてもっとも重要である実験室を支配する新たな種類の時間を知らせた。アンブローズ・クラウリーが初の産業的時間の大枠を作っていた一方、科学は時間の独自の定義を作りかえようとしていたが、そのステップを完了させるにはアイザック・ニュートンが必要となる。

神の意識——ニュートンの絶対時間と絶対空間

一六四三年に生まれたアイザック・ニュートンは、その科学的才能をはるかに超越した並外れた人生を送った。[*17] 一〇代で研究を始めたニュートンは、最終的に物理学と数学のほぼあらゆる分野を作りかえることとなる。それでも四〇代後半には科学の研究をほぼやめ、ケンブリッジ大学を去って国会議員になる。そして単なる名誉職である造幣局長官となるが、その仕事に真剣に取り組み、イギリスの通貨を改革して、偽金造りを積極的に取り締まった。[*18] また生涯にわたって錬金術を研究したため、水銀中毒を患ったようで、晩年の奇行はそれが原因だと主張する学者もいる。[*19] 個人生活でもニュートンは、職業上の取り組みと同じく並外れていたようだ。心の広い友情と容赦のない激情の両方を秘めたニュートンは、彼を知る人にとっても謎の人物だった。ほぼあらゆる記述によれば、ニュートンは女性を知らないまま世を去り、八五年の生涯を通じて性的関係を持たなかったという。[*20]

死から一〇〇年後、啓蒙運動の著述家たちはニュートンを、純粋理性の英雄として賛美することとなる。しかし彼らには知られていなかったが、ニュートンは敬虔なキリスト教徒で、預言を含め聖書研究に関する何千ページもの文書を残している。近年発見された文書によれば、ニュートンは異端者であり、三位一体の教義を否定すれば死刑となる当時、その教義に猛烈に異議を唱えたという。[*21] ニュートンは生涯を通じて自分を「自然の司祭長」と見なし、自然神学の唱道者として、自然の研究が神の創造の手を明らかにすると考えた。[*22] そして、神はすべてに遍在していると断固信じることで、新たな物理学において空間と時間を定義しなおす原理を生み出した。[*23] 新たに想像される道筋に沿って文化が組み立てられつつあるただなかで、新しい自然神学に対するニュートンの信念は、新たな宗教的洞察や科学的洞察のなかに体現された。そしてそれらの洞察から、宇宙全体が作りかえられることとなる。

アイザック・ニュートンの科学的著作のなかでもっとも有名なのが、一六八七年に出版された『自然哲学の数学的諸原理』（現在では単に『プリンキピア』［原理の意］として知られている）であり、この本は、力、物質、運動を包括的に説明する古典力学を打ち立てた。ニュートンの力学は科学研究の本質を変え、すべての現象を説明（あるいは予測）するための基礎となる一連の普遍法則を確立した。しかしその壮大な体系を構築するには、まず、物理が展開する舞台のための新たな基礎が必要だった。つまり、絶対的な空間と時間を考案しなければならなかった。

何世紀ものあいだ学者たちは、物理学研究の基礎をなす四つの重要な概念、すなわち時間、空間、物質、運動のあいだの関係を理解しようと奮闘していた。ほとんどの学者は、長きにわたるアリストテレスの支配に基づき、時間と空間は独立した現実性を有しないと信じていた。[*24] ニュートンと同時代の多くの人にとって、時間は物質の変化に対してしか意味を持っていなかった。また空間は、物質の配置に対してしか意味を持っていなかった。物質の塊は、ある瞬間にはここにあり、のちのある瞬間にはあそこに移動する。しかし、「ここ」、「あそこ」、「いま」、「のち」は、相対的な意味しか持たない。これらは、宇宙のすべての物質、すべての要素との関係においてのみ意味を持つ。時間と空間は、物質との関係以外に独立した現実性を持たないのだから、文字通り何ものでもない。

この見方は宇宙論的思考に強い影響を与えた。ニュートンの時代になってもなお、アリストテレスは大きな影響を及ぼしつづけていた。古代の哲学者によれば、宇宙はプレナムという物質の連続体であるという。彼らの見方では、物質を含まない空間は存在しえない。[*25] パルメニデスの言葉を受け、真に空っぽの空間は存在しえないと考えられていた。それでも学者たちは、空間と時間が物質に依存するようにすべく、一致団結して正確な運動の法則を定式化しようとした。運動は単に、一定期間（時間）における物質の位置（空間）の変化だ。物質がなければ空間と時間は存在しないのであれば、どうやって、物質が空間と時間のなかを動いていくと仮定すればいいというのか？

ケンブリッジ大学に入学した若きニュートンは、アリストテレスの研究にはほとんど興味を示さず、代わりに、ケプラー、ガリレオ、そしてフランス人数学者兼哲学者のルネ・デカルトの新たな見方に夢中になった。[*26] デカルトは、わずか何十年か前に、空間、時間、運動を適切に定義しようという試みで注目を集めていた。[27] この問題に対するデカルトの答は、空間は原初の渦で連続的に満たされていると考えることで、真の空虚は存在するかという、論争の的となる可能性を回避している。その渦は、物質の運動を支えるいわば背景となり、惑星をケプラー流の軌道に沿って運ぶ。ニュートンはデカルトの見方を否定するが、それらの見方はニュートンの新機軸の引き立て役となった。

『プリンキピア』は、短いスコリウム（ラテン語で「注解」の意）から始まる。そのスコリウムはわずか七ページで、時間、空間、運動の概念を作りかえ、ニュートン力学と新たな物質世界への道を敷いている。

突き詰めて言うと、ニュートンは新機軸として、空間と時間を独立した現実の存在にした。空間は物質と別個の「何か」であり、物質のいかなる配置とも独立して存在する。ニュートンにとって空間は、物質と独立した、一様で変化しない特性を持っている。つまり、空間は宇宙のどの場所でも同じだ。同じく重要なこととして、時間も「何か」であり、物質や物質の変化とは別個のものである。時間の流れは至るところで一様であり、物質の動きには左右されない。ニュートンの新たな見方は次のように要約できる。[28]

・数学的な真の絶対時間は、外部のいかなるものとも関係なしに、および物質のいかなる変化や測定のされ方（たとえば時《じ》、日、月、年）とも関係なしに、等しく流れる。
・数学的な真の絶対空間は、至るところで同じであり、その性質は物質の変化と関係なしに固定されている。
・絶対運動は、絶対空間におけるある位置から別の位置への物体の動きである。

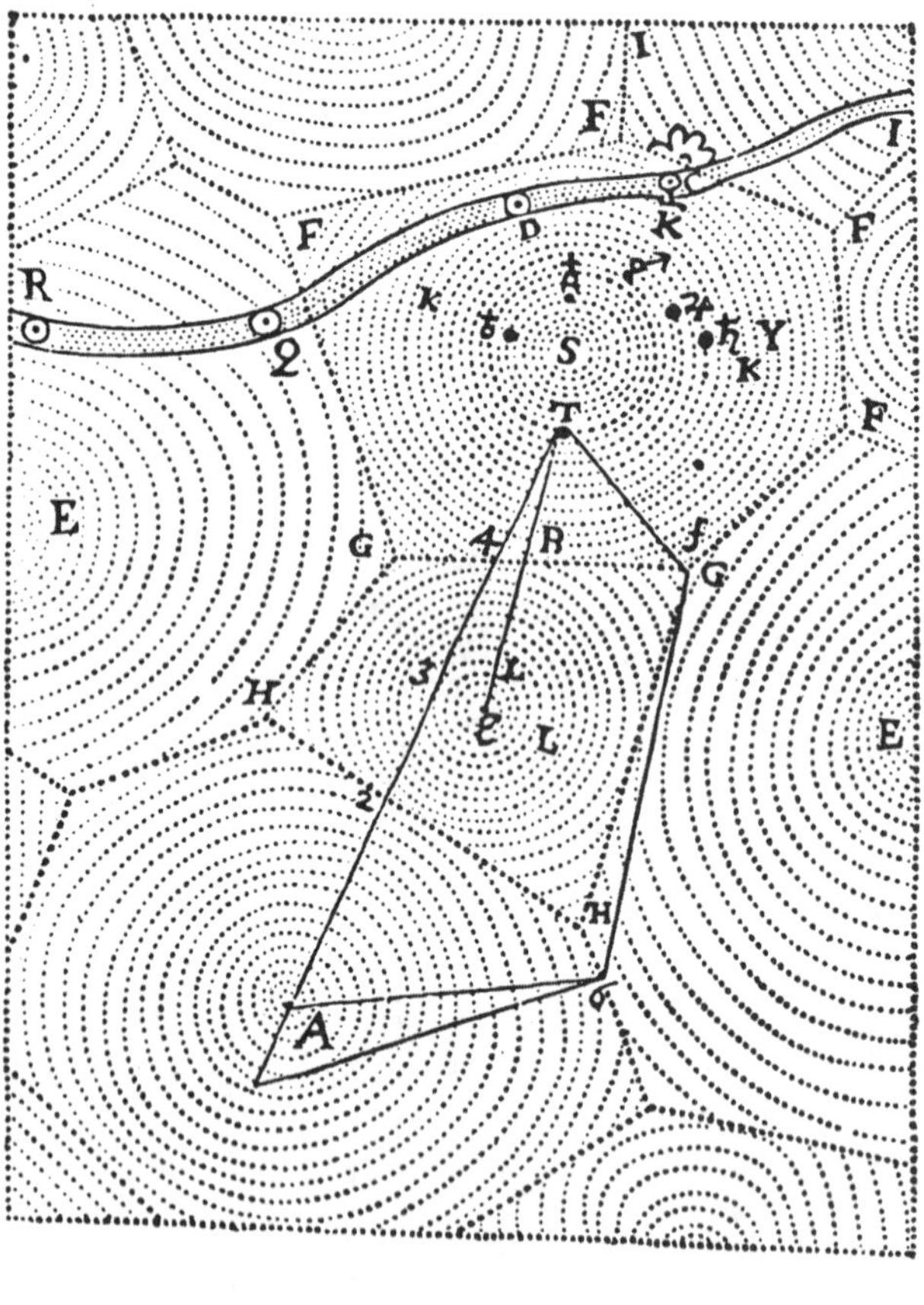

図4.2　デカルトの宇宙論的物理学では、太陽系は自転する渦で充満しており、それらが惑星を軌道運動させていると考える。

こうしてニュートンは、「絶対空間」と「絶対時間」を考え出した。いずれもそれ自体が現実で、一定不変であり、物質やその変化どうしの関係とは独立している。物理学の空間と時間に対するニュートンの新たな描像は、「神の意識」と呼ばれるようになる。[*29] それは現実に対する神の完璧な認識の領域であり、その空虚な舞台の上で宇宙の劇と物理の戯曲が上演されるということだ。

ニュートンは、絶対空間と絶対時間を定義することで、運動を定義するための枠組みを作ることに成功した。そして運動を明確に理解することで、力学、すなわち力と運動を結びつける数学法則を定義した。『プリンキピア』の残りの部分では、それらの数学法則の記述を進め、大きな理論構造のなかで力、質量、加速度を明確に関連づける。のちにニュートン力学と呼ばれるようになる一連の法則のもとで、地球と天空は結びつけられた。そしてもっとも重要なこととして、それらの法則は科学と文化を、今日《こんにち》もなお適切であるような形に作りかえた。

パルメニデスとヘラクレイトスの見方を結合させたとも見なせるその描像のなかで、変化と永遠が融合した。時間を超越した不変の法則が、宇宙および、変化の進行と性質を支配している。[*30] ニュートンの理論的仕掛けは、時間と空間を経験から抽象化することで、その後に起こるあらゆる文化的革新にとっての理想となった。永遠で時間を超越した普遍法則への信念に体現されたニュートンの力学の精神は、まもなく、地球を急速に支配しようとする、政治などの組織の領域においても具体的な形を取っていく。

天空の地図作り――ニュートン以後の天文学と宇宙論

一七〇七年一〇月二二日の暗く荒れた夜、イギリスの小艦隊がイギリス海峡に近づいていた。[*31] サー・クラウズリ・シャヴェルが指揮する二一隻の戦艦は、フランスの港トゥーロンの攻撃に失敗して帰還する途中だった。深い霧のなか、艦隊の航海長は、ブルターニュの最後の島の西を無事通過して海峡に入ったと信じていたが、天候のせいで艦隊の東西の位置を知るのは難しかった。航海長は、船がシリー諸島の岩だらけの海岸にまっすぐ突っこもうとしていることなど、知る由もなかった。鋭い岩礁に衝突してわずか数分で、英国軍艦アソシエーション号は波のなかに姿を消し、八〇〇人の乗組員とシャヴェル提督を道連れにした。その夜、ほかに三隻の船が失われ、溺死者は計一二〇〇人以上に達した。

一七〇七年のイギリス海軍の惨事は、たった一言でまとめられる。経度だ。一八世紀には、大洋を横断する貿易や軍事作戦が発達し、地政学や地理経済学を支配するようになっていた。当時の地図などの航海道具は、経度――地図上の東西の位置――を正確に決定できなかったため、利用が限られていた。

目印のない大洋の真ん中などで地球上における正確な位置を知るには、緯度と経度の二つの数が必要だ。緯度は赤道を基準にした南北の位置で、天空における太陽の最高位置を観測するだけで簡単に決定できる。しかし経度では話がまったく違ってくる。

緯度の測定は赤道（あるいは両極）に対しておこなうことができるが、経度はどんな特別な位置を基準に判断すべきなのか？　自然は、人間が東西を判断するための、一方の極からもう一方の極へ走る大円を一つだけ描いてはくれなかった。経度は恣意的な子午線——地球を一周して両極を通る仮想的な線——を基準に測定しなければならない。たとえばイングランドのグリニッジを基準に選べば、そのグリニッジを通る本初子午線からの東西の距離として経度を測定することになる。しかし、そのような測定はどうやっておこなうのか？　実は、経度の測定はつねに、時間を空間に変換して比較することにほかならない。

従来の経度測定には、天文学の知識、地方時の計算、そしてあるきわめて特別な本が必要だった。その本には、毎晩グリニッジで月が最高点に達する時刻が記されていた。船員が自分のいる経度を知らなければならない場合は、月を観察し、その晩に天空上でもっとも高い位置に達した時刻を記録する（太陽の位置によって決定した地方時に合わせた時計を使う）。この作業を、月を「撃つ」と呼んだ。[*32] 夜に弧を描く月の最高点は、天文学的に時間を固定する錨のようなものだった。船員は単純に、地方時における月の南中時刻と、本に記されているグリニッジにおける南中時刻を比較する。その日、地方時で午前三時に月が最高高度に達し、本によるとグリニッジでは同じことが午前〇時に起こると記されていたら、その船はグリニッジ時間より三時間進んでいることになる。三時間は地球の八分の一、つまり経度にしてグリニッジの東四五度に相当する。同じ出来事——天空上で月が最高点に達すること——を記録した時間を比較することで、時間の比較を位置（空間）の決定へ変換していたことになる。

しかし、天文学的に経度を決定する方法は、複雑で不正確だった。恒星は一日一回めぐり、月はその恒星の背景に対し一カ月で一周する。この天空のダンスステップのために、天文学的な経度の決定は時間のかかる作業だった。さらに悪いことに、この方法の典型的な誤差は位置にして何十キロメートルもの不確かさに相当し、霧に覆われた海で大勢の船員の命を奪うには十分すぎた。

機械式時計の普及が、一つの解決法を提供するはずだった。考え方としては、グリニッジ時間に合わせた時計と、天文学的測定によって定期的に地方時に合わせる時計を持っていく。この二つの時計を比較すれば、その時刻の差を簡単に経度に変換できる。しかし、船の動きと湿度や温度の変化のため、当時もっとも正確な計時装置でも海上ではうまく作動しなかった。新たな形の物質的関わりが必要だった。

一七七二年にクック船長が、時計職人ジョン・ハリソンが作ったH４船舶クロノメーターを携えて二度目の探検航海に旅立った。[*33] ハリソンは、経度測定装置の完成に生涯を捧げていた。[*34] 赤道地帯から南極に至るまで航海して三年後に帰還したクックは、その時計の一日の秒数は一定を保ったと報告した。距離に変換すると、その変動は経度にして八秒（赤道上で二海里）を決して上回らなかった。[*35] クックはこのハリソンの発明品を、「どんな気候変化のなかでも信頼できる案内役」と呼んだ。[*36] ハリソンがその成功を知ったかどうかは定かでないが、クックの航海により、計時装置のみを使って経度を精確に測定できることが疑いようなく証明された。天空に基づく時間の最後の時代は終わりを迎え、新たに始まった機械の時代にバトンを渡した。こうして、人間の地図と精神のなかで世界の輪郭が鮮明になりはじめた。

一七世紀と一八世紀に新たな精度で地球の地図が作られた一方、夜空の地図もまた同様に作られた。人類が天文学に基づく宇宙論に向けた最初のたどたどしい一歩を踏み出し、次々に強力な望遠鏡による観測に基づいて天空の地図が埋められていった。理性の時代におけるほかの多くの話と同じく、この物語もニュートンから始まる。

ニュートンは『プリンキピア』で空間と時間の描像を描き出し、それを背景として用いて新たな力学――力と運動の関係を正確に記述する科学――を作り上げた。ニュートンの諸法則は、有名な公式$F=ma$（質量mに力Fを作用させると加速度aが生じる）に組みこまれている。しかしこの公式では、力の実際の性質は指定されていない。大砲の発射、ざらざらな表面の摩擦、ラバの牽引など、すべての力に等しく当てはまる一般的な数式だ。

しかし、ニュートンが特別な注意が必要だと悟った力が一つある。『プリンキピア』のなかでニュートンは、重力と呼ぶ新たな力――どんな物体のあいだにも自然に生じる引力――について詳しく記述している。重力の強さは距離とともに小さくなる（具体的には、重力は物体間の距離の二乗に比例して弱くなる）。またもっとも重要なこととして、ニュートンの重力は普遍的であり、木から落ちるリンゴにも太陽の周りを回る惑星にも同じく作用する。ニュートンは、重力に対して計算可能な特定の数式を与え、それを普遍的なものにすることで、長年にわたる地上と天空との区別を消し去った。たった一つの方程式によって、二〇〇〇年にわたるアリストテレスの物理学を捨て、天空と地上を統合したのだった。

ヨーロッパじゅうの天文学者は、ニュートンの重力理論の成功を即座に見て取った。ケプラーの有名な惑星運動の法則は、まるで木をそっと揺らすと熟れすぎた果実が落ちてくるように、ニュートンの重力の法則からいとも簡単に導かれる。天文学者たちはすぐにこの重力の普遍法則に飛びつき、それを惑星の軌道から潮の干満や月の自転まであらゆるものに応用した。ニュートンが重力を正確に定式化してくれたおかげで、天文学者は夜空に見たものを単に記述する状態から脱し、それらの運動がどのように起こるのかをはじめて理解できるようになった。ニュートンの重力の法則により、天文学は動力学――空間と時間のなかを運動する物体の記述――の科学となった。それは思いがけないタイミングであり、そのとき人類の歴史においてはじめて、星々の性質が認識されようとしていた。

一七世紀と一八世紀を通して望遠鏡の技術は着実に進歩し、天文学者は天空のより遠くの、分解能の高い像を得られるようになった。また、望遠鏡で天空上の位置を精確に測定するための道具である、十字線が入ったマイクロメーターが導入され、天空の地図作りは進んだ。[*37] 航海用クロノメーターが地球の正確な地図を描き出していたように、この新たな望遠鏡技術は高い精度で星々の地図を描き出し、空間的な正確な位置と時間的な運動を観測できるまでになった。

一七一八年にエドマンド・ハレーは、自らの観測による恒星の位置とギリシャの星表に記されている位置とを比較し、恒星は固定されているという正説に疑問を抱くようになった。多数の不一致を見つけたハレーは、古代の観測と現代の観測を隔てる一五〇〇年のあいだに一部の恒星が移動したという、驚きの結論に達した。このハレーの主張は、一七三八年にアルクトゥルスという星で裏付けられた。[*38] それから二〇年で、八〇個もの恒星がいわゆる固有運動――天空上での運動――を示すことが明らかとなった。「恒星」という言葉は時代遅れになった。

天文学におけるこれらの進歩は、宇宙論的疑問に対する関心を復活させた。宇宙論の新たな理論化が、天文学上の発見に大きく依存するケースもあった。また、哲学に大きく依存したままで、天文学は補助的な役割しか果たさないケースもあった。啓蒙運動におけるいずれの形の宇宙論も、この分野が現代へ向けて発展するうえで重要な役割を果たすこととなる。

ニュートンの重力法則の登場により、宇宙論の思想家たちは、宇宙の無限性や進化に関する具体的な疑問を発するのに使える道具を手にした。ニュートンは神学者リチャード・ベントリーに宛てた一

図4.3　18世紀初頭のパリ天文台。ニュートンの力学が天体運動を理解するための基礎となり、天文学者は次々に高精度の天空の地図を作りはじめた。

連の手紙のなかで、自分の研究結果は、宇宙が空間的に無限に広がっていることを指し示していると述べている。有限な宇宙では、それぞれの恒星が別の恒星に及ぼしあう重力によって、宇宙全体が潰れてしまう。したがって、無限個の恒星からなる無限の宇宙のほうがより魅力的な選択肢だが、ニュートンは、それでも最終的には重力収縮に陥ることを見いだした。恒星が格子状に無限に広がっていれば、すべての重力のバランスが取れるが、その配置は不安定だ。恒星の一つが軽く押し出されただけで重力のバランスが崩れ、恒星が互いに動きはじめて、やがて巨大な塊へと収縮してしまう。この不安定性のために、「恒星が互いに正確に釣り合いを保ち、完璧な平衡状態で静止している」様子を想像するのは難しいと、ニュートンは書いている。[*39] この問題は重力のパラドックスと呼ばれるようになり、二〇世紀に入ってもなお宇宙論を悩ませることとなる。強い信仰心を持つニュートンは、神が宇宙において役割を果たしつづけ、秩序を保って収縮を防ぐために定期的に介入していると仮定することで、この問題を「解決」した。

多くの天文学者は星が無限に存在するというこの説に困惑した（たとえば、そのような数をどのように構成するのか？）ままだったが、その考え方は徐々に受け入れられていく。しかし、無限の距離とともに、無限の時間に関する議論も復活した。キリスト教の正説により宇宙はわずか六〇〇〇年前に誕生したとされていた時代、ほとんどの学者はいまだ、好んで永遠の宇宙を想像しようとは思わなかった。ニュートンを信奉する天文学者のジェームズ・ファーガソンは、重力のパラドックスを使って世界の年齢が有限であることを証明する方法を思いついた。ファーガソンは次のように書いている。

なぜなら、もし［世界は］永遠の過去から存在しており、神は世界を上記の［ニュートン］力の作用の組み合わせに支配させるに任せていたとしたら、……はるか昔に世界は終わっていただろう。……しかし、世界は神の意図するかぎり存在しつづけるものであり、人間を死ぬべき存在にしたのと同様に、世界も滅ぶべきものとして作ったとして神を責めるべきでないのは、明らかだろう。[*40]

一六七六年の議論において、デンマーク人天文学者のオーレ・レーマは、光は有限の速さで進むことを発見した。多くの天文学者は、空間的に遠くを見れば時間をさかのぼって見ることになるという結論を、興味は示しながらも認めたがらなかったが、空間と時間とのこの強力な結びつきを理解した人もいた。[*41]フランシス・ロバートは一六九四年に、「光が星からわたしたちのもとへ進んでくるのにかかる時間は、わたしたちが西インド旅行にかける時間（通常は六週間）より長い」と書いている。[*42]

ニュートンと、新たな望遠鏡技術の物質的関わりにより、宇宙論に関する古代の疑問がすべて復活した。ニュートンの宇宙は無限であることが受け入れられると、別の宇宙に関する議論が再燃した。

ニュートンは、神の全能性を考えれば別の自然法則を持つ別の宇宙も存在するだろうと語った。フランス在住の数学者ゴットフリート・ライプニッツ（ニュートンとともに微積分を発明した）も、神はほかにも宇宙を作ることができたが、すべての選択肢のなかでこの宇宙がもっともよかったためほかの宇宙は選ばなかったと考えた。イエズス会修道士のイタリア人天文学者ルジェル・ボスコヴィッチはさらに、わたしたちの宇宙とは因果的に切り離された別の「空間」が存在するかもしれないと想像した。[*43] そして、わたしたちの宇宙で起こることが、それらの別の空間における物質の振る舞いと進化に影響を及ぼすことはないと論じた。同様に、それらの別の宇宙での出来事が、わたしたちの空間における宇宙の歴史の道筋にどんな影響も及ぼすことはない。当時としては突飛な推測だったが、現在では、この歴史的瞬間において中心的役割を果たしている考え方を先取りしているように思える。

ビッグバンに代わる現代の理論の多くが、多宇宙の概念を拠りどころとしている。ニュートンの枠組みのなかでその可能性がいち早く論じられたことは、五つの大きな宇宙論的疑問に再生力があることを改めて教えてくれる。新たな形の物質的関わりによって文化、政治、経済は姿を変えるが、それでも人類は繰り返し、同じ宇宙論的可能性の宝庫に戻ってくるのだ。

産業的時間の誕生

一八世紀が幕を閉じる頃には、天文学者は夜空のダイナミクスを地図に表すことに成功していた。天文学においてニュートン力学が完全勝利を収めたため、神の役割までもが取るに足らないものとなっていた。ナポレオンが高名なフランス人天文学者のピエール・ラプラスに、なぜ天体力学に関するラプラスの新しい本には神のことがまったく言及されていないのかと尋ねると、ラプラスは「その仮説は必要ありません」と答えたという。[*44]

さらに注目すべきこととして、天文学が恒星の運動に光を当てはじめたちょうどそのときに、産業革命が人々から夜のもっとも基本的な経験を奪う。ニュートン力学の基礎が新たな機械時代を誕生させたことで、産業文化は人間的時間を作りかえ、仕事と休息、昼と夜の境界を変えることとなった。

ほとんどの説明によれば、産業革命は一九世紀が明けたときに本格的に始まった。自宅での小規模の作業に基づいた家内工業から、機械集約的な大規模な産業生産への動きも、物質的関わりが新たな文化構造と政治構造を可能にしたことのもう一つの物語だ。しかし以前の変化と異なり、アイデアと実践、理論と応用の結びつきは明確で、両者がほぼ同時に進行する。科学の個々のプロセスが、人々がこの世界の物質的性質とどのように出会うかを決めるようになった。そしてそれが文化を形作り、未来の世代はすべてそのなかに生まれ出ることとなる。ニュートン力学が機械に変わり、人間的時間と宇宙的時間の両方が変化したのだ。

この革命はイングランドで始まった。その中心にあるのが新たな機械だった。繊維生産がそれを牽引し、ジョン・ケイの飛び杼《ひ》やジェームズ・ハーグリーヴズのジェニー紡績機といった発明品により、産業経営者は大規模に綿から糸を紡げるようになった。[*45] これらの機械の有効性を基礎として工場制度が誕生し、それとともに新たな生産手法が生まれた。労働者はそれらの機械に作業を集中させ、製品の生産に必要な連続するいくつもの段階のうち、少数のみを反復しておこなうようになった。それにより、一七九六年から一八三〇年までに繊維生産量は三倍に急上昇した。[*46] もともとは水流の力を利用するために川岸に建てられていた工場が、ジェームズ・ワットの蒸気機関から動力を得るようになり、好きなところに建てられるようになった。ロバート・フルトンの蒸気船とジョージ・スティーヴンソンの蒸気機関車の誕生は、物流を産業革命に取りこみ、帆船と馬車の時代に引導を渡した。

人的資源もこの革命に投入された。都市に連れてくることのできる労働者を確保するために、一八〇一年の囲いこみ法により、イギリスの小作農は、何世代にもわたって管理してきた土地から追い出された。[*47] ほかの国もすぐに追随するが、イングランドは、この新時代を決することとなる機械と文化形態両方の発展のなか、その動きを先導した。

産業革命のあいだに起こった人間的時間の変化の多くは、何度も繰り返して語る必要がないほど明白だ。工場制度が、ヨーロッパの次々と多くの人々にとってまったく新しい時間の基盤を作っていった、と言うだけで十分だ。労働者にとっても経営者にとっても、時間は圧縮され抽象化された。人類の歴史においてはじめて、分が時間的交換単位となり、数えられるようになって、実際に数えられた。分は、工場経営者が生産効率を追求するうえでも、また労働者が、自分の身体が単なる機械の拡張部分に変えられるのを拒むうえでも、重要なものとなった。何千年ものあいだ労働は、人間と動物の疲労によって生物学的に制限されていた。蒸気を動力とする機械が、その古代以来の生物学的制約から労働を解放した――少なくとも機械の所有者の目線から見て。人々の時間の経験が完全に作りかえられたのは、はじめは労働においてのことだったが、すぐに文化的および個人的生活のあらゆる面に広がった。夜というものの経験の末路は、しばしばタイムレコーダーに関する議論のなかに埋もれてしまっているものの、人間の時間との邂逅としてもっとも基本的なものである。

夜の終焉

「それまでの西洋の歴史において、一七三〇年から一八三〇年までの期間ほどに、夜の世界が脅かされつづけたことはなかった」とロジャー・エカーチは優れた著書『一日の終わり——過去の夜』のなかで書いている。現代世界のわたしたちは二四時間照明された世界に住んでおり、夜が人間の意識に及ぼす影響の広さを思い返すのは難しいだろう。エカーチは次のように言う。「人間にとって夜は、第一に必然的な悪魔、もっとも古くもっとも忘れがたい恐怖だった。暗さと寒さが増すなかで、先史時代のわたしたちの祖先は深い恐怖を感じたに違いない*48」

産業が人間生活を変える以前、夜は本質的に危険だった。夜の空気そのものが、濃くて有害だとさえ考えられていた。太陽光が弱まって世界から光と色が消えるにつれ、扉の外は危険でいっぱいになっていった。劇作家のジョン・フレッチャーは一六一〇年に、次のように書いている。「羊飼いたちよ、美しい乙女たちよ、羊を囲いに入れなさい。空気が濃くなりはじめ、太陽がその長い道筋を走りきってしまっているから*49」。医者は患者に、夜の「重い蒸気」に気をつけよと注意した。問題は肉体的な健康だけではなかった。聖書の伝承に染まり、悪魔や魔術が信じられていた近代科学以前の時代には、夜は超自然的な恐怖の時間だった。「夜は霊に属する」ということわざがある。ジョン・フレッチャーは、夜は「闇の黒い申し子」に属すると書いている*50。

宗教界と世俗いずれの権威も、夜にはほとんど力を発揮できず、各自の自宅を小さな要塞にするよう忠告した。都市や街は、夜と、その人間的危険に対して防備を固め、大規模な居住地の多くは壁で囲った。ほとんどの都市において夜間の出入りは要塞化された門に限られ、門は日没とともに閉じられて守衛が監視し、夜明けまで開けられなかった。しかし産業時代になると、多くの壁や門が崩された。かつて夜の恐怖から街を守っていたものが、夜も変わらず必要となる商品や原材料の効率的な交易の障害となった。一八世紀のある作家は、ボルドーの街の壁を見渡しながら「過去の遺物だ」と言い、「経済的必要性から咎《とが》められるべき」障害物だとして罵《ののし》った。*51

産業化以前、日暮れは、家に帰って眠ることを意味していた。しかし、もっとも個人的な領域である睡眠さえ、産業革命によって変化することとなる。長いあいだ蠟燭《ろうそく》や薪火が人工照明だったが、その明かりは弱かった。もっと光が欲しいのであればもっと多くの蠟燭が必要だったが、安くはなかった。*52そのため、歴史の大半を通じてほとんどの人は、夜を、暗闇に包まれてまもなく始まる長い睡眠の時間として経験していた。しかし、彼らの睡眠はわたしたちの睡眠とは違っていた。わたしたちがほぼ失ってしまっている、ある種のまどろみだ。

産業革命以前のヨーロッパでは、「第一睡眠」という言葉が一般的に使われていた。「近代が終わるまで、西洋ヨーロッパの人々はほとんどの晩に、一時間以上の完全な覚醒を挟んだ二つの長い睡眠時間を経験していた」とエカーチは書いている。*53今日《こんにち》のわたしたちは、このパターンの記憶さえも失っている。現代のわたしたちは、夜中に目が覚めるのは不調や障害の徴候と考える。わたしたちは「夜のよい睡眠」を得られないでいる。しかし、ヨーロッパの産業化以前の時代に書かれた戯曲や日記からは、二つの睡眠時間が覚醒の時間によって分断されるのが正常だという、異なるパターンが読み取れる。ジョージ・ファーカーは戯曲『愛と瓶』（一六九八）のなかで、「第一睡眠を取ったから、いまは真夜中過ぎだと思う」と書いている。*54わたしたちが時間を経験する方法としてきわめて基本的である、夜と睡眠の経験は、産業時代以前には根本的に異なっていたのだ。

産業がすべてを変える以前、一七世紀に科学と理性の時代が始まった頃には、すでに夜に対する態度は変わりはじめていた。「夜の蒸気」に対する恐れは前時代の迷信となり、人々は社会的あるいは経済的理由から、労働時間後も家の外にいることが多くなった。しかし、一八世紀終わりに産業革命が定着すると、何千年も昔からの夜の経験が完全に逆転した。物質的関わりが、新たな照明技術という形でその変化を促し、まばゆい照明のもと夜を一掃した。一九世紀のある日記には次のように書かれている。「ガス灯の発明以降、わたしたちの夕べの生活は言葉で表せないほど活力を増した。心拍が早まり、精神的興奮が高まった。違う光に合わせなければならず、外見、行動、習慣を変えるしかなかった[*55]」

薪火に始まる長い照明の歴史においては、一八世紀半ばに至るまでほとんど革新は見られなかった。産業化以前の時代を通じ、蠟燭とオイルランプが、ピッチを塗った松明以後で最大の発明だった。照明技術における最初の重要な新展開は、一七六〇年代にパリで起こった。一七六三年にフランス科学アカデミーは、犯罪が多発する街の通りを照らす新たな光源を開発するためにコンテストを開いた[*56]。それにより誕生した発明品は、レヴェルベル（反射型ランタン）と呼ばれた。オイルを燃やす基部と何本かの芯、およびその背後に取り付けられた二枚の反射板を用いたこのレヴェルベルは、当時の通常のランタンの何倍も明るかった。パリの街じゅうにレヴェルベルが設置されると、一つの革命として歓迎された。「いまやこの街は煌々《こうこう》と照らされている。一二〇〇個のレヴェルベルが力を合わせ、鮮やかで絶えることのない均一な光を作り出している」と、ある論評者は書いている[*57]。

確かに、レヴェルベルの発する光は今日《こんにち》の基準からいうと暗く見えただろうが、警察を介して国家当局とつながっていたため（警察のランタンと呼ばれることも多かった）、人々は、夜の危険は一掃されたかのように感じた。フランス革命のあいだには、ランタンは忌まわしい君主国家の象徴となる。政治暴動でランタンをもぎ取って粉々に割るという行動（ヴィクトル・ユーゴーの『レ・ミゼラブル』に生き生きと描かれている）は、革命家を志す者にとってお気に入りの活動となり、ガス照明の導入まで続けられた。[*58] ハプスブルク帝政を倒した一八四八年の革命は、ウィーンのガス灯を破壊し、発生した火柱が街の夜を混乱に陥れたという点で、もっとも印象的に記憶されている。[*59]

ガス照明の普及が、新たな夜の時代への最初の真のステップとなった。一九世紀に入った頃に導入された、石炭ガスを燃やす街灯は、レヴェルベルより一〇倍明るい光をもたらした。一八〇七年にロンドンのペルメル街にはじめて登場したガス灯は、またたく間に四万本以上に増え、ロンドンの全長三〇〇キロの通りを照らすこととなる。[*60] ヨーロッパやアメリカじゅうのほかの都市もすぐにこの新たなガス技術を採用し、ガス供給の広大なインフラを設置して地下の管により街灯とつないだ。一八六〇年代には容量二万立方メートル以上の大型ガスタンクが一般的になり、産業発展の視覚的象徴となった。[*61] しかし、さらに視覚的なのが夜景だった。かつては肉体と精神にとって危険でしかなかった夜の都市に、ガス灯がもっと楽しい新たな夜の生活をもたらした。一八二九年にロンドンを訪れた人は、夜の新たな一面を次のように表現している。「何千ものランプが、長く連なる火としてはるかかなたまで伸びている。独特の輝きで照らされた店のディスプレイが、……効果としてはもっとも際立っている。通りには人々が群がり、何千台もの華麗な馬車が約束の晩餐会に向かって走っている」[*62]

人々は外出し、店は開き、夜は征服された。しかし店には商品が必要であり、その製造業においてもガス照明は勝利を収めた。工場にガス照明が普及したことで、雇用主は新たに夜間勤務を設けられるようになった。生産が連続的になり、労働者は真夜中に出勤して、明るく照らされた作業場で夜明

図4.4　人工照明が星々を奪う。19世紀後半には、ヨーロッパとアメリカの各都市で夜が昼のようになっていた。ガス照明と、それに続いて電気照明が普及し、睡眠を含め人間生活のあらゆる面を変えて、時間の経験を根本的に変化させた。

けまでの長時間にわたり機械を運転しつづけられるようになった。[*63]

夜に対して最終的な勝利を挙げたのは、電気だった。トーマス・エディソンが一八八一年のパリ電気展覧会で炭素フィラメントのランプ（電球）を展示すると、すぐさま未来の光として賞賛された。[*64] 一八八二年には、ロンドンとニューヨークで初の集約型発電所が稼働した。[*65] 電気照明は急速に、工場、街なか、そしてもっとも重要な家庭に普及した。その家庭への普及が、人々の夜と時間の経験を変えるうえできわめて重要な役割を果たした。ガス照明は、不快な匂いがするのに加え、毒性と爆発の可能性がきわめて高く、中産階級の家庭にはなかなか受け入れられなかった。しかしある評釈者が書いているように、「電気照明に対してはすべての玄関が開かれた」[*66]。電気照明は、ガス照明より優れているだけでなく、健康を害さないという理由でも歓迎された。「電気はまったく有益で、まるでビタミンのように見なされた」[*67]

二〇世紀に入る頃には、各都市で夜とその古い習慣が姿を消していた。明るく照明された工場は、一日二四時間稼働した[*68]。まばゆく照らされた都市は、揺るぎない弧を描く何千もの電気式の太陽のもとで活動を続けた。明るく照らされた家々では、住人が休息の代わりに仕事や娯楽にいそしんだ。古臭い「第一睡眠」と「第二睡眠」という言葉は、姿を消した。そしてそのあいだを通じ、怒濤《どとう》のごとく暗闇が日中に変貌したことで、自分たちが失ったものに気づかない都市住民がどんどん増えていった。人工照明の輝きは、もっとも明るいものを除いてすべての星々を覆い隠し、その真に迫る謎めいた姿も奪ってしまった。一方で科学者は、夜空を自分たちのものと主張しはじめ、宇宙のより深くに窓を開き、真の科学的宇宙論へ向けたおぼつかない第一歩を踏み出した。

宇宙の熱的死と時間の矢——宇宙論に熱力学が加わる

ニュートンとその理論は、当時の時代を特徴づけることとなる技術へと向かう進歩のステップだった。実践的な優れた理論としてもう一つの方向へ進んだのが、一九世紀の重要な理論像である熱力学だ。熱力学（およびその発展形である統計力学）が取り扱う、エネルギー、熱、仕事、エントロピーという包括的な概念は、作業場に端を発した。熱力学はもともと工学の領域であり、機械との関わりから誕生した。熱とその変換の学問が抽象的な物理学の高みへ登ったのはのちのことで、最終的にそれは新たな宇宙像へと到達する。

熱力学は系の科学だ。この言葉が総称的で抽象的だと感じられたら、それはまさにそのような意味だからだ。系とは、相互作用する複数の部分の集合体である。熱力学の美しさは、機械、生物、天体などすべての系に適用できることにある。エネルギーとその変化に関する普遍的に有効な理論として提唱された熱力学は、蒸気機関に対してと同じく星々にも役に立つことが明らかとなる。一九世紀を通じた研究により、フランスのサディ・カルノー、ドイツのルドルフ・クラウジウス、アメリカのウィラード・ギブス、およびオーストリアのルートヴィヒ・ボルツマンといった科学者は、変化と時間の新たな理論的枠組みを作り出した。それらの新たな法則によって科学者は、どんなに複雑な系においてもその発展の一般原理を理解できるようになった。この発展という概念が鍵であり、新たな世紀とその科学における合い言葉となった。熱力学の肝は、系の発展をエネルギーの流れとして記述できることだった。このように変化と変換を重要視することで、この新たな科学は、個人的時間と宇宙的時間の流れをはじめて科学的に説明することとなる。

熱力学は、物理学のルールブックに新たに二つの法則を追加した。一番目の法則は、閉じた系におけるエネルギーの総量はつねに保存されるというものだ。「閉じた」という形容詞は、その系が宇宙の残りの部分から隔離されていることを意味する。エネルギーは、運動エネルギー、重力エネルギー、磁気エネルギーなどいくつもの形を取りうる。石が落下すると重力エネルギーが下向きの運動のエネルギーに変換されるように、エネルギーはある形から別の形へ姿を変えられる。しかし熱力学の第一法則によれば、どんなに変換が起きようとも、最初のエネルギーの総量は最後の総量と同じでなければ

図4.5　熱力学の勝利。1876年のフィラデルフィア博覧会で展示された巨大な「コーリス」蒸気機関。蒸気動力という形での物質的関わりが、産業革命と熱力学の理論原理の基礎となった。

ばならない。
　一九世紀の物理学にとってとくに重要だったのが、熱はエネルギーの一形態であると認識されたことだ。デモクリトスなどギリシャの考え方への回帰のなかで、原子論仮説が再び浮上した。そして最終的に、温度は原子のランダムな運動の直接的な尺度にほかならないと理解された。落下した石は地面に衝突した後わずかに暖かく感じられるが、それは、石の「バルク」な運動（石全体としての下向きの運動）のエネルギーが、舗道にぶつかったときに原子のランダムな運動に変換されるためだ。熱が理解され、エネルギーのリストに加えられたことで、熱力学は科学として誕生した。

「エネルギーは保存される」という熱力学の第一法則は、理解しにくい原理ではない。しかし、万能の第二の法則は完全に目新しいもので、宇宙の枠組みに時間と発展というまったく新たな概念を付け加えた。

熱力学の第二法則から物理学者は、エネルギーはある形態から別の形態へ特定の方向で流れることを知った。この法則はとくに、火が蒸気を発生させてそれが車輪を回す、あるいは、爆発する恒星が一兆の一兆倍トンものガスを放出するといった、役に立つ仕事を生み出すエネルギーの変換に焦点を当てる。第二法則によれば、エネルギーが利用可能な形態へ変換されるときには、必ず、利用不可能なエネルギーも作られる。つまり、有用なエネルギーの変換は、必ずごみを生じさせる。

機械の場合、この第二法則の帰結はきわめて明確だ。蒸気機関は決して一〇〇パーセントの効率にはなりえない。石炭を燃やして動力を供給する際に、解放されたエネルギーの一部は、歯車を回すのでなくエンジン自体を加熱する。同じ法則は恒星の形成にも当てはまる。星間ガスの雲が自らの重力で収縮して恒星が形成されるとき、その収縮によって熱が発生し、それが星間雲を膨張させて収縮を遅くする。廃熱は必ず発生する。物理学者は、この廃熱の概念を、エントロピーと呼ばれる新たな物理量で明示的に計算する方法を発見した。

エントロピーは系の無秩序さとして考えることができる。仕事を生み出すエネルギー変換が起こる際には、必ずそれとともに無秩序さが生じる。卵を割ってオムレツを作るときには（典型的な例）、白身と黄身からなる整然とした系が混ぜ合わされ、それをもとに戻すことはできない。したがって、オムレツを作るときには、無秩序さとエントロピーを生み出していることになる。第二法則によれば、仕事を生じさせるすべてのエネルギー変換はエントロピーも生み出し、そしてもっとも重要なこととして、閉じた系のエントロピーは決して減少しない。

それが第二法則のもっとも重要な教訓であり、系全体のエントロピーは必ず増加し、決して減少することはない。閉じた系では、最終的にエントロピーは最大値になり、そこで平衡に達する。その時点ですべての発展は終わる。冷たい空気の入った箱のなかに熱いコーヒーを置くと、熱がカップから空気に流れ、最終的に同じ温度になる。このカップと空気の最終的な平衡状態において、系全体のエントロピーは最大値になり、それ以上の発展は（少なくとも温度に関しては）起こりえない。

時間と、熱力学の第二法則は、密接に結びついているように思える。一トンの石炭を燃やして蒸気機関車を動かすと、その系のエントロピーは上昇する。系のエントロピーは減らせないので、石炭を燃焼前の状態に戻すことはできない。変換は一方向にしか起こりえず、その方向が過去（エントロピーが低い）と未来（エントロピーが高い）を分けているように思われる。一九世紀の多くの科学者にとって、このいわゆる時間の矢――過去から未来へ進む――と、第二法則が求めるエントロピーの増加は、等価であるように思われた。[*69] 宇宙論について考える一九世紀の思想家たちはすぐに、このエントロピーと時間の関係を、宇宙の進化の新たなモデルに採り入れた。

第二法則は、宇宙的時間の始まりと終わりの両方に関係しているように思われた。イギリス人物理学者のウィリアム・トムソン（ケルヴィン卿）は、「物質世界には、力学的エネルギーが散逸するという普遍的傾向が存在する」と書いている。[*70] 散逸とは、エントロピーによる廃熱の生成を意味する。一八五〇年代にトムソンは、地球の未来にとってそれがどういう意味を持つのかも見抜いた。そして、地球の進化におけるこの「廃熱」の生成により、最終的にこの惑星は「人間が住むのに適さなくなる」と提唱した。一八六〇年代にルドルフ・クラウジウスは、この考え方を宇宙論的高みに押し上げ、宇宙の「熱的死」という用語を作った。熱力学によれば、宇宙にエントロピーが蓄積していって最終的に最大値に達し、さらなる発展はすべてやんで、永遠で普遍的な停止状態になると、クラウジウスは確信した。

宇宙がこのエントロピー最大の極限状態に近づくほど、さらなる変化の頻度は減少する。最終的に完全にその状態へ達すると、その後それ以上の変化は起こりえず、宇宙は何も変化しない死の状態になるだろう。*71

この見解が地質学者や天文学者でなく物理学者の口から発せられたことは、注目に値する。熱力学がこれほど強力であるのは、系にかかわらず――地球でも恒星でも宇宙そのものでも――第一法則と第二法則が必ず成り立つからだ。

一八〇〇年代半ばまでに科学界全体は、発展（すなわち進化）が基本原理であるという認識に至っていた。ダーウィンは生命が進化することを示し、チャールズ・ライエルなどの地質学者は地球が進化することを示した。*72 こうしたダイナミズムへの関心の高まりとともに、天文学は、天空もまた進化することを示した。宇宙全体だけは違うということがあるだろうか？　クラウジウスらは、もし宇宙の進化が起こるとしたら、その道筋は蒸気機関と何も変わらないはずだと論じた。

クラウジウスは、単に宇宙の熱的死を予測するよりもさらに先へ進み、熱力学の原理を使えば宇宙論モデルのうちいくつかを排除し、ほかのモデルの正しさを指摘できると確信した。一九世紀を通じてどんどん多くの科学者や哲学者が声を上げ、創造と破壊が何度も繰り返される、周期的、すなわち振動する宇宙史のモデルを考えはじめていた。しかしクラウジウスによれば、そのようなモデルは第二法則によって否定されるという。[*73] 一つのサイクルで生じたエントロピーを、次の周期の始まりで捨てることはできない。そのエントロピーは残りつづけ、最終的に系全体を平衡状態へ持っていく。熱的死は避けられない。

クラウジウスが第二法則を使って、宇宙の時間的広がりは周期構造を取るとする説を否定したのと同じように、一部の人たちは、やはり第二法則を使って宇宙が無限の年齢を持つという説を否定した。世界のエントロピーは平衡状態へ向かって増加しなければならないが、わたしたちがまだ平衡状態に達していないことは容易に分かる。したがって、宇宙は永遠には存在しえず、過去のある時点においてエントロピーの低い状態から始まったに違いないと、何人かの著述家は論じた。ウィリアム・トムソンなど、キリスト教徒であることを明言する科学者にとって、その宇宙の始まりの明白な「証明」は大きな魅力を持っていた。トムソンの信仰仲間だったピーター・ガスリー・テートは、イギリス科学協会に宛てて次のように論じている。

現在の物事の秩序は、現在機能している諸法則の作用によって無限の過去から発展してきたものではなく、明確な起源を有しているに違いない。その状態より以前はわたしたちにはまったく理解できず、その状態は、現在作用している原因とは別のものによって作られたに違いない。[*74]

テートにとって、その別の原因とはキリスト教の神だった。

「無限の時間」対「有限の時間」というかつての論争が再び起こったが、科学者は以前と違い、一般的な科学的原理を道具として使って、可能なモデルと不可能なモデルを区別できるようになっていた。熱力学は物理学者たちに、疑問を提起してその答を見つけるための、より堅固な基盤を与えた。テートは「それ以前には何が起こったか」と問うとき、答を得るために宗教に頼りはしたものの、熱力学の科学的原理の文脈で疑問を提起することができた。宇宙論的思考は新時代の縁に立ち、純粋な哲学的論法による単なる思索は過去へと退いて、数理物理学の原理が前面に出てこようとしていた。しかし、完全に立場が入れ替わるには時間がかかることとなる。

宇宙論に熱力学を使うことを否定する科学者も大勢いたことは、指摘しておかなければならない。エルンスト・マッハなどは、宇宙全体に対して意味のある言明を当てはめることはできないと主張した。[*75] ほかに、エントロピーのような概念を無限の宇宙において使うことに疑問を持つ人たちもいた。また注目すべきこととして、熱力学を宇宙論の原理として使う初期の試みは、詳細な天文学的データとは完全に乖離《かいり》したままだった。そのため、熱力学が登場したにもかかわらず、一九世紀を通じて宇宙論は未熟な状態に留まり、科学であると同時に依然として哲学の一分野に属していた。しかし一九世紀の終わりまでに、宇宙論の議論における熱力学の言語が確立し、それは現代まで使われつづけることになる。今日《こんにち》でもそれは、ビッグバン以前に何が起こったかに関する考え方を形作っている。

終わりと始まり——宇宙的時間と文化との絡み合い

宇宙と時間に関する純粋に神話的あるいは宗教的な物語を考えれば、宇宙と文化の絡み合いがどのように機能したかを容易に見て取ることができる。狩猟採集者に適した神話は農民には役に立たず、置き換えられた。しかし、科学が支配する時代に入ると、宇宙的時間と人間的時間との絡み合いはさらに捉えにくいものになる。浮き世を捨て、文化を変えて新たな宇宙論的考え方を育てようとする研究室から、完全な形で技術が生まれてくることはない。人間的時間と宇宙的時間の物語との絡み合いは、フラクタルのような形をしている。まるで、その絡み合いを形作る糸一本一本をほぐすと、それがさらに別の糸が絡み合ってできているように。

技術における次のブレークスルーを引き起こした文化的要求についておおざっぱに説明しただけでは、単純すぎて真理に到達することはできない。そしてその真理は、人類が単に宇宙と時間の客観的説明を発見したという単純な物語よりも、はるかに興味深い。宇宙論学者のエドワード・ハリソンは、ジョーゼフ・キャンベルの著書の題『神の仮面』をもじって、文化が「宇宙の仮面」を作ったと語った。そのそれぞれの仮面は、宇宙を経験するためのフィルターのようなもので、その向こうにある「客観的」現実を見ようとしても、そのフィルターを完全に取り去ることはできない。それらの仮面は、物質的関わりの過程を通じたわたしたちの探究を方向付ける。科学の成熟によって人類は、自然との新たなたぐいの会話を始めるための強力な道具を見つけた。文化と科学的宇宙論との謎めいた絡み合いから読み取れるように、わたしたちは自然の振る舞いを構成する層をはぎ取っていくなかで、同時にわたしたちが宇宙と呼ぶ新たな仮面を作っていることになる。

二〇世紀に入って科学的変化と文化的変化が加速すると、その謎はさらに深まった。現在とビッグバンモデル（危機に瀕している）へ至る道筋における次のステップでは、人間的時間と宇宙的時間の糸がさらにきつく編み合わされていく。

第5章　電信、電気式時計、ブロック宇宙
――時間帯からアインシュタインの宇宙までの同時性の原理

ニューヨーク＝フィラデルフィア間　一八八一年、午前一〇時五分（前後）

彼は冷静でいようとするが、うまくいかない。糊の利いたシャツの下では、汗が噴き出している。すべてがこの面接にかかっている。冷静でいられるはずがあるだろうか？　彼は列車の窓から、ゴトゴトと通り過ぎる景色を見ている。ふつう列車の旅は、わくわくして楽しいものだ。しかし今日は、乗っていても楽しくはない。フィラデルフィアに時間どおりに着く、それだけが重要だ。

とりあえず列車は再び動いている。線路の上で立ち往生して、一時間以上遅れた。何てことだ、遅れるわけにはいかない。

ニューアークを出てから彼は、新婚の妻にもらったぴかぴかの懐中時計を二〇回は見ている。今朝、かみそりで頬の無精ひげを剃っていると、後ろに立った妻の優しげな笑顔が鏡に映った。「きっとよい印象を持ってもらえるわ。こんなにハンサムで頭のよい若い会計士を断るはずがある？」。彼は何とか笑顔を作ろうとした。すると妻は彼に、金時計の入った箱を差し出した。「よい会計士は時間に正確なものよ」。妻は彼に抱きつき、耳元でささやいた。「愛しているわ」

図5.1　西フィラデルフィアを走るペンシルヴェニア鉄道の列車（1874年頃）

彼にはこの仕事が必要だ。どうしても。家庭を築いて家を買うという二人の夢――妻のための夢――は、すべてこの仕事に就けるかどうかにかかっている。しかしそれにはまず、列車が時間どおりに到着してくれないと。面接に遅刻することは許されない。彼は再び頭のなかで計算する。この列車はフィラデルフィアに中央駅を午前八時二五分に出て、予定ではフィラデルフィアに午前一一時五五分に着く[*1]。約束の時間は午後一時三〇分。線路上で列車が止まったので一時間遅れている。ぎりぎりだ。再び時計を見た彼は、出かけ際に妻が言った言葉を思い出して背筋が凍る。それまでは問題なかった。しかし突然、大問題になった。「向こうに着いたら時計を合わせないとだめよ」と妻は言った。「覚えておいて。フィラデルフィアは遠いの。向こうは別の時間を使っているのよ」

新しい現在

世界で時《じ》が分割されるには、五〇年かかった。ここまで何万年にもわたる人間的時間と宇宙的時間の物語を進めてきて、ようやく、わたしたちの現代生活――制度化され圧縮され計測された時間の世界――の境界へとたどり着いた。旧石器時代から新石器時代まで、最初の都市国家からギリシャの合理的宇宙まで、ニュートンの力学から産業革命まで、人間的時間は何度も繰り返し変化してきた。宇宙的時間も、創造神話や科学の発展のなかでやはり変質してきた。世界の原材料との物質的関わりがそれぞれの人間生活における制度上の事実を形作るとともに、これらの変化は互いを反映し、また互いを促した。ここまでのところ、それらの変化の物語は、世紀のリズムと同調してきた。ほとんどの期間において、一つの世代は、人々の経験することがわずかに異なるだけで過ぎていった。

アメリカ南北戦争とアルベルト・アインシュタインの相対論は、わずか四〇年ほどしか離れていない。その四〇年間に、人間的時間と宇宙的時間は根本的に変化し、かつてないほど影響を及ぼし合うこととなる。一八六五年、産業革命を推進したのと同じ蒸気機関を動力とする鉄道は、大陸を席巻する最中だった。[*2] 同じ年、電気パルスによって即時の通信をおこなう電信ケーブルが、遠方の都市どうしを結ぼうとしていた。[*3] 距離が縮まり、時間はまったく新たな形で問題をはらみはじめた。

同時性――あなたの場所でのあなたの時間と、わたしの場所でのわたしの時間とのバランス――が、抽象的な物理から、突如として国家建設や経済的必要性の領域へと移ってきた。一八六五年、同時性は争いの種になりはじめたばかりだった。一九〇五年にアルベルト・アインシュタインが、初の真の科学的宇宙論への道を牽引することとなる、物理法則の根本的修正の基礎を固める。そして、現実世界と、同時性に関する理論的関係は、問題なく一致を見ることが明らかとなる。

鉄道と時間帯

ひんやりした秋の日のシカゴ、現代的な意味での「現在」が法律の条文に登場した。一八八三年一〇月一一日、この中西部の中心地で、初の共通時間協議会が招集された。その任務は、国家全体に蔓《つる》のように広がり、大陸横断鉄道によって新たに結ばれた、まちまちの時間帯を整理することだった。時間の改革がその日の課題だった。

アメリカやヨーロッパでは、都市や村を結ぶ鉄道の発達もまた、人間による距離と時間の経験を変えさせた。ニューヨークとフィラデルフィアは一六〇キロ離れている。一七〇〇年代、その距離を最速で進んでも二日かかった（馬車で）[*4]。しかし一八八〇年代には、定期的な列車運行によりわずか三時間半に短縮された[*5]。離れた都市が短時間で結ばれたことにより、旅行者は時間基準に関する新しい厄介な問題に直面させられた。大都市はそれぞれ、独自の時間基準を持っていた。旅行者はどの時間に縛られるのか？　各都市の時計は、地元の大学の天文台で働く天文学者が提供する、その地方の時間基準に合わせられていた。したがって、ニューヨークで正午でも、フィラデルフィアでは正午でなかった[*6]。

鉄道の登場以前には、この地方ごとの違いは問題ではなかった。ニューヨークからフィラデルフィアまで一日半かかるなら、午後二時の決め方が五分くらい違っていても気にならないだろう。しかし、フィラデルフィアで仕事を終え、ニューヨークへ戻るために五時五分発の列車に乗ろうとしているのなら、その五分は突如として重要性を増してくる。こうして、文化的革新が進むなか、時間の公的な意味合いと「現在」の個人的経験が姿を変えた。鉄道公社の共通時間協議会の事務局長だったウィリアム・アレンは、「鉄道は、正確な時間を教え、また守る、偉大な教育者かつ監督者だ」と言っている。[*7]

一八八〇年にはすでに、地方時はパッチワークのような分裂状態にあった。その混乱状態に対処するために、アメリカの各鉄道会社は付け焼き刃的な取り決めを作った。列車内では、路線上の特定の大都市に時計を合わせる。[*8] そうすると、列車のなかでは午後一時だが、通過している町では正午ということもありうる。一八八三年には、ニューヨーク時間に従う路線が少なくとも四七、シカゴ時間を採るのが三六路線、フィラデルフィアに時計を合わせる路線が三三あった。時《じ》は混乱状態だった。[*9]

フランスではもっと厄介で、パリがすべての鉄道路線の基準だった。首都から一〇〇〇キロ近く離れたニースにいる旅行者は、駅に近づくにつれて三つの異なる時間を経験した。はじめは街なかの時計が示す地方時、次に駅の待合室の時計が示すパリ時間、最後にプラットホームの時間だ。プラットホームの時間は、混乱する旅行者に、列車に間に合う「余裕」を与えるため、パリ時間と数分ずらして設定されていた。[*10]

合理的な時間を求める声が、世界じゅうで湧きあがった。大陸全体に支配が及ぶアメリカが、その流れを牽引した。問題の根源は、それまでと同様にその地方の天空のリズムに基づいて定められる地方時の経験と、足の速さで地球に勝るようになった新たな旅行者の時間との違いにあった。

たとえば正午の決め方は、自転する球形の地球上でどこにいるかによって違ってくる。太陽が空で一番高いところに達する瞬間を、正午と決めることにしよう。北極点から南極点まで地表に沿って子午線が走っており、いまあなたはその真上に立っているとする。その子午線上に立っている人はみな、あなたと同じように正午を認識し、そのためあなたと共通の時間を持つ。その人たちが天文学的に定義する「現在」は、あなたの「現在」と同じだろう。しかし、その場所から少しでも西か東へ足を踏み出すと、天文学的に定められる時間基準（正午や午前〇時など）は、ずれてしまう。シカゴの会議で時間を改革しようとした人たちは、全地球的な取り決めを求め、各地方における太陽を基準とした時間の解釈から人々を引き離すこととなる。

一八七〇年代を通じ、過激なものを含めさまざまなシステムが提案された。もっとも極端な改革案として、影響力拡大を狙うカナダ人鉄道技師のサンフォード・フレミングは、世界単一のシステムを提唱した。[*11] フレミングの計画では、地球上のどの場所でも、そこが昼か夜かに関係なく、同じ時刻に午前三時になってしまう。

しかし、誰もが時間の改革に関心を持っていたわけではない。サンフォードの世界単一時間のような計画が明るみになると、いかなる形の時間の改訂にも強硬に反対する声が高まっていった。時間の改革に反対する人たちにとっては、太陽に基づく時間を優先させなければならなかった。ジョン・ロジャーズはアメリカ海軍天文台の責任者として、「太陽が国民の時計だ。……自然が人間の生活を統制するために定められたものなのだから、ほかのどんな時計にも置き換えることはできない」と語った。[*12]

改革者たちは、複合的なシステムを携えて戻ってきた。鉄道によって結ばれた国家の経済的要求と、昼夜という地方ごとの自然のリズムとの折り合いを付けた産物だ。彼らは、アメリカ合衆国を幅一五度ごとの時間帯に分割した。一番目の東部時間帯は、イングランドのグリニッジを基準に西経七五度から始まる（東海岸の東端とほぼ一致する）。二番目の時間帯は西経九〇度から始まり、三番目の時間帯は西経一〇五度、最後の時間帯は西経一二〇度から始まる。各時間帯の中心をなす子午線の両側

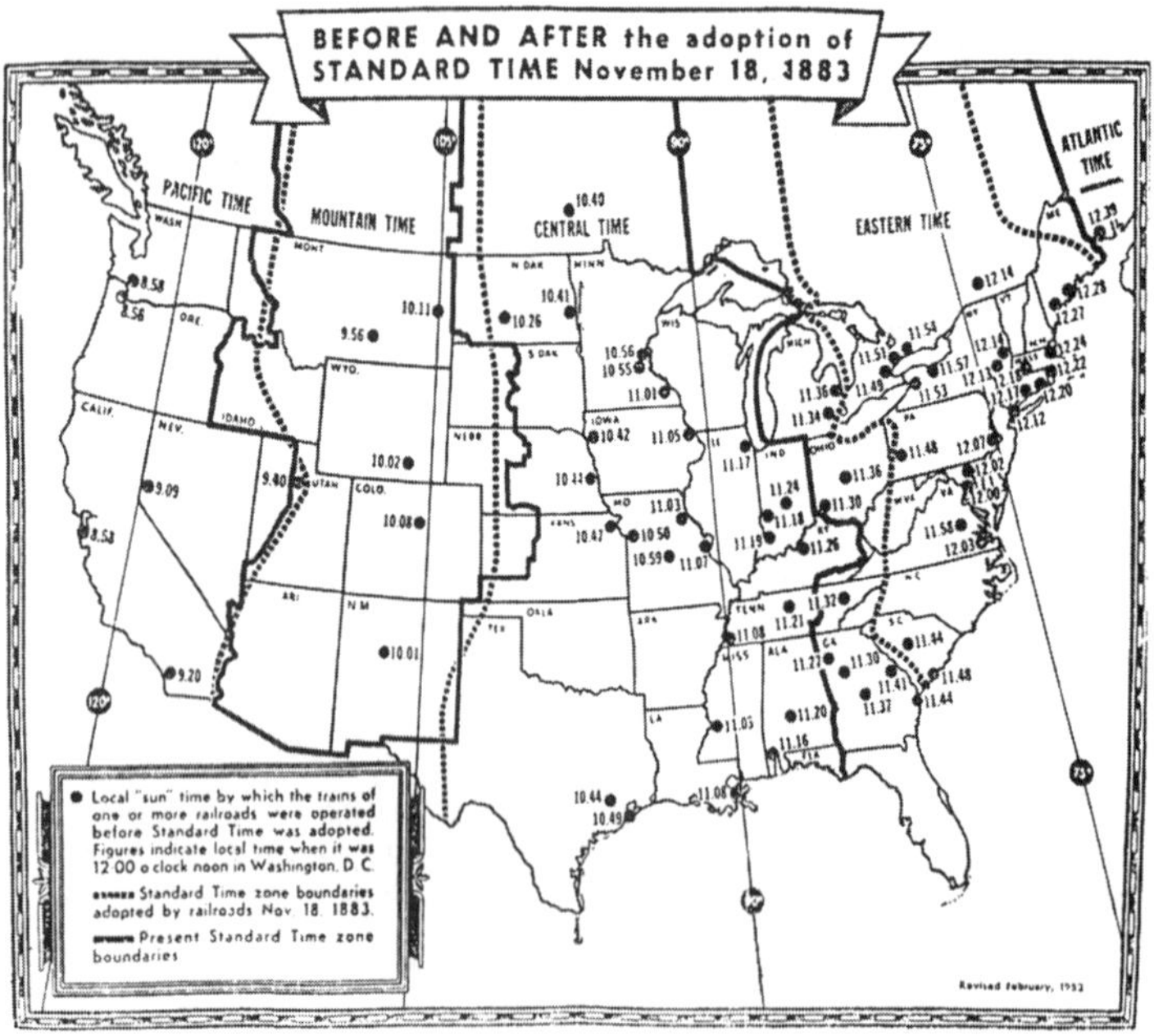

図5.2　1883年の共通時間協議会の以前と以後におけるアメリカの時間区分

七・五度では、誰もが、その中心子午線上で定められた時間を使うことになる。[13]

　主要な鉄道会社がこの計画に署名しはじめると、反対派は自分たちが数で劣勢であることに気づいた。それどころか、はるかに引き離されていた。共通時間協議会で最終投票がおこなわれると、結果は大差が付いた。改革賛成が七万九〇四一票、計画反対はわずか一七一四票だった。[14]主要な鉄道会社は決定を下し、おもな都市に同調を求めた。ニューヨーク、ボストン、シカゴは、経済のライフラインである鉄道に時計を合わせる必要性に納得し、独自の地方時基準を捨てて、中央集権型の基準に公式のリズムを合わせることに同意した。こうして、法律によって時間が国有化された。

鉄道は、単に都市どうしを短時間でつないだだけでなく、人間による時間の経験をさらにいろいろな形で変えた。商品の高速輸送が経済的なパワーを発揮し、フロリダで月曜日に収穫したオレンジが数日後にはニューヨークの中産階級の家庭のテーブルに並ぶようになった。[*15] 急激に拡大する産業経済におけるあらゆる原材料が、鉄道の大動脈によって循環しはじめた。蒸気、石炭、鉄鋼との関わりから、人間の文化における新たな共通のペースが出現しようとしていた。まもなくその武器庫に、電線が付け加えられることとなる。

電信と時空の政治学

蒸気機関車の巨体は、生活を変えた産業の力を思い出させてくれるが、その一方で、人間的時間を変えた新たな制度上の事実には、もっと短命な変化が寄与した。地球の端から端までが、電信ケーブルによって結ばれようとしていた。鉄道路線が時間の新たな世界的秩序の循環系を形作ったとしたら、正確なリズムを刻む電気信号を伝える電信線は、その急速に成長する神経系だったと言える。

電信のクリック音は、人々に、長距離における同時性をはじめて直接経験させた。一八六七年、イングランドのグリニッジからマサチューセッツ州ケンブリッジのハーヴァード天文台まで、大西洋横断ケーブルが敷設された。[*16] まもなくして、ヨーロッパとアメリカのすべての大都市が結ばれた。パリで受信機の電気機械的なカチカチという動きを見つめる電信技手は、ニューヨークでそのメッセージを叩く仲間の技手とつながっていた。時間と空間が折りたたまれ、大洋底に横たわった電線を疾走する電流の、目に見えない領域へと吸いこまれた。

パリとニューヨーク（あるいは電信で結ばれたあらゆる地点）で共通の「現在」が確立されたことによる影響は、一つの大陸から別の大陸へ緊急ニュースを送れるようになったことに留まらず、さらにはるかに広範に及ぶことになる。時間の同時性は、空間の正確さとしても解釈された。すなわち正確な地図ということだ。一九世紀後半の帝国建設における大規模な土地の略奪にとって、地図の作製は政治的に力を入れた事業だった。

地球上での位置を精確に測定することは、何世紀にもわたって懸案でありつづけていた。前の章で見たように、問題は経度――合意により定められた子午線を基準とした東西の位置――の決定だった。ジョン・ハリソンが開発した正確な海事時計は、その問題解決に向けて大きく前進させたが、アフリカなど世界じゅうを帝国によって分割するにはさらに高い精度が必要だった。ベルギー、ポルトガル、イギリスの植民地に豊富な銅の鉱床が埋まっているかどうかを見極めることは、単なる学問的な地図作製の問題ではなかった。正確な地図からは、富と権力が溢れ出してくるのだ。

その突破口を開いたのが新たな電信技術だったが、その精度は、きわめて長距離の電線で電気パルスを伝える工学物理学にかかっていた。一八七〇年代から一九〇〇年まで、世界の大国は夢中でケーブル敷設をおこなった。アメリカは西部開拓地にケーブルを引いた。フランスは南アメリカの東海岸から電信線を引き、さらにアンデス山脈を越えて伸ばした。[*17] イギリスは各国に先駆けて地球を一周する電線を引き、インドとインドネシア、ヨルダンとヨハネスブルグをつないだ。一八八〇年代には、大洋底だけで長さ一四万キロのケーブルが地球上を縦横無尽に走っていた。ピーター・ガリソンは次のように言っている。

人の住むすべての大陸をつなぐ四万トンの機械が、日本、ニュージーランド、インド、西インド諸島、東インド諸島、そしてエーゲ海へ貫いた。植民地、ニュース、海運、威信を競い、大国は必然的に電信網をめぐって衝突した。銅線を通じて時間が流れ、時間を通じて帝国主義時代の世界地図が分割されたからだ。*18

世界を取り囲む新たな電信ケーブル網により、「いまグリニッジでは一二時二分です」や「パリでは一〇時二九分です」といったメッセージを地球全体に（ほぼ）即時に送信できるようになった。電信網に接続したすべての地点が同時性に加わり、同じ「現在」を共有できた。経度を決定するには、地方時を何らかの基準（グリニッジ時間など）と同時に比較すればいいことを思い出してほしい。同時性を精確に測定できるようになったことで、同じく正確な経度の計算方法も確立された。地方時とグリニッジ時のずれの誤差は、一秒よりはるかに小さい値にまで小さくなった。現代の衛星ＧＰＳシステムを予感させるかのように、電信ケーブルのネットワークは地球を一網打尽にした。原理的には、拡大する大きな電気的世界地図上に、すべての地点を一センチに至るまで正確に記録できるようになった。同期した時間が正確な地図をもたらし、未踏の地は一握りのジャングルと北極の不毛地帯にまで縮小した。

電気的に調整された新時代の時間が、来たるべき世界的文化の最初の輪郭を描いた。人間生活と、時間に対するその利用のしかたが急速に変化し、一つの世代がその前の世代を理解することはもはやできなくなった。この人間的時間秩序の急激な再構築の結果として、宇宙的時間も想像しなおされることとなる。

世界が電磁気的同時性のネットワークを必死で構築しようとしていたちょうどそのとき、若いアルベルト・アインシュタインはスイス特許局でせっせと仕事をしていた。日中の仕事は、電気機械的に時間を調整する装置、たとえば、工場の事務所にある親時計と広い工場全体に置かれた何百もの子時計とをつなぐ機械の設計を評価することだった。では夜の仕事は？　空間、時間、物質、エネルギーの理論に同時性を組みこむことであり、それが宇宙論を永遠に変えることとなる。

さあ、同時性！　アインシュタイン、相対論、新たな現実世界

端っこに立って、まるで頭皮に静電気が溜まったかのように灰色の髪を広げる人物。理解できない殴り書きの方程式で埋め尽くされた黒板の前に立ちながら、考えにふける賢人。世界のリーダーたちの前に立って全世界の平和を論じる、哲学者の聖人。アルベルト・アインシュタインと彼の遺したものを図像するイメージはいくつもある。人類史上最高の科学者の一人――一番最高ではないかもしれないが――としてのアインシュタインの偉大さは、彼をわたしたちの文化の神話における中心人物に仕立て上げている。わたしたちが敬愛するアルベルト・アインシュタインは、わたしたちの要求に合致した人物だ。至高の理論家アインシュタイン、現実の基本構造を見抜いた男、純粋な思考と純粋な抽象の世界に生きた人物。アインシュタインの相対論は、純粋科学の権化、日常生活の喧噪から遠く離れた自然の真髄の探検である。

しかし当時の文化のなかでは、相対論におけるアインシュタインの偉業を生み出した疑問は、抽象的なものではなかった。それらの疑問は、アインシュタインの日々の生活を形作る平凡な経験から浮

かび上がってきた。そしてアインシュタイン自身の生活のなかで、時間と同時性に関する疑問――日々目を通す特許申請書のなかに現れた――が、そのまま若いアインシュタインの生計の糧になろうとしていた。

研究者の職を手にする以前、特許局で過ごした一九〇二年から一九〇九年までの年月にアインシュタインは、のちに相対論となる考え方を導いた。この頃のアインシュタインの人生は、現実とかけ離れた神話で包まれている。一般向けの解説においても、またわたしたち物理学者が授業で聞いた物語においても、特許局でアインシュタインは、相対論を構築しようと苦闘していた以外は、のどかな時を過ごしていたとされている。特許局は、時間を潰しながら金を稼ぐファーストフード店のような場所で、本当の鍛錬は自宅でおこなっていたという。しかし真実は、もっとずっと入り組んでいる。

アインシュタインが相対論を編み出すうえで中心テーマとしたのが、同時性だ。二つの出来事（たとえば遠く離れた二つの駅に列車が到着する）が同じ時刻に起こったというのは、どういう意味だろうか？　物理学の教科書ではふつう、同時性の問題は、相対論の一般的で抽象的な形式論の一部として説明されている。しかし、若いアインシュタインが相対論の鍵となるポイントを導き出していた特許局での重要な年月には、同時性に対する関心は決して抽象的なものではなかった。

その七年間にアインシュタインは、電気機械式時間同期システムの特許を詳細に検討する日々を過ごしていた。仕事時間にアインシュタインの頭のなかを占めていたのは、電磁気パルスによって時計を同期させるしくみだった。一方、夜の自宅で夢中になったのは、時間、電磁波、同時性の理論的しくみで、それがアインシュタインを革新的な新たな時間の物理学へと前進させる。

電磁気のパラドックス——基準座標系に乗る

特許局に赴任したときにはすでに、アインシュタインの心のなかには物理学のあるパラドックスがささくれのように付きまとっていた。当時は分からなかったが、そのささくれを取り除くには時間そのものを構築しなおさなければならなかった。アインシュタインは、特許審査の仕事で現実世界に巻きこまれながら、当時の物理学の混乱した理論的仕掛けを見抜き、時間と空間の新たな描像を手に入れようと苦闘した。

その物語は、時間そのもののような壮大な抽象概念からでなく、電磁気理論の実際的なしくみから始まる。アインシュタインが生まれるわずか一八年前、イギリス人理論物理学者のジェームズ・クラーク・マクスウェルが、すべての電気現象（電荷や電流など）と磁気現象（棒磁石や、移動する電荷が生じさせる磁場など）を関連づける一組の方程式を示した。そして電気の領域と磁気の領域を、電磁気と呼ばれる新たな分野へ統合した。一見したところかけ離れた現象を基本的な体系へ統一したその成果は、傑作と評価され、今日《こんにち》に至るまで物理学の模範となっている。

マクスウェルのその有名な統一方程式により、光を電磁波として説明できるようになった。物理学者は波を扱うのに慣れており、風によって池の水面に生じるさざ波から、音波を形作る空気分子の周期的圧縮まで、波のさまざまな性質を研究していた。しかしマクスウェルの方程式が明らかにしたことは、わたしたちの目が反応する可視光が、空間中を秒速三〇万キロメートルという凄まじい速さで伝わる、互いに交差した電場と磁場にほかならないということだった。

水分子が前後に揺れうごいて水の波を作るように、電磁波（光の波）を作る何らかの媒質も存在し

図5.3　15世紀の天文時計を備えたスイス、ベルンのツァイトグロッゲ（1905年頃）。アインシュタインが特許局事務官として勤めたこの都市の時計は、すべて連結され、電気信号により同期していた。

図5.4　特殊相対論の論文を発表した1905年頃の、スイス特許局でのアインシュタイン。特許局におけるアインシュタインの仕事は、単なる生活の糧ではなく、きわめて重要な時間と同期の問題に関するものだった。

ているはずだと、科学者たちは予想した。そして、遠く離れた恒星からも光はやってくるのだから、空間全体に「発光性のエーテル」が充満しており、それが光の波を作っていると考えた。エーテルの直接的証拠はなかったが、物理学者たちはその存在を確信していた。すべての理論教科書が、発光性のエーテルとその物理的性質にページを割いた。

一〇代のアインシュタインが物理学を貪欲に探究しはじめたとき、マクスウェル、電磁波、エーテルはいずれも比較的新しい科学だった。その頃にアインシュタインは、マクスウェルによる光の説明のなかに、答えようのない疑問が潜んでいるのを見つけた。そしてその謎は、毎日特許局へ出勤する道すがら、影のようにその若者を追いかける。

アインシュタインは自問した。「もし光の波に乗ることができたら、光はどのように見えるだろうか？」。静止した人が通り過ぎる光線を観測すると、波の山が次々に通り過ぎていくのが見える。しかし、海の波の山に乗るサーファーのように、光線に乗った観測者が後ろを振り返っても、空間内で静止した波しか見えないことに、アインシュタインは気づいた。そのような静止した光の波は、それまで観測されたことがなかった。それは物理学の言語には含まれていなかった。さらに重要なこととして、マクスウェルの方程式により、そのような静止した光の波が存在する可能性は排除されると、アインシュタインは確信した。こうしてアインシュタインは、理論と数学のジレンマに陥ったことに気づいた。パラドックスを手にしたのだ。[*19]

アインシュタインのジレンマは、基準座標系によるものだった。基準座標系とは、観測者による世界の記述を構成する視点、あるいは舞台のことだ。野原に立って頭上を過ぎゆく雲を見つめていたら、それは一つの基準座標系になる。一キロ上空を時速八〇〇キロで飛ぶ飛行機のなかに座って同じ雲を見つめていたら、それは別の基準座標系になる。ガリレオやニュートンの時代から物理学者たちは、基準座標系の運動が、その座標系のなかでおこなう実験の結果に影響を与えうることを理解していた。正しい物理学を実践するには、基準座標系とその運動を意識しておかなければならない。

自動車のアクセルペダルを急に踏みこめば、車が急発進するとともに自分の身体がシートに押しつけられるのを感じるだろう。窓をすべて黒く塗ったとしても、自動車、すなわちあなたの基準座標系が加速しているのは分かるだろう。あなたの身体が車の加速の影響を感じるので、それを確かめるのに外を見る必要はない。ここで、自動車が滑らかな道を一定のスピードで走っていると想像してほしい（緩衝器も完璧に作動し、上下動や振動や路面の音も感じないとする）。それでも、あなたが動いているかどうか見分けられるだろうか？　窓の外を見ることができなければ、どのようにしてあなたの運動状態を判断したらよいのだろうか？　このように、ある種の運動（加速）は、実験によって測定できる影響をもたらすが、ほかの運動（一定速度）は実験結果に影響を与えない。

長年をかけて物理学者は、運動している基準座標系と静止している基準座標系のあいだで視点がどのように変わるのか、およびそれぞれの基準座標系において観測される異なる物理の記述をどのように一致させればよいのかを見いだしてきた。しかしアインシュタインのパラドックスは、基準座標系どうしを関連づけられないことを示していた。静止している座標系では、通過する電磁波を「見る」ことになる。しかし光線に乗っている座標系では、静止した波を「見る」ことになる。これら二つの座標系は光線に対して異なる記述を導き、どんな物理学でもそれらを一致させることはできなかった。

アインシュタインが光と基準座標系に関する考え方を展開させていたなか、別の物理学者たちは独自の理由で同じ問題に取り組んでいた。一九世紀末には、空間全体に広がる発光性のエーテルの概念が困難に陥り、世界じゅうの科学者が何とかそれを救おうと苦闘していた。

一八八〇年代後半、アルバート・マイケルソンとエドワード・モーリーという二人のアメリカ人物理学者が、新しい方法でエーテルを検出しようとした。地球が太陽の周りを回るにつれて、エーテルのなかを運動するのを利用するというアイデアだ。二人は慎重な実験計画を立て、背景のエーテルに対して地球が運動することによる光速の差を検出しようとした。[20] 地球の運動と平行、あるいは垂直方向に光の波を往復させれば、到達するのにかかる時間の差を検出できるはずだ。これと同じ効果は、風によって水面に強い波が立っている時化《しけ》の日のモーターボートにも起こる。ボートに乗った観測者には、風（および波）と同じ方向へ進んでいるときと、風に対して角度を付けて進んでいるときとで、波の進む速さが違って見える。しかしマイケルソン＝モーリーの実験では、地球がどちらの方向へ進んでいても光の速さの違いはまったく検出できなかった。[*21] まるでエーテルは存在していないかのような結果で、一九〇〇年の物理学者のなかで身震いを感じずに受け入れられる人はほとんどいなかった。

アインシュタインのすぐ上の世代の偉大な物理学者のなかに、基準座標系によって光の速さが変化しないという問題に取り組んだ人たちがいる。当時の理論物理学の巨人アンリ・ポアンカレは、この問題に心悩まされた。フランスが電気同期による経度の網目を地球全体に構築しようと取り組むなか、数学者として秀でたポアンカレは、科学を現実世界へ活用することに深い懸念を抱いた。ポアンカレもまた、エーテルを積極的に擁護していた。[*22] ポアンカレや、オランダのヘンドリク・ローレンツおよびアイルランドのジョージ・フィッツジェラルドは、エーテルを守ろうと、光やその速度に関しては測定にもっと柔軟な意味を持たせることを目指して研究を進めた。

弾丸のような物体の速さを決定するには、長さと継続時間という二つの異なる量を測定する必要がある。長さは弾丸が進んだ距離で、継続時間は弾丸がその距離を進むのにかかった時間だ。ポアンカレ、ローレンツ、フィッツジェラルドは、異なる基準座標系のあいだでの長さと時間の新たな法則を導いた。それらの法則によれば、長さと時間どちらの測定結果も、エーテルに対する物体の運動に応じて長くなったり短くなったりする。もし長さと時間がちょうどよい程度だけ変化すれば、測定される光の速さ（長さを時間で割ったもの）はつねに同じになるだろう。このいわゆる長さの収縮と時間の伸びによって、マイケルソン＝モーリーの実験結果を説明するとともに、大切な発光性のエーテルを守ることができた。

エーテルの死と特殊相対論の誕生

アインシュタインはエーテルを気に入っておらず、そのためエーテルを救うことにも関心がなかった。

かつてプラトンの弟子たちは、師が遺言として遺した、惑星の見かけの運動をどのようにして説明するかという問題を解こうと、何世紀も費やした。アインシュタインも同世代の学生たちと同じように、上の世代が宿題として出した問題を譲り受けた。エーテルを救い、基準座標系がエーテルに対して動いていても光の速さが一定に見える理由を説明せよ、という問題だ。

しかしアインシュタインは、そのルールに則って行動することを拒んだ。その問題を解くのでなく、問題自体を変えたのだ。ほかの人たちが研究人生を費やして光の速さが一定であることを説明しようとする一方、アインシュタインは単純に、光の速さは実際に一定であると仮定し、それを基礎として独自の物理学を構築した。

相対論を誕生させた一九〇五年の重要な論文（まだ特許局で働いているときに出版された）のなかでアインシュタインは、運動学――運動の学問――および時間と空間の基礎に基づいて物理学を一から作りなおした。「わたしはこの問題の鍵がどこに潜んでいるかを理解した。時間の概念を分析することがわたしの答だった」とアインシュタインは友人に語っている。*23 光の波のサーフィンに関する最初の思考実験に立ち返り、アインシュタインは、互いに異なる基準座標系から現象を記述するところに問題が潜んでいると悟った。アインシュタインは自らの理論を「相対」論と呼んだが、実際に探したのは不変量だった。つまり、物理のなかで、ある基準座標系から別の基準座標系へ変えても変化しないような要素を知ろうとした。例のパラドックスを解決して自然の真の不変量を見つけるために、アインシュタインはまずエーテルを捨て、それからニュートンの空間と時間を手放した。

相対論全体の前提となっている仮定が二つある。第一に、ほかのすべての運動を判断する基準となりうる特別な基準座標系は存在しない。つまり、運動しているか静止しているかを判断するための、「エーテル座標」はないということだ。すべての運動は相対運動である。第二に、光の速さは、観測者がどのような運動状態にあるかにかかわらず、すべての観測者にとって等しくなければならない。時間と空間の奇妙な新世界への扉を開いたのは、この第二の仮定だ。

地球上に立って、通り過ぎる星からやってくる光を見ると、その速さは秒速三〇万キロメートルと測定されるだろう。同じ星明かりの光線を、地球から秒速二七万キロメートル（光速の九〇パーセント）で上昇する宇宙船から見ても、やはり秒速三〇万キロメートルで進んでいるように見える。先ほどの第二の仮定によれば、どんな位置にいる人も、その運動状態にかかわらず、光の速さを同じ値で測定するはずだ。

この光の奇妙な振る舞いがわたしたちのありふれた経験とどのような関係にあるかを見るために、高速で走る郵便列車に乗った二人の作業員を思い浮かべてほしい。どちらの作業員も、すべてのドアと窓を閉めて走る有蓋貨車のなかで作業している。貨車の端にいる作業員は、重い郵便袋を持ち上げてもう一人の作業員に投げ渡す。空中を飛んでいるときの郵便袋の速さは、もう一方の作業員の視点から見ると、最初の作業員の手から離れたときの速さとまったく同じだ。列車の速さは二人の経験することに影響を与えない。しかしここで、その列車が轟音を立てて通過するプラットホームにあなたが立っており、窓を開けた貨車からあなたに向けて重い郵便袋が投げ渡されたと想像してみよう。あなたはその郵便袋を身体で受け止めたいだろうか？　とんでもない。郵便袋の速さは、作業員が投げた速さと列車の速さの和になるだろう。あなたの基準座標系から見ると、郵便袋の速度と列車の速度を足し合わせなければならない。

物理学者たちは、この速度の足し算は光についても成り立つだろうと予想していた。しかしアインシュタインは、もっと深遠な描像を抱いた。相対論の第二の仮定は、高速列車からあなたに投げ渡された郵便袋の速さが、まるで列車の速度が存在していないかのように、作業員の手から離れたときと同じ速さであると主張することに相当する。

このような挙動を示すさらに深い理由は、アインシュタインが光の速さを宇宙のすべての上限に設定したという事実にある。何ものも光より速くは進めない。その上限が、光と呼ばれるものの速さであるかどうかは、重要でない。宇宙のすべてのものに上限の速さが存在することが重要だ。この事実のみによって、時間と空間の意味が変わってくる。

アインシュタインは、もし宇宙に速さの上限があり、光がその最大の速さで進むとしたら、光が一定の速さを保つには何か別のものが必要であることに気づいた。前に見たように、速度の測定値はすべて、長さと時間という二つの測定値を混ぜ合わせたものだ。したがって、もし光の速さが基準座標系に左右されず一定でなければならないとしたら、長さと時間の測定値も同じように基準座標系に左右されないということはありえない。長さ（空間）と時間は柔軟で、ある基準座標系から別の基準座標系へ移ると変化しなければならない。アインシュタインの相対論では、すべての時間は地方時となり、すべての空間は局所空間となる。

ニュートンの言った神の知覚は捨て去られた。時間は宇宙のすべての場所で滑らかに流れるのではない。存在するのは、すべてを支配するただ一つのニュートン流の宇宙的時間でなく、互いに運動している観測者が測定する相対的な時間のパッチワークだ。さらに、絶対空間という形而上学的な権威も捨て去られた。その代わりとしてそこには、運動している観測者による長さのさまざまな測定結果が存在し、観察者たちは同じ物体に対して異なる長さを得る。一つの物体に対して存在する長さは一つではなく、二つの出来事を隔てる時間も一つではない。すべて、それらの出来事や物体に対してあなたがどのように動いているかに左右される。アインシュタインは一九〇五年に発表したわずか三六ページの論文のなかで、時間と空間をニュートンの舫《もや》い止めから解き放った。

この新たな物理学における空間と時間の柔軟性は、有名な「双子のパラドックス」によって見事に表現される。同時に生まれた一卵性双生児を思い浮かべてほしい。二人が二〇歳になり、冒険好きなほうは宇宙船で飛び立つ。彼女は三〇光年離れた星へ光速の九九・九パーセントの速さで向かう。その星に着いたら、方向転換して地球へ戻ってくる。地球に留まったほうは、相手が帰ってくるのを六〇年間待ち、いまや八〇歳になっている。しかし宇宙旅行をしてきたほうは、往復旅行のあいだに誕生日をほぼ三回しか迎えていない。彼女にとってはそれがこの旅にかかった時間だ。彼女の時間は相手の時間と違う。地球に残っていたほうにとって、宇宙船の出発から帰還までにかかった時間は、相手の宇宙飛行士にとっての時間よりはるかに長かった。家に残ったほうにとっては、町の広場の時計から自分の心拍まで何で計ったとしても、時間のリズムは速く流れたことになる。

この双子のパラドックスは、時間と共に空間の相対性も物語っている。家に留まったほうは、太陽と、相手が目指した目的地とのあいだの距離を三〇光年と測定する。しかし宇宙旅行をしたほうの距

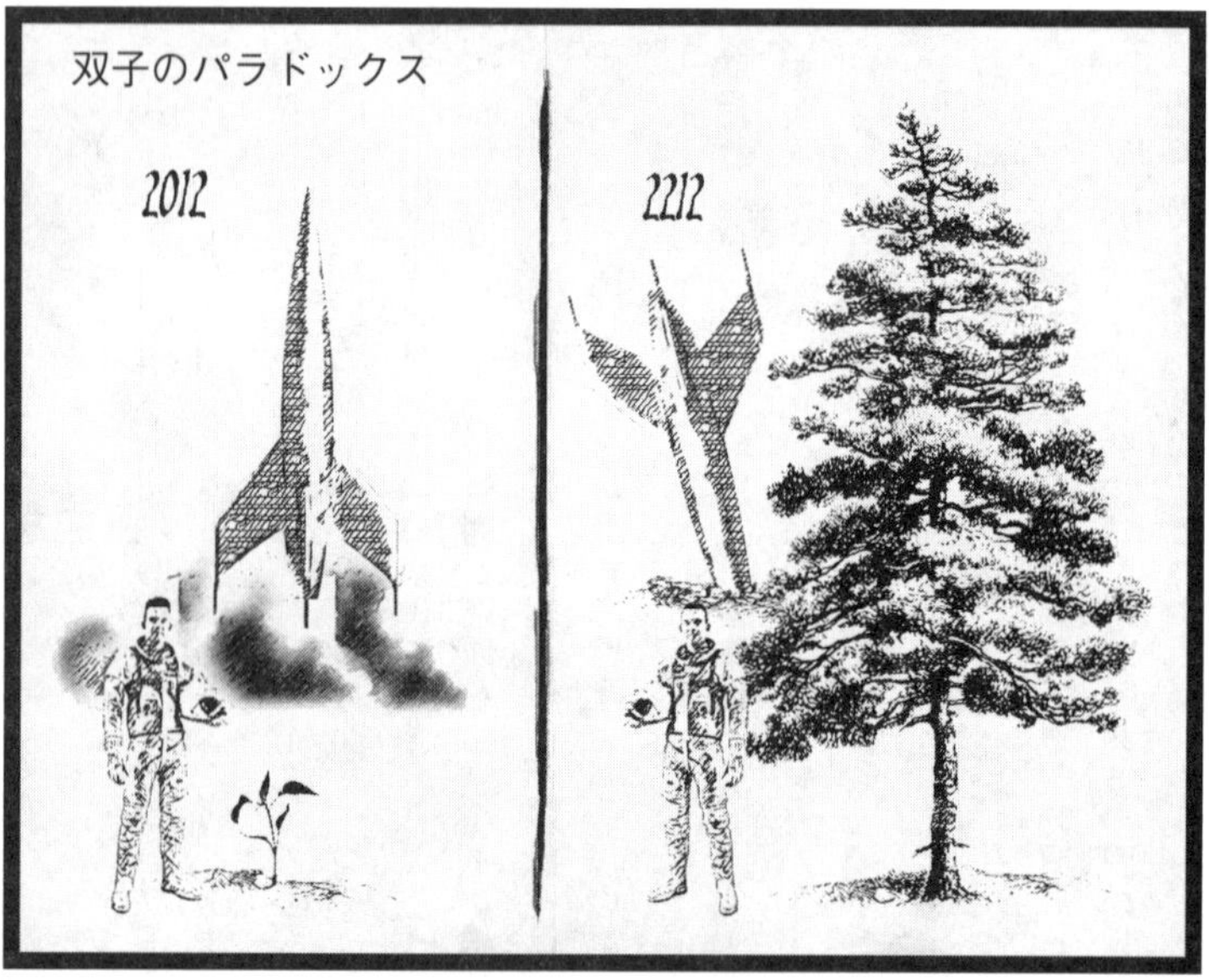

図5.5　特殊相対論の「双子のパラドックス」。遠くの惑星まで光速に近い速さで往復旅行をする人にとって、時間は、故郷の惑星にいるどの人にとってよりもゆっくり流れる。実際にはパラドックスではない。年を取る（時間が流れる）速さの違いは、「相対論的な時間の伸び」の結果でしかない。

離計は、わずか一・八光年しか進まない。双子は同じ時間も共有しないし、同じ空間も共有しない。

相対性について考えるうえで理解しておくべき重要な点は、この双子のどちらもが正しいことだ。二人とも、長さと時間を適切かつ正確に測定した。アインシュタインの基本的な洞察として、空間と時間に関する問題には「正しい」答は存在しない。なぜなら、その答を判断するための、絶対空間と絶対時間を持つ絶対的な基準座標系は存在しないからだ。正しい物理を理解するには、空間と時間別々の概念を超越して見据える必要がある。ニュートンの物理学では、空間は一つの存在で、時間は別の存在だった。それらは関連しておらず、計算の際に時間の測定値と空間の測定値が混ぜ合わされることは決してない。しかし、アインシュタインは空間と時間を一つにまとめ、より大きな統一体の一部にした。空間と時間を別々の絶対的なものとして見るのをやめれば、空間と時間はそれぞれ、観測者の違いに応じて柔軟になりうる。わたしとあなたが互いに運動していれば、わたしの時間はあなたの時間と違う。わたしの空間もあなたの空間と違う。

アインシュタインの新たな物理学の描像では、同時性という直観的な概念までもが修正を余儀なくされた。「現在」は一つだけ存在し、すべての人がそれを共有しているという直観的考え方——わたしたちの脳に組みこまれている——は、人間の社会的思考の核をなしている。わたしたちはみな、自分たちは同じ現在を生きていて、それに従って行動していると感じる。

相対論物理学のもとでは、同時性の基準はすべて座標系に依存する。あなたと火星にいる友人が正確に同じ瞬間、同じ「現在」に生まれたという主張は、実際には、その時間の測定をおこなった人の基準座標系によって変わってくる。ある基準座標系では、二つの出来事（あなたの誕生と友人の誕生）は時計の針が同じ時刻を指したときに起こった。別の基準座標系——太陽系を光速の九九パーセントで疾走する宇宙飛行士——では、あなたは友人より前に生まれた。また別の基準座標系——反対方向から太陽系を通過する宇宙飛行士——では、あなたは友人より後に生まれた。相対論では、同時性もまた局所的になる。

光速に近い速さで運動する物体にとって時間がゆっくり流れるという、「相対論的な時間の伸び」と呼ばれるこの効果は、驚き以外の何ものでもない。普遍的に認識される同時の現在、すなわち万物にとっての「現在」が存在しえないというのは、わたしたちが生まれ出た時間の描像と矛盾しており、わたしたちの直観に反する。問題はもちろん、わたしたちが認識する時間が、わたしたちの脳が進化して認識するようになった時間にほかならないことだ。一九世紀後半まで、人の身体が時速数キロメートル以上で移動することはめったになかった。また、人間の精神が、電気信号を使って地球の反対側と交流することも決してなかった。

そのためわたしたちには、相対論を直感的に理解するための物理モジュールが備わっていない。わたしたちの脳は、一種類の時間を直観的に知るよう進化した。何千年にもわたる文化の進歩と物質的関わりによって、わたしたちは徐々にそのモジュールから踏み出してきた。そして、やはり物質的関わりから生まれたもっとも深遠な物理的論証の道筋が、相対論によって突如としてわたしたちの直観を飛び越え、宇宙を作りかえることとなる新たな形の時間を解き明かした。

空間と時間から時空へ——一般相対論

一九〇五年に発表された、相対論に関するアインシュタインの最初の論文は、即座に物理学の分野を変えたわけではない。ピーター・ガリソンが書いているように、「運動する物体の電気力学を理解しようとする物理学者にとって、……開かれた選択肢はいくつもあった。……人々の関心をめぐって競い合う考え方が何十もあった」[*24]。物理学者たちがそれらの選択肢を選り分けるなか、当初からアインシュタインを擁護していた一人が、はじめて本格的にその理論を解釈しなおすこととなる。

ドイツ人数学者で物理学者のヘルマン・ミンコフスキーは、物理学の諸問題を、空間的関係の言語である幾何学で表現しなおすことで知られていた。アインシュタインの初期の論文を詳しく吟味したミンコフスキーは、相対論を強力な幾何学的言語に翻訳する方法を見つけ、その後の宇宙論の記述を一変させることとなる。相対論は単に空間内に広がる物体（従来の幾何学）を扱っているのでなく、一体として捉えた空間と時間のなかでの「事象」の構造を記述していることを、ミンコフスキーは見いだした。

相対論において真に関心を持つべき対象は、事象だった。宇宙船から光信号が発せられるのは、一つの事象だ。離れた惑星でその光信号を受け取るのは、第二の事象をなす。万物全体は、空間と時間のなかに位置する事象のネットワークにすぎない。ミンコフスキーは、重要なのは三次元空間のみにおけるそれらの事象の位置や、時間のみにおけるそれらの事象の位置ではないと認識した。相対論は、もっと大きい枠組みにおける事象の宇宙的ネットワークの関係を与える。ミンコフスキーは相対論を、時空の幾何学、新たな四次元の現実へと変えた。時空は、その物理の劇が上演される新たな舞台だった。

「ミンコフスキーは、『空間』と『時間』の古い物理学のなかで、科学者たちは見た目にだまされていたと主張した」とピーター・ガリソンは書いている。[*25] 新たな全体像の持つ哲学的意味合いは、驚くべきものだった。パルメニデスの亡霊が再び、理論物理学の新たな発展の背後に付きまとうこととなった。時空のいわばブロック宇宙において、未来と過去はそれまでと異なる性質を帯びるようになった。この相対論の描像では、わたしたちが未来と認識する次の火曜日は、すでに存在している。過去と未来は、時間と無縁な永遠の時空のブロックのなかでともに存在する、個々の事象へと還元されるのだ。

アインシュタインははじめ、自分の相対論がミンコフスキーの手で幾何学的に作りかえられることに抵抗したが、ほかの物理学者は、四次元の方法論のほうがより明快で理解しやすく融通が利くと見て取った。事実、ミンコフスキーが時空の幾何学を導入したことで、アインシュタインの考え方のほうに形勢が向きはじめた。

アインシュタイン自身もすぐに、時空の幾何学をうまく活用した。一九〇五年の最初の取り組み——いまでは特殊相対論と呼ばれる——は、一定速度で運動する物体のみを対象としていた。そのような限られた場面のみを扱うことで、ニュートン以来物理学の基礎でありつづけてきた絶対時間と絶対空間という間違った概念を取り去った。しかし速度は実際には変化するもので、その変化のしかたがニュートンの物理学の根幹をなしている。ニュートンは、速度の変化——加速——は作用する力の存在によってのみ起こることをはっきりと示していた。力が加速を生み出すということだ。アインシュタインの次のステップは、加速している基準座標系の相対性を理解することだった。その飛躍を成し遂げることで、ニュートンのもう一つの大きな成果、重力を扱えるようになる。

アインシュタインは犯罪映画の探偵のように、物理を見つめて事実のみを見抜こうとした。その方法は、測定可能なもっとも基本的な効果、基本的な経験事実を見つけ、そこから理論を構築するというものだった。二つの異なる状況から同じ実験結果が導かれたら、それらの状況はもっとも基本的な意味で等価である。アインシュタインはこの等価性の論理に執拗にこだわり、加速している基準座標系と重力との関係性を構築した。

アインシュタインは、探究の過程で何度もおこなったように、思考実験を使って次のステップを築いた。宇宙に浮かんでいる窓のないカプセルのなかに一人でいると想像し、「そのカプセルが動いているかどうかを判断するにはどうしたらよいだろうか」と問う。とりあえず、あなたがそのカプセルのなかにいると想像してみよう。その宇宙船は深宇宙のどこかに浮かんでいて、一方の端には強力なロケットエンジンが取り付けられている。エンジンを切ったら、カプセルが動いているかどうか知る方法はないだろう。星々に対して静止しているかもしれないし、一定速度で動いているかもしれない。いずれの場合にも、あなたと、あなたが持ちこんだすべての実験装置は、小さな機体のなかで自由に浮かんでいるだろう。どんな実験をおこなっても、静止している場合と一定速度で動いている場合とで、いかなる違いも見つけられない。

ここで、ロケットエンジンのスイッチを入れたと想像してみよう。カプセルは加速しはじめる。最初のわずかな時間にはあなたと装置は自由に浮かんでいるが、その後、ロケットによって機体全体が加速するにつれ、カプセルの「床」（ロケットが取り付けられているほう）があなたに向かってせり上がってくる。床はあなたと装置にぶつかり、あなたを押し上げ、ロケットエンジンの絶え間ない推力を伝える。床に張り付けられたあなたは、自分が重くなったかのように感じる。つまり、床に向かって引っ張られるのを感じる。

思考実験におけるまさにこの瞬間に、アインシュタインは理解に至った。加速しているロケットのなかにいる人は、惑星表面に静止しているロケットのなかにいる人と同じ経験をする、と。重力とロケットの加速は、同じ効果を生じさせる。ロケットを噴射する閉じたカプセルのなかで実験をおこなっても、重力と加速を区別することはできない。これら二つの状況は違うものと見なすことはできず、物理学の見方からすると等価だったのだ。

この原理をもとにアインシュタインは、概念上の大胆な跳躍を果たした。ニュートンの重力を斥け、ミンコフスキーによる自らの理論の系統的記述に基づいて、ニュートンの重力を時空の幾何に置き換えたのだ。四次元時空の幾何が、伸び縮みできるようになった。時空は、伸ばしたり縮めたりできる柔軟な布地のようなものだ。時空をキャラメルのように歪めるものは、アインシュタインの相対論によって一つとなった物質＝エネルギーである。

ボールを落とすと、床に向かって加速していく。アインシュタインは等価原理を使い、加速を、歪んだ時空内における力によらないボールの運動に置き換えた。アインシュタインによれば、地球はボールを引き寄せる重力を生じさせているのではない。周りの幾何、時空の形そのものを歪めている。加えられている力（手の支えなど）をすべてなくすと、ボールは、時空の指図に従って自由に振る舞う。ウォータースライダーを水が流れ落ちるように、時空の歪みに沿って自由に落ちていく。

アインシュタインは理論を構築するために、ミンコフスキーの数学的洞察を拡張しなければならなかった。ギリシャの偉大な数学者エウクレイデス以来、学者たちは、空間の幾何は平坦だと見なしていた。平坦な空間では、たとえば二本の平行線は、空間内を限りなく延びる線路のように、決して交わることなく無限に延長できる。ベルンハルト・リーマンなどの数学者が湾曲した空間の幾何を探究しはじめたのは、アインシュタインのわずか数十年前になってからだった。人は、自分で思っているよりも多く、湾曲した空間を経験している。なぜなら湾曲した空間の上に住んでいるからだ（地球の表面は湾曲した二次元空間である）。特殊相対論におけるミンコフスキーの時空は平坦だったが、アインシュタインは、湾曲した四次元時空の一般相対論にはリーマンの新たな数学を当てはめる必要があると悟った。その作業はアインシュタインにとっても困難で、新たな非ユークリッド幾何学の詳細を教授してもらわなければならなかった。アインシュタインは何年か研究を続けた末、一般相対論に関する決定的な論文を一九一六年に発表した。*26

一般相対論は、アインシュタインの以前の特殊相対論を見事に拡張した。個々の基準座標系は、現

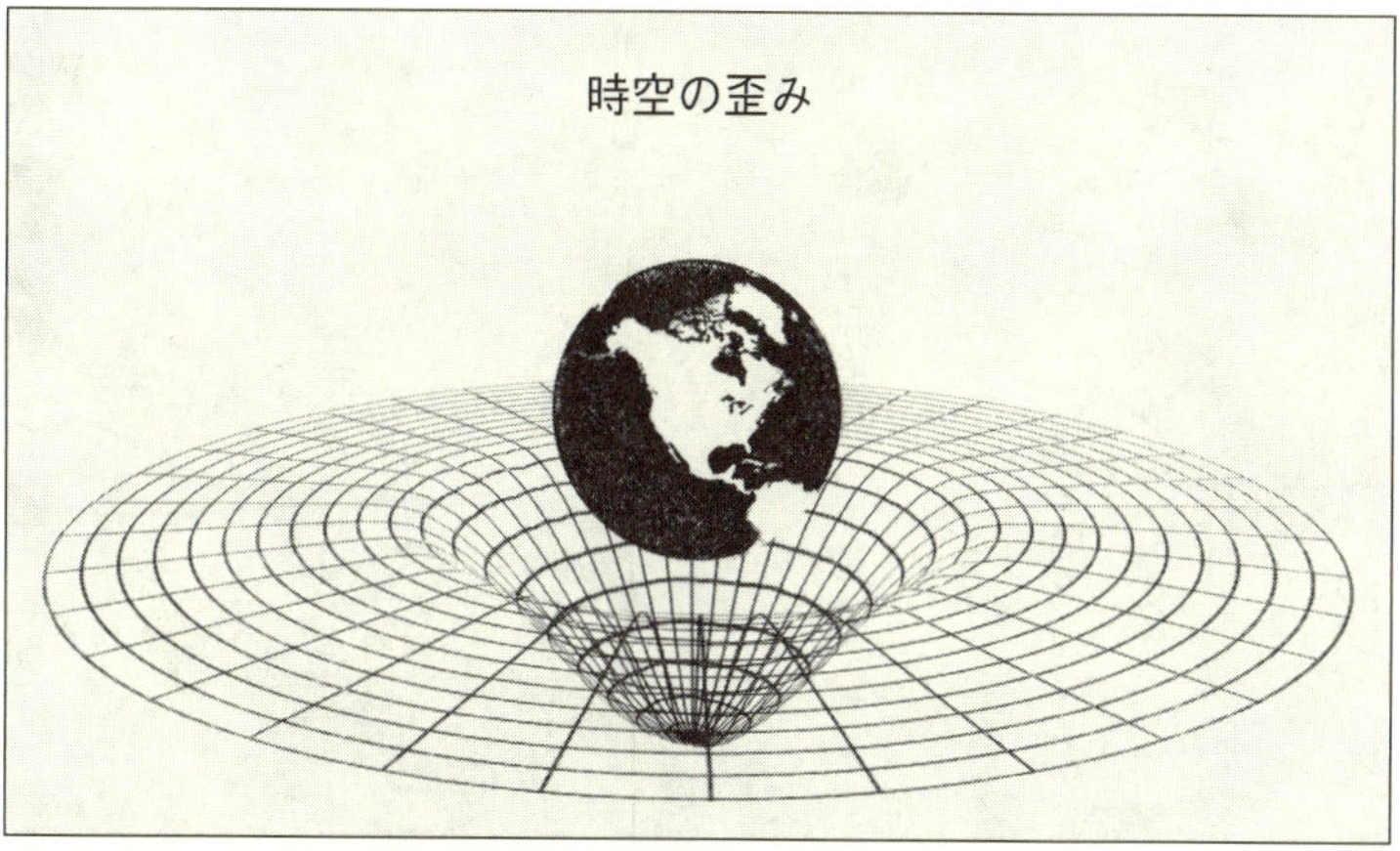

図5.6　重力と、時空の柔軟な骨組み。アインシュタインの一般相対論では、重力は、質量（質量＝エネルギー）の存在による時空の歪み、すなわち「湾曲」として説明される。

実の柔軟な集合体、すなわち曲げたり伸ばしたり畳んだりできる時空の骨組みの上で動き回る。質量＝エネルギーが時空の骨組みを歪め、その時空が質量＝エネルギーの運動を導く。特殊相対論と同様に、空間（長さ）や時間の測定結果は、個々の基準座標系に依存する。一般相対論では、大きな物体に対する観測者の位置も、空間と時間の測定結果に影響を及ぼしうる。

惑星表面に近いところにある時計は、遠く離れた時計より遅く動く。惑星表面に近いところで測定した長さは、離れた宇宙空間でおこなった測定より小さい値になる。[*27] 時間と空間はやはりそれぞれ相対的だが、それら全体を理解する枠組みとなるのは、キャラメルのように柔軟性のある時空の幾何だ。ニュートンの物理学では、空間は空っぽの舞台だった。いまやアインシュタインの一般相対論では、時空は、物理の劇における主役となり、やがて現代宇宙論が生まれる土台となる。

思考と物事がどのようにして世界を作るか

ピーター・ガリソンは、アインシュタインが相対論へ向けて前進した際に、時計の同期と同時性がどのような中心的な役割を果たしたかを探るなかで、次のような核心を突く疑問を提起している。「ここにいる観測者が『離れた観測者が七時に列車の到着を見た』と言うのがどういう意味なのかを、一九〇四年から一九〇五年に、ほかの誰一人として実際に問うことはなかったのだろうか？」[*28]

ガリソンが示した答――この章で探ってきた答――は、単純だ。一九世紀後半の文化全体が、何らかの形で同時性に関する疑問を抱いていた。都市をつなぐ高速列車に乗った乗客、離れた親戚に電信を送る家族、街の時計をどのように調整するかを考える市長、鉄道と電線で同期させた軍事演習をおこなう将官――各人が自分なりに、意識的、あるいは無意識にこの疑問を抱いていた。

アインシュタインはこの疑問とともに成長した。電磁式の時計調整装置は、少年アインシュタインの大好きな子供向け科学書にも登場した。[*29] 特許局に入る頃には、同時性、時計、時間との文化の対峙のただなかにあった。ガリソンは、「ベルンのオフィスで特許の図を次々に審査していたアインシュタインは、壮観たる現代技術の行進を特別観覧席から眺める立場にあった」と書いている。[*30] アインシュタインが審査した技術が、時間の利用および、時間との物質的関わりを作りかえることを直接目指したものだったことは、偶然ではない。

相対論は、物理学における時間の意味を一変させ、そして次の章で見るように、初の真に科学的な宇宙論の出現をもたらした。しかし、この新たに出現した相対論的時間も、その源は人間的時間に関する具体的事柄に深く根ざしていた。鉄道や電信線は人間の文化を作りかえた。それはまったく新しい形の物質的関わりで、そこから、人間の文化を急速かつ劇的に作りかえる新たな制度上の事実が溢れ出してくる。ガリソンは次のように言う。

この標準化された手順的な時間を作り出すという計画は、コールタールに浸した電柱や海底ケーブルを活用する途方もないものだった。それには、金属やゴムの技術だけでなく、形式的で影響力があり、論争の的であり、正当化された、地方条例、国内法、国際協定が大量に必要だった。その結果、世紀の移り変わりにおける従来の時間同期の占める位置は、産業政策、科学界の陳情活動、政治の支援運動から決して切り離されてはいなかった。*31

このように、世界との物質的邂逅――新しいものを作ること――から、新たな象徴と新たな思考方法が出現した。それらの新たな認識の可能性は、下流に広がって日々の時間を変えるとともに、上流の、哲学、物理学、そして最終的に宇宙論にも広がった。

相対論誕生の物語は、物質的関わりの過程で人間的時間と宇宙的時間が絡み合うことの純然たる例である。伝承では、アインシュタインは純粋な抽象の領域で一人格闘したとされているが、真実ははるかに興味深かった。

新石器時代の革命について述べたときに、物質的関わりから生まれた象徴が人間の経験をどのようにして変えたかを見た。一万年前に真実だったことは、前世紀でも、そして現在でも真実である。アインシュタインの時代には、同期された時間そのものが強力な象徴だった。調整された単一の時間に向けた文化的推進が、民主主義や世界市民の議論を呼び起こした。相対論もまた、個々の基準座標系とそれぞれの観測者の優越性を重視することで、一つの象徴となった。ガリソンは次のように書いている。「これらの象徴がすべて共通して持っているのは、一つ一つの時計が個人を意味するという感覚であり、そのため時計の調整が、つねに字義と比喩とのあいだを揺れうごく人間および人間集団どうしの論理的つながりに取って代わるようになった。それが抽象的に具体的（あるいは具体的に抽象的）だったからこそ、街、地域、国、そして最終的に地球全体における時間調整の事業は、現代性を特徴づける構造の一つとなった*32」

次の章では、二〇世紀をさらに進み、真に科学的な宇宙論の物語を見ていく。その物語は、人間的時間と宇宙的時間における、わたしたち自身の危機と革命の可能性へとつながっていく。しかしその前に、過去の文化的変化においてつねに時間が中心的役割を果たしてきたことを覚えておかなければならない。わたしたちはつねに時間を作り、そして宇宙における時間の理解がわたしたちを作ってきた。現在わたしたちは、再びそのような場面に立っている。

第６章　膨張する宇宙、ラジオの時間、洗濯機の時間
——二度の世界大戦のあいだのスピード、宇宙論、文化

ピッツバーグ　一九三五年、午後二時二五分

もうすぐ笛が鳴る。彼女の休憩時間はきっとほとんど残っていない。どっちみち、組み立てラインのガタガタという音が、たいして休憩を取らせてくれない。腕時計があればどれだけ時間が残っているか分かったのだろうが、自分と息子が生活するために当然ずっと前に売り払っていた。その腕時計は以前の生活を物語る最後の面影で、豊かだったときに夫からもらったものだった。少なくとも、国全体がどん底に落ちたいまになっては、その頃は豊かだったと思える。しかし工場の時計は、彼女を時間どおりにラインに戻らせる。

一九二九年の恐慌は、夫の事業を跡形もなく潰し、その悲しみによって一年後に夫自身も消し去った。こうして彼女はシングルマザーとして、ウエスティングハウスの洗濯機の組み立てラインで働き、夜は内職をして自分と息子の生活を守っている。

彼女はとても疲れている。早起きをして洗濯を済ませてから、息子を学校へ送り出していた。新品のぴかぴかの電気洗濯機を一日じゅう組み立てていながら、自分の洗濯はもっぱら手でやらなければならないのは皮肉なことだが、そんなことはどうでもいい。彼女は貯金をして、毎日組み立てている洗濯機を従業員割引

で買おうとしている。だがいつも何か入り用があって、貯金は消えてしまう。それでも、仕事があるだけで満足している。いつかもっとよくなって、もっと時間が作れるはずだ。

甲高い笛の音で、彼女は物思いから覚める。シフトに戻れ。ラインに戻れ。またあと二時間四五分だ。二時間四五分耐えつづけなければならない。

電気の奴隷と洗濯機の時間

電化製品が家庭の生活と時間を劇的に変える以前、月曜日は洗濯の日で、すすぎの水に加えて服を白くする青み剤にちなんで「ブルー・マンデー」と呼ばれていた。しかしそのブルーという言葉には、手で洗濯する苦労の意味も含まれていた。スーザン・ストラッサーは家事の歴史を扱った著書『決して終わらない』のなかで、当時の様子を次のように描写している。

水道、ガス、電気がなく、手で洗濯する作業をどんなに簡略化しても、とんでもない時間と労力を費やした。洗濯、煮沸、すすぎ一回にはおよそ五〇ガロン（二〇〇リットル）の水を使い、それをポンプや井戸や蛇口からコンロやたらいまで運んで、二〇キロもの重さのバケツや煮釜に入れなければならなかった。水を含んだ衣服や肌着、さらにはシーツやテーブルクロスや男物の重い作業着などかさばるものを揉み、絞り、持ち上げることで、女性の腕や手首は疲れ、腐食性の物質に曝された。女性は、濡れた洗濯物でいっぱいになった重いたらいや籠を外に持っていって、一枚ずつ取り出し、洗濯ひもに吊《つ》るし、すべて取りこんだ。そして、コンロで熱した何台ものアイロンでしわを伸ばし、冷めるたびにアイロンを取り替えた。熱いコンロのそばから離れることは決してなかった。*1

それが、もっとも基本的なレベルでの時間と物質との関わりだった。人間の文化の世界における取り決めによって、清潔な衣服が必要とされたが、衣服をきれいにするにはとてつもない時間が必要だった。世界じゅうを電気がめぐりはじめて年単位で世界が作りかえられていくにつれ、このもっとも基本的な時間との邂逅もすぐに、手作業の領域を離れて自動化の領域へ入っていく。

洗濯をするための機械は長い歴史を持っている。最初の機械は、洗濯板で単調に衣服を揉むのを真似た手動のからくりだった。手でレバーを引くと、波形のでこぼこのある湾曲した二枚の板が互いに動き、そのあいだに衣服を置く。*2 初の電気洗濯機は一九〇〇年に登場した。*3 モーターで回転するたらいに手で水を入れるしくみだが、たらいから水があふれてモーターに入り、作業している人が電気ショックを感じることも多かった。その後の三〇年は、顧客を感電死させることなく、強力なモーターから密閉された洗濯機構へ動力を伝える方法を、メーカーが少しずつ学習する期間だった。

一九二〇年代に重要な進展があり、メイタグ社が、現在も使われている「槽内攪拌《かくはん》機技術」を採用して現在のような形の洗濯機を開発した。*4 以前の洗濯機に使われていた銅製のたらいと錬鉄製の脚は、いまでは見慣れた白いエナメル塗装の鉄板に取って代わられた。やがて鉄板の覆いがモーター台の下まで伸び、滑らかに見える一つのユニットのなかに装置全体が収められた。

一九三七年、伝説のセールスマンであるジャドソン・セイヤーが一年前に設立したベンディックス

図6.1　時の翁がGEの「モニタートップ」冷蔵庫を見て困惑している。1927年に登場した「モニタートップ」は、広く普及した最初の冷蔵庫の一つだ。これは、日々の経験と時間の共通経験を変えた電化製品の好例である。

・ホーム・アプライアンシズ社が、初の前面装填式全自動洗濯機を世に出した。このベンディックスの洗濯機は、洗濯、すすぎ、脱水をすべておこなうことができた。わずか一世代前には洗濯に何日も費やしていた女性が、単に洗濯物を入れ、スタートさせ、放っておくだけで済むようになった。洗濯の日の退屈な単調作業と肉体的疲労は、もう終わった。このもっとも世俗的な技術がもたらした時間の変質はとても影響力が大きく、電気洗濯機が革命的な女性解放運動のきっかけになったと指摘する研究が複数ある。[*5]

一九二〇年代と三〇年代に次から次へと電化製品が登場し、アメリカの時間的景観を変えた。電気掃除機が、日々の掃き掃除と、さらに不愉快な、カーペットを屋外に引きずり出して叩く作業を短縮した。[*6]サンビームの安価なミックスマスターなど、電動ミキサーが一九三一年に世に出たことで、生地を手でこねる必要もなくなった。[*7] 電気冷蔵庫の登場により、貯氷庫から重い氷の塊を台所まで引っ張ってくる作業も、記憶のかなたへ薄れていった。ひげそりのようなプライベートな行為も、一九三〇年代前半にジェイコブ・シックが開発した初の一般向け電気シェーバーに道を譲った。[*8]

一九四〇年には、電気を引いている二五〇〇万軒の家庭のうち六〇パーセントが洗濯機を所有していた――いまだ大恐慌の余波に苦しんでいる国にしては凄まじい普及率だ。[*9] しかしこの統計の前半部分、すなわち電気を引いている家の数が、後半の数値と同じく重要だ。一九二〇年代から第二次世界大戦まで、洗濯機は、家事を短縮することで人間の時間の経験を作りかえた大量の家庭製品の一つにすぎず、それらの製品には電気が必要だった。この劇的な文化の再構成を推進したのは、いまや技術となった前世紀の科学的大発見の産物、電気だったのだ。

一九二〇年、全家庭の三四パーセントが電気を引いていた。[*10] 一九四〇年にはその割合は二倍になっていた。[*11] 同じ期間に農村地域では、電気を引いている家庭の数は三〇倍近く上昇した。[*12] ほぼすべての家庭に電力が供給されたことで、それ以前の数千年のあいだにも先例のない形で、労働と時間の再構成が起こった。電力で駆動する製品により、各家族が、掃除や裁縫、食品貯蔵、食器洗い、そしてもちろん衣服の洗濯と乾燥をおこなう召使いの小集団に相当するものを手にした。電化製品は日々の時間の経験を変え、大衆向けの新たな余暇像を生み出した。

電化製品を売ろうとする企業はすぐに、家事から解放された生活像を提案するための画期的な方法を見つけた。一九二八年に雑誌『モダン・レヴェレーション』が、全米電灯協会の後援を受け、電化製品に囲まれた生活に関するもっとも優れたエッセーに賞を与えることにした。賞を獲得したウィルマ・ケアリーはエッセーのなかで、虐げられた保守的なジョイスと、もっと現代的な隣人スチュアート夫人とを比較している。

ジョイスは、ある日隣家を訪ねるときまで、スチュアート夫人は家事が大嫌いに違いないと思っていた［留守にしていることが多かったから］。訪問中にジョイスは、スチュアート夫人の秘密は家庭電化製品にあることを知る。スチュアート夫人はそれらの「電気召使い」の助けを借りて、家を清潔に保ち、洗濯物を洗濯してアイロンをかけ、子供たちを毎日遊びに連れていくことができる。日々の仕事を終えたら、電気コンロで夫のためにおいしい夕食を作ることもできる。素晴らしい！　希望を見いだしたジョイスは、夫に電化製品を買ってもらって、もっと楽で愉快な生活を送れるようにしようと心に決めた。*13

それは新しい電気の世界だった。まっとうな女性、男性、子供で、何か別のものが欲しい人がいるだろうか？

日常生活にこの新たな潮流が流れこんだことで、人間的宇宙のあらゆる側面が作りかえられた。国じゅうの都市や町の広場では、街灯が星々を覆い隠し、夜を昼に変えた。電化製品は骨の折れる家事を楽にした。電気はまた、ラジオの真空管を光らせ、歌手ルディー・ヴァリーやフランクリン・デラノー・ローズヴェルト大統領の声で国じゅうをつないだ。

カリフォルニア州ウィルソン山の冷たい夜風のなかでも電気は手に入り、モーターを動かして、夜空を動く恒星に合わせて巨大な一〇〇インチフーカー望遠鏡を回転させ、天文学者の宇宙像の限界を劇的に広げた。

星雲の領域——天文学が宇宙論に踏みこむ

一九世紀を通じて天文学者たちは、天空の地図作りを着々と進めた。しかし二〇世紀の最初の一〇年間になってようやく、天文学の基本的なデータが宇宙論の議論に関係してくるようになった。この変化は、望遠鏡の工業化（必ずしも数でなく規模）によって可能となった。

望遠鏡は事実上、光を集めるバケツのようなものだ。恒星はわたしたちから遠いほど暗く見える。[*14] そのため、夜空をより深く探り、宇宙の構造の領域にもっと分け入るには、次々に大きな望遠鏡を組み立てる必要があった。ウィルソン山の一〇〇インチフーカー望遠鏡は、工業規模の設計と科学的精密さの賜物だった。[*15] この分野においても、新たな電化技術が役割を果たした。危険な山道を電線が駆け上り、ドームを回転させる強力モーターと、望遠鏡の高精度なタイマーに電力を供給した。重量六〇トンを超える望遠鏡本体は、技術の限界を押し広げる、鋼鉄とガラスの巨大構造物だった。顕微鏡レベルの滑らかさまで磨き上げられた巨大な鏡によって、エドウィン・ハッブルなどの天文学者は、それまでより一〇〇〇倍暗く何百万倍も遠い天体を観測できるようになった。

それほど強力なフーカー望遠鏡は、天文学を一五〇年以上悩ませていたたった一つの疑問に答を出すのにうってつけの道具だった。その疑問とは、天の川の真の素性は何か、というものだ。天の川を理解することは、宇宙論における いくつかの大問題に直接答えるうえで欠かせない第一ステップだった。天の川の大きさ、形、素性に関する足場がなければ、まだ生まれていない科学である宇宙論と、成熟した科学である天文学とのつながりを築くのは不可能だった。

人工光がわたしたちから夜空の経験を奪う以前、すべての人は天の川に慣れ親しんでいた。夜空を横切るその淡い光のアーチは、地球の夜の景色でもっとも目立つ特徴だった。天の川の素性に関して推測したギリシャの天文学者もいたが、肉眼でそれ以上探れるような事柄はほとんどなかった。理解に向けた最初の大きな進歩は、ガリレオによってなされた。ガリレオが小さな望遠鏡を天の川のぼやけた光の帯に向けると、それは即座に無数の点に分離された。天の川は広大な恒星の集合体であることを、ガリレオは発見した。

一八世紀と一九世紀を通じて天文学者は次々に大きな望遠鏡を手にし、さらに遠くを観測して、恒星の集合体である天の川の基本的な構造を解き明かそうと試みた。一七八四年にウィリアム・ハーシェルは、夜空のさまざまな領域で恒星の密度を丹念に数え、天の川は太陽を中心とした細長い棒状の形をしていると主張した。一世紀半後にオランダ人天体物理学者のヤコーブス・カプタインが同様の方法を使い、一九二二年に、天の川は潰れたビーチボールの形――「偏平回転楕円体」――をしており、太陽はその中心から外れた位置にあると結論づけた。[*16]

天の川の真の形は、天文学者が答を出そうと取り組む一対の疑問の片方にすぎなかった。天の川の大きさもまた、同様に重要な問題だった。どこでも見られるこの星の集合体は、どれほど大きいのだろうか？　二〇世紀初頭のカプタインの時代、天体物理学的距離を決定する方法がより精巧でより信頼性の高いものになりつつあった。カプタインは、天の川の端から端までの大きさの最良の推測値として、一〇万光年以上という値を示した（一光年は約九兆キロメートル）。

彼ら天文学者が大きさを重要視したのは、単純な理由からだった。二〇世紀が進むにつれ、天の川と宇宙ははたして同義語だろうかという疑問が浮かび上がってきた。宇宙のすべての星が天の川に属しているという可能性も大いにあった。もしそうだとしたら、無限の空虚に囲まれた天の川が物質宇宙そのものということになる。

また、大きさや性質において天の川と似た別の恒星系が、「島宇宙」として存在している可能性もあった。この島宇宙説の真偽は、当時の天文学者のあいだで激しい議論の的だった。巨大なフーカー望遠鏡が建設されたとき、天文学界は「大論争」の両サイドへ分裂していた。この疑問の中核をなすのが、渦巻星雲として知られる一連の天体だった。

一八世紀と一九世紀の天文学的研究によって天空の住人の徹底的な調査がおこなわれ、単なる恒星や惑星以外の天体が発見された。星雲と呼ばれる、雲のようにぼんやりした天体が姿を現したのだ。星雲のなかには、丸くて滑らかなものもあった。また不規則でとげとげしたものもあった。しかしもっとも関心を集めたのは、一八四五年にはじめて発見された、かざぐるまのような形をした謎めいた渦巻星雲だった。[*17] 側面から見た渦巻星雲は、はっきりした円盤状の姿をしていることが多かった。[*18]

渦巻星雲の円盤状の形に、一部の天文学者は強い興味を持った。円盤形の恒星の集合体は、宇宙論的仮説の分野においてすでに思わせぶりな登場を見せていた。さかのぼること一七八五年に哲学者のイマヌエル・カントは、宇宙の歴史の有力なモデルとして、天の川は回転する巨大なガスの雲が自らの重力で収縮して形成されたと推測した。そして、そのような収縮による自然の結果として、天の川は円盤の形をしているという仮説を立てた。[*19] 二〇世紀初頭になると観測される天体の数が増え、カントの説を思い返した多くの天文学者が、渦巻星雲はわたしたちの天の川のように独立した恒星の集合体であると推測するようになった。それらの島宇宙、すなわち銀河が天の川と同じ大きさだとしたら、

図6.2　天文学者エドウィン・ハッブルと強力なフーカー望遠鏡。ハッブルは電気駆動のフーカー望遠鏡を用いて研究をおこない、銀河は遠くの恒星の集合体であることを証明して宇宙のスケールを大きく拡大し、また宇宙の膨張を発見した。

天空でこれほど小さく見えるのだから遠い距離にあるに違いない。島宇宙仮説に反対する人たちは、それにはあまりに遠い距離が必要で想像の域を超えていると論じ、渦巻星雲に対するこの解釈を否定した。彼らの描像では、宇宙はそんなに大きいはずはなかった。渦巻星雲は、天の川のなかのもっとずっと近くにある、面白い形をしたガスの雲でしかないはずだと、彼らは主張した。

二人の有名な天文学者、ハーロウ・シャプレーとヒーバー・カーティスの対決によって、論争は頂点に達した。その討論会は、一九二〇年にワシントンDCで開かれたアメリカ科学アカデミーの会合において、満員の講堂でおこなわれた。[20]ウィルソン山天文台に勤めるシャプレーが、島宇宙説を厳しく攻撃して議論の口火を切った。シャプレーは、宇宙は一つの「すべてを包含する巨大な銀河系」であるとする独自のモデルを編み出していた。[21]一方、リック天文台の著名な天文学者カーティスは、渦巻星雲が遠くの独立した銀河であることを示す証拠を列挙し、島宇宙説を擁護した。[22]

討論会は決定的な勝敗が付かずに終わった。二人とも、先入観や、当時は誰も理解していなかった間違った仮定と闘っていた。しかし、この大論争に関して本当に注目すべきは、その歴史上の位置である。飛行機やラジオが一般的になりつつあった一九二〇年になってもなお、科学はいまだに、わたしたち自身の銀河の素性も特定していなかったし、ほかの銀河の存在も証明していなかった。銀河空間、そして宇宙そのものの真の大きさは、エドウィン・ハッブルの登場まで明らかにはされなかった。

大論争の頃のハッブルは、のちのように天文学界で傑出した人物にはまだなっていなかったが、すでに仲間内では注目されていた。背が高くハンサムな若きハッブルは、一九一九年にパサデナ（カリフォルニア工科大学とウィルソン山天文台のオフィスがある）へやってきた。[23]第一次世界大戦に従軍したのちに、ローズ奨学生としてオックスフォードでしばらく過ごしたハッブルは、イギリスの気取った態度を真似ていたが、板についてはいなかった。[*24] シャプレーは、渦巻星雲は天の川のなかにあると確信していたが、ハッブルは島宇宙説に賛同していた。[*25] そこでこの問題に独自に挑戦しようと決心したが、渦巻星雲の謎を解くには、それらの距離を測定するための信頼性の高い方法が必要だった。

天文学者にとって距離は厄介の種だ。恒星まで巻き尺を伸ばすわけにはいかない。そこでその代わりに、距離へ変換できる別の測定値を見つけなければならない。特別な条件では、明るさの測定がそれにぴったりだ。どんな光源でも、その見かけの明るさは距離とともに小さくなる。それは基本的な物理でもあるし、日常経験でもある。車のヘッドライトは近くでは痛いほどまぶしいが、暗い夜に一キロ遠くから見れば微かにしか見えない。したがって、光源の固有光度が分かっていれば――その電球が一〇〇ワットだと分かっている場合のように――見かけの明るさが小さくなるというこの効果を使って距離を求めることができる。

天体が見かけ上どれだけ明るいかと、その天体が本来どれだけ明るいかを比較すれば、その天体までの距離を直接計算できる。天文学者にとって問題は、恒星など天体の光源の側面には「100W」といった文字が印刷されていないことだ。しかし幸運なことに、いくつかの種類の天体は、もっとも重要な固有光度を導くことのできる特徴を持っている。それらの天体は「標準光源」と呼ばれ、金《きん》のような価値がある。標準光源が見つかれば、明るさを測定するのと同じく距離を単純に決定できる。

一九二〇年代にはすでに、ケフェウス型変光星と呼ばれる特別な種類の脈動星が、標準光源として特定されていた。ケフェウス型変光星は、日単位や週単位の周期で明暗を繰り返す。一九〇八年に天文学者のヘンリエッタ・リーヴィットが、ケフェウス型変光星の変光周期と平均固有光度とのあいだに直接の関係があることを発見した。[*26] 要するに、恒星に印刷されている「100W」という文字を読み取る方法を見つけたことになる。リーヴィットの研究のおかげで、ケフェウス型変光星を見つけてその変光周期を測定すれば、即座にその恒星（およびその周囲の天体）までの距離を計算できるようになった。[*27]

巨大なフーカー望遠鏡を使えば、大きな渦巻星雲のなかにある恒星を一つ一つ見ることができた。一九二三年一〇月五日にハッブルは、距離の測定に使える目印を探すために、一晩かけてアンドロメダ座の大渦巻星雲を徹底的に探索した。[*28] 翌日、以前の観測結果と比較していると、写真乾板上に探していたものを見つけた。アンドロメダ星雲のなかにケフェウス型変光星を発見し、ハッブルは驚喜した。そしてその新発見の標準光源を使い、数行の単純な計算によって、一〇〇年に及ぶ論争に決着を付けた。

ハッブルはそのケフェウス型変光星を用い、アンドロメダ星雲は地球からほぼ一〇〇万光年の距離にあると計算した。その値は、天の川の端までの距離のいかなる概算値よりもはるかに大きく、アンドロメダ座の渦巻星雲は天の川のなかには存在しえないことを意味していた。それは紛れもなく渦巻銀河だった。ハーロウ・シャプレーはすでにハーヴァード大学に移っていたが、渦巻星雲は天の川の一部であるという信念は捨てていなかった。ハッブルの発見の知らせを受けたシャプレー（若いハッブルを忌み嫌っていた）は、ある学生に「この手紙がわたしの宇宙を破壊した」と語った。[*29]

ハッブルの結果によって、渦巻星雲は確かに銀河であり、さらに重要なこととして、宇宙は誰もが想像していたよりもはるかに大きいことが証明された。ハッブルの発見以降、宇宙空間の測定は、銀河やその宇宙的分布に対しておこなわれるようになる。宇宙論は哲学的思索の時代を離れ、天体物理学の時代に入ろうとしていた。

宇宙を組み立てる——ゲームの始まり

真の科学的宇宙論には、宇宙全体の理論、空間と時間の完全で包括的な数学的記述が必要だ。そのような理論は、宇宙で起こるすべての事柄を記述できるモデル、数学的表現となる。そのモデルはまた、観測において何が予想されるかを示し、また天文学的観測の生データを理論的予測と比較できるものでなければならない。

宇宙論が疑似哲学的思索の領域から、最終的により確固とした科学の領域へ進むとしたら、検証可能な宇宙の記述が必要となる。そして、物理学や天体物理学の一分野にならなければならない。宇宙は、原子や石やウシといった、物理学のほかのあらゆる研究対象と同じように扱わなければならないだろう。しかし宇宙は、すべての原子、すべての石、すべてのウシ、そしてすべての科学者を含んでいる。巨大な箱のようにすべてのものを含んでいるだけでなく、箱そのものだ。科学者たちは、存在全体を内側からどのように記述したらいいのだろうか？

宇宙論はいくつもの面で、アインシュタインの登場を待っていた。アインシュタインとその一般相対論は、宇宙論の理論的記述を可能にする方法を見つけた。

宇宙のモデルを構築しようというそれまでの試みはすべて、時空の性質に関するアインシュタインの洞察に欠けていたため、容易には前進しなかった。成功するモデルへ向けた第一歩が特殊相対論であり、ニュートンによる絶対空間と絶対時間の神の意識が一掃され、統一された四次元時空へと置き換えられた。その作業が完了したのは、一般相対論が、その時空の柔軟な骨組みと質量＝エネルギーの大規模分布とを結びつけたときだった。それにより、重力は時空の柔軟な骨組みにほかならず、質量＝エネルギーが時空の重力的歪みを引き起こす主体であることが認識された。

アインシュタインが自らの場の方程式を使って時空と質量＝エネルギーを結びつけ、宇宙論モデルを構築しはじめるまでに、長い時間はかからなかった。しかしそれには、アインシュタインのすべての研究成果と、それに続くほかの人たちの研究を、ある重要な仮定に従わせる必要があった。宇宙全体の数学的記述を導くには、宇宙は第一義的に完全である、すなわち、きわめて滑らかできわめて対称的であると仮定しなければならなかった。専門用語で言うと「一様」で「等方的」となるが、その意味するところは単純で、宇宙的スケールにおいてどの視点からどの場所を見ても同じに見えるという意味だ。宇宙は大スケールにおいて完全に対称的であると仮定しないかぎり、アインシュタインの方程式から宇宙論的モデルを導くことはできなかった。

完全に滑らかなピンポン球は、どの角度から見ても同じに見える。物理学者は、理想的なピンポン球のような完全な球を、最大限に対称的であると表現する。同じように、完全な球の表面に立って歩き回りながら調べるとすると、どの場所から見ているかによってその場所の記述が変わることはない。つまりどの場所も同じに見える。現実の宇宙も最大限に対称的であると仮定することにより、アインシュタインの方程式における小さな時空領域の記述を、時空全体の記述、宇宙全体の数学的記述にすることができた。

この仮定を置くことで、アインシュタインは宇宙の歴史と宇宙の構造を探究できるようになった。宇宙論に関する古代の疑問は、まだ残っていた。宇宙には始まりがあったのか、それともつねに存在しつづけてきたのか？　空間は無限か、それとも何らかの境界があるのか？　アインシュタインは新たに組み立てた相対論的宇宙論によって、それらの大問題の多くに対して数学的に最終的な答を出すのに必要な概念的道具を手にした。

最初に取り組んだのは、宇宙的時間と空間の限界だった。ニュートンは空間的に無限の宇宙を受け入れていたが、聖書の先入観から時間の永遠性は受け入れられなかった。アインシュタインはニュートンと違い、永遠の宇宙を欲した。当時のほとんどの科学者と同じく、宇宙はつねに存在してきたし、今後もつねに存在しつづけると信じており、自らの方程式の解として、有限で閉じていて永遠に続く宇宙を探した。「有限」とは、宇宙の広がりには限りがあり、宇宙には何立方センチメートルかの空間しか存在しないという意味だ。この文脈のなかで「閉じた」とは、空間に端はなく、宇宙船が万物の果てに到達してもレンガの壁に衝突することはないという意味だ。

それがどのようなものかを理解するために、わたしたちの地球の表面を思い浮かべてほしい。地球の表面積は有限だ（最近、痛いほど身にしみるようになってきた）。そして境界はない。西へずっと進んでいくと、大きく一周して東からもとの場所に戻ってくる。この身近な例から、地球のような球の二次元表面は、有限でしかも境界のない湾曲した空間であることが分かる。アインシュタインは一般相対論と湾曲した時空から、より高次元ではあるが、まさにこれらの性質を持つ宇宙を作ることができた。アインシュタインの最初の宇宙モデルにおける三次元空間は、超球、つまり二次元の球面を三次元に拡張したものだった。

もうしばらく二次元球面のたとえを続けよう。そこからは、以後の章で重要となるきわめて重要な次元性の問題に関して、いくつか洞察が得られる。

球形の風船を想像してほしい。地球の表面と同じく、風船の膜は二次元空間を定義する（この場合

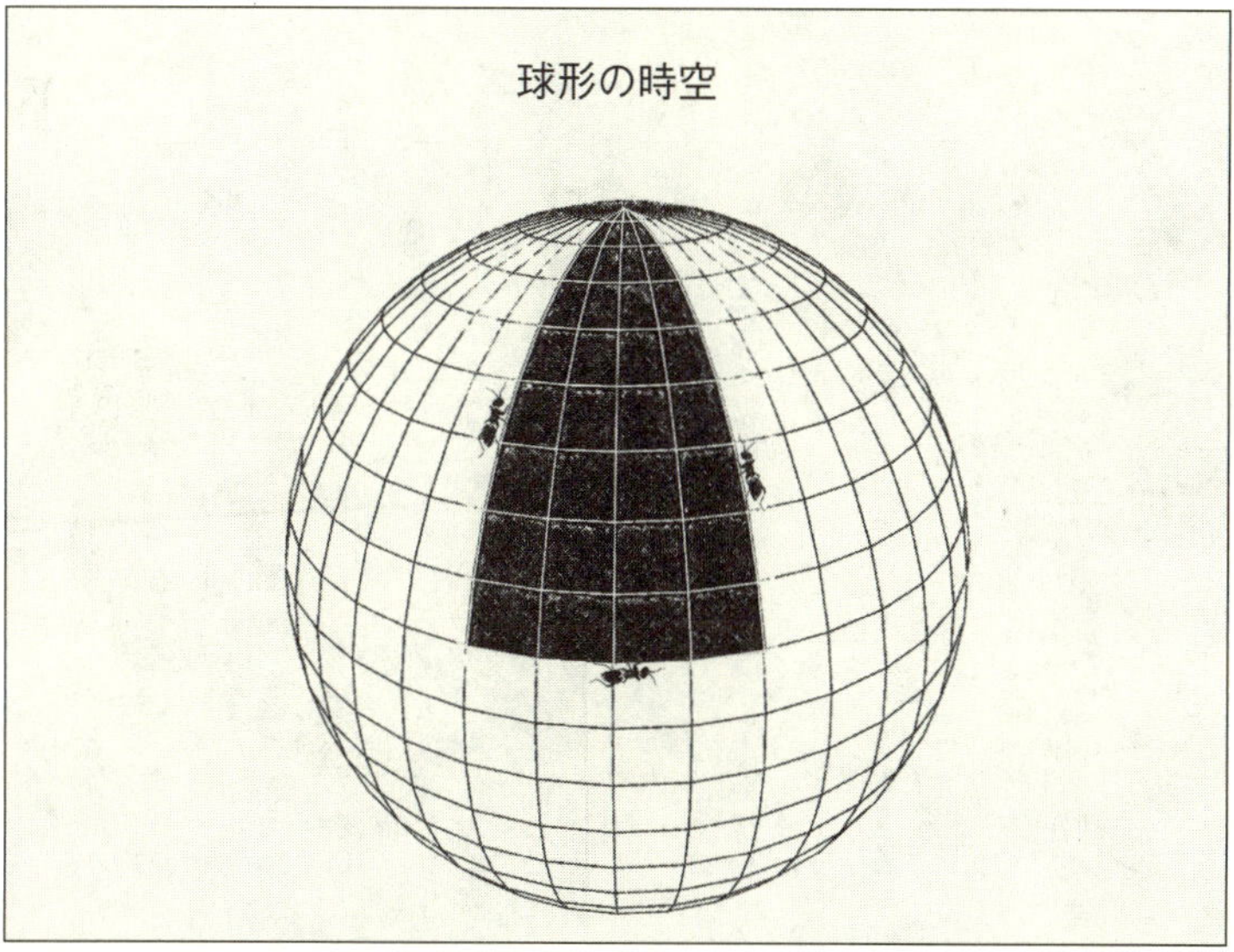

図6.3　アインシュタインが最初に考えた宇宙。アインシュタインの最初の宇宙論的モデルでは、宇宙空間全体は球形だった。風船の2次元表面に縁や境界がないのと同様に、3次元空間が自ら巻き上がっている。その形状のため、物体（図に示したアリなど）が動き回る空間には限りがある。

の空間を専門用語で「多様体」という）。ここで、二次元宇宙全体がその風船の表面によって定義されている様子を、思い浮かべることができる。その宇宙には二次元生物が棲んでいて、自分たちの世界よりも大きく広がる高次元の存在に気づいていないかもしれない。宇宙論的に考えると、それらの生物にとって風船の「内側」や「外側」は存在しない。わたしたち三次元生物は、より高次元に棲んでいるので、その風船の膜が湾曲していることが分かる。その膜が内側と外側を分け隔てていることも分かる。しかしこの特権的な区別は、二次元より大きい空間でしか存在しない。二次元生物にとっては、そのような余分な空間は存在しないし、存在する必要もない。

一般相対論における四次元時空全体

がまさに現実であることを、思い出してほしい。それが存在のすべてだ。アインシュタインの最初の宇宙論的モデルでは、時空のうち三次元空間の部分は、風船の表面のように湾曲していた。その三次元の「内側」や「外側」は存在しない。宇宙船があれば好きな方向へ飛んでいくことができるが、とても長い時間が経つと反対方向から出発点に戻ってくる。このようにして、空間の境界――宇宙の端の「レンガ塀」――に関する長年のパラドックスは解決された。アインシュタインは、宇宙の端、すなわち境界に関する一般的な概念について考え、友人に宛てて「もし宇宙を空間次元に関して有限な（閉じた）連続体として見なすことができたとしたら、そのような境界条件についてはまったく考える必要はないはずだ」と書いている。[30] アインシュタインは湾曲した空間を使い、一般相対論の方程式の解として、有限だが境界のない宇宙像を構築することができた。しかし、時間はまた別の問題を提起した。

アインシュタインは自らの方程式の解として、静的宇宙を記述するものを探していた。しかし解――方程式から予測されるモデル宇宙――を詳しく調べてみると、それは不安定であることが分かった。空気を抜くとしぼんで、空気を入れると膨らむ風船のように、その閉じた超球宇宙は、少しこづいただけで収縮あるいは膨張しはじめるのだ。

この重力的不安定性は、ニュートンが二〇〇年前に、滑らかで無限な恒星分布のモデルにおいて発見したものと少し似ていた。[31] アインシュタインは、宇宙が収縮や膨張をする可能性などばかげていると確信した。そしてこの偉大な科学者は、自分の宇宙をいかなる種類の変化からも守るために、でっちあげをおこなった。すなわち、方程式に、宇宙定数と呼ばれる余分な項を付け加えたのだ。宇宙定数は空間全体を一種の反重力で満たし、宇宙を固定した状態に保つ。それは宇宙に対する余計な干渉であり、のちにアインシュタインは後悔することになる。

アインシュタインはわずか数年のうちに、宇宙論という砂場に遊び仲間を見つけた。数理物理学の方程式は、レゴブロックのセットに似ている。あなたがレゴブロックでトラクターを作ったからといって、ほかの誰かが同じブロックから飛行機を作れないということはない。アインシュタインがモデル宇宙を発表した直後、オランダの物理学教授ウィレム・ド・ジッターが、一般相対論の方程式の宇宙解としてまったく異なるものを見つけた。ド・ジッターの宇宙も、静的で安定で閉じているようだった。ド・ジッターの結果を見たアインシュタインは、それもまた自分の方程式の有効な解であると判断した。しかし、ド・ジッターのモデルにはいくつか大きな欠陥があるという印象を受けた。もっとも重要だったのは、ド・ジッターが、宇宙には物質はないと仮定していることだった。アインシュタインにその点を指摘されたド・ジッターは、物質密度がきわめて低い宇宙の近似として解釈できると答えた。

ド・ジッターの宇宙には、歴史上はるかに重要となるもう一つの奇妙な性質があった。その解では、近くの観測者よりも遠くの観測者のほうが時間がゆっくり進む。この宇宙的時間の伸びの結果として、遠くの光源から発せられた光は、時空を伝わるとともに引き伸ばされる。そして波長が伸び、スペクトル上で波長の短い青の側から波長の長い赤の側へシフトする。それは悩ましげな振る舞いだった。最終的に、この赤方偏移の本当の原因は、ド・ジッターの宇宙解を動いている宇宙として認めることによって浮かび上がってくる。[*32] 天文学者がその点を認識するまでにはしばらく時間がかかったが、ひとたび認められると、ド・ジッターの空間は膨張する空間を表していることがはっきりした。宇宙の膨張という概念は、まもなく誰もが心に抱くものとなる。

光と精神における膨張宇宙

「やったことのない人には、どんなに寒いか分かるはずがない」と、ラバ追いから天文学者になったミルトン・ヒューメイソンは後年、夜の長時間の天文観測について語っている。[*33] ヒューメイソンは、フーカー望遠鏡がまだ建設中のときに、荷車の御者としてウィルソン山へやってきた。やがて天文台の電気技師の仕事に就き、望遠鏡の誘導の手腕が認められて天文台の正規職員となった。ミルトン・ヒューメイソンとエドウィン・ハッブルは、一〇〇インチ望遠鏡のてっぺんにある小部屋のなかで、数え切れないほどの時間を過ごした。その巨大な装置を一個一個の銀河へ向け、その光を正確に読み取って運動の程度を求めるには、幾晩もの練習が必要だった。一九三〇年頃には銀河の運動が宇宙論の中心的問題となり、手がかじかみながらのこの努力は大きな価値を持つこととなる。[*34]

ハッブルが銀河は独立した恒星の集合体であることを発見する以前から、渦巻星雲の運動は論争を呼ぶ話題だった。天体が地球に向かって動いているか遠ざかっているかを測定するには、その天体が発する光の変化に注目すればいい。天文学者にとって光の波長の変化はスピードガンのようなもので、それによって宇宙における運動を記録して宇宙の構造を描き出すことができる。秘密は、宇宙の元素の指紋にある。

管に入った水素ガスなど、どんな元素を加熱しても、幅がきわめて狭く正確に定まった色の帯の光を発する（色とりどりのネオンライトの原理）。それらの光の帯、すなわち輝線は、各元素に固有の色（波長）の指紋となる。天文学者は遠くの天体を観測する際に、分光器を使ってその光を成分の色に分解する。そのスペクトルから、それぞれの波長においてどれだけのエネルギーがやってきたかを正確に知ることができる。二〇世紀初頭、天文学者はさまざまな銀河のスペクトルを集めはじめ、それが宇宙の進化への新たな扉を開くこととなる。

通り過ぎる救急車のサイレンの音程が変わるのを聞いたことがある人なら、運動と振動数が関連していることは分かるはずだ。止まっている救急車のサイレンは、決まった振動数（および決まった波長――波長は振動数と直接関連している）の音波を発する。救急車があなたのほうへ近づいてくると、音波は押しつぶされる。それによって波長が短くなり、振動数が上がる（そのため聞こえる音程が高くなる）。救急車が通り過ぎてあなたから離れていくと、サイレンの音波は引き伸ばされる。そして波長が長くなって振動数が下がる（そのため聞こえる音程は低くなる）。これが有名なドップラー効果であり、地上の救急車が発する音波と同じように、銀河が発する光の波においても成り立つ。

二〇世紀初頭に天文学者たちは、ドップラーシフトを示す渦巻星雲のスペクトルを探しはじめた。その目的は、空間内における星雲（まだ銀河とは認識されていなかった）の運動を知ることだった。ドップラーシフトが短波長――スペクトルの青の側――へ起こっていれば、その銀河はわたしたちのほうに向かって動いていることになる。ドップラーシフトが長波長――スペクトルの赤の側――へ起こっていれば、銀河はわたしたちから遠ざかって動いていることになる。

一九一二年、アリゾナ州のローウェル天文台に勤める天文学者ヴェスト・スライファーが、何個かの遠い銀河からの光を苦労して集め、比較的質のよいスペクトルを記録した。[*35] それらの銀河の大半は赤方偏移を示していた。わたしたちのほうへ近づいているように見えたのは、天の川の隣にあるアンドロメダ銀河など数えるほどだった。赤方偏移を示す銀河が数多くあるというこのスライファーのデータは興味深いものだったが、隠されたパターンを解き明かす手掛かりにはならなかった。渦巻星雲が銀河として認識されると、新たな疑問が浮かび上がった。すべての銀河が赤方偏移を示すのだろうか？　すべて同じ速度なのだろうか？　そうでないとしたら、どの銀河がもっとも速く動いているのか？　銀河の赤方偏移は、天空上における位置、あるいは地球からの距離で決まるのだろうか？

銀河の赤方偏移の謎を解き明かすために、エドウィン・ハッブルは一九二八年、ミルトン・ヒューメイソンを助手として再び一〇〇インチフーカー望遠鏡に向かった。長く寒い夜に凄まじい忍耐力と確実な操作手腕を発揮するヒューメイソンは、理想的な相棒だった。二人は、天空上のいくつもの銀河のスペクトルを正確に記録することで、銀河の速度と距離との関係を見いだし、スライファーの最初の発見に意味を持たせる何らかのパターンを見つけられることを期待した。銀河の速度はスペクトルのドップラーシフトから分かるが、地球からの距離を決定するには、それぞれの銀河のなかにケフェウス型変光星を見つけなければならない。根気のいる研究だったが、徐々にパターンが浮かび上がってきた。

ハッブルとヒューメイソンは一九二九年に発表した画期的な論文のなかで、ほぼすべての銀河が赤方偏移を示して凄まじい速度で遠ざかっている――偉大なイギリス人天体物理学者アーサー・エディントンいわく、わたしたちを疫病のように避けている――ことを明らかにした。[*36] しかしさらに重要なのは、後退速度と距離との関係だった。ハッブルとヒューメイソンは、距離が大きくなるにつれて銀河の後退速度が大きくなることを発見した。美しく単純な直線関係で、遠くの銀河は近くの銀河よりも速くわたしたちから遠ざかっていた。ハッブルは自らの結果の解釈を差し控え、理論家に解釈の特権を委ねた。しかしハッブルを含めほとんどの人は、そのデータの意味するところを理解していた。

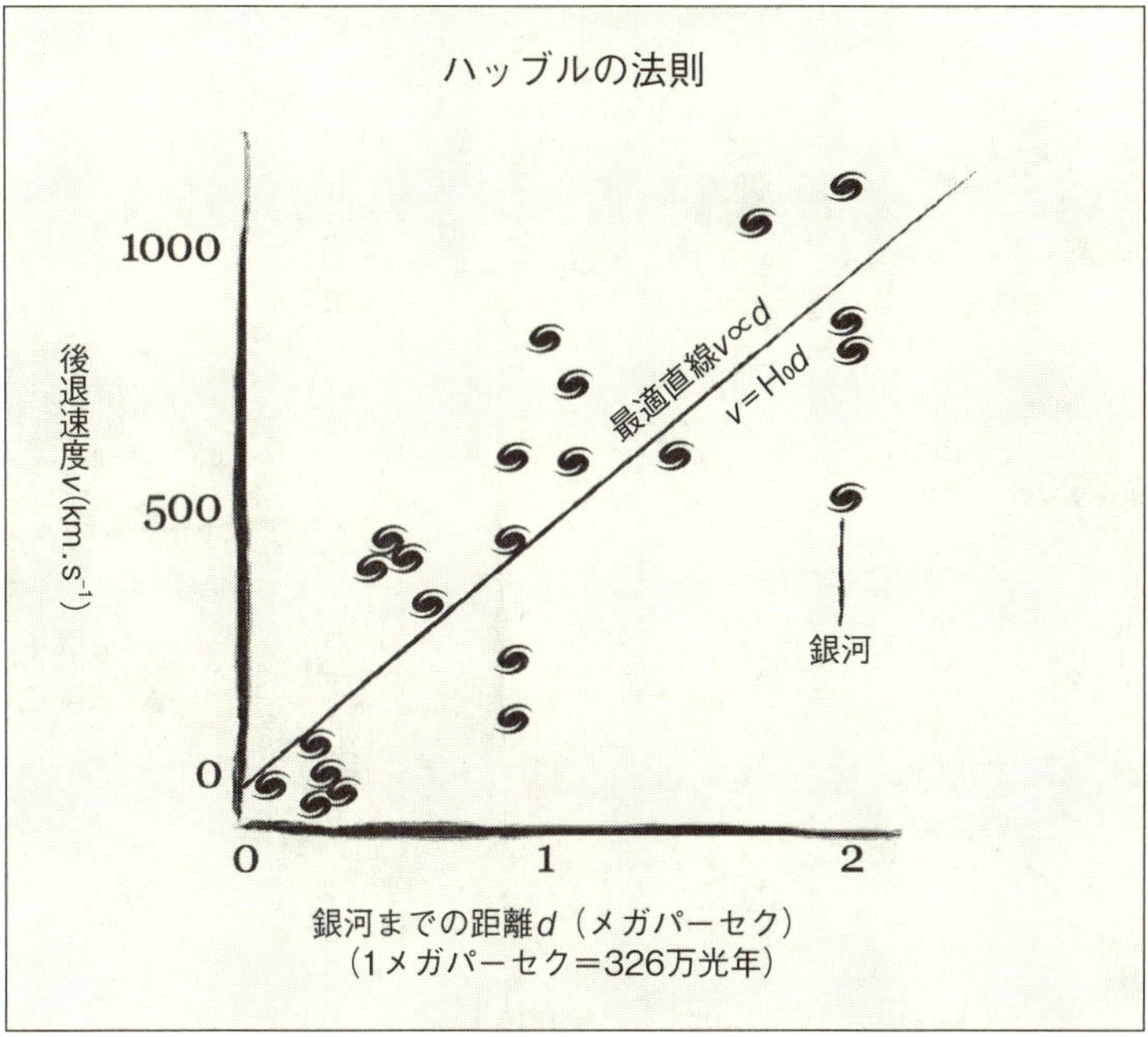

図6.4　ハッブルの法則。ハッブルは、すべての銀河が互いに遠ざかっていることを発見した。さらにその後退運動は、わたしたちからの距離が大きいほど速度が大きいという単純な法則に従う。それは膨張する時空から予想されるものにほかならない。

アインシュタインは間違っていた。宇宙は静的ではなかった。動いていたのだ。

アインシュタインの方程式は、それを作った人物よりも先見の明があった。数学が、いまでは世界じゅうの科学者にとって明白である、宇宙全体は膨張しているという結論へと自らを導いてくれるというのに、アインシュタインは宇宙定数を付け加えることでそれを邪魔したのだ。のちにアインシュタインは宇宙定数について、「わたしの最大のへまだった」と後悔する[*37]。今《こん》日《にち》、アインシュタインのへまは異なる姿を装って復活しており、現代宇宙論の議論をビッグバンから離れた方向へ向けている。

しかし一九三〇年には、宇宙定数は単なる間違いでしかないと受け取られた。

アインシュタインは宇宙の動きについて間違っていたかもしれないが、それはド・ジッターも同じだった。ハッブルは赤方偏移を発見したが、それはド・ジッターの膨張宇宙から予測されるものとは異なっていた。ハッブルのデータによってはっきりと示された膨張速度と距離との単純な直線関係は、ド・ジッターモデルが予測するものと一致しなかった。ハッブルによる膨張宇宙の驚くべき発見に対応する理論的結論を、相対論的宇宙論が提供してくれるとしたら、それはアインシュタインやド・ジッター以外の人物によるものでなければならない。驚くことに、膨張速度と距離との直線関係は、一九三〇年以前にすでに、一度でなく二度、科学者によって予測されていた。[*38] さらに驚くことに、そのどちらの解も忘れ去られていた。

相対論的な正しい膨張宇宙をはじめて発見したのは、若いロシア人理論家のアレクサンドル・フリードマンだ。バレエダンサー（父親）とピアノ教師（母親）のあいだに生まれたフリードマンは、第一次世界大戦の惨禍と共産革命を生き延び、科学的野心も失わなかった。[*39] 数理物理学者であるフリードマンは、一般相対論の宇宙論モデルが持つ数学的性質に深く興味を持った。そして、一九二二年にドイツの有名な学術雑誌『ツァイトシュリフト・フュア・フィジーク』に発表した論文のなかで、一般相対論の方程式の新たな宇宙解として、（ド・ジッターと違って）物質および（アインシュタインと違って）膨張の両方を含むものを見つけた。[*40]

一般相対論の場の方程式を研究したフリードマンは、ハッブルが発見した形の膨張を予測する三種類の異なる宇宙の歴史を表現した、適用範囲の広い解を発見した。その解のうち二つは、無限で境界のない宇宙を表す。それらの宇宙では、ランダムに選んだどの二点間の距離も、宇宙的時間が進むとともに大きくなっていく。三番目の解は、膨張によって始まるが、やがて踵《きびす》を返して収縮しはじめる。この宇宙では空間は有限で境界があり、ランダムに選んだ二点は最初は互いに遠ざかっているが、やがて接近してくる。宇宙が実際にたどる道筋は、宇宙の膨張と、すべてのものを引き寄せる重力とのバランスによって決まり、そのバランスはたった一つの数で記述できる。

もし宇宙の質量＝エネルギーの平均量（質量＝エネルギー密度）がある臨界値より大きければ、いずれ重力が膨張に打ち勝ち、宇宙の膨張は減速していって向きを変え、収縮に転じる。しかし、もし宇宙の質量＝エネルギー密度がその臨界値より小さいと、宇宙は永遠に膨張し、薄まっていってほぼ空っぽになるだろう。質量＝エネルギー密度が臨界密度と正確に同じであれば、重力によって宇宙の膨張は減速するが、その減速率は無限に遠い未来にちょうど膨張が止まる程度となる。

この密度パラメータは、宇宙の実際の密度とフリードマンの臨界値との比である、オメガ（Ω）と呼ばれる値で表現できる。フリードマンのモデルにおいて宇宙の運命と幾何を決めるのが、このΩだ。Ωが一より大きければ、宇宙は閉じていて有限であり、アインシュタインの三次元超球を固定せずに動かした場合に相当する。Ωが一に等しいか、あるいは一より小さければ、空間は無限で境界がない。Ωの真の値を求めることが、その後何十年かの観測宇宙論を支配することとなる。

フリードマンの論文を読み通したアインシュタインは、最初はその結果を斥け、「疑わしい」ように思えると警告した。しかしフリードマンと何度かやりとりをして、その若きロシア人が自分の正しさを証明すると、アインシュタインも異議を撤回した。しかししばしばあるように、フリードマンの研究結果は宇宙論の専門家の小集団には伝わらず、数年で忘れ去られてしまった。

それから八年後の一九三〇年、ハッブルによる宇宙の膨張の発見が、世界じゅうの理論天体物理学

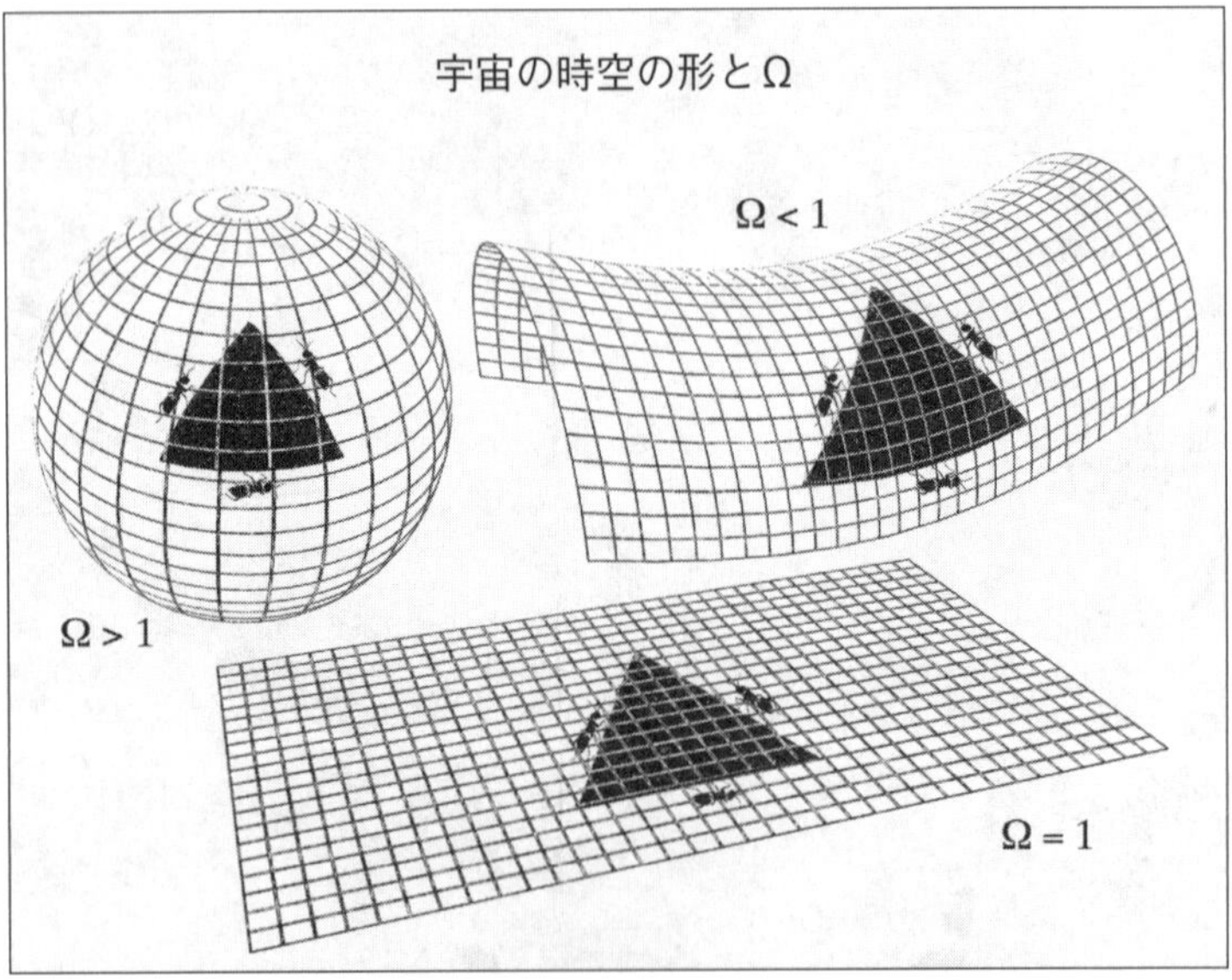

図6.5　宇宙の幾何とパラメータΩ。フリードマン（およびルメートル）の膨張宇宙モデルでは、時空の全体的な幾何は、宇宙の質量＝エネルギーの量を表すΩという数によって決まる。

者の精神に染み渡った。しかしフリードマンの研究は完全に失われていたため、アインシュタインの相対論を最初に理解した天体物理学者の一人であるアーサー・エディントンでさえ、ある学会において、なぜ観測された膨張に一致する宇宙解がないのかと、はっきりと疑問を呈したくらいだった。皮肉なことに、エディントンのこの間違いのもとは、学術雑誌だけでなく、ある意味、彼の目と鼻の先にも埋もれていた。

ベルギーの天文学教授ジョルジュ・ルメートルは、エディントンの元学生だった。ルメートルは理論宇宙論の最前線で研究する科学者であるだけでなく、カトリックの聖職者でもあった。ルメートルもフリードマンと同じく、第一次世界大戦で接近戦や毒ガスの恐怖をくぐり抜けていた。[*41] その経験からこの物静かな若者は、科学と宗教両方の人生を送るようになった。はじめはエディントンのもとで一般相対論を勉強し、その後ＭＩＴで博士号を取得したルメートルは、新たな宇宙解の探索を始めた。そして一九二七年に、フリードマンが数年前に見つけていたのと同じ膨張宇宙モデルを導いた。ルメートルはその結果をベルギーのあまり知られていない出版社が発行する学術雑誌に発表し、それはほとんど無視されたが、どうにかしてある学会の席でアインシュタインに見せることができた。しかしその偉大な科学者は再び、自らの方程式に真理を見いだす機会を逸した。アインシュタインはルメートルに、「君の計算は正しいが、物理はひどい」と語ったのだった。[*42]

ハッブルの観測結果が知れ渡ると、ルメートルはすぐにエディントンに連絡を取った。その物静かな司祭はエディントンに、自らの解のことと、それが、観測された形の宇宙膨張をほぼ完璧に予測していたことを伝えた。エディントンの手助けにより、ルメートルの結果はすぐに科学界から関心を集めた。こうして、ハッブルのデータが驚くべき形で解釈された。銀河が空間のなかを互いに離れていっているのではなく、空間、というより時空そのものが膨張していたのだ。空間全体が一様に引き伸ばされていて、銀河はまるでゴムシートに糊付けされた硬貨のようにそれに乗って運ばれているのだとすると、距離に伴う銀河の後退速度の直線パターンが予想できる。疑いようもなく、宇宙そのものが膨張していた。

膨張宇宙の発見は大ニュースとなった。ヨーロッパから日本やアメリカに至るまで、ハッブルの発見は新聞の大見出しや、当時画期的な新しいメディアだったラジオのニュースに大々的に採り上げられた。ハッブルが時空の膨張を発見したときにちょうど、ラジオが、空間を縮めてまったく新たな形の時間の経験を作ることにより、人間の宇宙を作りかえようとしていたというのは、少なからず皮肉なことだ。

すべての家庭にラジオを！

人々が経験する時間に対する試みとして、二〇世紀にもっとも身近で長く続いたものは、ニューヨークのウォルドーフ＝アストリア・ホテルで開かれた招待客限定の正装パーティーから始まった。[*43]招待状は、名士、政治家、学者といった、この街の選ばれし人たちに送られた。しかしその夜もっとも礼遇されたゲストは、全国のラジオリスナーだった。一九二六年一一月一五日、本格的なラジオ放送網、ナショナル・ブロードキャスティング・カンパニーが誕生した夜だった。午後八時から一〇時まで、ウォルドーフで華麗なダンスとともに演奏されたのと同じ音楽が、国じゅうのラジオ受信機からも流れてきた。その音楽は、ニューヨークからロサンゼルスまで全国に広がるアンテナ網から放送される、電磁気放射に乗って運ばれた。[*44]各放送局は独自のアンテナ塔を所有していたが、NBCの番組指揮にそのまま従った。[*45]同時放送の幕開けで、その夜にアメリカの時間の経験に与えた影響は何十年にもわたって続くこととなる。こうして、初の真に文化的に共有された同時性の感覚——初の国家規模の「現在」の経験——が誕生した。

商業的試みとしての放送事業は、出だしから不運だった。一八八九年に物理学者のハインリヒ・ヘルツが、導線のなかで電流を振動させることにより、長波長の電磁波（電波）を発生させて受信する方法を発見した。[*46]実業界や政界は関心を示したが、その新発明をどのように扱えばいいか考えあぐねた。電信線や電話線が世界じゅうに普及しつつあったため、この新たな無線技術は当初、点と点を結ぶ通信手段として考えられた。つまり、電波技術のキラーアプリケーションは無線電信であると期待された。

才気あふれるイタリア人先駆者グリエルモ・マルコーニが設立したマルコーニ・ワイヤレス・テレグラフ・カンパニー・オヴ・アメリカが、ある単純な事業計画を始動させた。[*47] 当時のアメリカの遠距離通信事業は、アメリカン・テレフォン・アンド・テレグラフ社（ＡＴ＆Ｔ）が独占していた。マルコーニは、電線を電波に置き換えてＡＴ＆Ｔによる電信事業の独占状態を崩そうとした。そして二〇世紀の最初の一〇年間が終わるまでに、無線電信は少なくとも、船舶と陸上との通信という一つの分野に食いこんでいた。この形の無線電信の潜在能力が形となったのは、一九一二年、モールス無線がタイタニック号の悲劇的運命を伝えたときだった。タイタニック号沈没の知らせは、最初に生存者を救出したカルパチア号から無線によって、カナダのニューファウンドランド島へ、さらにアメリカ東海岸へと、マルコーニの無線局を次々にリレーして伝わった。[*48]

点と点を結ぶ無線通信は、船舶通信にとっては重要だったが、明らかな制約があった。秘密のメッセージとして通信したつもりのものも、受信機によって傍受できる。プライバシーを確保できないため、無線は電話の代わりにはなりにくかった。無線技術を無線電信からさらに発展させるには、それを単なる無線電話以上のものとしてイメージする起業家が必要となる。[*49]

その先見性のある人物の一人が、デイヴィッド・サーノフだった。[*49] 一八九一年にウズリアンというロシアのユダヤ人村で生まれたサーノフは、一九〇〇年に家族とともにアメリカへ移住した。[*50] 物覚えの速い若きサーノフは、電信技術に魅了され、すぐにモールス符号の実用的知識を身につけて、電信技手の仕事に就いた。功名心に燃えるサーノフは、マルコーニ・カンパニーのなかでまたたく間に出世する。一九一九年にゼネラル・エレクトリック社が電信事業を買収し、ラジオ・コーポレーション・オヴ・アメリカ（ＲＣＡ）を設立すると、サーノフはさらに昇進した。そして、その新たな会社にとっての自分の価値を証明することとなる。無線の将来を予期した覚え書きのなかで、サーノフは次のように書いている。

わたしは、無線を「家庭のユーティリティー」にする開発計画を考えている。……受信機を単純な「無線ミュージックボックス」の形に設計し、いくつか異なる波長に合わせられるようにできる。……そのボックスは客間や居間に置くことができ、そのつどスイッチを合わせれば、送信された音楽を受信できる。[*51]

しかしこの計画は、昔から技術につきものの、卵が先か鶏が先かというジレンマに直面した。一九一九年にＲＣＡは、人々が高価な受信機を買ってくれると考えていたかもしれないが、いったい人々は何を聞くというのだろうか？　一九一九年には放送局は存在しておらず、受信機を買う理由などなかった。

一九二〇年代になると、この放送局問題はひとりでに解決しはじめた。その年、ピッツバーグの電機メーカー、ウエスティングハウス社の従業員フランク・コンラッドが、自宅で送信機を組み立てた。そして、ヴィクトローラ蓄音機をマイクのところまで持ってきて、受信機を持っている少数の無線マニアのために時折オペラのレコードをかけた。[*52]コンラッドによる放送技術の利用は地元の新聞社の関

図6.6　1940年頃のラジオを囲む家族の時間。1920年代初頭、ラジオネットワークによって定期的に放送される番組が、ほとんどのアメリカ人にとっての時間の共通経験を規定しなおした。テレビは、「プログラムされた時間」の経験をさらに深めることとなる。

心を集め、すぐに職場の上司の関心も惹く。一九二〇年一〇月二七日、ウエスティングハウスの社屋の屋上から、認可された初の放送局KDKAが送信を開始した。[*53]

ほかにもかなりの勢いで放送局が誕生した。一九二一年の秋には、毎月六から一二の新たな放送局が開業した。放送局が出現すると、受信者も現れた。一九二二年にアメリカ国民は、家庭用ラジオ受信機に年間六〇〇〇万ドル以上も出費した。[*54] ラジオは、人々の意識のなかに爆発的に広がっていった。しかし初期の放送は、今日《こんにち》わたしたちが経験するものとほとんど似ていなかった。とくに、番組時間という概念はまだ考え出されていなかった。

当初、各放送局は番組編成に関して完全に無計画だった。一日せいぜい数時間しか送信せず、オーナーが時間や機会のあるときにしか放送しないことも多かった。しかし、ニューヨーク州スケネクタディのある放送局が、規則的なスケジュールで音楽を放送しはじめると、重要な新機軸として『ワシントン・ポスト』紙の特集記事に採り上げられた。[*55] 当紙がその話題を報じた一つの理由は、ワシントンDCのリスナーたちがそのスケネクタディの放送局を受信していたことだった。電波は電気を帯びた大気上層で反射するため、増幅送信機がほとんどない時代でも、放送局から何百キロも電波を飛ばすことができた。ラジオはまったく新しい形で人々に距離の限界を超えさせ、遠く離れた場所で期待の番組を聴きたがっている人々に単一の「現在」を提供した。数年のうちにラジオは、リスナーの行動を変え、時間を定めるようになる。

初期のラジオにも、変人と革新者が関わっていた。ときには、それらが同じ人物のなかに同居していることもあった。アメリカ人の公共時間の経験を変えることとなる、定期的な番組の最初のスタイルは、RCAからでなく、カンザス州ミルフォードの偽医者から生まれた。

ジョン・R・ブリンクリーは、資格があるかどうか疑わしい医者で、[*56] 男性の精力回復術としてヤギの睾丸の移植などを手がけ、富を築いた。そして、バイアグラ登場前の時代に得たその財産で、ラジオ局KFKB（「カンザス一番、カンザス最高」あるいは「カンザスの人たちは最高のものを知っている」の略）を買収した。KFKBは、出力三〇〇〇ワットの強力な送信機によって一五〇〇キロほど離れた場所まで電波を送信できた。[*57] 自分の宣伝に放送局を使っていたブリンクリーは、この新たなメディアの威力に気づいた。ブリンクリーのKFKBは、一九二三年に開局してからわずか数年後に、はじめて、一日じゅうスケジュールに沿った番組の放送を開始した。通常の朝はさまざまな音楽とインチキ療法をリスナーに提供した。七時から七時半には健康の秘訣を流し、その後の三〇分間は、音楽バンド、ボブ・ラーキン・アンド・ヒズ・ミュージック・メーカーズの番組。八時から八時半までは、バート教授の講義の時間だった。[*58] このように放送は、音楽、ニュース、そしてブリンクリー医師の宣伝がない交ぜになって進んだ。連続したスケジュールで一日を――そして時間を――埋めるというこの素晴らしい新機軸は、よき医師ブリンクリーよりも長く生き延びることとなる（一九三〇年に詐欺師であることがばれ、医師免許を剝奪された[*59]）。

一九二九年に大恐慌が始まり、ラジオは成長を続ける数少ないビジネスの一つとなった。定期的な番組編成が不況時代のアメリカ人の日常経験へ浸透するにつれ、新たなタイプの有名人が生まれた。個人タクシー運転手の二人の黒人が登場するコメディー『エイモス・アンド・アンディー』は、一九二八年に始まった。[*60] そして何年ものあいだラジオ番組のなかでもっとも人気を博し、最終的にNBCで東部時間午後七時から一五分間放送され、一〇時三〇分からは再放送されるようになった。[*61] 二人の白人俳優フリーマン・ゴズデンとチャールズ・コレル、そして人種に無頓着な彼らの作品は、「黄昏時の神々を統率し」、二人は莫大な俸給を手にした。この『エイモス・アンド・アンディー』と同じく、ほかにもラジオ番組とそれに出演するスターが、毎晩大勢の固定リスナーを集め、アメリカ人は自分の夜を好みの番組に合わせるようになった。人々は、『エイモス・アンド・アンディー』のような番組の人気を通じ、ラジオの時間に合わせて生活するよう仕こまれていった。しかし、スターたちがラジオ界で頭角を現すなか、この放送文化の第一段階でルディー・ヴァリーほど輝いた人物はほかにいない。

ヒューバート・プライアー・ヴァリーという名前で生まれたそのハンサムなイェール大学卒業生は、完璧なパフォーマーだった。[*62] ヴァリーは、サックス、ささやくような優しい歌声、そして細やかな観察眼を武器に、三流のバンドリーダーから、当時もっとも長寿でもっとも愛された番組のホストとなった。ブレイクしたのは一九二八年のことだった。ラジオ局WABCは、ニューヨークのハイ＝ホー・クラブでのヴァリーの演奏を放送するのに、アナウンサーを雇う金がなかった。[*63] ほかに手がなかった局は、ヴァリーにマイクを渡し、自らアナウンサーを務めるよう頼んだ。その自己紹介は結局一〇〇〇回も繰り返され、アメリカの放送の宇宙を大きく膨張させることとなる。「ハイホー、エヴリバディー、ルディー・ヴァリーです。ニューヨーク市五三丁目東三五番ハイ＝ホー・クラブから、イェール・カリージャンズを率います[*64]」

一九三〇年代前半にはヴァリーは、『ザ・フィッシャーマンズ・イースト・アワー』のホストとしてNBCの木曜日午後八時の枠を持っていた。[*65] 音楽、コメディー、さらにはクロード・レインズやジミー・キャグニーなどの俳優が演じるシェイクスピア劇の場面を採り上げる、バラエティーショーの概念を独力で作ったのは、このヴァリーだった。毎週木曜日夜八時になると、アメリカ人（とくに女性）は時計仕掛けのように、ラジオのダイヤルをヴァリーのショーに合わせた。アメリカ人の魂にとってのヴァリーの重要性を十二分に物語っているのが、中西部に住むある夫をめぐる忌まわしい事件だ。ヴァリーに夢中の妻に、夫は皮肉たっぷりに「どうして何かためになるものを聞かないんだ？」と訊いた。妻はその場で夫を撃ち殺し、ラジオを聞きつづけたという。[*66]

一九三〇年代半ばには、アメリカはラジオの黄金時代のまっただなかにあった。当時このメディアは、現在のわたしたちにとってのインターネットのように、人々の生活のあちこちに関わっていた。学者たちは、五万年の進化における、人間による時間の経験の変遷を概観する際に、暦と時計――時間を直接測定して分割する技術――に重点を置くことが多い。しかしラジオの発展は、再び、わたしたちの時間の利用においてまったく異なる動きがあったことを物語っている。

ラジオ放送網の発展は、二つのまったく新しい文化的な時間の経験を作り出した。一つ目は、スポーツ、ニュース速報、そして大成功を収めるエンターテインメントに見られた同時性の共有――公共の「現在」――だ。ワシントンとニューヨーク、ボストンとシカゴ、デンヴァーとシアトルで単一の「いま」を共有できるようになるとともに、人々が自分たちの生活をラジオ番組を中心に構成することで、新たな時間との邂逅が確立された。ラジオの時間は新しいもので、抽象的な番組スケジュールが、日常生活の基本構造のなかで具体的なものになった。七時は『エイモス・アンド・アンディー』の時間。八時はルディー・ヴァリーの時間。時間を通じた人間行動に直接関係づけられた、生活を通じた人間行動が、再び変化したのだ。

わずか数十年で電波は、ビッグバンと始まりのある宇宙を確立するうえで決定的な役割を果たすこととなる。しかし、ラジオがはじめて文化に浸透したときには、電波はまだ、科学が宇宙構築の道具として用いるような段階にはなかった。その代わり、第二次世界大戦前の何十年かに、研究者は熱心に研究をおこない、相対論的宇宙論の枠組みを組み立てて、天文学的データに完全に答える宇宙論へ向けた第一歩を踏み出した。

運動する宇宙

洗濯機やラジオを膨張する宇宙と比べるのは、はじめは奇妙に思えるかもしれない。洗濯機は日々の生活の道具で、エナメル塗装した鋼鉄、ゴム、銅管からできた身近な物体だ。ラジオ受信機も、目的こそ目に見えない電磁波を捕まえることだが、手で重さを感じられる物質的物体だ。しかし膨張する宇宙はもっとずっと遠くに存在しており、その現実性は、観念と、科学的実践により証明された事実との狭間に位置している。しかしすでに見たように、証明された相対論の事実は、複数の場所における同時性を二〇世紀冒頭にはじめて人々に経験させたコールタール漬けの電信柱と、分け隔てることはできなかった。ハッブルによる膨張宇宙の発見によって、天文学と宇宙論が互いに向かって最初の一歩を踏み出したとき、物質的関わりの上流と下流への動きは至るところに見られた。人間の世界と、宇宙科学におけるそのイメージは、どちらも、急激で根本的で目もくらむような変化のただなかにあった。

ビッグバン宇宙論へ向かう最初の歩みがこれほど説得力のあるものになったのは、科学者が新たな種類の結果と理論を素早く相容れさせなければならなかったからだ。一〇年少々で、宇宙は恒星の単一の集合体から、それぞれ何十億もの恒星からなる銀河の、広大でおそらく無数の連なりへと変わった。さしわたしが最大でも数十万光年の一個の銀河でできた宇宙から、宇宙の大きさは突如として一〇〇〇倍以上も拡大した。同時に、永遠の静寂と不動の典型であると考えられていた宇宙が、急激に拡大する多様なものの集合体となった。ニュートンの宇宙における空っぽの空間は、銀河どうしを遠ざける伸縮自在の骨組みとしてもっともよく理解できる、動的な時空へと置き換えられた。このような新たなデータのなかで、種々雑多な考え方や解釈が、早瀬の泡のように次々と生まれた。宇宙論の大問題は、哲学的思索からデータ点へと変わりつつあった。何を信じるべきか、何が予想されるか、次に何が起こるか、誰にも確信はなかった。

科学者は、研究上の関心事がどんなに抽象的で浮き世離れしていようが、現実世界に生きている。宇宙的時間と社会的時間の謎めいた絡み合いは、それらの二つの関心事を、電気駆動の機械や道具という糸によって縫い合わせた。一〇年でラジオは、ボクシングの試合や舞踏場のダンスといった多様な出来事に「居合わせる」ことの意味を、定義しなおした。電気駆動の機械は、時間と労働を日単位から時間単位へ圧縮し、もっとも個人的な人間の辺境である家庭における役割と可能性を変えた。空は飛行機で占められはじめた。船は陸地と連絡を取りつづけられるようになった。どんどん拡大する舗装道路網には、自動車が至るところに見られるようになった。空間と時間は、あらゆる場所、あらゆる形で、文化により機械を通じて定義しなおされつつあった。そして宇宙論の物語も、同じく完全に、そして急速に変化しようとしていた。

第7章　ビッグバン、テルスター、新たなハルマゲドン
——テレビの宇宙時代における核爆発の勝利

南太平洋、ビキニ環礁　一九五四年三月一日午前七時五四分、爆発一六分後

何てことだ！　と彼は思った。トイレから水が噴き出した！

怖かったが、予想どおりだった。何といっても、彼にとっては最初の試射だった。彼を心配させたのは、以前にも核爆発を見たことのある、掩蔽壕《えんぺいごう》から出てきた連中だった。彼らもかなり恐ろしがっているように見え、そのことに本当にぞっとした。

彼は掩蔽壕の外で、太平洋の青い空と、頭上三万メートルまでそびえる純白のキノコ雲を見上げていた。[*1] すごい、何て威力だ！　と彼は思った。何カ月もこの瞬間を待ちわびていたが、いまや、一分一分が過ぎるとともに放射線のレベルが上昇し、この恐ろしい場所から逃げ出したくなった。

爆発までの準備段階は滞りなく進んだ。この核実験の名前は「キャッスル・ブラボー」、キャッスルと名付けられたアメリカの一連の水爆実験のうち最初のものだった。今回は核起爆装置に以前とは異なる方式を使っていたが、彼にとってそれは些細なことに思えた。太平洋でおこなわれたそれまでの実験は、すべて成功していた。環礁上に設置された「パッケージ」の最終チェックをおこなった上級科学者たちは、管制掩蔽壕

図7.1　キャッスル・ロメオ核実験。キャッスル・ロメオは、キャッスル作戦における一連の核爆発の一つ。ロメオ実験は1954年3月27日におこなわれ、当時最大の11メガトンの爆発をもたらした。核兵器の前提となった原子核科学は、ビッグバンの「核合成」宇宙論で用いられるのと同じものだった。

までヘリコプターで何キロメートルも戻ってきていた。カウントダウンは緊張したが、驚くようなことはなかった。カウントダウンは緊張するものだ。

彼の任務は時間を読み上げることだった。「爆発一五秒前、爆発一〇秒前……」。午前六時四五分ちょうど、スイッチが押され、彼らは待った。掩蔽壕に窓はなく、彼らは爆発を見られなかった。何キロも離れた船から、実験の結果が無線で伝えられた。「爆発成功」

誰もが歓声を上げた。そしてすぐに、やってくるかどうか分からない地響きに備えて身構えた。

すべて成功した。確実だった。

そして、事前に教えられていたの

とはまったく違っていた。建物はシーソーのように揺れた。それは数秒しか続かなかったが、永遠のように感じられた。すると再び衝撃がやってきた。彼は身体を放り上げられないよう、床に身を伏せるしかなかった。数秒後、何メガトンもの爆発による爆風が襲ってきた。コンクリート製の掩蔽壕が、古い木造の家のように振動した。トイレから水が噴き上がったのは、そのときだった。彼は怖がったが、ほかの連中はまるで遊園地の乗り物のように笑い飛ばした。経験のある連中にとっては、大きな楽しみのように思えた。しかしそれは、放射線を測定しはじめるまでのことだった。

最初はすべて問題ないように見えた。ガイガーカウンターの数値が上昇していたが、安全な範囲のレベルだった。するとチーフが心配しはじめた。放射線レベルがあまりに速く上がるため、値を読み取るのにガイガーカウンターの設定を変えなければならなかった。何かまずいことが起きている。とてもまずいことが。一人の軍人が、掩蔽壕の放射線レベルが危険な範囲を超え、ほかの施設の部屋ではもっと悪いと言った。逃げられる場所はなかった。

全員に屋内待避が命じられた。ちくしょう、みんな閉じこめられるんだ。[*2]

宇宙論と文化における核の時代

ビキニ環礁でおこなわれたキャッスル・ブラボー実験は、アメリカ史上最悪の放射能汚染を引き起こした出来事だった。[*3] 爆発規模が予想の三倍近い一二メガトンに達し、また風向きが変わったために、放射性降下物がアメリカの科学者や数百キロ離れた船の船員に降りかかった。[*4] 推定では、三〇〇人が危険なレベルの放射線を被曝した。[*5] 第五福竜丸という、非運に似つかわしくない名前を付けた日本の漁船は、「安全海域」の端で爆発に遭遇した。防護もなく警告も受けていなかった漁師たちは降下物を浴び、すぐに重病で倒れた。半年後、第五福竜丸の船員の一人が亡くなった。キャッスル・ブラボー実験の降下物は、オーストラリア、インド、日本、さらにはアメリカ合衆国やヨーロッパの一部にまで漂っていった。実験は秘密とされていたが、すぐに厄介な国際問題になり、大気中での核実験を禁止するよう求める声を巻き起こして、熱核爆弾実験は地球規模の影響をもたらすという当たり前の事実を人々に思い出させた。多くの人は、人間的時間の終わりを紛れもない可能性として感じていた。

核兵器は、二〇世紀における二つの大きな科学革命が、実体として直接姿を現したものだった。第一の革命は、アインシュタインの相対論。$E=mc^2$という普遍的な方程式によって物質とエネルギーが統一されたことで、核兵器は神のような破壊力を持つに至った。わずか一グラムほどの物質があれば、それを完全にエネルギーへ変換することで大都市を消し去ることができる。[*6] しかし、物質とは何だろうか？　物質の正体とその構成部品は、実際のところ何なのだろうか？　これらの疑問が、今世紀のもう一つの科学的大転換——量子物理学——の核をなしていた。

一九世紀末に物理学者たちは、どんどん小さなスケールの世界に分け入るための新世代の実験装置を組み立てはじめた。宇宙は、小さいが基本的な物質のかけらからできているとするギリシャの教義、すなわち原子論が甦った。それは哲学としてでなく、実験研究の到達点として生まれ変わった。

実験によって一〇億分の一メートルほどの測定領域に到達すると、物理学者たちは突然、原子による熱の原理、原子とその構成部品の性質と振る舞い、そして光、エネルギー、物質の捉えがたい関係といった、驚くべき一連の新現象を調べられるようになった。[*7] これらの自然の領域は、それまでの科学者が決して分け入ることができなかったもので、実験によって、頭を抱えるような新たな振る舞いの数々が明らかとなった。新たな道具で世界に対峙した物理学者は、物理的現実の概念とそれへの取り組み方を劇的に変えさせられた。ときには、原子の性質を明らかにしようと研究していながら、自分自身の概念的先入観に頭から突っこんでしまうことも多かった。

現在では古典物理学と呼ばれている当時の物理学を使って実験結果を解釈しようという試みは、完全に失敗した。古典物理学には、何百万年もの進化と、わたしたちの脳に組みこまれて作動している物理モジュールがもたらした、本能レベルの直観が大量に注ぎこまれている。その直観は、重い石を押すときに抵抗を感じたり、高いところから落ちるときに胃が飛び出しそうに感じるなど、わたしたち自身のレベルにおける世界の直接的経験から生まれる。新しい物理学は、進化してきたこの種の経験から生まれたのではない。原子を支配する諸法則は、わたしたちの直観的な物理学の原理を無視しているかのように思われた。

二〇世紀の最初の三〇年間に、デンマークのニールス・ボーア、ドイツのヴェルナー・ハイゼンベルク、イギリスのポール・ディラックなどの物理学者は、新たなデータや新たな疑問に対し、概念上の大胆な飛躍で応えた。人間の創造力を驚くべき形で見せつけた彼ら科学者は、自分たちの学んだことを超え、現在わたしたちが量子力学と呼んでいるまったく新しい物理学の分野を作り上げた。*8

量子力学による原子の振る舞いの解釈は、その素早さと完全さにおいて度肝を抜くほどだった。一九二〇年代後半には、原子の構造はきわめて詳細なところまで明らかになっていた。デモクリトスは二〇〇〇年以上前に、もっとも軽い水素からもっとも重いウランの塊まで、すべての元素は微小な原子に分解できると理解していた。しかし物理学者たちは、原子が最下層の構造ではないことを発見した。すべての原子は、さらに小さい素粒子からできていた。原子の中心にはその質量の大半を担う原子核があり、原子核は、核子、すなわち電気を帯びた陽子と電気を持たない中性子からできている。原子核の周りには、電子の群れが回っている。すべての原子は電気的に中性で、負の電荷を持つ電子の数と正の電荷を持つ陽子の数が釣り合っている。

古典物理学者が、原子はより小さな粒子からできていると聞かされたら、それらは微小なビリヤードの球のように見え、そのように振る舞うはずだと想像するだろう。それらの小さな球体は、互いに跳ね返り、回転し、電荷を持ち、重力や磁場に反応するはずだ。もっとも重要なこととして、物質の微小なかけらは決まった性質を持っていると、古典物理学者は想像するだろう。それらの性質は、どんな精度でも測定できるはずだ（ビリヤード台の上のキューボールの位置を精確に測定できるのと同じように）。この種の常識が抱えていた問題点は、それがミクロなレベルでは成り立たないことだった。物理学者たちはすぐに、ビリヤードの球を使った原子モデルでは、実際に成り立ち予測に使える理論——数学モデル——を構築するのは不可能だということに気づいた。自然はそのようには作られていないように思われた。ヴェルナー・ハイゼンベルクは「原子は物ではない」と言っている。[*9]

量子力学による原子より小さな現実の新たな記述には、いくつもの驚きが含まれていたが、やがてそのうち二つの側面が際立ってくる。第一の側面は、ラテン語で「どれだけの量か」を意味する quantum（量子）という単語に体現されている。[*10] 古典物理学では、世界を構成する物体の諸特性は連続した形で現れると考える。自転車は時速五キロでも時速一〇キロでも、そのあいだのどんな速さでも走ることができる。ボールは床へ一メートルの高さからも、二メートルの高さからも、そのあいだのどんな高さからも落とすことができる。しかし量子の世界では、物理的現実のあらゆる重要な側面は量子化されており、不連続な状態でしか現れない。原子核の周りを回る電子のエネルギーは、量子化された特定のいくつかの値しか取ることができず、それらのあいだの値は取りえない。電子が物理状態を変えるときには、ある不連続なエネルギーの値から、中間の値を経ずに別の値へジャンプする。まるで、階段を上るときに、各段ごとに姿を現したり消したりするようなものだ。

この新たな物理学は、物理的特性が量子的にジャンプすることを示したのに加え、純粋な因果関係という、科学者が大切にしてきた概念を放棄させた。二五〇〇年前にタレスは、ギリシャの自然探究の口火を切ったとき、すべての物理的結果には直接的な物理的原因があるはずだとする考え方を、教え子たちに遺した。同様に、すべての原因には、確定した明確な結果が付いてくるはずだ。この世界にランダムさが存在するとしたら、それは実際にはわたしたちの無知によるものにすぎない。サイコロを振ると確率が付きまとってくるのは、サイコロのなかのすべての原子について完全な知識がないからにすぎないと、わたしたちは考える。もし完全な知識があったとしたら、ニュートンによる古典的な世界像によれば、サイコロが毎回どのように転がるかを確実に予測できるだろう（そして大金を稼げるだろう）。しかし原子レベルでは、この理想的な状態までもが瓦解する。

量子的な事象は、自然に組みこまれた固有の不確定性に左右される。放射性崩壊は、量子力学的事象の典型だ。放射性元素の原子核が崩壊すると、その構成要素のいくつかを手放し、異なる同位体（中性子の数が少ない同一元素）あるいは別の元素（陽子の数が異なる）へ転換する。古典的感情を明らかに逆なでする事実として、個々の放射性原子核がいつ崩壊するかを正確に予測する方法はない。この事象は本質的にランダムである。それを専門用語で「非因果的」（原因がない）と言う。放射性崩壊は非因果的過程だ。[*11] 量子力学は、多数の原子核の集団とその振る舞いを記述するきわめて正確な確率を与えるが、個々の原子核の行く末はまったく予測できない。原子や原子より小さなレベルでは、自然はそのようには振る舞わない。量子力学は、不確定性を基本的な物理原理のレベルへ高めたことになる。

一九二〇年代が終わると、物理学者は、原子全体から原子核の内部構造へと視点を移した。ヘリウムの原子核（陽子二個と中性子二個からなる）が炭素の原子核（陽子六個と中性子六個からなる）と異なっている基本的な理由が、徐々に理解されるようになっていった。原子核における各元素の性質が峻別されるにつれ、一つの重要な疑問が姿を現した。それらの原子核はどのように誕生し、それらの量はどのように決まったのか、という疑問だ。各元素の因果的研究により、水素を含めいくつかの元素はごくふつうに存在し、金《きん》のようなほかの元素は稀にしか存在しないことが明らかとなった。この元素存在量の問題を通じて、原子核物理学と量子力学は宇宙論の入り口に立った。[*12]

始まりの始まり——原初の原子

現代宇宙論の物語は、ハッブルの膨張宇宙から、一九六〇年代に「熱い」ビッグバンと呼ばれることになるモデルが見事に裏付けられるまで、直線的に進んできたものとして語られることが多い。しかし歴史はもっとずっと複雑で興味深い。ビッグバンが提唱されたのは一度でなく、三〇年間のうちに三度だった。そして最終的に実体を得るまでに、かなりの関心と信奉者を集めた、対抗するほかの宇宙論を信じる物理学者や天文学者の大きな派閥に拒絶された。しかしハッピーエンドの物語なら何でもそうだが、ビッグバン説の勝利の物語にも、それなりの登場人物、困難、そして思いがけない偶然が関わっている。

ビッグバンをはじめて具体的に提唱したのは、ハッブルの膨張宇宙を一般相対論によって正しく説明した、あの内気なカトリック聖職者兼科学者のルメートルだった。ルメートルの解はのちにエディントン＝ルメートルモデルと呼ばれるようになるが、それはこの二人がそのモデルを天体物理学界へ再び導入することに成功したためだ。しかしエディントンは永久に膨張する宇宙を強く信じていて、宇宙には起源があるという説を認めなかった。[*13]「哲学的にいって、自然の現在の秩序に始まりがあったという考え方は、わたしにとって非常に不快だ」とエディントンは言った。[*14]ルメートルは反対の立場だった。宗教でなく科学の問題に触発されたルメートルは、はじめの瞬間の宇宙に関する議論は実り多く生産的で、測定可能な現実の予測を与えると感じていた。

ルメートルは宇宙の起源を探るうえで、量子物理学からその手掛かりを拝借した。そして、大きな原子核が小さな原子核へ分裂する過程で放射能が基本的な役割を果たすことを念頭に置き、同じ過程が宇宙全体でも起こったのではないかと想像した。ルメートルは独自の膨張宇宙モデルの時計の針を戻し、宇宙の歴史の初期段階ではすべての質量＝エネルギーが一つの原初の原子核のなかに詰めこまれていたと考えた。

一九三〇年代半ばにはじめて提唱されたこのルメートルの説では、宇宙の歴史は超放射能とでも言える過程となる。原初の原子がどんどん小さな「原子」へ何度も繰り返し分裂し、最終的に今日《こんにち》存在するすべての粒子が誕生したという。再び、宇宙論の古くからの問題が、新時代の言語で表現しなおされた。ルメートルの理論におけるもっとも重要なポイントは、量子物理学の悪名高い不確定性を使って、何が宇宙（および時間）の始まりを引き起こしたのかという疑問を回避している点だ。ルメートルは量子物理学に大きく頼ることで、何世紀も前から知られており、しばしばカントの「第一の二律背反」と呼ばれる宇宙論的ジレンマを飛び越えようとした[15]。

ルメートルより三〇〇年前にイマヌエル・カントは、一つの決定論的原因がすべての原因を包含しているのであれば、それによって宇宙はどのように説明できるだろうかと問うた。宇宙はすべての物と、それゆえすべての原因を包含しているのだから、宇宙を動かしはじめたものとしてその外側には何が存在しえるだろうか？　第一の二律背反とは要するに、「すべての結果の原因は、それ自体原因を持ちえない」ということだ。量子力学はルメートルに、このカントのジレンマを回避する方法をもたらした。ルメートルはカントに直接答えるかのように、次のように書いている。

最初の量子は明らかに、［宇宙の］進化の道筋全体を自らのなかに隠し持っておくことはできなかった。しかし不確定性の原理によれば、その必要はなく、……世界の物語全体を最初の量子のなかに、蓄音機のレコードに収録された歌のように書き出しておく必要はない。世界のすべての物質ははじめから存在していたに違いないが、それが紡ぐべき物語は一段階ごとに書き出されるのだろう[16]。

ルメートルは、自身の文化の物質的関わりを蓄音機にたとえ、量子力学によって宇宙の歴史が、ニュートン物理学があらかじめ定める道筋を持たずに瞬間的に始まりうることを理解した。言い換えると、原初の原子だけで十分だということだ。ルメートルは、量子力学の土台に組みこまれている不確定性によって、その後の進化の原因を特定する責任を回避した。プルトニウム原子が原因なしにやがて崩壊するように、原初の原子もやがて原因なしに崩壊し、宇宙の変化と進化をもたらす。ルメートルは、量子力学固有の不確定性――ランダムさは自然にもとから備わっているという主張――を、宇宙の進化を完全に科学的に説明するための基礎として用いることができた。

しかし、この初期のビッグバン説が無からの創造の理論でないことは、理解しておかなければならない。原初の原子はすでに存在しており、その厳然たる事実に対する説明は与えられていない。原初の原子がすでに存在しているという意味で、ルメートルの宇宙進化理論は万物創造以後から始まる。現代の理論を含めたすべてのビッグバン説と同様に、ルメートルの作った説は創造の理論でなく、創造後の理論だった。

万物創造後の物語のポイントは、宇宙に対する一般相対論の解を、物理的に許されるかぎり時間的にさかのぼる点にあった。物理学者はアインシュタインの方程式を使い、宇宙の進化をいわゆる宇宙の半径に即して理解するようになっていた。一般的に宇宙の半径は、時空の骨組みにおける任意の二点間の距離として考えることができる。空間が膨張すれば、宇宙の半径は大きくなり、すべての点は互いに遠ざかる。空間が収縮すれば、半径は小さくなり、すべての点は互いに近づく。ルメートルは、大切にしている膨張宇宙解を時間的に極限までさかのぼらせると、$t=0$において半径がゼロになると悟った。したがって、そのモデルを信じるならば、時間の始まりにおいて宇宙は体積をまったく持っていなかったことになる。宇宙の質量はすべてたった一つの幾何学的な点に圧縮されることになるが、それは明らかに不条理である。特異点と呼ばれる、物質＝エネルギーの密度が無限大で大きさがゼロであるこの点は、現代に至るまでビッグバン宇宙論を脅かすこととなる。ルメートルはというと、その特異点の無限大に怖じ気づき、それが何らかの物理的意味を持ちうることを否定した。そして、何か別のたぐいの物理が割って入り、宇宙を特異点の無限大から回避させてくれると信じた。

ルメートルが、時間の始まりにおける特異点を回避する一つの方法として、循環宇宙の概念に手を出したことは、指摘しておく価値がある。一九二二年にフリードマンが、宇宙は膨張ののちに収縮するという閉じた道筋を取りうることをはじめて見いだし、ルメートルはその解を、永遠に繰り返される循環の一サイクルとして見なした。ルメートルは、循環モデルは「否定しようのない詩的魅力を持っており、伝説の不死鳥を思わせる」と書いている。[17] しかし最終的にルメートルは、天文学的観測結果によって否定されるとして、循環宇宙を放棄した。そしてそれにより、原初の原子と、最初の原子の第一の崩壊によって始まるように見える宇宙論へと導かれたのだった。

始まりの誕生は、順調には進まなかった。確実な裏付けの証拠がないルメートルの原初の原子は、ほとんどの科学者にとって、推測としてはあまりに危険すぎた。カナダ人物理学者のジョン・プラスケットは、ルメートルの理論を「もっとも突飛な空論で……裏付けとなるわずかな証拠もなしに暴走した空論」と呼んだ。[18] 多くの宇宙論学者は、特異点から始まる数学モデルを真剣に採り上げることには慎重だった。著名なアメリカ人宇宙論学者のリチャード・トールマンは、数学や現実性や時空の起源に関しては「現実に背を向けて願望を満たしてくれる思考の悪魔」に注意するよう、警告している。[19] エディントンなども哲学的な反論を続け、エディントンは講演の席で、「宇宙の始まりは克服できない困難を抱えているように思われ、わたしたちはそれを率直に、超自然的であると見なさなければならない」と皮肉を言っている。[20] しかしルメートルには、「その考え方に熱狂した」アインシュタインという味方がいた。

ビッグバン理論への最初の試みは、天文学的データに関するさらに深刻な困難にも直面した。ハッブルによる、銀河の後退速度と距離との単純な直線関係（ハッブルの法則と呼ばれる）は、時計として使うことができる。宇宙がどれだけ急速に膨張しているかを教えてくれるハッブルの法則を、逆向きに捉えれば、すべての銀河が互いに重なり合っていた状態からどれだけの時間が経過したかを推測できる。そのようにしてハッブルの法則から、「宇宙の年齢」として約二〇億歳という値が導かれた。天比較するものがないほどの長い時間のように思えるかもしれないが、実際にはあまりに短すぎた。天文学者はすでに、太陽は一〇〇億歳であると信じる十分な根拠を見つけていた。また、独自に研究を進める地質学者たちは、地球は五〇億歳だと主張しようとしていた。[21] そのため、ハッブルの膨張宇宙が宇宙の始まりを示唆するという考え方は、明らかに、宇宙がそのなかにある天体より若いというパラドックスに陥った。この食い違いは「年齢問題」として知られるようになり、ルメートルもその支持者もよい解決法を思いつかなかった。年齢問題の解決法が見えてこないため、ルメートルのビッグバン説に対する異論は激しいまま続いた。[22]

一九四〇年代はじめには、宇宙の起源を説明するために量子力学を考えに入れようとする取り組みはほとんど潰《つい》えた。ヨーロッパとアジアに第二次世界大戦の戦火が広がり、ほとんどの科学者は戦争に関連する各自の研究に関わった。核を戦争の道具として展開するために物理学者が昼夜を問わず研究し、量子力学は抽象と実験の領域から、物質的関わりの領域へと移っていくこととなる。

世界終末時計——核戦争における時《じ》から分への転換

その時計盤は、強い影響力を持った象徴だった。時針は一二時に合わせられた。分針は、深夜一二時、すなわち世界の終わりの数分前に合わせせられた。

　この世界終末時計は、一九四七年に雑誌『ブレタン・オヴ・ジ・アトミック・サイエンティスツ』の編集者たちが考え出した[*23]。以前に初の原子爆弾の開発に力を貸していた編集者の多くは、人々に核兵器の危険性を警告したいと思った。この時計は、核戦争がどの程度迫っているかを彼らなりに見積もり、それを視覚的に表現したものだ。最初は深夜一二時の七分前に合わせられ、現在までに一九回変えられている。一九五〇年代に大陸間弾道ミサイルが開発されたことが、この時計の針を深夜一二時にさらに近づける重要なきっかけの一つとなる。

　一九四五年八月六日に日本の広島に落とされた爆弾は、大きな原子核が小さな原子核に分裂してエネルギーを解放する核分裂を利用した、原子爆弾だった。「リトルボーイ」は数秒で広島を焼き尽くし、一〇万人以上の命を奪った。爆発のエネルギーはTNT一万三〇〇〇トンに相当した[*24]。戦争の余波と、ソ連との対立関係のなか、アメリカはこの以前の同盟国との核戦争の可能性を検討しはじめた。一九四九年八月にソ連が独自の核爆弾（科学者兼スパイのクラウス・フックスがアメリカから盗んだ計画が利用された）を爆発させると、核開発競争の幕が切って落とされた[*25]。

　マンハッタン計画のときに科学者たちは、核分裂でなく核融合を用いた「超強力爆弾」の可能性を論じていた。この計画を中心的に提唱したエドワード・テラーは、軽い元素を核融合させることで、原子爆弾の一〇〇倍の爆発エネルギーを実現できると算出した。非人道的だという非難を含め徹底的な議論の末、アメリカは超強力爆弾の開発を開始した。そして一九五二年、「マイク」というコードネームが付けられたアメリカ初の核融合爆弾が太平洋で爆発した[*26]。

　新型爆弾の破壊力は唖然とさせられるほどだった。実験に参加したある物理学者は、はじめて目にした核融合爆発の様子を次のように記憶している。「キロトンの爆発なら閃光が走ってそれで終わりだが、あの大爆発は本当に恐ろしかった。……その超強力な爆発による熱の影響を経験したことは、決して忘れられない」[*27]

一年後にソ連が独自の熱核兵器を爆発させた。水爆実験のニュース映画を見れば、ハルマゲドン——時の終わり——の古い神話が現実のものとなり、この爆弾として実体を現したことが、容易に感じられた。

核兵器を手にしたアメリカとソ連はすぐに、核爆弾を到達させるしくみに関心を移した。アメリカでは、戦略空軍（ＳＡＣ）に核戦争遂行の任務が与えられた。葉巻をくわえたカーティス・ルメイ将軍が率いるＳＡＣは、長距離核爆撃機に頼った戦略を組み立てた。ルメイ将軍は、核兵器の徹底的な破壊力から見て、衝突の初期において「国家を抹殺する」致命的な攻撃に重点を置いた戦略を考えた。一九四〇年代後半から五〇年代にかけてルメイとＳＡＣは、爆撃機をソ連領空ぎりぎりに「周回」させつづけ、いつでも小さなハルマゲドンを落とせる状態を維持するための技術力を開発した。[*28]

一九五四年にＫＣ‐１３５ストラトタンカーが導入されたことで、アメリカの核爆撃機は空中で給油を受けられるようになり、航続距離の限界が事実上なくなった。それは、ルメイによる対兵力攻撃戦略の一環だった。もし戦争が起こったら、ＳＡＣは、（ソ連の工業生産力を標的にするのでなく）地上にあるソ連の核兵器を破壊、すなわち「逆襲」する。ソ連のほうは先制攻撃戦略を採用し、「先制して核爆弾を着弾させる重要性」に重点を置いた。ソ連が不意打ちを重視し、またアメリカの爆撃機がソ連の広大な領土の近くに駐留しつづけたことで、両国が核戦争の一歩手前にいるという認識が湧きあがった。一九五〇年代前半、アメリカとソ連の爆撃機の「標的までの時間」は、わずか数時間

図7.2　XB－47爆撃機の試作機、1957年頃。長距離爆撃機と飛行中の給油技術により、核兵器を搭載した飛行機が標的の近くを「周回」しつづけ、攻撃までの時間を数時間単位に縮めた。大陸間ミサイルの開発により、その時間はさらに数十分にまで短縮することとなる。

だった。[*29]

一九五〇年代が進むにつれ、人々はこの核の一触即発状態をますます意識するようになっていった。この頃に民間防衛計画が発展し、人々は核戦争に備え、自分たちは生き残れるだろうと信じるようになった。年一回、核戦争に備えて複数の都市が参加する大規模な訓練――オペレーション・アラート――がおこなわれた。訓練は徹底していて、効果は疑わしかったものの、あまりに真に迫っていた。毎年、オペレーション・アラートの翌日には新聞各紙が、民間の死傷者数を報じる偽の記事を掲載した。一九五六年七月二〇日には『バッファロー・イヴニング・ニューズ』紙が、その年の訓練の一環として、「緊急」特別号を発行した。その見出しには、「一二万五〇〇〇人死亡、ダウンタウンが廃墟に」と書き立てられた。

バートとタートルというアニメキャラクターが登場する民間防衛映画『ダック・アンド・カヴァー』から裏庭の核シェルターに至るまで、核時代

Warning: This Didn't Happen . . . But It Could!

Emergency Edition | **BUFFALO EVENING NEWS** | Emergency Edition

FRIDAY, JULY 20, 1956

125,000 KNOWN DEAD, DOWNTOWN IN RUINS

City Hall Tower Crumbles as Fire Rages Uncontrolled

News photographer, airlifted by Bell helicopter over Buffalo's devastated downtown section, risked fallout dangers of nuclear blast to get this graphic photo of fire-weakened City Hall crumbling into ruins. Lamp globe, right foreground, survived.

2 NUCLEAR BOMBS HIT BUFFALO AND NORTHERN SUBURBS; DAMAGE HEAVY

State of Emergency Declared as Civil Defense Teams Swing Into Action on Wide Front

The heart of Buffalo is gone. The Twin Cities of the Tonawandas are heavily damaged.

Buffalo's entire downtown area is completely leveled—a smoldering, blazing ruin. Unknown thousands of Buffalonians are presumed dead and many more thousands injured.

No accurate count is obtainable—and won't be for many days—but CD officials state that at least 125,000 area residents have been killed and a minimum of 150,000 injured.

The Buffalo skyline has disappeared. City Hall, the Liberty Bank Building, Rand Building, Ellicott Square, all the familiar landmarks of the downtown area are gone. Nothing distinguishable remains within a one-mile radius of what used to be *McKinley Monument*. The entire Niagara Frontier is under a state of emergency.

Scoring a bull's-eye, the enemy plane dropped its bomb with a direct hit on the McKinley Monument. Then the plane went on to drop even a more powerful bomb on the City of North Tonawanda, just over the Erie County border in Niagara County.

Help on the Way

Enemy planes struck elsewhere in the state and nation. Rochester, Binghamton, Syracuse and New York have been hit. The sneak attack by the enemy aircraft made targets om many more cities across the nation.

Local, state and national Civil Defense forces and the military are co-ordinating rescue efforts.

Help is on the way. Doctors and nurses, medical supplies, food, water, clothing and other emergency supplies are being sped to the stricken areas.

Support areas garnered forces to assist in the rescue work and are preparing to house and feed evacuees and the injured.

Two Bombs Hit Area

In areas throughout the nation which escaped attack, industries have closed their plants and businesses have shut down in order to make manpower available in stricken areas.

From the type of devastation wrought, the bomb which hit Buffalo evidently was a 100-kiloton bomb, equivalent to 100,000 tons of TNT, and the one which severely damaged the Tonawandas is evidently a one-megaton hydrogen bomb equivalent to 1,000,000 tons of TNT. Both were surface bursts, detonating on impact.

Almost-unbelievable conditions prevail. The areas of complete destruction encompass more than 2 square miles of downtown Buffalo but the area damaged by the Tonawanda bomb is much larger.

Everything within the Buffalo area extending north to Allen St., east to Broadway and Cedar, south to the Perry Housing Project and west to the Coast Guard Station is reduced to rubble. The same is true of the entire city of North Tonawanda.

Only part of the Buffalo Skyway is standing—the south approach. The rest is twisted steel and broken concrete.

Warning Saved Many

Conelrad is in operation, keeping the surviving public informed and instructed.

Fortunately, there was enough time between the first warning of the approaching enemy planes and the bomb burst to get most of the thousands in downtown Buffalo to their homes before the enemy struck. CD officials presumed the bomb—if it came—would fall in the heart of the city and their guess was accurate.

Coast Guard vessels, the Buffalo fireboat, and lake vessels in the harbor were warned—and had sufficient time—to head out into the lake to escape the blast. After the all-clear, they returned to join in the firefighting and rescue work.

Damage from the Buffalo blast extended north to Soldier's Pl., east to the New York Central Terminal, south to about one-fourth mile south of the Ford Plant and west across the Niagara to Garrison Rd. and King St., in Ft. Erie South.

Fires rage and are being fought by regular and auxiliary forces on a nine-mile front encircling the damaged areas.

Fallout Path Wide

The area damaged by the Tonawanda bomb was wider in scope—75 square miles—encompassing much of Grand Island and the greater portion of the northwest section of Erie County, extending into Buffalo and the Town of Amherst to the East.

Moving northeastward from the stricken zones are massive smoke palls laden with radio-active material, carried by a moderate wind. The dangerous fallout path widens as it moves along with the wind.

Civil Defense forces are being directed from the Lancaster control-center, which is in communication with support areas and state CD officials.

Radiological experts, equipped with scientific instruments, have entered contaminated areas.

There's a Reason for This

Ever wonder about the importance of a newspaper in the face of a major emergency? The National Fire Protection Association included this excerpt in a compilation about the atom-bombing of Hiroshima:

"To prevent the spread of rumors and brace morale, 210,000 copies of out-of-town newspapers were brought in daily to replace the destroyed local press. . ."

Volunteers Badly Needed

Emergency appeals have been issued by Civil Defense officials for blood donors, volunteer medical aides, and stretcher bearers. All able-bodied men and women are urged to help.

CD Chief OK's Special Edition

"Operation Alert," the massive nation-wide Civil Defense training exercise is now under way. This special "emergency" edition of The Buffalo Evening News, which helps to lend a touch of realism to the deadly serious business of preparing for nuclear warfare, has the complete endorsement of Civil Defense officials.

"The News is to be commended for this *further* expression of leadership in publishing a special edition in conjunction with 'Operation Alert,'" declared Maj. Edwin G. Zeigler, director of the Erie County Civil Defense program.

"It is the type of unstinting public service that we in the Civil Defense organization hope for but seldom get," he added.

Copies of this emergency edition were distributed to Civil Defense workers by dispatch riders operating out of the central control headquarters in Lancaster.

Help Spike Rumors—Listen to Conelrad

Stay tuned to your Conelrad station during this emergency. Radio Stations WBEN and WGR will continue to broadcast on the special 640 and 1240 frequencies during this emergency condition.

Don't repeat rumors. Don't believe rumors. Stay tuned to your Civil Defense leaders and authoritative information.

Emergency Facilities Used to Publish News

This emergency edition of The Buffalo Evening News was compiled by a small number of News employes who escaped being wiped out along with *their* co-workers *only* because they were off-duty or vacationing.

By a pre-arranged plan, all made their way over refugee-clogged highways to a Niagara County publishing plant, one of several in the Buffalo area especially selected for just such emergency conditions.

The News will continue to publish a daily emergency edition pending completion of arrangements to resume regular publication. Tomorrow's edition will include a 16-page supplement listing the dead and badly injured.

Kilotons vs. Megatons

Nuclear weapons are measured in terms of kilotons or megatons. A kiloton is the equivalent to the power of 1000 tons of TNT; a megaton is the equivalent to 1,000,000 tons of TNT.

Heed These Instructions and Live

Beware broken wires.

Boil all water before drinking.

Keep your car off the streets.

Use your telephone only for emergency calls.

Looters will be shot on sight.

Don't pay black market prices for food.

If forced to evacuate your home, be sure to take ample blankets and clothing.

図7.3　オペレーション・アラートによりニューヨーク州バッファローが全滅。民間防衛計画オペレーション・アラートの一環として『バッファロー・イヴニング・ニューズ』紙が発行した「偽」の第一面。

の備えの文化は、まやかしで突飛に見える。しかしその時代を生きた人々にとっては、不安は現実のもので、広く行き渡っていた。すべての人の頭の上に核の剣が吊り下げられ、最後の瞬間を刻む振り子のように揺れうごいていた。

一九五〇年代終わりになると、まったく新しい技術の導入によって緊張が高まった。第二次世界大戦末期にアメリカもソ連も、ドイツのV－2ロケット爆弾に関心を持っていた。全長一四メートルのその液体燃料ロケットは、世界初の長距離弾道ミサイルだった。[*30] V－2は戦争の結果にほとんど影響を与えなかったが、その到達距離と正確さは驚異的だった。戦争が終わると、アメリカ軍もソ連軍も総力を結集して、未使用のドイツのロケットとドイツ人ロケット科学者をできるだけ多くかき集めた。ヴェルナー・フォン・ブラウンがアメリカ側を、伝説のセルゲイ・コロリョフがソ連側を率い、核弾頭を搭載して大陸から大陸まで到達するミサイルの開発競争が始まった。

競争にはソ連が勝利した。一九五七年八月、ソ連はコロリョフの指揮のもとR7ロケットのテストをおこなった。その真の大陸間弾道ミサイル（ICBM）は、初成功の発射で六〇〇〇キロを飛行した。二カ月後には別のR7ロケットが、電子回路を搭載した直径五八センチの銀色の球を地球周回軌道に持ち上げた。その弾頭はスプートニクという名前を付けられ、三〇〇キロ以上の上空から絶えず信号を送りつづけることで、世界じゅうに、宇宙までもが冷戦の最前線になったことを知らしめた。その二年後にはアメリカがアトラスDミサイルのテストを成功させ、ICBMクラブに加わった。核爆撃機が優位だった時代は終わり、人類の未来はミサイルに握られるようになった。[*31]

ICBMは、核戦争の戦略も、また人類滅亡に対する人々の意識も変えた。通常のICBMは、発射からわずか三分から五分で上昇段階を終え、宇宙空間に上がる。そして高度一〇〇〇キロ以上に到達し、中間段階はわずか二五分で終わる。[*32] 地球を覆う大気に再び飛びこむ再突入段階は、二分少し続く。発射から着弾までの時間を合計すると、ＩＣＢＭの標的となった人々には、壊滅までに三〇分足らずしか余裕がないことになる。[*33]

一九八六年、アメリカ、イギリス、ソ連は、互いを標的とする七万発以上の核兵器を所有していた。[*34] この軍拡競争の最終段階に、多弾頭独立目標再突入ミサイル（ＭＩＲＶ）が導入されたことにより、一発のミサイルで互いに離れた一〇の目標を消滅させられるようになった。もしこのような圧倒的な軍事力が解き放たれたら、人類文明はあっという間に恐ろしい終末を迎え、最後のミサイルは「瓦礫をひっくり返す」だけになる。ベンディックス社の洗濯機が洗濯のための時間を圧縮したように、ＩＣＢＭは世界の終末までの時間をわずか一時間以内に圧縮したのだ。[*35]

核の宇宙——ビッグバン第二テイク

原子核革命は、世界政治と同じくらい確実に宇宙論を変えた。しかし、その変化が宇宙論において認識されるまでには、もう少し長い時間がかかった。ビッグバン説——宇宙が原初の状態から進化したという説——は、第二次世界大戦後に再び理論的に考え出されることとなる。ルメートルによる原初の原子とは異なり、ビッグバンの第二の「発見」は、条件をすべて備えた原子核宇宙論の形を取る。

第二次世界大戦勃発の数年前、地球科学者のヴィクトール・ゴルトシュミットが、初の元素の存在量調査を終えた。[*36] その研究結果によれば、もっとも単純な原子核を持つもっとも軽い元素である水素とヘリウムが、物質の大部分を構成する。より重い元素の存在量は、一般的に、質量と原子核の複雑さが増すとともに下がっていく。つまり、陽子二六個と中性子三〇個からなる鉄は、陽子八個と中性子八個からなる酸素より量が少ないが、陽子九二個と中性子一四六個からなるウランよりは多量に存在している。[*37]

ゴルトシュミットの調査結果は、一つの難問を生んだ。宇宙はなぜどのようにして、この元素の存在量分布に落ち着いたのか？　第二次世界大戦が終わると、一人の原子核物理学者が自らの新しい科学を使って、その答を提供しうる宇宙論を構築しはじめた。

ジョージ・ガモフは、行動においても科学においても決して保守的ではなかった。ロシア生まれでフリードマンに師事したガモフは、スターリン主義の制約のもと苛立ちを募らせていた。一九二八年にガモフは、一般的に見られる「アルファ崩壊」と呼ばれる放射壊変の正体に関する、説得力のある説明を見いだした。[*38]すなわち、量子力学に組みこまれている本質的な不確定性を用いて、原子核粒子（陽子二個と中性子二個からなる）が大きな原子核から「トンネル」する、つまり内部から姿を消し、外で再び姿を現して逃げていくことを示した。この発見によって名声を得たガモフは、一九三四年にアメリカへ移住した。[*39]不遜で短気で酒豪のガモフは、アメリカで、その理論的才能に対する評判を急速に高めた。ガモフのような科学者にとって、ゴルトシュミットによる元素存在量のデータはあまりに魅力的で、他人に説明の機会を与えるのは許せなかった。そして持ち前の直観と大胆さを発揮して、ゴルトシュミットのデータは、ビッグバンから始まったに違いない宇宙の歴史の化石記録にほかならないという結論に達した。ガモフは元素の存在量を説明するために、今日《こんにち》に比べて一〇億倍高密度で高温の初期宇宙を思い浮かべた。その超高密度超高温の初期状態が、ガモフのビッグバンである。それを出発点として、ガモフは元素の起源——宇宙の核合成の理論——を計算した。

ルメートルの原初の原子から原子爆弾までの年月のあいだに、さまざまな変化が起こっていた。ニューメキシコ州ロスアラモスで開発された兵器は、確固不動の原子核科学の産物だった。ガモフが宇宙論の研究を始めた一九四六年にはすでに、原子核物理学において、単に陽子と中性子の存在だけでなくさまざまなことが明らかとなっていた。また、ミューオンやメソンといった名前の多彩な新粒子が、どんどん数を増していた。物理学者はそのような原子より小さい粒子の反応を記録し、量子力学的変換によってある粒子群が別の粒子群に変わる、核化学の実用的で詳細な知識を積み上げた。ガモフの大胆な目標は、その拡大しつつある知識を使って宇宙の歴史の最初の瞬間を描き出し、今日《こんにち》見られる元素の存在量を説明することだった。

一九四六年に発表された、このテーマに関するガモフの初の論文には、その基本的な考え方の要点が示されている。[*40] フリードマンとルメートルの相対論的宇宙論が、ガモフが原子核物理学を注ぎこむための時空の入れ物となる。ガモフは、ルメートルの原初の原子の理論と同じく、宇宙誕生の直後から語りはじめた。しかし、初期宇宙はすべてを包含した原初の原子核でなく、中性子のスープ――原初のスープ――だったと想像した。[*41]

ガモフは、この原初のスープのなかで各種の原子核反応がタイミングよく起こったとすることで、ゴルトシュミットによる原子存在量を説明できると提唱した。恐ろしい特異点から一秒未満のときに展開しはじめるガモフの理論には、宇宙のタイマーが組みこまれている。フリードマン゠ルメートルの解によれば、時空が膨張するにつれて宇宙の温度と密度は滑らかに下がっていく。その途中のある短い期間に、宇宙全体が核反応炉となるのにちょうど適した条件が実現する。ガモフは、それらの反応の詳細と、宇宙の密度および温度に対するそれらの反応の依存性を把握するだけで、既知のすべて

図7.4　計算尺を持つラルフ・アルファー、1950年頃。

の元素の存在量を再現できると確信した。

しかし、細部はガモフが得意とするところではなかった。ガモフは全体像を見渡すタイプの人間だったが、その壮大なアイデアに肉付けするには何時間もかけて丹念に計算する必要があった。そこでこのアイデアを次の段階へ進めるために、大学院生のラルフ・アルファーに研究計画を託すことにした。ユダヤ人移民の息子であるアルファーは、ガモフの説を予測力のある理論に変えるうえでまさにぴったりの、忍耐力、専門的能力、物理的直観力のバランスを持ち合わせていた。[*42]

一九四八年にアルファーとガモフは、このモデルの重要な部分を肉付けした。「原子核料理」のプロセスは、特異点（それが何を意味するかは別として）で宇宙が始まってからわずか〇・〇一秒後に始まり、三〇分未満で完了する。[*43] はじめに、中性子の原初のスープ（アルファーは「アイレム」と呼んだ）が、陽子と電子へ崩壊する（量子力学的に転換する）。この転換によって最初の水素原子核（陽子）が生成する。続いて陽子と中性子の衝突により、重い水素である重水素が生成する。さらに衝突が続いて中性子と陽子が付け加わり、二個の陽子と二個の中性子からなるヘリウムが多量に生まれる。さらに、鎖を一つずつつなげていくようにほかの元素が続き、ガモフが最初に提唱したとおり、宇宙のすべての元素が、ゴルトシュミットのデータに示されている存在量どおりに増えていく。

二人が学術雑誌に原稿を投稿しようと準備していた最終段階で、ガモフはあるジョークを思いつき、どうしてもそれを実現したくなった。ギリシャ語のアルファベットの最初の三文字、アルファー、ベータ、ガンマに引っかけて、友人でノーベル賞を受賞した原子核物理学者ハンス・ベーテの名前を、著者リストの自分とラルフ・アルファーのあいだに入れたのだった。のちにガモフは次のように書いている。

> 原稿の写しを受け取ったベーテ博士は、異議を唱えず、むしろその後の議論で大いに手助けしてくれた。しかし、のちにアルファ＝ベータ＝ガンマ理論がいっとき破綻しかけたとき、ベーテ博士はザカライアスに改名しようかと真剣に考えているという噂があった。[*44]

ラルフ・アルファーは面白くなかった。有名な物理学者が二人もこの論文に名を連ねたら、この研究に対する自分の（きわめて大きな）貢献が低く評価されてしまうと心配した。残念ながら、歴史はアルファーの予感が正しかったことを証明する。

ガモフのジョークは別として、アルファー、ベーテ、ガモフの論文における最初の計算結果は有望そうに思われた。一九四八年の二篇目の論文では、イリノイ州のアルゴンヌ国立研究所（戦時中の核研究の産物）から発表されたばかりの重要な反応のパラメータを採り入れることで、結果がさらに向上した。一九四八年から一九五一年まで、アルファーはもう一人、若い物理学者ロバート・ハーマンと組んだ。そして二人は、原子核物理学による極小世界の知識と、一般相対論による極大世界の知識とを組み合わせた一連の詳細な論文を発表した。この統合が、空間、時間、そして物質の進化を詳細に記述する新しい種類の宇宙論を生み出した。

アルファー、ハーマン、ガモフの計算は、理論物理学の大傑作だった。繊細な振り付けのバレエのように、既知のすべての粒子が、一般相対論の膨張宇宙で記述される時空の舞台の上でそれぞれの役を演じる。素粒子の動物園に棲むそれぞれの種《しゅ》が、超高温で超高密度な原初のスープのなかで、互いに、および光の粒子（光子）と混ざり合っていた。粒子の集団は完全な平衡状態にあり、一つの形と別の形とのあいだで変化していたが、宇宙の膨張によってこのスープが冷えて薄まった。原子核反応は、温度と密度に左右される。オーブンが冷えるとケーキが焼けなくなるように、宇宙の温度が下がると一部の反応が減速した。そうして、宇宙の膨張によって原初のスープがいくつもの段階を踏み、そのたびにいくつかの粒子が転換するのをやめ、「凍結」してその後の反応から取り残された。それらの粒子の存在量はその後の宇宙の全歴史にわたって固定され、わたしたちが現在見ている原子核の化石となった。アルファーと共同研究者たちは、これらの反応と次々に進む凍結過程を追跡することで、初期宇宙の核のダンスを、原子核の料理の時代を通じて追いかけた。$t=0$から三〇分以内にこの核のショーは終わり、元素の存在量が決定された。

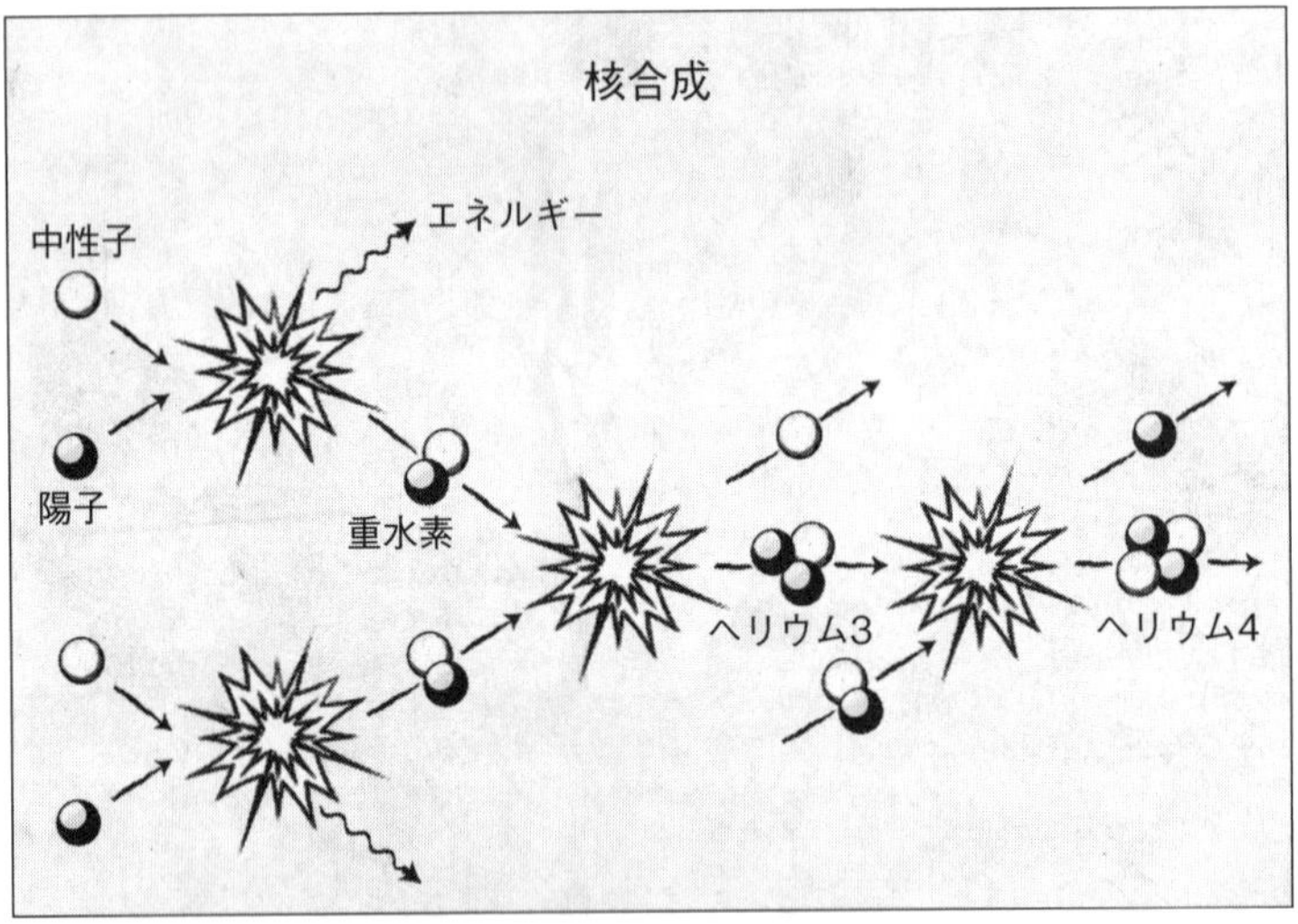

図7.5　初期宇宙における原子核の「料理」。アルファーとガモフによるビッグバン核合成の理論では、軽い原子核が組み合わさって重い原子核が生成する。この図では水素原子核（陽子）が組み合わさってヘリウム原子核（陽子2個と中性子2個からなる）が形成される。核合成が進むのに十分なほど宇宙が高温高密度だったのは、短時間に限られる。原子核料理は、ビッグバンから数分後にすべて終わった。

アルファー、ガモフ、ハーマンの計算は、初期宇宙に関する現代のあらゆる理論の基礎となる。しかし研究結果を発表した彼らは、その価値を科学者たちに納得させるのにしばらく苦労した。原子核の詳細な計算は、ほとんどの天文学者にとって馴染みがなかった。さらに重要なことに、計算を追いかけることのできた物理学者にとって、その理論には、ガモフ＝アルファーの「熱いビッグバン」に対する興味を損なわせる落とし穴があった。

ガモフの原子核料理の根底をなす考え方は、軽い元素から一段階ずつ重い元素を作っていくというものだった。しかし実験により、五個から八個の核子が集合した安定な原子核は存在しないことが示された。ガモフが考えたように原子核料理でベリリウム八の原子核（陽子四個と中性子四個）が生成したとしても、すぐに崩壊してリチウム七の原子核（陽子三個と中性子四個）に変わってしまう。途中の段がいくつか抜けた階段を昇ろうとするときのように、ガモフの一段階ずつの原子核料理は「質量ギャップ」に直面した。不安定な軽い原子核が、連鎖に加わる前に姿を消してしまうのだから、それ以上重い原子核は生成しようがない。

いつものように細部をなおざりにするガモフは、この質量ギャップは細かい問題にすぎず、やがて解決できるだろうと決めつけていた。しかし一九五〇年代にわたり、宇宙論的な舞台においてこの質量ギャップを橋渡ししようとするあらゆる試みがおこなわれたが、いずれも失敗した。[*45] アルファー＝ガモフの理論は最初の二つの元素——水素とヘリウム——の存在量についてはきわめてよく予測したが、それより重い元素は計算どおりにならず、ほかの科学者はその理論全体に疑いを抱きつづけた。[*46]

やがてアルファーは物理学研究の世界を去り、ゼネラル・エレクトリック社に就職した。[*47] そして、ＩＣＢＭや宇宙船の大気圏再突入の物理を含め数々のプロジェクトに取り組んだ。宇宙論においてもっとも不幸な逸話の一つとして、アルファーは、二〇世紀を支配する宇宙論モデルを構築した功績を完全には認められないまま、失意のうちに世を去った。ハーマンも学問の世界から足を洗った。一方、ガモフは生物学に興味を移し、宇宙論の理論研究を離れた。こうして、二度目のビッグバンの発見は期待外れの幕切れを迎えた。一九五〇年代半ばまでほとんどの研究者は彼らの研究に目を向けなかったが、彼らは宇宙論の舞台を去る前に一つ土産を遺していた。そのイースターエッグはやがて割られ、この分野に革命を起こすこととなる。彼らの論文のなかには、運命、時間、そして通信衛星が介在するまでのさらに一〇年間気づかれないままの、ある予測が埋もれていた。

図7.6　ロックスターの通信衛星。ジョー・ミーク作、トルネードーズ演奏の曲「テルスター」のオリジナルアルバムジャケット。

イギリス、ロンドン　一九六二年七月二三日午後八時

「皆さん、たったいま情報が入りました。この野球の試合が、テルスター衛星を介してヨーロッパで同時に観戦されているということです。ヨーロッパのすべての野球ファンに、シカゴから盛大な挨拶を送りましょう」

ジョー・ミークは興奮し、ピアノの椅子の上でじっとしていられなくなった。野球だ！　アメリカで起きていることが、はるばる届いているんだ！　すごいことだ。

放送開始の、画面にアメリカ国旗がはためく瞬間から、ミークは興奮でめまいを起こしそうだった。いまはナンバーワンヒットのレコードプロデューサーかもしれないが、一五年前はイギリス空軍のレーダー技手だった。その頃はいつも、電子工学、宇宙探査、そしてそれらが作る未来の夢に対する情熱を決して失わなかった。

大気圏の何キロも上空の軌道を優雅に漂うテルスターのイメージに、ミークは何度も立ち返った。そしてこの目で目撃した、始まったばかりの驚異の新世界を、人々にも見てほしいと思った。

ミークは一時間足らずで、テルスターに捧げた歌をほぼ作曲し終えた。ヒットするという予感があった。五年前にハンフリー・リトルトンの『バッド・ペニー・ブルース』を作ったときのように、直感で分かった。その曲のときは、電子工学の知識を使ってリトルトンのピアノの音を圧縮した。ハンフは、音を「いじくり回した」と言って怒ったが、それもナンバーワンヒットになるまでのことだった。ミークは、テルスターの賛歌にはもっと多くの電子効果が必要だと思った。未来に関する歌なのだから、未来のような音でなければならない。

さらにわずか一時間で曲を仕上げ、ピアノを離れたミークは、笑みを浮かべずにはいられなかった。ヒットするぞ。明日、バンドのトルネードーズに電話をして、一緒に歴史を作りたくないかと聞いてみよう。

地球規模の現在を展開する——通信衛星の誕生

トルネードーズによるミークの曲の演奏をデッカレコード社のスタッフが聴き、三分間のポップスの名作「テルスター」の制作に突入した。ミークは電子キーボードの前身であるクラヴィオリンの音をかぶせて録音し、口をついて出てくる意気揚々としたメロディーに、宇宙的で不気味な特徴あるサウンドを絡めた。その曲はイギリスですぐにヒットし、第一位へ急上昇して五週間留まった。しかし「テルスター」は、その名のとおり地球規模の現象となる。二週間で大西洋を渡り、トルネードーズは、アメリカの『ビルボード』誌のポップチャートにはじめて登場したイギリス人バンドとなった。[*48] 上空を通過する人工衛星から送信されたざらついたアメリカ国旗の映像から生まれたものが、ブリティッシュポップ進出の先制の一撃に変わったのだ。

その歴史的放送のわずか一四日前、テルスター一号はソー＝デルタロケットに乗って軌道へ打ち上げられた。[*49] そのロケットは、基本的にＩＣＢＭを改造したものだった。[*50] テルスターとその後の通信衛星は、冷戦を変えた大陸間核ミサイルと同じく、もう一つの革命的な形の物質的関わりとして第二次世界大戦に端を発している。

レーダー（「電波探知測距」の略）は、戦争から生まれたもっとも影響力のある技術の一つだ。物体に電波を反射させることで、遠くの敵を探知して照準を合わせる能力には、明らかな利点がある。戦争末期にレーダーの開発は加速したが、電波に反応しやすい大気上層（電離圏）がレーダー技術者に課題を突きつけた。当時は、軌道上を飛ぶミサイルなど高高度の標的に対してレーダー技術が使えるかどうかは、明らかでなかった。戦争が終わってソ連との対立が始まると、アメリカ軍は、宇宙空間でもレーダーが利用できるかどうかを見極める必要があると悟った。

アメリカ軍はすぐに、電離圏を通して電波信号を送信し月で反射させることを目的とした、ダイアナ計画を立ち上げた。将官たちがその結果を知るまで、長く待たされることはなかった。一九四六年一月一〇日朝、ニュージャージー州にあるダイアナ計画のベルマー送信局が活気づき、準備を整えた。地平線から月が昇ると、送信機は強力な電波信号を放った。わずか二・五秒後（光が月とのあいだを往復するのにかかる時間）、送信局のオシロスコープの線が揺らいだ。画面の光跡が踊り、反射した信号が戻ってきたことを知らせた。人類がはじめて天体に「触れ」、宇宙時代が幕を開けた。[*51]

もう一つの画期的出来事が起こったのは、その八年後、海軍研究所の技術者ジェームズ・トレクスラーが、メリーランド州にある研究所の電波施設でマイクにゆっくり話しかけたときだった。トレクスラーは、月で反射した自分の声を二・五秒遅れで耳にした。人間の音声が地球から月へ送信されて戻ってきたことで、通信技術と宇宙のフロンティアが科学者の想像力のなかで結びついた。[*52] そして人々の想像力もそれに続くこととなる。

冷戦の両サイドがそれぞれの計画を立てるまでには、長い時間はかからなかった。一九五五年にベル研究所のJ・R・ピアースが、「軌道無線中継局」——信号をそのまま反射する衛星、あるいは信号を受信して再送信するもっと複雑な衛星——を提唱する、影響力のある論文を書いた。そして通信衛星計画を熱心に説くようになり、まもなく、テルスター計画を含めベル研究所の多くの先駆的な研究を指揮することになった。[*53]

ICBMの開発と通信衛星打ち上げロケットの研究は、対をなす研究課題だった。一九五〇年代後半にはアメリカは、低地球軌道にペイロードを打ち上げていた。[*54] 一九六〇年には、新たに設立されたアメリカ航空宇宙局（NASA）が、初の試験通信衛星——エコー一号と呼ばれるさしわたし三〇メートルの巨大なマイラー製風船——を打ち上げた。エコー衛星は基本的に軌道を周回する鏡で、地球から送信した電話、ラジオ、テレビの信号を、高速で移動するその衛星で反射させて地球に送り返す。しかし、このような受動的な通信プラットホームは、信号をより強力かつ正確に能動的に再送信するシステムの代わりにはならない。能動的に信号を再送信することが、テルスターの役割だった。[*55]

新たな形の物質的関わりには、新たな形の制度上の行動が必要だ。列車と電信の時代、時間の同期のために国家間の取り決めが必要だったように、通信衛星には組織間のさらに高いレベルの協力が必要となる。テルスターはNASAのプロジェクトではなく、AT&Tの優秀な研究部門であるベル研究所の商業的事業だった。その計画の中心には、大西洋間での衛星通信の開発を目指す、AT&T、NASA、イギリス郵政省、フランス郵便電信電話省のあいだでのいくつもの多国間協定があった。[*56]

一九六二年に放送を開始したテルスターは、文化的センセーションを巻き起こした。しかし、実のところテルスター衛星は、衛星通信へ向けた中間点でしかなかった。二基のテルスター衛星が稼働したが、低地球軌道を回っていたため、軌道を一周する二時間半のうち、地平線上に出て「通信に利用できる」時間はわずか二〇分ずつだった。宇宙空間を利用した即時通信を実現するための本当の解決法は、静止衛星だった。静止衛星は二四時間で地球を一周するため、赤道上空に「駐機」させることができ、眼下のほぼすべての地域と連続的に通信できる。テルスターからわずか二年後の一九六四年、東京オリンピックの様子が、新たに打ち上げられたシンコム三号を介してアメリカへ中継された。その一年後、初の商用静止衛星アーリーバードが軌道に到達し、世界は、文化と文化的時間の新たな実験を本格的に開始した。[*57]

一九五〇年代にテレビは大きな影響力を及ぼしたが、テレビが伝える映像はどうしても局所的なものだった。離れた地の出来事の様子は、フィルムに収められて飛行機でテレビスタジオに届けられた。テルスターによる初放送のキャスターをチェット・ハントリーとともに務めたウォルター・クロンカイトは、テルスターの衝撃の実体験を振り返って次のように語っている。「フィルムは、現像して編集し、海の上を運んでこなければ……放送できなかった」。そんなテレビと世界との関わりを、テルスターが変えた。「あれほど若い技術があれほど急速に数々の出来事を支配するようになるとは、考えてもいなかった」[*58]。一九六九年の月着陸のわずか何日か前、地球規模の二四時間ネットワークを構築するのに必要な最後の静止衛星が軌道に到達した。世界はたった一つの「同時の現在」において瞬時につながり、月面上の人類の第一歩を目撃した。[*59]

通信衛星は文化と政治に直接衝撃を与えたが（毎晩報じられるベトナム戦争のニュースが国家政策

にどれほど影響を及ぼしたか考えてほしい）、人間のより幅広い経験、そして時間の経験は、もっと長期間にわたって変化することとなる。ＣＮＮなど二四時間放送のケーブルニュースネットワークは、その放送の骨組みを支える通信衛星がなければ存立しえない。オリンピックの様子から、世界貿易センタービルが廃墟と化した、人々の頭から決して消えないあの映像まで、宇宙空間に浮かぶ通信衛星は、きわめて重要な地球規模の瞬間を作ることで、空間と時間に対する人間の経験を変えた。一〇〇年前に電信ケーブルが世界を粗く結び合わせたように、地球周回軌道に群がる衛星は独自の役割を果たし、宇宙時代にふさわしい形で人間的時間を作りかえた。

したがって、この新たな人間的時間が出現したその瞬間に、同じ技術によって科学者たちがビッグバン発見の最終幕に出くわしたのは、偶然と見るべきではない。

ビッグバンの大勝利――偶発的な宇宙

一九五〇年代は、ビッグバン宇宙論にとって不遇の時代だった。ガモフとアルファーの理論はいまだに、質量ギャップを越えてヘリウムより重い元素の生成を説明することはできなかった。[*60] さらに、宇宙の進化の時間スケールに関する問題が残っており、多くの科学者は、ビッグバン宇宙論では宇宙は星々より若いと予測されると結論づけたままだった。これらの問題は結局のところ解決されるが、多くの科学者はいまだに、爆発から始まる宇宙論に深い疑念を抱いていた。時間の始まりは、科学者にとって決して人気のある選択肢ではなかった。

この先入観の理由が、宇宙論の物語における重要な部分をなす。科学は公平無私に真理を探究するものだと考えられがちだが、実際には、科学者は信念がたっぷり染みこんだ探究へと至るもので、その信念が彼らをある決まった方向へ向けさせ、特定の確信を抱かせる。科学がほかと違う点は、最終的にデータが自己主張をして個人的信念に打ち勝つところだ。しかし、人間的時間と宇宙的時間の絡み合った進化を探るに際して、個人的パラダイムや制度上のパラダイムが研究とその解釈の両方をどのように方向付けたのかを無視してしまえば、間違いを犯すことになってしまう。それがもっともよく表れているのが、宗教や神学の領域と密接につながった宇宙論だ。

ビッグバンに代わる受けのよい理論の研究を促したのは、宗教、あるいはそれに対する反応だった。一九五一年一一月、教皇ピウス一二世が、ガモフ、アルファー、ルメートルの研究を是認した。[*61] 教皇庁科学アカデミーでの演説のなかで、教皇は次のように語った。「今日《こんにち》の科学は、何世紀にもわたる進歩のなかで、原初の『光あれ』の尊い瞬間を証明することに成功した。ゆえに、万物創造は起こった。したがって、造物主は存在すると言える。したがって神は存在する」[*62]

カトリック聖職者で科学者のルメートルはぞっとした。自分の理論やほかの人の理論はつねに否定される可能性があることを、知っていたからだ。ローマを訪れたルメートルは教皇に、信仰を科学上のいかなる不確定な仮説とも結びつけないよう忠告した。しかし、ある人たちにとっても、教皇と同じく、ビッグバンと聖書の創世記との関連性は明らかで、彼らはまったく異なる理由から反感を抱いた。

ソ連では、共産主義者の表向きの原則によって宗教が嫌悪されていたため、キリスト教の教義の香りがする宇宙論の理論化はすべて疑わしいものと捉えられた。ビッグバン理論は「天文学上の観念論で、聖職者主義を助けるもの」と公式に見なされた。[*63] フリードマンによる膨張宇宙の相対論的モデルを支持した少なくとも二人の科学者が、スターリンの粛正によって殺されたことも、状況を悪化させた。それにより、一九五〇年代のソ連の天文学者は「宇宙全体の研究」をほぼあきらめてしまった。[*64]

イギリスでは、時間の始まりに対するもっと合理的な反論、そして代替理論が生まれた。行動力と知力に富んだヨークシャー生まれのフレッド・ホイルは、宗教に強い疑念を持ち、「創造の瞬間」の考え方は成り立ちえないと悟った。[*65] そして、ケンブリッジの仲間の物理学者ハーマン・ボンディおよびトーマス・ゴールドとともに、ガモフの考え方に代わる新たな定常状態モデルを提唱した。定常状態宇宙論では、宇宙が膨張していることは受け入れながら、宇宙を永遠で変化しないものにする。宇宙全体で絶えず物質が生成しているとすることで、宇宙の膨張によって空いた空隙《くうげき》に新たな銀河が形成されるようにする。そのため、宇宙は動的で膨張していながら、つねに同じように見える。宇宙の歴史のどの時代にどの空間領域を見ても、ほかの時代や領域と同じように見える。新たな銀河がいくつか形成されるとともに、もともとあった銀河は互いに遠ざかるからだ。この定常状態モデルでは、物質の生成はきわめて遅い。一年ごとに「セントポール大聖堂と等しい体積」でたった一個の水素原子が生成するだけで、辻褄が合う。[*66]

多くの科学者は、定常状態モデルの特徴であるこの「魔法の」物質生成を物笑いの種にしたが、ホイルは、時間の始まりにすべての質量＝エネルギーが一度に出現したとするよりも奇妙ではないと言い返した。宇宙の性質に関するＢＢＣの連続講義において、嘲りの言葉として「ビッグバン」と名付けたのは、ほかならぬホイルだった。ホイルにとっては残念なことに、その呼び名もそれが指し示す理論も、人々のあいだに定着した。しかしＢＢＣの番組のおかげで、ホイルは一九五〇年代のイギリスで誰もが知る名前となり、教授と妻はずっと欲しかった電化製品――冷蔵庫――を買う機会を手にした。[*67]

一九六〇年代はじめには、宇宙論は立ち往生しているように思われた。定常状態モデルには、強力な支持者（ほとんどがイギリス人）も、また強力な批判者もいた。ルメートルやガモフの研究などほかの宇宙論も健在ななか、定常状態モデルは、宇宙の歴史の有力な説明として、誰もが同意する一つのデータ――宇宙の膨張――と相容れるものでありつづけた。

しかしこの時期、ビッグバン説にとってよいニュースがいくつかあった。二つの大きな経験上の難点が克服されたのだ。リチウムより重い元素はすべて、宇宙誕生のときでなく恒星の中心で作られたと理解されるようになった。恒星での核合成は重元素についてきわめて有効であり、ビッグバンによる核合成はもっとも得意なこと――軽元素の起源の説明――に集中できた。さらに、ハッブルによる宇宙膨張速度の以前の概算値に再検討がおこなわれた。そしてビッグバンモデルにおける宇宙の年齢は一〇〇億歳に近づき、星々の年齢と肩を並べるようになった。しかしこのような前進はあったものの、天文学者は依然として懐疑的だった。不一致があまりにも多いとともに、確実なデータがほとんどないため、宇宙論の分野はほとんど無視され、のちにニュージャージー州で起こる宇宙論上の驚きをさらに大きなものにした。

一九六四年、ベル研究所はアメリカ全土に施設を持っていた。それらの研究施設は、トランジスタやレーザーから、コンピュータや、もちろん衛星による遠距離通信といった、さまざまな先端技術を前進させる科学的原動力だった。一九五九年にベル研究所のクローフォードヒル研究施設が、ニュージャージー州ホルムデル郊外の野原に、エコー一号衛星で反射した信号を受信するための巨大な超高感度アンテナを建設した。その後、テルスターが打ち上げられると、その全長一五メートルの角《つの》型マ

図7.7　遠距離通信から宇宙論へ。ビッグバンのマイクロ波のこだまを発見した角《つの》型受信機（衛星通信のために設計された）の前に立つウィルソンとペンジアス。

イクロ波受信機は別の用途に利用できるようになった。天文学の博士号を持つ二人のベル研究所所員、アーノ・A・ペンジアスとロバート・W・ウィルソンはそのチャンスに飛びつき、このアンテナを天体物理学に用いることにした。二人は、マイクロ波を使って遠くの天体を調べるという、野心的な研究計画を立てた。しかしデータ収集の準備を進めてみると、技術的なものに思えるある問題に直面し、計画は突如立ち往生してしまう。

システムにノイズがあり、それがどうしても消えなかったのだ。アンテナをどの方角へ向けても、ホーンには一定のマイクロ波のノイズが残った。ウィルソンとペンジアスははじめ、そのノイズは単に人為的なものだと決めつけ、何週間もかけて問題を取り除こうと格闘した。電子回路を組み立てなおしたが、何も変わらなかった。アンテナの表面に積もったハトの糞もこすり落としたが、無駄だった。何をやってもうまくいかなかった。まるで空全体が、波長七・三五センチメートルにピークを持つマイクロ波放射で覆われているかのようだった。二人が自分たちの置かれた本当の状況を知ったのは、ある友人がペンジアスに、近くにあるプリンストン大学の天文学者が書いた一篇の論文を手渡したときだった。

空は確かにマイクロ波放射で満たされていたのだ。さらに重要なことに、その七・三五センチメートルの放射は、アルファー、ハーマン、ガモフが一五年前に、画期的だったがほぼ忘れ去られていた論文のなかで予測したものと、正確に一致した。ペンジアスとウィルソンは、きわめて重要な熱いビッグバンの名残、宇宙の最初期の電磁気的化石を発見したのだった。

宇宙マイクロ波背景放射とビッグバンの勝利

ガモフのビッグバン理論は、いわば宇宙の原子核考古学だった。宇宙の最初の瞬間は、わたしたちが今日《こんにち》見ている世界に痕跡を残した。もし十分に賢ければ、その痕跡を読み解くことができるだろう。ガモフは最初の研究において、宇宙の元素の存在量がまさにそのような痕跡だと考えた。ガモフ、アルファー、ハーマンが詳細な計算によって熱いビッグバンの概念を研ぎ澄ませたところ、何十億年もの宇宙の進化を生き延びているはずの別の痕跡が見つかった。アルファーと共同研究者たちは、さまざまな論文のなかで七度にわたり、ビッグバンによって宇宙は特定の種類の電磁気放射で満たされると予測した。

元素が作られるほど十分に宇宙が高温高密度だったのは数分間だけだが、核の時代の終わりは宇宙の粒子錬金術の終わりではなかった。空間が膨張を続けるなか、宇宙のスープの温度と密度は下がりつづけた。物質は陽子、電子、ヘリウム原子核などの粒子の形を取り、光子（光の量子）と完全に混ざり合っていた。この混合物の物理が光子に消えない署名——歴史の化石——を刻み、それがペンジアスとウィルソンの奇異な探索によって発見された。

一九世紀後半に物理学者は、高温で密な物体がすべて「黒体スペクトル」という特徴的なパターンを持つ光を発することを知った。暖炉のなかに入れた鉄の棒が赤く輝くのが、黒体放射のよく知られた例だ。熱せられた鉄の棒のなかでは、物質と光子が強く相互作用をして、次から次へとエネルギーを交換する。物理学者たちはまた、黒体の放射する光の大部分が持つ波長が、その黒体の温度に強く依存することも知った。同じ鉄の棒を溶鉱炉のなかに入れると、黒体放射のピークが移動して可視光の波長（色）をより多く含むようになり、白く輝く。天文学者は日常的に、この黒体放射の性質を利用している。何百万光年も遠くの高温で密度の高い天体（恒星など）の温度を得るには、そのスペクトルを記録して、それが黒体としての性質を持っていることを確認し、その放射のピークに注目するだけでいい。

初期宇宙は確かに風変わりだったかもしれないが、熱く密度の高いものの集まりだったことは間違いない。したがって、初期宇宙全体は黒体だった。物質粒子と光子は押し合いへし合いしていた。物質が光子を吸収し、再び放出するという反応が、延々と繰り返されていた。そうして、若い宇宙は黒体放射で満たされていた。すると、時間の誕生からおよそ三〇万年後、黒体放射の光子がそのパーティーから抜け出して取り残された。

そのきっかけとなった出来事が、陽子が電子を捕捉して初の水素原子が形成されたことだった。新たに作られた水素は、黒体放射の光子を吸収できなかった。水素の内部構造の物理ゆえ、黒体放射の光子との相互作用はほぼ起こりえなかった。物質（現在ではどこにでも存在する水素原子）の「脱結合」と、黒体放射の光子の海の形成は、比較的急速に進んだ。光子は、ダンスのパートナーが見つからずに取り残された。わずか数千年前には一ミリメートルも進めずに吸収されていたが、脱結合ののちに相手を失い、何にも邪魔されずに宇宙を自由にさまよえるようになった。時間が進むにつれてこの化石の光子が経験した変化は、空間自体の膨張に直接伴って波長が引き伸ばされたことだけだった。

アルファーとガモフは、熱いビッグバンの原子核熱力学に基づく計算から、宇宙が化石の黒体放射で満たされていることに気づいた。さらにその温度まではじき出した。二人は大きな科学的洞察の一つとして、「熱光子」の宇宙背景放射の平均温度を当初、約五ケルビン（絶対零度より五度上）と予測した。それは、ペンジアスとウィルソンが偶然見つけたものと正確に一致していた。

彼らベル研究所の科学者は、この歴史に残るビッグバン宇宙論の三度目の発見（一度目はルメートル、二度目はガモフ、アルファー、ハーマンによる）を二人だけで成し遂げたのではない。ペンジアスが受け取った論文は、プリンストン大学の物理学者ロバート・ディッケとその共同研究者たちが書いたものだった。ディッケは、気づかずにアルファーの結果を独自に導いていた。ペンジアスとウィルソンから電話で相談を持ちかけられたちょうどそのとき、ディッケも独自のマイクロ波検出器を組み立てて背景放射を探そうとしていた。ペンジアスの説明を聞いたディッケは、受話器を置いて、「出し抜かれた」と言ったと伝えられている。[*68]

アルファーとガモフによる宇宙マイクロ波背景放射（ＣＭＢ）の予測は、ハッブルによる宇宙の膨張の発見や、軽元素の存在量の説明と並び、二〇世紀における宇宙論上のもっとも大きな進展の一つに挙げられる。ウィルソンとペンジアスは、期せずして熱いビッグバン宇宙論特有のその予測を裏付けることで、競合するすべての宇宙モデルを打ち負かすのに必要な梃子《てこ》と支点を見つけた。マイクロ波の光子が黒体としての完璧な特徴を持って空を満たしているという事実は、宇宙がかつて、今日《こんにち》の冷たく広漠で暗い姿よりもはるかに高温で高密度だったことを物語る、直接的な証拠となった。定常状態モデルは、空間を満たす化石の光子を正しく説明できず、まもなく有効な代替理論としては姿を消した。

一九六〇年代末には、熱いビッグバンと、原子以下のスケールの量子物理学、および宇宙スケールの一般相対論との組み合わせこそが、宇宙論だった。ビッグバン説は大勝利を収めた。宇宙的時間には始まりがあったが、それが何を意味するのか誰も理解していなかった。

六〇年代が終わりに近づくにつれ、人々の心像と理論的考え方が適切な形で共鳴しはじめ、宇宙の始まりと人間の終わりが結びつけられた。新たな宇宙論には、つねに想像力豊かな解釈が必要だ。エジプトの天神の壁画から、システィーナ礼拝堂の天井に描かれた天使、さらには大恐慌時代の雇用促進局に掲げられた科学の進歩を祈る壁画まで、つねに宇宙論はつまるところ人間の取り組みだった。ビッグバンの最初の瞬間――まばゆい光と突進する超高温の物質――を想像するには、独自の視覚的な比喩が必要だった。必要なイメージはすでに手元にあり、それは、熱いビッグバン宇宙論を成功へ導いたのと同じ原子核科学が出てきたものだった。熱核爆弾の爆発は、すでに誰もが見たことのある、真に恐ろしい威力を持った大きな爆発《ビッグバン》だったのだ。

第8章　インフレーション、携帯電話、アウトルックの宇宙
——情報革命とビッグバンの苦境

ワシントン州シアトル　二〇〇二年一二月、午前一一時三九分

彼女は何もかも放り投げて、みんなに、電話をするか実際に手紙を送るかしてくれと頼んでいたかもしれない。

彼女は画面上でアウトルックのウインドウを開いた。新しいメッセージが四二通あった。営業課のタミーは、木曜日の会議に参加してほしいという。人事課のトーマスは、今日じゅうに新規雇用者について意見が欲しいという。ボストンのチームは、新たなモジュールの仕様を聞いてきた。そして、新たな悩みの種である経営陣は、やる気を起こさせようとするメッセージをまた送ってきた。彼女は椅子の背もたれに身を沈めた。受信ボックスには四二通の新しいメッセージに加え、まだ読んでいないEメールが二〇六通あったが、彼女はまだ昼食さえ取っていなかった。

彼女は、Eメールの受信ボックスをきれいにするだけのために、朝早く出勤していた。そして一時間半も費やして、要求、検討、ジョーク、チェーンメール、スパムを選り分けた。

返信、保存、削除、返信、返信、削除、削除、削除。

午前九時までに、たった一六八通までしか減っていなかった。全削除のボタンを押してしまえ、と彼女は思って苦笑いした。しかし踏みとどまって別の作業に移り、明日の技術検討会議（アウトルックのカレンダー上で青い長方形によって四五分間きれいに埋められていた）のためのパワーポイントのスライドに集中した。Eメールの受信ボックスは絶対に見ないと決心した。

しかしそうはいかなかった。

午前九時五〇分には、一八通の新しいメッセージが彼女に注目されるのを待っていた。一〇時四五分のコーヒーブレイクまでに、さらに一〇通の新しいEメールが来た。一一時一分に机にバックを戻したときには、さらに九通のメッセージが表示されていた。さらに返信が来るだけなのに、どうしてわざわざ返事を送るだろうか？

彼女は再びアウトルックのカレンダーに目をやった。昼食時の販売報告会議まであと二一分だ。その後は？　午後はさらに、テレビ会議、面談、会議の青いブロックで分けられている。今日もまた、振り回されて時間を無駄にする。今日もまた、中身のあることを何もできずに費やす。かわいい子猫の画像でも見ていたほうがましかもしれない。

加速

二〇世紀の最後の数十年は、物質的関わり、制度上の事実、人間による時間の経験におけるもう一つの革命を目撃した。しかしこのときは、わたしたちがその革命の目撃者だった。人間の文化と人間的時間がアナログ時代からデジタル領域へ踏み出し、二〇歳以上の誰もがその両方に足をかけている。わたしたちの多くはいまだに、微小回路のシリコンチップという形での物質的関わりを介さない、世界の記憶を呼び起こすことができる。

電話を受けるために家にいなければならなかった頃のことを、思い出せるだろうか？旅行の計画のために自動車協会に地図を注文した頃のことを、思い出せるだろうか？壁にカレンダーを掛けていた頃のことを、思い出せるだろうか？

物質的関わり、制度上の事実、文化的時間におけるこの変化のあいだも、わたしたちはれっきとして存在していた。いまだ進行しているその過程が、わたしたちが直接意識しないところから出現し、文化のあらゆる側面に浸透して、時間を通じたわたしたちのもっとも身近な生活経験を作りかえた様を、わたしたちはこの目で見てきた。

たとえば携帯電話の登場以前、わたしたちは思考に関してもっと孤独で、目の前の生活にもっと関わっていた。実際にいる場所以外には存在していなかった。ケーブルで壁に接続された装置を見つけるまで、緊急連絡もそうでない連絡も待つ必要はなかった。いまや、気の向いたときに手を伸ばして通信をおこない、単純に退屈だからと時間を潰す、あるいは思い浮かんだ考えに反応する。通りを歩いていって友達を呼び出して会うといった単純な行動が、時間の経験、利用、概念において変化した様は、新石器時代から産業革命までに起こったいずれの変化にも劣らず奥深く劇的だ。

この文化的再創造の地殻変動はごく最近起こったものであり、デジタル時代がどれだけ長く続くかは知りようがない。農業革命は、何千年にもわたって人間の経験を作りかえた。産業革命が作り出した文化形態は、何世紀にも及んだ。デジタル革命はわたしたちを袋小路へ導こうしているのか、それとも、何世代にもわたる持続的な文化形態を促すのか？　現在ではその疑問には答えられないが、エレクトロニクス時代の幕開けは迫っており、新たな形の技術――すなわち新たな形の物質的関わり――が人間の時間の経験を直接どのように変えるかをじかに目にできるだろう。過去五万年の文化の変化を思い返せば、デジタル技術を通じて実現する人間的時間の変化は、宇宙的時間の変化を反映すると予想できるはずだ。いまのところその予想は正しい。

機械式時計の導入は、ヨーロッパの一日の秩序を変え、やがて天空の新たな比喩――神の手によって動き出した正確な宇宙的時計仕掛け――を生んだ。それから何世紀も経ち、蒸気機関の導入は、産業革命の新たな機械時代の幕を開け、タイムカードに基づいた労働者の生活リズムを促した。蒸気機関で駆動する機械から生まれた熱力学の科学は、エネルギー、エントロピー、発展の概念に即した、時間と変化に対する新たな理解を前進させた。熱力学は、宇宙論的思考を作りかえる独自の比喩や概念的道具を生み出した。そして二〇世紀の幕開け直前に、列車と電信線が、長距離における同時性の新たな経験を作り出した。アインシュタインの相対論には、空間と時間を時空へと融合させるための中心的概念として、独自の新たな同時性のイメージが利用された。時空とその柔軟な幾何が相対論的に十分に説明されると、宇宙論ははじめて完全な言語を獲得した。宇宙的時間と人間的時間の変化が何度も繰り返し押し寄せ、その一つ一つが比喩の領域や物質の領域における別の変化を支えた。

二〇世紀の最後の数十年には、シリコン技術がわたしたちの世界との物質的関わりを支配した。シリコン微小回路が可能にした機械――コンピュータ、個人用デジタル機器、携帯電話、GPS装置――が、日常生活における直接的できわめて個人志向の動きを加速しつづけた。それらのシリコン「機械」はきわめて高速で動き、そのリズムは人間よりも原子にはるかに近いものだった。その時計周期に合わせて文化を組み上げることで、わたしたち自身の時間と経験が、わくわくするとともに心身を疲労させるような形で圧縮された。仕事とプライベートの両方において、それらの機械が可能にするからと、より多くのことが期待された。そしてわたしたちは、曾祖父の時計の世界や、もっと遠い祖先の太陽に支配された日々と同じように身近に感じられ、個人的に生きる、新たな時間へと足を踏み入れた。

同時に、コンピュータ時代に解き放たれた科学的能力は、わたしたちのビッグバンの物語を限界まで推し進めた。コンピュータシミュレーション、大量データ収集、宇宙空間に設置された望遠鏡プラットホームにより、始まりから始まるすべての宇宙論に対する数々の新たな課題が明らかとなった。二〇世紀の終わりには、生活、時間、宇宙の進化のペースがすべて、永続的に加速する状態に入ったのだ。

「メールが大量に届いています」――アウトルックの宇宙への突入

時間は、単に時計で読み取るものとは違う。生きている時間は、わたしたちが何をやり、どのようにそれに取り掛かるかとして定義できる。アメリカに禅を広めた老師、鈴木俊隆は次のように言っている。「『今日の午後』や『一時』や『二時』といったような時間は存在しない。あなたは一時に昼食を取る。昼食を取ることが、一時そのものなのだ[*1]」。二〇世紀最後の何十年かで出現したのは、一日を通じた新たな形の動きだ。シリコンを基盤とした新たな形の物質的関わりは、急速に受け入れられ、急速に利用されて、文化における制度上の事実を再構成した。それらの事実は、わたしたちが何

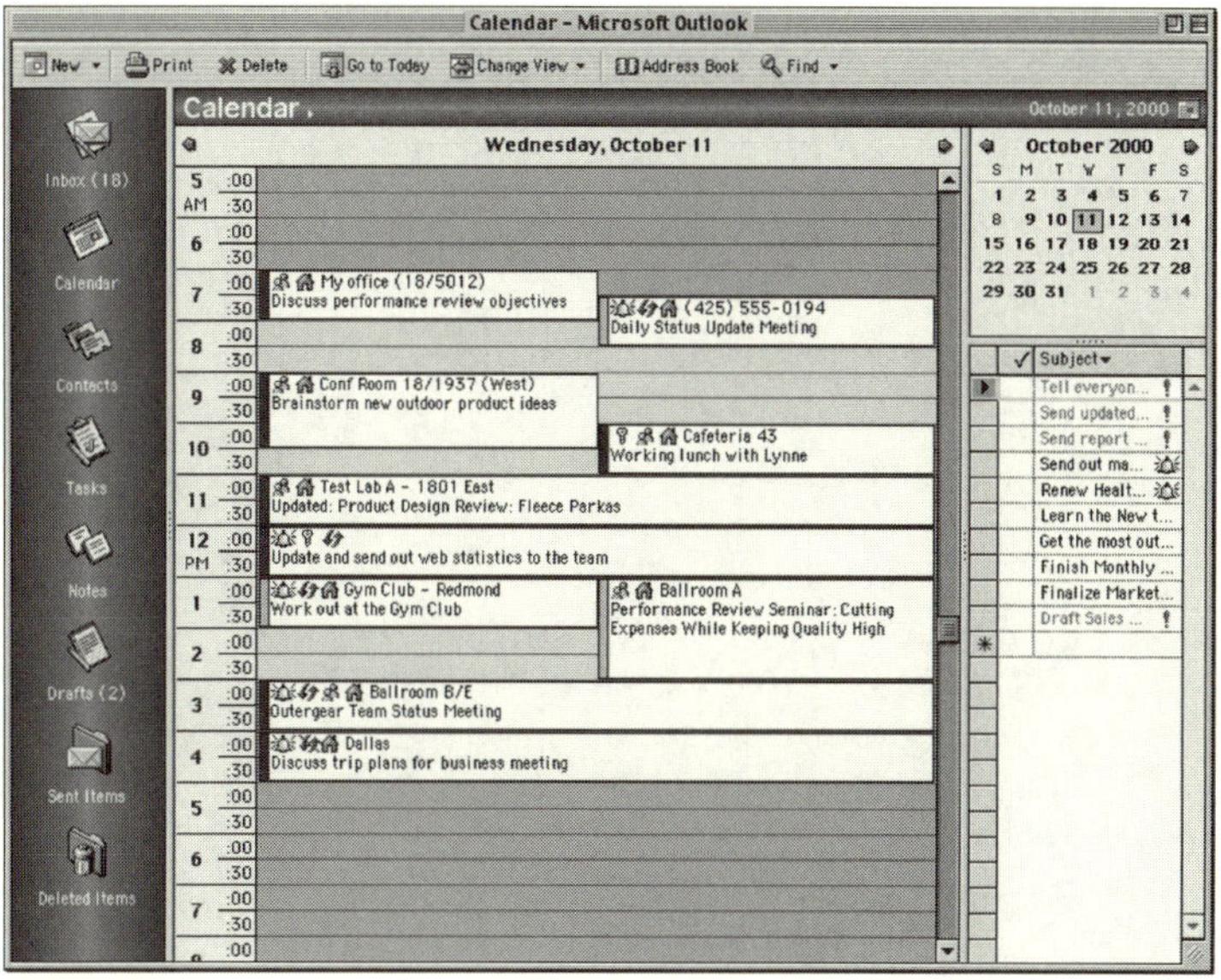

図8.1　マッキントッシュ上でのマイクロソフト・アウトルックのスクリーンショット、2001年頃。

をやり、それらの振る舞いがわたしたちの思考をどのように形作るかによって、もっとも身近に表現される。そうして、時間における革命は、わたしたちの手のなかや耳のあいだで起こった。この行動と思考の組み合わせは、Eメールによってわたしたち誰もがアウトルックの宇宙へ導かれるとともに、通信と時間管理との関係においてもっとも顕著に現れるようになる。

　気晴らしには金がかかる。知識労働者と彼らの技術の利用について調査しているベイゼックス社によれば、不必要な電子的邪魔者によって、世界じゅうで年間六五〇〇億ドルの生産性が失われているという。ベイゼックス社の調査では、その金をすべて吸いこんでいるブラックホールは、もっとも基本的なアプリケーションであるEメールによる「情報過多」

にほかならない。[2]

一九八〇年代と九〇年代、わたしたちの時間の感覚を変えたデジタル技術がいくつもあった。デスクトップコンピュータは、仕事の概念そのものを作りかえた。ワールド・ワイド・ウェブによって、ルーヴルの美術品コレクションから最悪のヌードポルノまで、あらゆるものに瞬時にアクセスできるようになった。オンラインのデイトレードは金融的時間を増幅し、マーケットをまるでコカインで酔ったコメディアンのように神経過敏にさせた。しかしなかでももっとも幅を利かせた油断ならない変化が、Ｅメールの導入だった。先進世界のなかで、Ｅメールとその要求に触れずに生きている人はほとんどいない。Ｅメールは、コンピュータネットワークにおける初期のキラーアプリとして、プライベートとビジネスの生活のなかにウイルスのように広がった。しかしこのもっとも影響力のあるアプリは、ＭＩＴのコンピュータ研究室でいわば追加の代物として、慎ましやかに誕生した。

技術革命の歴史は、ドラマチックな最初の台詞で満ちあふれている。サミュエル・モールスが電信線で最初に送信したメッセージは、「神の造りたまいしもの」だった。[3] アレクサンダー・グレアム・ベルが電話機に話しかけた有名な最初のメッセージは、「ワトソン君、こっちに来てくれ。話がしたい」だった。[4] 残念ながらＥメールの起源は、そのようなドラマチックな基準には達しなかった。[5] どの説明に基づいても、コンピュータ間で最初に送られたＥメールは「ＱＷＥＲＴＹＵＩＯＰ」だったという。最初のネットワーク版のＥメールを作ったとされるレイ・トムリンソンは、その出来事を漠然としか記憶していない。「一台の機械から別の機械に自分宛てのたくさんのテストメッセージを送った。テストメッセージはすぐに忘れてしまうようなものだった。……きっと最初のメッセージは、ＱＷＥＲＴＹＵＩＯＰとかそんなようなものだったと思う」[6]

一九七一年、トムリンソンは、国防省の請負企業でコンピュータエンジニアとして働いていた。その会社の事業は、わたしたちが現在インターネットと呼んでいるものの前身である、国防高等研究計画局ネットワーク（ARPANET）の開発を手助けすることだった。当時ARPANETは開発途上で、UCLA、スタンフォード大学、ユタ大学などにあるわずか一五のノードから構成されていた。[*7] 当時「コンピュータ」という言葉で呼ばれていたのは、わたしたちが現在ブリーフケースに入れて持ち歩いているラップトップやポケットに入れているスマートフォンと違い、新石器時代の巨石そっくりな姿をしたメインフレームだけだった。メインフレームは、空調の効いた広い「マシンルーム」に設置され、おしなべて野暮ったい侍者のチームによって世話されていた。もっとも重要な点として、それらの機械は、いわば独自の領土の独我的な君主だった。ユーザーは一つのコンピュータシステムの領土のなかでだけ作業し、システムが互いに話をすることはなかった。しかしシステムのユーザーはつねに、話をすることに興味を持っていた。

早くも一九六四年には、コンピュータプログラマーたちが、ファイル上に互いのメッセージを残し、それをスタンドアローンシステム間で共有する方法を開発していた。[*8] トムリンソンは、地理的に遠く離れた多数の別個のコンピュータからなるネットワークであるARPANETのユーザーにも、それと似てはいるがもっと洗練されたものが必要だと認識した。そして、もっとも重要なファイル転送のためのプロトコルを開発するという偉業を達成した。[*9] それらのプロトコルは、コンピュータが互いに話をするための符号化規則にほかならない。トムリンソンはとくに、接続したマシンのあいだでメッセージを送受信するための規則を開発した。現在ではあちこちで見られる、コンピュータのユーザーの名前とコンピュータシステムの名前のあいだの「@」記号が、そのパズルの最後のピースだった。

トムリンソンはのちに次のように回想している。「@記号が道理にかなっているように思った。わたしは@記号を使って、そのユーザーはローカルでなくどれか別のホストに《at》いるということを表現した」[10]

それは確かに道理にかなっていた。どんどん数を増す、日々の研究のためにＡＲＰＡＮＥＴを利用する科学者たちにとって、トムリンソンが考えたしくみは、自分たちの活動から自然発生したものであるように思われた。新たな電子メッセージサービスに関する一九七三年の国防高等研究計画局の報告書は、次のように結論づけている。「このメッセージサービスの驚くべき点は、その誕生と初期の発展が、計画されたものでなく、予期されておらず、支援を受けていないことだ。それはひとりでに起こり、その初期の歴史は、新技術の計画的な開発というよりも、何か自然現象の発見に近いように思われる」[11]

ＡＲＰＡＮＥＴのユーザーはＥメールを気に入り、誰かから利用を促される必要はなかった。彼らがこの新たなツールを受け入れたことは、時間と文化の領域における一つの実地教育となった。その新たな形の物質的関わりの黎明期には、そのプロセスの始まりを見て取ることができる。Ｅメールは、人間のコミュニケーションと人間の時間の経験を変える手段として考え出されたのではない。ＡＲＰＡＮＥＴの開発者たちが報告書を書いたわずか数年後の一九七六年、世界の残りの部分はいまだに遠距離通信を、キッチンの壁やナイトテーブルに置かれた電話の明瞭な呼び出し音として経験していた。メールという言葉は、手で持ち上げて重さを判断できる紙の封筒を意味していた。しかしＡＲＰＡＮＥＴのユーザーという小さなグループにとっては、新しい種類の活動が可能になっていた。キーボードでメッセージをタイプすると、それが国内のどこかにある受信装置に即時に現れ、それにより、新たな種類の行動と新たな時間の費やし方が成立すると考えられるようになった。それが種となって、文化の水面下で新たな物質的関わりが幕を開けた。よかれ悪しかれ世界の残りの部分が、やがてその種を、人間による時間の経験にとってまったく新しいものへと育てることになる。

一九八〇年代、パーソナルコンピュータが産業として大成功し、自宅や職場でふつうに見られる「電化製品」となった。一九八一年にＩＢＭ－ＰＣが登場し、一九八四年にアップルの画期的なマッキントッシュが発売された。これらのマシンは、ＣｏｍｐｕＳｅｒｖｅやＡｐｐｌｅＬｉｎｋなどのダイヤルアップサービスを介して接続することで、大勢のユーザーにＥメールを送信できた。一方、ダイヤルアップの「掲示板システム」（ＢＢＳ）が人気を伸ばし、共通の関心を持つ人々がメッセージを交換できるようになった。個々のシステムには限界があったが、それらが一緒になって「学習」の場を形作り、先導的な自宅ユーザーが文化の電子的フロンティアにおいて新たな行動様式を確立した。しかしほとんどの人は、Ｅメールのことを、『ニューズウィーク』誌で読んだり技術に明るい友人から聞いた話としてしか知らなかった。もっとも重要なこととして、Ｅメールはいまだ単なるコミュニケーションの手段でしかなく、時間管理やソーシャルネットワークといった別の機能とはまだ融合していなかった。カレンダーに予定を書きこむ作業は、いまだにペンを使っておこなわれていた。

Ｅメールが世界を支配して新たな形の生活時間の支配者としての役割を持つまでの道のりにおいて、ビジネスの世界にＥメールが採り入れられたことが、もっとも重要なステップとなった。すでに内部的なコンピュータ文化を発展させていた企業は、ローカルエリアネットワーク（ＬＡＮ）を介したＥメールを熱心に採用した。ほぼ一夜のうちに、あるいはそれほどかと思われる短期間のうちに、オフィスで働くことは、電子コミュニケーションの規範と利害を扱うことを意味するようになった。悪口や噂話の応酬はかなり以前から職場の社会的行動に欠かせないものだったが、もっぱら給湯室でのおしゃべりやコーヒータイムの会話に限られていた。いまやその日々の社交に、電子コミュニケーションとそれが誤って解釈される可能性が付け加わり、さらに、選んだ数人に送るつもりのEメールで「全員に送信」のボタンを押してしまうという大惨事にも対処しなければならなくなった。

一九九八年のロマンティックコメディー『ユー・ガット・メール』は、Eメールの目新しさと、その社会的時間への侵入における転換点となった。この映画は、キャスリーン・ケリー（メグ・ライアン）とジョー・フォックス（トム・ハンクス）のオンライン上でのロマンスを描いている。現実のビジネスの世界では競合相手である二人（キャスリーンは小さな書店を経営し、ジョーはバーンズ・アンド・ノーブルのような書店チェーンを経営している）が、匿名のEメールの世界で心の内をさらけ出して恋に落ちる。Eメールの会話の間《ま》と、送ったメッセージの返事に対する期待、そして、昔ながらのロマンスにこの新しいメディアを使うという手の込んだ手法によって、『ユー・ガット・メール』は、新たな形の物質的関わりをめぐって行動基準（および時間）が文化により定義しなおされることの、分かりやすい例となっている。『ユー・ガット・メール』は、そのわずか五年前にやはりメグ・ライアンが主演したロマンティックコメディーと比較すべきだ。その『めぐり逢えたら』では、昔ながらの郵便の手紙によって二人が互いのことを知る。『ユー・ガット・メール』から一〇年ほど経つと、文化がすでにEメールを日々の時間の背景をなすものとして吸収してしまったため、Eメールを中心テーマにした映画は成立しなくなる。フェイスブックを採り上げた二〇一〇年の映画では、Eメールは一つの要素として役割を演じるが、それはEメールだけではない。しかし一九九八年にはEメールはまだ新しく、わたしたちをデジタル情報と生活と時間の継ぎ目のない統合へと導きはじめたばかりだった。

一九八〇年代のデスクトップＬＡＮシステムの重要な特徴として、ユーザーインターフェースがどんどん直観的なものになっていった。そのアプリケーションの多くでは、バックグラウンドにＥメールが控えていた。電子メッセージに添付ファイルを付けるという単純な機能さえ、仕事をする人に新しい広大な可能性の地平を開いた。そして、絶えず循環し決して終わることのないスプレッドシートの時代が到来した。

一九九〇年代前半には、ＡＲＰＡＮＥＴ、Ｕｓｅｎｅｔ、Ｍｉｌｎｅｔなどの政府プロジェクトから生まれた真のインターネットが、世界を支配しようとしていた。そこでは、人間的時間と宇宙的時間の収束が明確になっていった。はじめて成功を収めたウェブブラウザーのＭｏｓａｉｃは、天体物理学研究のために開発された。[*12] Ｍｏｓａｉｃの生みの親マーク・アンドリーセンは、イリノイ大学国立スーパーコンピュータ応用研究所所属の大学生だった。[*13] アンドリーセンは、天文学者のボスたちが研究に関連するファイルを共有するためのツールとしてＭｏｓａｉｃを開発し、その開発の際にはハイパーテキスト——ただちにアクセスできるファイルを参照するスクリーン上のテキスト——を中心に据えた。[*14] 現在では至るところで見られるハイパーテキストも、当時は画期的な発明で、素粒子物理学の領域から直接生まれたものだった。ティム・バーナーズ＝リーは、ヨーロッパの中心的な素粒子物理学研究施設であるヨーロッパ原子核研究機構（ＣＥＲＮ）でプログラマーとして働いていたときに、ワールド・ワイド・ウェブの基礎であるプロトコル、ハイパーテキスト転送プロトコル（ＨＴＴＰ）を開発した。[*15] バーナーズ＝リーが素粒子物理学者の研究を手助けするためにデジタルツールを作った——ほぼ一晩で開発し、文化的変化に欠かせない要素となる——ことは、物質的関わりが人間的時間と宇宙的時間像の両方を変えることの驚くほど明確な例である。一九九〇年代半ばには、ハイパーテキストやウェブブラウザーのような技術が、新たに商業化されたインターネットを介して文化に怒濤のごとく流れこんできた。これらの新しい形の物質的関わりを通じて、人間生活はコンピュータスクリーンの二次元へと押しつぶされた。

各企業がデジタルのフロンティアへ殺到すると、Eメールによる即時のコミュニケーションはきわめて基本的な重要性を持つサービスだと認識されるようになり、ほかのデジタル製品やサービスのバックボーンとなった。サーチエンジンの重要性が高まると、フリーのEメールアカウントを提供することが、加速膨張する電子コンテンツの宇宙へユーザーを引きこむための標準的な手段となった。わずか数年で、@yahoo.com、@hotmail.com、@gmail.comの付いたアドレスが、新しい電子的な時計の時間サイクルへ向かって進む世界の標準となる。

Eメールが普及したことで、ソフトウエア企業は、電子コミュニケーションを基礎として用いた統合プラットホームを構築できるようになった。それらのツールはすぐに、わたしたちの日々を規定して形作ることとなる。マイクロソフトのアウトルックは一九九〇年代後半に登場し、二〇〇〇年代前半には、それとリンクしたEメール、カレンダー、住所録、To‐doリストが機能的にどこにでも存在するものとなった。アウトルックの歴史は、一九八〇年代、カナダのコンシューマーズ・ソフトウエア社が開発したアプリケーション、ネットワーク・クーリエに端を発している。このプログラムは一九八六年にウインドウズに実装され、のちに大成功を収めるウインドウズ3・0の一部としてマイクロソフトメール3・0に姿を変えた。ウインドウズのスタンドアローンのカレンダープログラム、スケジュール＋がマイクロソフトメールと統合されると、アウトルックの個人情報管理（PIM）システムを引き金に、文化の地殻変動が起こった。[*16]

生活のための電子保管庫として、すべてを包含してつねに更新されつづける個人情報管理システムは、アウトルック以前の仕掛けのなかにも存在していた。日常生活において移り変わる事実を一つのアプリケーションへとまとめることに関しては、パームのパイロットなどのパーソナルデジタルアシスタントがすでに、その境界を押し広げていた。しかしマイクロソフトの寡占状態により、アウトルックはしばらくのあいだ、何百万もの人々が新しい時間の輪郭に沿って動く方法を身につけるためのデファクトスタンダードとなる。

時間の経験としてもっとも身近なものである「日」は、新しい象徴的な形を取るようになった。整然と並んだ予定が、正確な時刻を指定されて色分けされ、住所録やTo-doリストとリンクしたなかで、人間生活は情報管理の行為となった。以前の電信から電話への技術的変化においても時間とコミュニケーションは対をなしていたが、デジタル技術がわたしたちの日々の形を完全に支配するようになると、両者は継ぎ目なく織り合わされるようになった。コミュニケーションの効率性が、一日のあらゆる領域における効率性を推進するようになった。Eメールが普遍的ないわば溶媒として作用することで、わたしたちの個人生活は分解し、錬金術のごとく個人情報へと変化した。そしてその液体が、わたしたちの新たな合理化された生活の根幹に流れこんできた。

アウトルックの宇宙では、時間はいわば柔軟な幾何となった（アインシュタインの相対論を思わせる比喩）。カレンダースクリーン上で、会議、テレビ会議、子供どうしの遊びの約束、ジムでの運動に対応した色つきのブロックは、各個人が自分の時間を「管理」するごとに何度でも引き伸ばしたり縮めたりできた。整然と積み重ねられた長方形は、一〇億分の一秒や一兆分の一秒で歴史が語られる宇宙のごとき精度で時間を管理できるという幻想をもたらした。わたしたちは、電子カレンダー上の色つきのブロックの境目と同じ正確さで生活を切り分けられると、期待するようになった。

二〇〇二年、ロチェスター中央図書館で開かれたランチタイムのセッションプログラムの通知には、講演が午後一二時一二分に始まると書かれていた。これを書いた人は、講演者がなぜかそのような精度で「ドラッグ&ドロップ」したと考えたようだ。当然、細かく時間を指定されたこのイベントの通知は、世界じゅうに届くEメールによって数千人に送られ、その人たちはスクリーン上でクリックするだけで、リンクしたカレンダープログラムにその日程を追加しただろう。はたして一九七二年に、講演の開始が一二時一二分だなどというのは、そもそも意味があっただろうか?

二〇〇二年、世界はアウトルックの宇宙であり、わたしたちは、たとえマックを所有していようが、あるいは反逆者としてリナックスにこだわっていようが、誰しもその宇宙のなかに生きていた。個人情報管理システムは、自分のマシンがどのプラットホームを使っていようが関係なしに、わたしたちに訴えかけてきた。それが時間管理の基礎を形作った。高度に連結した世界のなかで、わたしたちの効率的な時間の利用は、誰を知っていて、その人に会うのにどこへ行き、着いたらその人と何をする予定なのかを含めた総体として管理できるものとなった。子供どうしを遊ばせる日から多忙な日まで、わたしたちの日々は効率性という名のもとで加速した。わたしたちがあまりにも速く進んでいたため、時間はわたしたちの精神のなかから押し出され、デバイスのなかへ入っていった。もっとも身近な時間の内なる経験は、過負荷ゆえに外部へ委託されたのだ。

生活はもっとずっと速く動いていた。デスクトップ、ラップトップ、およびそのすぐあとに登場した携帯電話の上の電子予定帳は、個人の宇宙を標準化し、さらにそれを社会的ネットワークと同期させるための新たな媒体となる。個人的宇宙は、わたしたちを取り囲む社会的文化的宇宙とつねにネットワークでつながり、その速度を増していた。そんななか、宇宙論における集団的宇宙は変化に突入し、「加速」という言葉の新しい意味に直面しようとしていた。

宇宙の標準作り――宇宙論と素粒子物理学の標準モデル

一九七〇年代半ば、熱いビッグバン説の勝利が確定した。宇宙の膨張、軽元素の存在量、そして驚くべき宇宙マイクロ波背景放射（CMB）の存在という、論破しようのない三つの証拠の柱が、ビッグバン理論を支えるようになった。ビッグバンを否定するには、それらの柱を一つずつすべて倒す必要があった。年月を経て支持するデータが蓄積していくと、批判する人たちはきわめて困難な課題に直面した。空間と時間の始まりを意味するビッグバンは、すでに宇宙論の標準モデルとなっていた。ほかはすべて、いわば常軌を逸した空論、山のように積み上がりつつある観測事実と矛盾する異端となった。

しかし三本の柱のうち二本（軽元素の存在量とCMB）は、素粒子物理の量子力学的記述に依存している。ビッグバン理論の大成功は、天体物理学の勝利であるとともに、素粒子物理学――原子より小さい構造の研究――の勝利でもあった。その基礎的な科学の領域では、もう一つの標準モデルが誕生していた。

一九五〇年代と六〇年代を通じて物理学者たちは、極小の物質のかけらに可能なかぎりの速さ（エネルギー）を与えるための装置である、巨大な粒子加速器の開発に、膨大な労力と資源を注ぎこんでいた。[17]その目的は、粒子どうしを衝突させて壊し、その内部構造を探ることだった。衝突の残骸を調べることで、陽子や中性子などの粒子の内部構成の手掛かりが得られる。物理学者のリチャード・ファインマンは、この取り組みについて、原子を腕時計にたとえながら「わたしたちにできるのは、時計を衝突させて、飛び出してくる変わった部品（歯車、ホイール、バネ）をすべて調べることだけだ」と説明している。[18]一九六〇年代半ばには、加速器を用いた研究により、原子より小さい多彩な粒子の驚くほど完全で有効な記述である「素粒子物理学の標準モデル」が導かれた。その成功と限界は四〇年経っても変わらないままで、今日《こんにち》わたしたちが直面しようとしている宇宙論の革命の取るべき道筋をいまだに形作っている。

加速器における無数の衝突から飛び散る粒子を調べることで、あらゆる形態の質量＝エネルギーの基礎を理解できるようになった。その取り組みのなかで、物質の基本的な種類は、レプトンとクォークというわずか二つしかないことが分かった。レプトンのなかでもっとも馴染み深いのは電子だが、ほかにミュオンとタウという二種類のレプトンの「世代」によってそのファミリーは完成する。クォークはもう一方の物質の分類であり、すべての原子核のなかに存在する陽子や中性子の構成部品である。クォークとレプトンのいずれにおいても、すべての粒子には反物質の双子がいる。反粒子と通常粒子は互いに反対の電荷を持つ。反物質と通常物質は、いわば不倶戴天の敵だ。物質粒子と反物質粒子が衝突すると、互いに相手を完全に消滅させてエネルギーを飛び散らせる。

標準モデルの役割は、宇宙のすべての粒子と反粒子の一斉調査をおこなうことだけではない。粒子は、力を及ぼすことで互いを「感じる」。知られているかぎりにおいて、宇宙で作用している力は、重力、電磁気力、強い核力、弱い核力の四種類しかない。ニュートン以来知られている重力は、とて

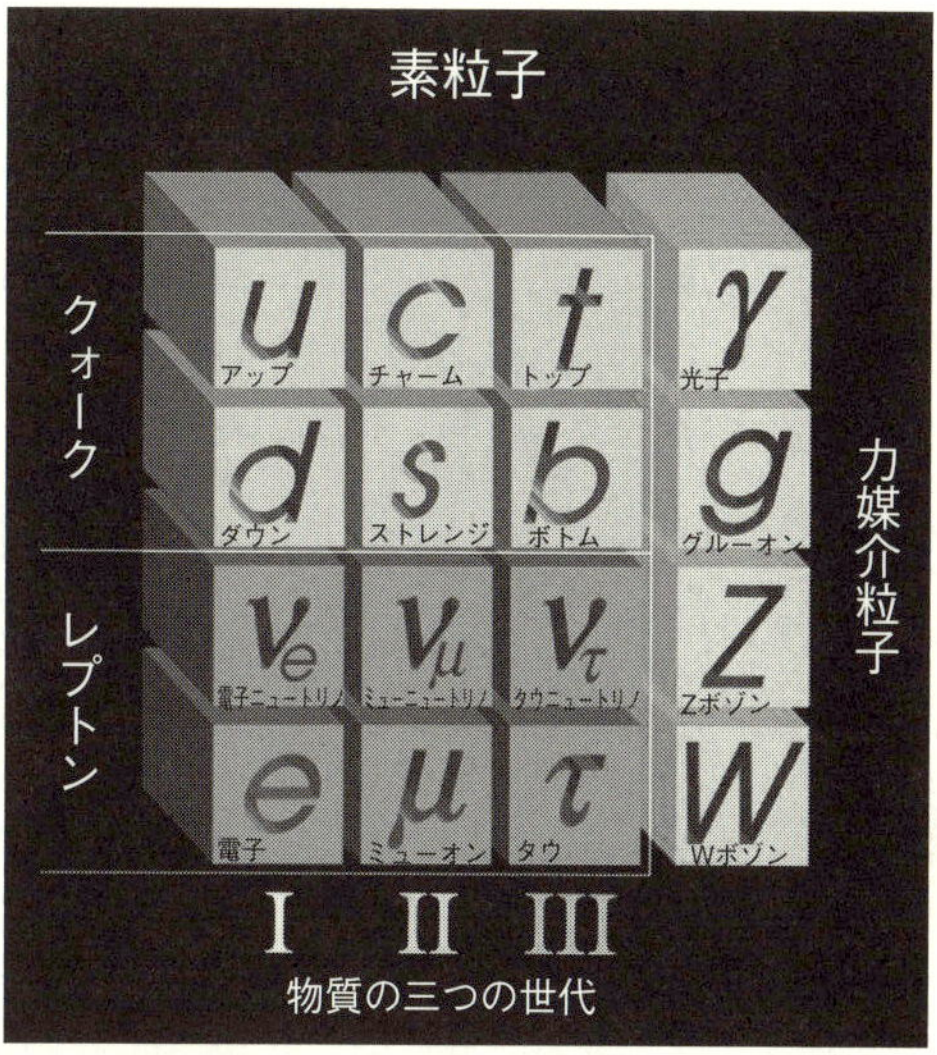

図8.2　素粒子物理学の標準モデル。この表には、標準モデルにおけるすべての素粒子と力媒介粒子を示してある。クォークとレプトンの3つの「世代」があり、また基本的な力のそれぞれに対応して4種類の「力のボゾン」がある。

つもなく弱く、大量の物質を集めないと大きな力を及ぼさない。電磁気力は、電荷と電流の領分だ。強い核力は原子核を束ね、弱い核力は放射性崩壊と密接に関係している。いずれの力も、それぞれ独自の形で、わたしたちの世界との物質的関わりの一部をなしている。わたしたちは重力の知識を使って、落下する水のエネルギーを利用したり、砲弾の軌道を正確に追跡したりしてきた。電磁気力による物質的関わりは、携帯電話からインターネットまで、生活につきものとなったあらゆる電子的魔法を直接もたらした。二種類の核力による物質的関わりは、核兵器や、それが引き起こしたすべての変化を直接導いた。

　標準モデルは、これらすべての力と、それらが素粒子に及ぼす効果を記述する。力は、「力のボゾン」と呼ばれるまた別の種類の粒子によって媒介される。たとえば光子は、電磁気力を運ぶ粒子だ。電荷を持つ粒子は、光子を交換することで電磁気力を「感じる」。冷蔵庫にくっつけた磁石が落ちないのは、目に見えない光子が磁石と冷蔵庫の金属性の扉とのあいだを激しく行き来しているからだ。グルーオンと呼ばれる力のボゾンは強い核力を媒介し、WボゾンとZボゾンと呼ばれるものは素粒子間で弱い核力を運ぶ。*19

粒子、反粒子、力の組み合わせからなるこのきわめて精巧に記述された体系は、標準モデルの大勝利だった。それによって物理学者は、ある基本的なレベルにおける物質の全体像を手にした。しかしそれは、もっとも基本的なレベルではなかった。標準モデルは、いくつもの重要な疑問に答えることができなかった。力はなぜ四種類だけなのか？　それぞれの力はなぜ強さが違うのか？　なぜ粒子には、クォークとレプトンという二つの異なるファミリーがあるのか？

なかでもとくに重要なのが、実験によって標準モデルに与えなければならないいくつかの数値だった。それらの数値は標準モデルにおける定数であり、おもに力の強さなどを決定する。この理論のあちこちには、そのような定数が全部で二〇個ほど散らばっていた。それらは標準モデルから予測できず、直接測定しなければならない。それはちょうど、時間単位で賃金が支払われる仕事に就いたものの、給与明細を見るまで時給の額が分からないようなものだ。物質の最良の理論のあちこちに二〇もの予測できない数値があるというのは、物理学者を意気消沈させるものだった。彼らは心のなかで、定数の値を含め、起こりうる、および起こったすべての事柄を予測できる、究極の最終理論を望んでいた。

標準モデルはまた、それらの定数の値に合わせて精巧に調整されているように思われた。定数が正確にある特定の値を取らなければ、宇宙はまったく異なる方向へ発展し、生命の進化も不可能になってしまう。物理学者はそれらの値を予測する方法を探すだけでなく、なぜそれらの値だけを取りうるのかを予測しなければならず、この「微調整問題」は彼らにとって呪いの言葉となった。各定数が広い範囲の値を取ってもなおわたしたちの見ている世界を導いてくれるような、もっと「ずぼらな系」だったら、事はもっと簡単だっただろう。年月が進むにつれ、この微調整問題は悪化するだけだった。

もっとも深刻だったのは、標準モデルの発展を通じ、重力がかたくなにその領域へ入るのを拒んでいたことだ。物理学者は、量子重力理論と、重力を媒介する粒子（「グラヴィトン」と呼ばれるようになった）が存在すると固く信じていたが、その見通しは地平線のはるかかなたに隠れたままだった。一九七〇年代末にはその地平線も、連なる嵐雲によって覆い隠されるようになった。

時間の始まりの困難

ビッグバン理論は、時間と宇宙の誕生に関する唯一の支配的モデルとなった。しかし、ディスコとパンクロックの一〇年が進むにつれ、新たな問題がいくつか浮上してきた。問題はさまざまな方向からぶつかってきた。観測天文学の領域から浮かび上がってきたものもあれば、宇宙論と素粒子物理学との成長する界面から生まれたものもあった。一九七〇年代終わりには、それらの疑問のうち少なくとも三つが、とくに差し迫ったものであることが分かった。

◎因果律問題

天文学者はＣＭＢを使い、初期宇宙の諸性質を詳細に測定することができた。とくに、初期宇宙のプラズマの温度を高い精度で求められた。また、空のそれぞれ異なる方角を見ることで、初期宇宙において互いに遠く隔たっていた領域の温度などの条件を比較した。すると驚いたことに、どちらの方角を見ても温度は変わらないことが明らかとなった。観測装置を空の正反対の方向へ向けても、宇宙のプラズマの温度は一万分の一の精度で一致した。[*20] なぜこの温度はどこでも正確に等しいのか？ 宇宙は混沌としながら膨張する火の玉として始まったのだから、火の玉の一部はほかの場所よりわずかに異なる条件に落ち着いたと考えるのが理にかなっている。

天文学者が直面した、宇宙の条件がほぼ完全に一様だという根本的問題は、単純に因果関係として論じることができる。空の互いに反対側の地点は、初期宇宙においてあまりに遠く離れていたため、それ以来一度もつながりを持っていない。現在の天空において半球分離れている宇宙の領域どうしは、ＣＭＢの光子が脱結合したときにはきわめて遠く離れており、以後接触できない状態が続いてきた。ビッグバンの瞬間から、ＣＭＢの光の波が解放された瞬間までの期間にも、光の信号がそのあいだを橋渡しすることはできなかった。これが、因果律のジレンマの根源である。

天文学者は、宇宙が現在どのくらいの速さで膨張しているかを知っている。また、フリードマン＝ルメートルの解を使って、ビッグバンの数秒後より以降、その膨張がどれほどの速さで進んできたかをかなりよく理解できていると考えている。それに基づけば、現在において空の反対側どうしにある空間領域が、因果的に結びつけられるほど接近していたことはこれまで決してなかったと、容易に判断できる。つまり、ＣＭＢが示す温度の完全な一様性は、宇宙規模の驚くべき偶然だと言える。天文学者にとってそれは、朝になって新聞の天気欄を開いたら、地球上のすべての都市の気温が小数点以下四桁まで正確に同じだったようなものだ。

しかし天文学者は、深遠な偶然を好まない。偶然に出くわすと彼らは、夜も寝ずに、ほかに何かが起こっているのではないかと考えをめぐらせるものだ。宇宙の一つの領域から別の領域へ光が届く時間さえないのであれば、それぞれの領域が互いの様子を知ることはできないはずだ。このような温度の完璧な一致を実現するために、情報を交換する――光の波の形で――ような時間的余裕はなかった。この因果関係の謎は、天文学者や物理学者にとってとてつもなく厄介な問題だった。それが解決できなければ、合理的な宇宙論への望みは打ち砕かれてしまう。

◎平坦性問題

フリードマン＝ルメートルによる宇宙の進化の解には、宇宙の形と運命を決定する重要な数が含まれていたことを思い出してほしい。第６章で見たように、宇宙の物質＝エネルギー密度を特別な「臨界値」として表現したのが、オメガ（Ω）だ。Ωの真の値を求めることは、ビッグバン宇宙論の聖杯となっていた。一九七〇年代にはその最良の答として、Ωは一よりわずかに小さいことが分かった（その値は〇・〇五近辺にあるように思われた）。その値がマジックナンバー一にきわめて近かったことで、ビッグバン理論学者たちにとって真の問題が浮かび上がってきた。

　この理論によれば、一般的に宇宙が進化するとともにΩの値は変化する。Ωが正確に一であるのは、全宇宙的時間にわたって正確に一のままである場合に限られる。もしΩが正確に一であれば、宇宙の空間の幾何は過去も現在も完全に平坦だということになる。

　もしΩがわずかでも一より大きい、あるいは小さい状態から宇宙が始まったら、宇宙の膨張によってその値は時とともに劇的に変化し、10^{-40}のようなきわめて小さい値か、10^{40}のようなきわめて大きい値ないように思えるかもしれないが、一〇〇万×一〇億×一兆といった数を予想していた宇宙論学者にとっては、臨界値であるΩ＝1にきわめて近い値で、何か怪しげなことが起こっているのではないかと思わせるのに十分だった。もしかしたら、宇宙の密度は実際に臨界値の一を取っており、わたしたちの測定では残りの物質＝エネルギーが見つかっていないのかもしれない。あるいは、ビッグバンの時点でΩはある特別な値を取っており、時とともにそれが変化して、宇宙の歴史においてこの特定の瞬間に一に近くなったのかもしれない。宇宙の進化の始まりにおいてΩが一より小さかったとしたら、一九七〇年代に天文学者が観測した値へ落ち着くには、小数点以下六桁の精度で特別な値に合わせられたのでなければならない。それはもちろん宇宙の初期条件を微調整することになり、天文学者はまたもう一つの偶然に頭を抱えることとなった。天文学者のあらゆる知識から言って、Ωが一にきわめて近いことはこの理論にとって悪い知らせであり、それには説明が必要だった。

◎磁気モノポール問題

ビッグバン宇宙論にとっての第三の問題は、素粒子物理学の領域から生まれた。宇宙は電荷であふれている。電子のように負の電荷もあれば、陽子のように正の電荷もある。物理学者はその相異なる極性を、電気モノポールと呼ぶ。この世界に関する奇妙な事柄の一つとして、磁気モノポールというものは存在せず、磁場は必ずN極とS極が対になって現れる。N極だけ、あるいはS極だけの「磁荷」を持った粒子は存在しない。物理学者はずっと、単独の磁荷が発見されたことがないのはなぜか不思議に思ってきた。一九七〇年代、世界の構造をより深く探ろうとする理論家たちは、素粒子物理学における大統一理論（GUT）と呼ばれるものを編み出そうとしていた。GUTは標準モデルを超えるものとして考えられ、物質の構造と相互作用をより深いレベルで理解しようという、理論物理学者の壮大な試みだった。素粒子物理学者は長いあいだ、宇宙を形作る四種類の既知の力は、未発見のただ一つの「スーパーフォース」が持つ互いに異なる側面ではないかと考えていた。そして、これらの力を統一する方法を探すことに情熱を傾けていた。当時最良のGUTによれば、ビッグバン後に広がった素粒子のスープのなかでは磁気モノポールが生成するはずだった。しかし長年にわたる探索にもかかわらず、モノポールは一つも見つかっていない。

素粒子物理学者にとって、モノポールが存在しないことは頭痛の種だった。地平線問題や平坦性問題と同じく、モノポール問題も、ビッグバンの正説に突きつけられた動かしがたい難題だった。

インフレーション――宇宙論と素粒子物理学が誓いを新たにする

インフレーション理論は、一九七〇年代末に宇宙論学者を悩ませていた一連のパラドックスを解決するための大胆な試みとして始まった。インフレーション宇宙論の基本的な考え方は、過激であると同時にエレガントでもある。インフレーション理論では、わたしたちが見ている宇宙の領域が、歴史のきわめて初期にごく短期間だけ急激に膨張したと考える。「初期」という言葉は控えめすぎる。インフレーションの時代は、宇宙誕生からわずか10^{-33}秒後に始まった。これは、一秒の一〇億分の一の一〇億分の一の一〇億分の一のさらに一〇〇万分の一よりも以前だ。[*22]

インフレーションのあいだに、宇宙はおよそ10^{40}（1の後に0が四〇個続く）倍に広がり、その大きさは素粒子よりも小さいサイズからソフトボールほどにまで拡大した。この膨張は、わずか10^{-33}秒のあいだに起こった。インフレーションが終わると、宇宙は、今日《こんにち》わたしたちが見ているもっとゆっくりとした膨張に戻った。比較として、宇宙の後半生（過去七〇億年）のあいだに、宇宙は一〇倍足らずしか大きくなっていない。

正気でない考えで、ビッグバン理論に不必要な要素を付け加えただけと思われるかもしれないが、インフレーションによる短期間の猛烈な膨張によって、標準的な宇宙論の抱える問題がすべて解決された。インフレーション理論では、今日《こんにち》わたしたちが見ている宇宙の各部分は、猛烈に拡大する以前に実際に因果的に接触していたので、因果性問題は解決する。また平坦性問題も解決する。インフレーションの急激な膨張によって空間は自然と平坦に引き伸ばされ、Ωは、もとの値が何であれ必然的に一となる。物理学者は、宇宙の初期条件を微調整する必要のないこの理論を歓迎した（以後の観測によっていずれ「行方不明の質量＝エネルギー」が見つかり、平坦な空間を意味するΩ＝1という値が得られるだろうと考えた）。最後に、インフレーション理論は磁気モノポール問題も取り去ってくれた。すなわち、短期間のインフレーションによって空間があまりに薄まったため、モノポールの密度も下がった。空間の猛烈な膨張とともにモノポールどうしがとてつもなく遠くに引き離され、わたしたちがモノポールを観測する確率は事実上ゼロになったということだ。

このように、ビッグバン理論にたった一つ変更（初期の短期間の急激な膨張）を加えるだけで、これらの問題がすべて解決された。物理学者や天文学者が関心を持たないでいるのは難しかった。

よいアイデアには必ずそれを擁護する人が必要なものであり、インフレーション理論も、ＭＩＴの物理学者アラン・グースという英雄を見いだした。一九八一年にグースは、宇宙論のインフレーショ

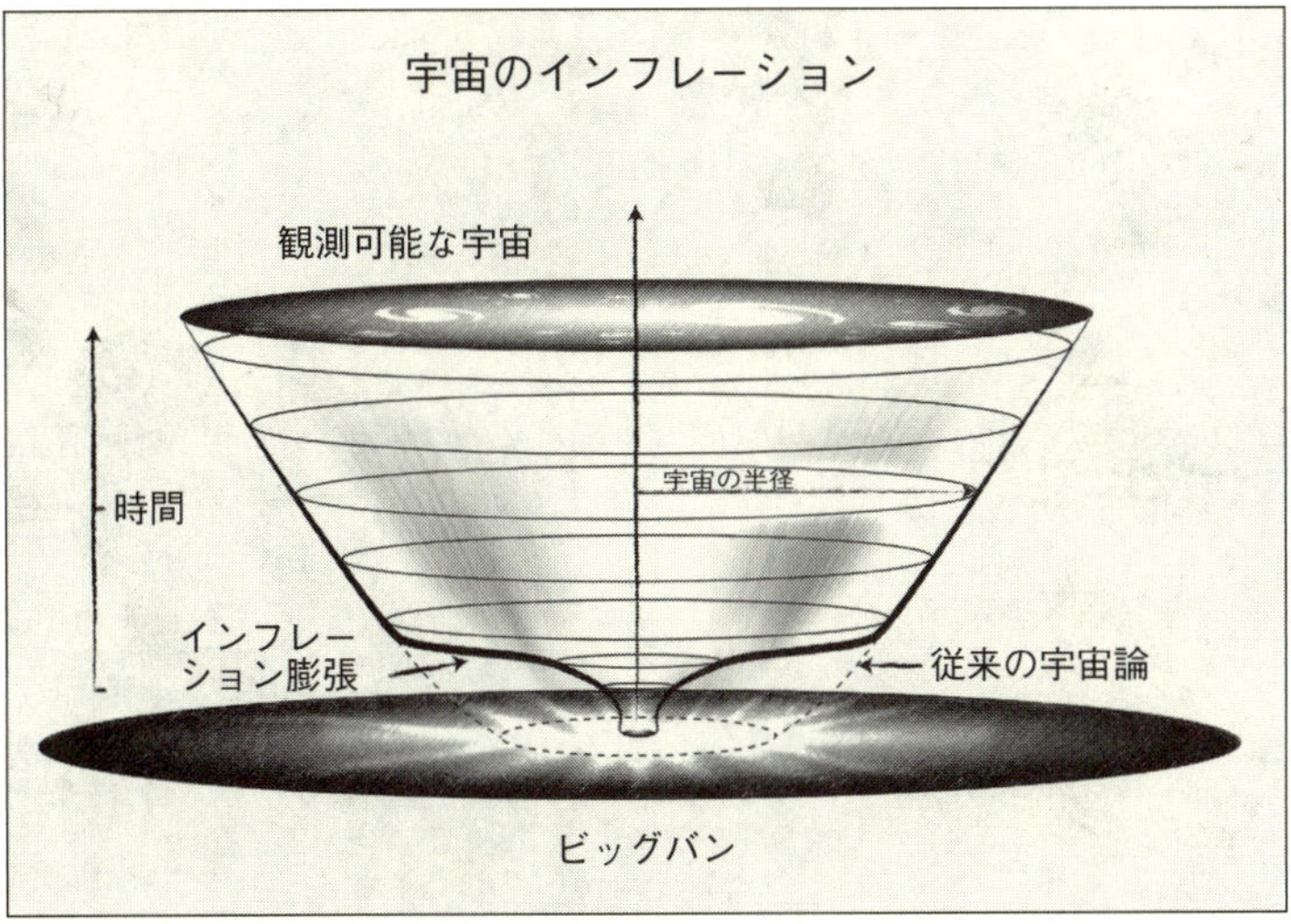

図8.3　インフレーションが宇宙論を救う。インフレーション理論では、因果的に結びついた宇宙の小さな一角を採り上げ、それがわたしたちに見えるすべてのものへ拡大したと考える。それによって、昔からのビッグバン理論のパラドックスがすべて解決される。

ンモデルを記述した論文を書いた。[*23] アイデアのいくつかは以前に提唱されていたものだったが、グースはそれらを一貫した理解可能な形でまとめ上げ、それにインフレーションという人目を惹く名前を付けた。しかし一番重要なのは、グースが天文学者ではなかったことだ。グースは素粒子物理学者であり、GUTの領域から生まれた道具を使ってインフレーション理論を構築した。またのちに、モノポールの存在を必要とする、やはりGUTの領域に由来する考え方を使い、モノポールが決して観測できない理由を示すこととなる。

　GUTによれば、もし宇宙をいまより高いエネルギーへ「加熱」できたとしたら、ちょうど氷が融けて液体の水になるように、今日《こんにち》わたしたちが見ている四つの互いに異なる力が順番に「融けて」、スーパーフォースになると予測される。素粒子物理学者が、巨大な加速器のなかで素粒子を凄まじいエネルギーで衝突させることによって実現しようとしているのは、まさに宇宙の極微小な領域を加熱することにほかならない。

もちろん宇宙全体は、素粒子物理学者が望むような高温の段階をすでに経験している。当然の成り行きとして宇宙論は、物理学者が欲しがるGUTの実験室を提供してくれた。インフレーション宇宙論とGUTとを重要な形で結びつけたのは、インフレーションを引き起こすエネルギー源、すなわちインフレーション宇宙論学者が「偽の真空」と呼ぶものだった。

インフレーションは、誕生した宇宙のごく一部を取ってきてそれを膨らませることで、わたしたちに見えるすべてのものを作るという、究極のフリーランチのようなものに思えるかもしれない。しかしそこには、何らかのメカニズム、つまりそれを働かせる何らかのエネルギー源があるに違いない。グースらはGUTに頼り、初期宇宙は空っぽの空間のふりをしながら、燃やせるエネルギーを秘めた背景、すなわちエネルギー場で満たされていたと考えた。このエネルギーに富んだ背景が「偽の真空」だ。物理学者は、量子力学による物質の研究によって、全体に広がるこの種のエネルギー場に慣れ親しんでいた。空間全体に一様に広がったこの偽の真空のエネルギー場は不安定であり、やがて真の真空へと「崩壊」して、場が持っていたエネルギーを解放する。

インフレーションは、その崩壊の結果だ。宇宙がちょうど適した温度にまで冷えたときに始まり、偽の真空の崩壊によって解放されたエネルギーが一種の反重力として作用した。そして時空を引き裂いて膨張を加速させ、ちょうど適した時間にちょうど適した力で、宇宙の微小な領域を現在観測可能な宇宙全体へと拡大させた――ビッグバン直後のビッグリップだ。

インフレーション理論は、天文学と、素粒子物理学の最先端理論とを結びつけることで、元素生成やＣＭＢなどすべての出来事に必然的に先立つ、宇宙誕生の新たな「標準モデル」となった。しかし、二〇世紀の最後の何十年かで標準的なビッグバン宇宙論に付け加えられたのは、インフレーションだけではなかった。一九八〇年代から九〇年代にかけて物理学者や天文学者は、予想外の新発見と取り組むことを強いられ、その新たな役者をそれぞれ、宇宙の創成の物語に加えなければならなくなる。

ダークな宇宙、パートⅠ――ダークマター

二〇世紀の最後の何十年かは、宇宙論にとって闇《ダーク》のなかへの重大な一歩となる。しかしその動きを理解するには、しばしのあいだ五〇年だけ後ずさりする必要がある。気づいた天文学者はほとんどいなかったが、彼らがダークな宇宙とはじめて出会ったのは、ビッグバン理論の成功よりはるか以前だった。一九三三年、因習の打破を信条として国を離れた一人のスイス人天文学者が、のちに「ダークマター」と呼ばれるようになるものを偶然発見した。

フリッツ・ツヴィッキーは、「二〇世紀の天文学においてもっとも不遇の天才」と評されている。[*24] 激しい怒りをほとばしらせ、妥協しない人間性を持つツヴィッキーは、同業者と激しい論争を交わすことが多かった。ツヴィッキーが編纂した有名な銀河カタログの冒頭では、何人かの天文学者（実名が挙げられている）を激しく非難し、ツヴィッキーのアイデアを盗んで自分たちの間違いを隠したとして、「媚びへつらう輩」や「こそ泥」と呼んでいる。ウィルソン山天文台のある同僚天文学者は、あるとき、とくに激しい口論の後で、ツヴィッキーに殺されるのではないかと怖くなったことがある。しかしツヴィッキーは、とても人間的で思いやりのある側面も持っていた。友人に数える人たちには

図8.4　ダークマターを最初に「見た」男、天文学者フリッツ・ツヴィッキー

献身的で、第二次世界大戦後には、破壊されたヨーロッパの図書館に本を送る活動を率いた。しかしその矛盾した性格は別として、ツヴィッキーを傑出した人物にしたのはその科学である。科学の創造力の権化とも言えるツヴィッキーは、ほかの人がまだ認識さえしていないいくつもの問題に対して驚くような答を導いた。科学の領域のなかでツヴィッキーの優位性がもっとも表れているのが、ダークマターの発見だ。

一九二五年にハッブルが、銀河は個別の恒星系であることを発見し、銀河は新たな重要性を持つようになった。一九三三年には、銀河は空間に一様に分布しているのではなく、寄り集まってさまざまな大きさの大規模構造を作っていることが分かっていた。[*25]当時ツヴィッキーは、そのような銀河団のなかでももっとも大きいと思われるものを研究していた。その研究の一環としてはじめに、この銀河団を構成するすべての銀河の質量を足し合わせた。次に、銀河団のなかの各銀河の速度を調べた。そしてその二つを比較したところ、あるパラドックスが見つかった。銀河があまりに速く動いており、銀河団全体の重力ではつなぎ止められないほどだったのだ。もしその銀河団が、惑星のように単純に重力によって結びついた質量（銀河）の集合体だとしたら、個々の銀河はロケットのように高速に動いているのだから、脱出速度に達しているはずだ。

ツヴィッキーの計算によれば、その銀河団は何十億年も前にバラバラになっているはずだった。ところがその銀河団は、宇宙の空隙のなかで確かに銀河の密な集合体として存在している。見ることのできる「光を発する物質」（銀河）だけではその銀河団をまとめておけないのであれば、銀河団のなかには見ることのできない物質がさらに存在しているはずだと、ツヴィッキーは結論づけた。ツヴィッキーは次のように書いている。「かみのけ座銀河団の平均密度は、光を発する物質の観測によって導かれた値の少なくとも四〇〇倍は大きいはずだ。それが裏付けられれば、光を発する物質よりもはるかに高密度のダークな物質が存在しているという、驚きの結論が導かれる」（強調は著者による）。それは仰天の結果だった。そしてそれは、ほぼ忘れ去られたか、あるいは少なくとも、まだ説明できていない結果として棚上げにされた。天文学者はまだ、自分たちが見ているものがすべてではないことを認める心構えができていなかった。

一九七〇年代にヴェラ・ルービンなどの天文学者が、個々の銀河とその回転の研究によってダークマターを再発見しはじめる。ルービンはいくつもの銀河のデータを集め、それぞれの銀河は光を発する物質だけでは説明できないほど高速で回転していることを見いだした。ルービンのデータから、銀河のうち光を発している部分は、それを取り囲むダークマターの巨大なハロー（球状の雲）によって高速回転させられているらしいことが分かった。このルービンの結果は、さまざまな画像でわたしたちを楽しませてきた銀河の渦巻がすべてではないことを意味していた。明るい恒星や輝くガス雲は、いわば目に見えない大きなクリスマスツリーに吊るされた電球にすぎなかった。実は銀河は大部分がダークだったのだ。

「ダークマター」という言葉は、何よりもわたしたちの無知を表現している。天文学者がダークマターに関して知っているのは、光を発する物質を銀河中心の周りに高速で公転させる重力を生み出しているということだけだ。ダークマターが質量にして通常の物質より一〇から一〇〇倍存在しているという証拠が積み上がるにつれ、その性質と物理学における位置づけを理解しようとする競争が始まった。一九九〇年代半ばには、至るところに存在するダークマターはあなたやわたしを作る物質と根本的に違うものだという結論が下された。「わたしたちの材料」はバリオン物質と呼ばれ、陽子や中性子からできている。死んだ恒星や、深宇宙に浮かぶ大量の岩など、「ダークなバリオン」で宇宙が支配されているという可能性は、さまざまな技術を用いて排除された。ダークマターは、正体が何であれ、電磁気力や強い核力には反応しない。「わたしたちの材料」ではないのだ。

一九八〇年代に文化を作りかえたコンピュータは、宇宙論もまた作りかえた。宇宙全体の研究を含め、天文学のすべての分野において、コンピュータシミュレーションは急速に重要な道具となっていった。天文学者は、当時最速のスーパーコンピュータを使い、CMBの光子が脱結合した時代以後の宇宙の歴史のシミュレーションを走らせはじめた。その脱結合の時代、広大な空間領域にわたって銀河団が形成されはじめた。シミュレーションと、銀河分布の地図を作る新たな観測計画が組み合わさって、ダークマターの性質の重要な手掛かりがもたらされた。

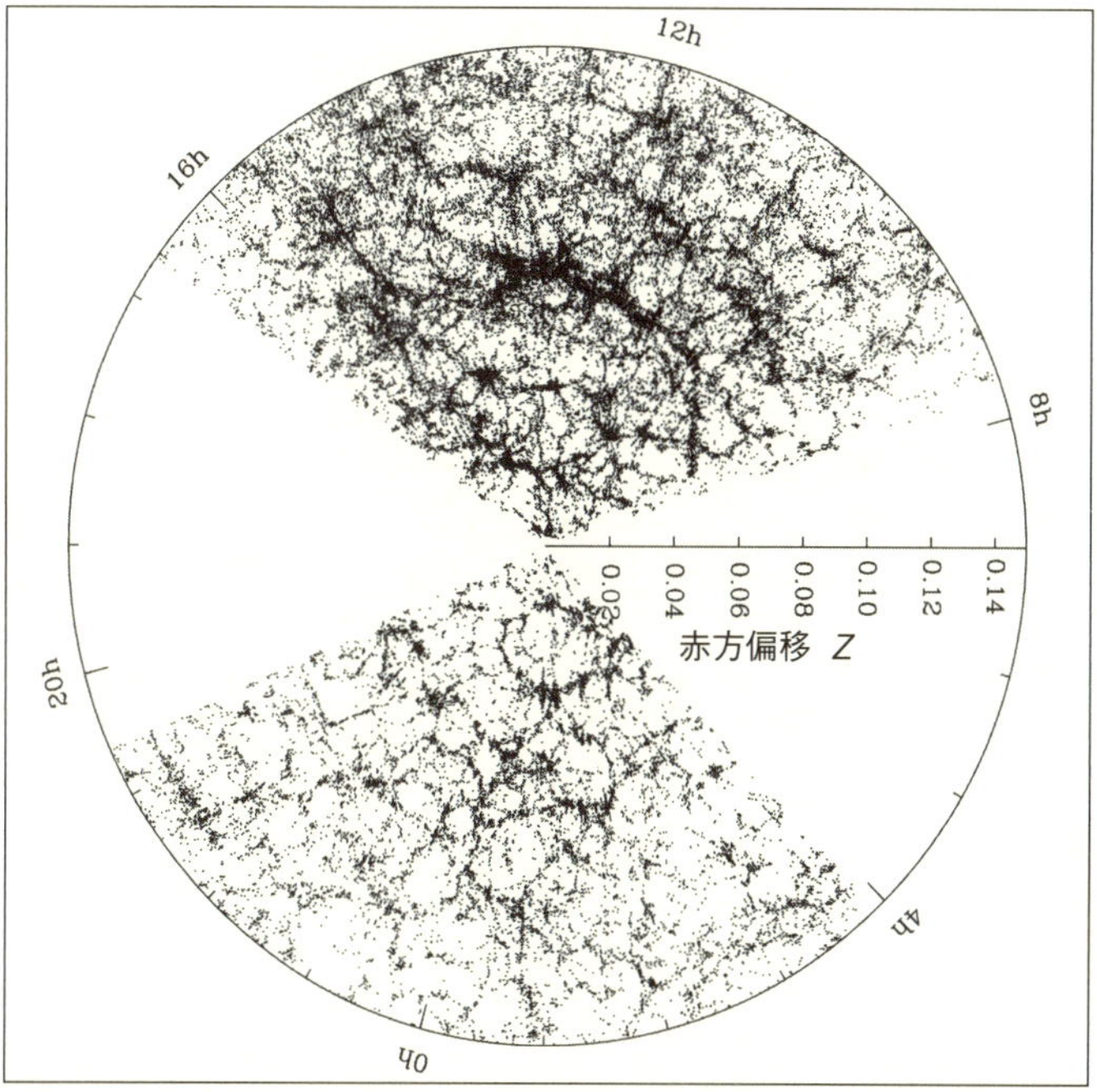

図8.5　宇宙の大規模構造。この図は、20億光年のスケール（外側の円）における銀河の分布を示している。北側と南側の2つの狭い領域において、銀河分布の地図が作られている。南側の領域のほうが厚みが小さく、そのためよりまばらに見える。

質量にしてバリオン物質の何倍も多く存在するダークマターの分布は、銀河形成の時代に重要な役割を果たした。初期宇宙から残ったダークマターの小さな塊やこぶは、銀河団の種となった。宇宙規模の銀河団形成のコンピュータシミュレーションが数を増すとともに、観測天文学者たちは、その最初の塊の痕跡を探そうと、天空の大規模調査を新たに開始した。そうして得られた地図から、数億光年以上のスケールで銀河や銀河団が空間内にどのように分布しているかが明らかとなった。そこで、宇宙の歴史の最初の数十億年における銀河団の形成と進化を追跡し、観測された銀河団の分布を再現することを目的とする、新たなコンピュータシミュレーションがおこなわれた。そのコンピュータシミュレーション計画は驚くほど成功した。シミュレーションによって観測データを再現できたが、それはある種類のダークマターを用いた場合に限られた。ダークマターの動きが速すぎると、銀河や銀河団を生み出す重力収縮がまったく起こらなかった。ダークマターが何であれ、それは「冷たい」ものであり、光の速さと比べて遅く動くものでなければならない。熱い（高速の）ダークマターは舞台を去り、冷たい（低速の）ダークマターが登場した。

新たな千年紀に入ると、宇宙論学者は自分たちのモデルに、新たな役者である冷たいダークマターをはめこまなければならなくなった。素粒子物理学者は、冷たいダークマターの理論的候補をいくつも提供できる状態にあった（あまりに多すぎるという人もいた）。そのほとんどは、何らかの形の、弱い相互作用をする重い粒子（頭文字を取ってＷＩＭＰと呼ばれる）だった。これらの粒子は、弱い核力と重力しか感じない。ＷＩＭＰは標準モデルの一部ではなく、物理学者は新たな領域に突入しようとしていた。標準モデルを超えた新たな物理が見つかる可能性は刺激的だったが、現実にはどの実験室でも、何らかの形のダークマター粒子が姿を現すことはなかった。

一九八〇年代の銀河団の観測と、銀河団形成のシミュレーションがきっかけとなって、見ることのできるすべての空間と時間にわたる宇宙の地図を作るという大胆な取り組みが始まった。そのためには、その一〇年間に登場したさらに高速で高度なコンピュータが必要だった。科学者の新しい道具であるそれらのスーパーコンピュータは、それまで思いもよらなかった、宇宙の進化を描き出す可能性をもたらした。宇宙論における次のまったく予想外の一歩は、宇宙地図の作製と、宇宙の加速膨張という新たな概念を密接に結びつけることとなる。そしてちょうどそれと同時に、似たような地図と加速との組み合わせが、人間的時間の構築においても地位を占めることとなる。

ペンシルヴェニア州スクラントン　二〇〇四年三月八日

「青い点が赤の線の上に乗っていれば、万事ＯＫだ。青い点が赤の線の上。それだけだ」

彼はすでに遅れていて、まずい状況だった。会合が二時半に始まるというのに、まだスクラントンの郊外何キロも離れたところにいた。飛行機が遅れたうえに、レンタカーのカウンターの事務処理があまりに長く、説明もよく言っていいかげんだった。レンタカー屋にＧＰＳを付けたいかと聞かれたので、慌てていた彼はイエスと答えた。役に立つだろうと思った。プレゼンができなければ、取引はすべて失敗に終わってしまう。

腕にタトゥーを入れたレンタカー屋の駐車場の男は、ダッシュボードの上の何とかＧＰＳというものの説明を三分間もしてきた。一緒に住所を入れると、パッ！　出た。現在位置は地図上の点滅する青い点で、ルートは空港から支社までくねくねした赤い線で書かれている。「これだけでいいんだ」とタトゥー男は言った。「青い点を赤い線の上に乗せておくだけ、それでＯＫだ」

そのとおりだった。曲がり角ごとに、かなり手前から声で指示してくれた。「一マイル先を左折です」とＧＰＳの耳障りのいい女性の声が知らせた。彼は返事した。「うん、うん、うん。ありがとう」

彼は空を見上げて、思いめぐらせた。上空のどこかを縦横無尽に漂っている衛星が、それぞれ信号を送信し、彼の位置を数メートルの精度で追跡している。驚きだった。たった数カ月前に歯医者に行ったときに、一般向けの科学雑誌でＧＰＳのことを読んだ。もうこうして運用されていて、彼を助けてくれている。

「一〇〇ヤード先を右折です」とＧＰＳは言った。ダッシュボードの時計は二時四一分を示していた。彼は前もって携帯電話で知らせていた。相手は、あまりにも遅くなるなら待てないということだった。「五〇ヤード先を左折です」。間に合いそうだった。

「大好きだよ」。彼はダッシュボードのボックスと、赤い線の上を動きながら点滅する青い点に向かって言った。[*26]

時間を空間にマッピングする——全地球測位システム（GPS）の出現

時間の再構築はつねに、空間との新たな邂逅と切り離すことのできないプロセスだ。人間生活において時間と空間は、移動という単純な概念によって対をなしている。ローマ皇帝の勅令がヨーロッパじゅうに伝わるのにかかる時間、金《きん》を積んだ船がアメリカ大陸からスペインへ到着するのにかかる時間。あなたの家族がピッツバーグから車でクリーヴランドまで来るのにかかる時間、重要なEメールがネットワークのなかを伝わるのにかかる時間。

しかし、移動による空間との邂逅はつねに、位置を決定する能力によって成立する。移動するには、あなたがどこへ向かおうとしているかを知る必要がある。そして、人間による時間の経験は空間の経験と密接につながっているため、空間が地図によってどのように表現されているかに注意を払わなければならない。経度——およびその時間測定とのつながり——の長い物語は、正確な地図を作ってそれに対する位置を知る能力をめぐり、文化全体を巻きこんだ、すべての人々に関わる戦いだった。個人的でもっと身近に経験するような地図との邂逅もある。わたしたちは個人として、頭のなかにある近所の位置関係から、一九二〇年代や三〇年代に自動車旅行が一般的になって使われはじめた州全体の地図まで、さまざまなレベルの地図を使う。シリコンを基盤とした物質的関わりの到来は、あらゆるレベルにおける地図との邂逅を変えることとなる。Ｅメールや個人情報管理が、時間に対する期待を変えることによってわたしたちの日々の経験を作りかえたように、ＧＰＳに伴う劇的なエレクトロニクス技術は、わたしたちの空間との邂逅を変え、時間の変化をもたらすこととなる。そしてＥメールやアウトルックの宇宙のように、ＧＰＳは人間文化を至るところで深い形で加速させる。

この手のものではよくあることだが、ＧＰＳは軍から誕生した。一七〇七年にイギリス海軍の軍艦が霧のなかで沈没したことが、経度決定の正確な方法をもたらしたように、アメリカ軍がきわめて正確な位置決定を必要としたことが、全地球測位システムにつながった。

一九五七年にスプートニクが軌道に到達してからわずか数日後、ＭＩＴのリンカーン研究所の科学者が、この衛星の発する電波パルスの周波数変化――ドップラーシフト――を使えば、スプートニクの位置を正確に特定できることを発見した[*27]。その方法を逆に使えば、分かっている軌道上の衛星から地上の位置を決定できることに気づいたアメリカ海軍は、ＴＲＡＮＳＩＴ衛星を用いたナビゲーションシステムを構想した。一九六四年に運用開始したＴＲＡＮＳＩＴは、軌道上の六基の衛星からの信号を用いて、海上の原子力潜水艦の正確な位置を決定できた[*28]。ＴＲＡＮＳＩＴの概念自体は成功したが、信号の届く範囲が狭すぎたため、衛星が上空を通過して位置を特定できるまで何時間も待たなければならないこともあった。

ペンタゴンは、より信頼性が高く連続的に利用可能なシステムの構築を目指し、一九七三年にＮａｖｓｔａｒ（「計時と測距によるナビゲーションシステム」の略）計画を始動させた。Ｎａｖｓｔａ rの原理は、地球を何基もの衛星で取り囲み、それらの信号を用いていつでもどこでも位置を決定できるようにするというものだった。[*29]

それぞれの衛星は、自分の位置と、一〇億分の一秒の精度で正確な時刻を送信する。地上の受信機はその情報を受信し、それを使って地球上での自分の位置を数十メートルの精度で計算する。位置の決定には、空間内での三次元位置（測線）を三角測量で求めるのに三基、時刻の差を補正するのに一基、合計で四基の衛星が必要だった。[*30] 測線は、信号の到達時刻を比較することによって求める。すなわち、地上の受信機が、自分の時計と、衛星が測定した時刻とを比較する。そしてその二つの時刻の差を用いて、衛星からの距離を計算する。光は秒速三〇万キロメートルで進むので、時刻の差が一〇〇〇分の一秒であれば、地上の受信機は衛星から三〇〇キロメートル離れていることになる。[*31] 科学者たちは、受信機の時刻と、三基の衛星から送信された時刻の信号とを比較することで、空間内における受信機の位置――経度、緯度、高度――を超高精度で決定することに成功した。[*32]

GPSの物語は、二〇世紀の大きな科学革命である相対論と量子物理学の両方が関係した物質的関わりの物語である。超高精度で位置を測定するには、きわめて精度の高い時計が必要だ。そこに量子力学が関わってくる。それぞれのGPS衛星には、原子時計が搭載されている。一九五〇年代に科学者たちは、量子力学に基づく知識を用いて原子をきわめて正確に操作するようになった。そして、原子内での電子の素早い遷移（有名な量子ジャンプ）を操ることで、三万年で誤差が一秒という精度の安定した原子パルスを生成させた。一九七〇年代、GPSシステムを作る技術者たちは、この量子的な時間技術をうまく活用することができた。それぞれの衛星は四台の原子時計を搭載し、数時間で一〇〇〇億分の数秒、すなわち一〇ナノ秒未満の精度で時刻を刻みつづける。衛星の信号が伝わる距離に

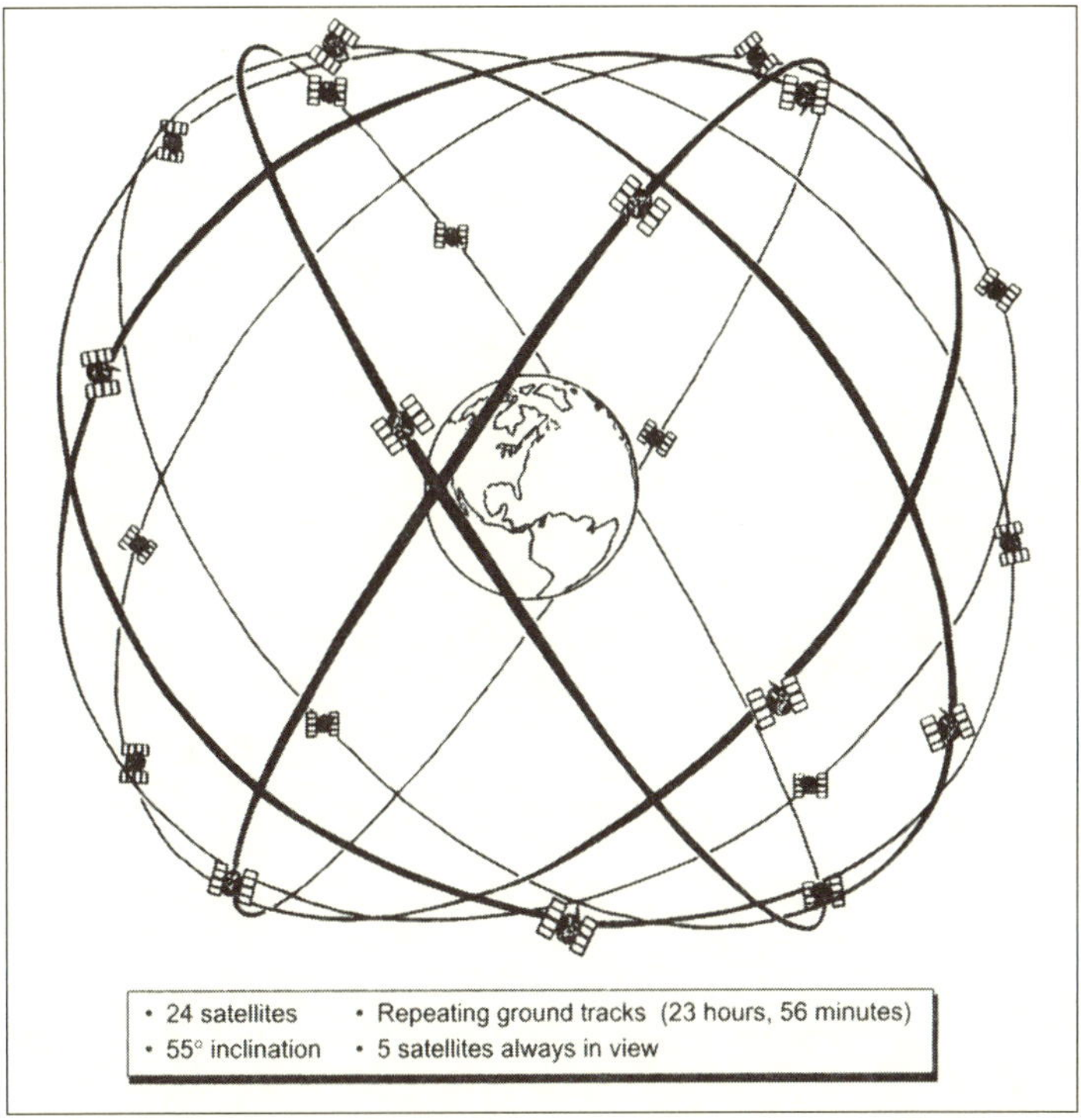
• 24 satellites
• Repeating ground tracks (23 hours, 56 minutes)
• 55° inclination
• 5 satellites always in view

図8.6　地球周回軌道上のGPS衛星ネットワークの模式図。ランド社の初期の研究より。

換算すれば、一ナノ秒は約三〇センチメートルに相当する。[*33]

相対論が技術として実体を現したのは、距離の決定に必要な精度もまたGPSの大きな課題だったからだ。各衛星は軌道上を高速（時速三・八キロメートル）で移動している。しかも、地球の質量による重力的な時空の歪みのなかを動いている。そのため、アインシュタインの相対論（特殊相対論と一般相対論の両方）を無視することはできなかった。衛星の運動による相対論的な時間の伸び（特殊相対論）は、衛星の時計を地上の時計より一日あたり七マイクロ秒遅らせる。[*34] さらに、衛星の時計が地球から離れており、また時空が重力的に歪んでいるため、衛星の時計は地上の同じ時計より速く時を刻む。一般相対論によれば、GPSの時計は地上の時計より一日あたり約四五マイクロ秒進むと予測される。[*35] したがって、GPSによって地上の位置を決定するには、宇宙の構造を描き出したのと同じ相対論を無視することはできなかった。相対論効果を補正しなければ、GPSはすぐに役立たずになってしまう。オハイオ州立大学のリチャード・パーグは次のように言う。「相対論を無視することで生じる誤差は、ある日オハイオ州コロンバスにあるわたしの家の玄関先に立って位置を測定し、一週間後に同じ測定をおこなうと、GPS受信機が、わたしの玄関先とわたしの身体はいまデトロイト上空およそ五〇〇〇メートルにあると知らせてくるのに近い」[*36]

量子力学、相対論、そして宇宙時代のロケット科学を組み合わせることにより、Ｎａｖｓｔａｒ／GPSシステムは、軍のための位置決定の新時代を約束した。一九八〇年代を通じ、軌道上のGPS衛星のネットワークは徐々に構築されていった。一九九三年、ボスニア紛争へのアメリカの介入の際に、海軍のパイロットであるスコット・オグレーディ大佐がセルビア上空で撃墜され、軍事利用のためのGPSの成功はきわめて人間的な側面も帯びるようになった。オグレーディは四日間にわたってセルビア軍から身を隠し、必死で生き延びた末、海兵隊第二四進攻部隊によって劇的に救出された。このオグレーディと救出部隊の英雄的行動の裏には、ライフジャケットに忍ばせたGPS装置のおかげて、海兵隊部隊がオグレーディの位置を正確に特定し、危険な場所から速やかに救出できたことがあった。[*37]

しかし、衛星のネットワークが完成する前に、いくつかの出来事によってGPSは民間の領域へ入ることとなった。一九八三年、大韓航空〇〇七便がソ連領空で行方不明になり、ソ連軍の戦闘機によって撃墜された。この事件で、アメリカ上院議員を含め二六九人の乗客乗員が全員死亡した。[38] それを受けてレーガン大統領はGPSの機密扱いを解除し、純粋に軍事目的の開発から民間向けの計画へと移した。一九九三年にクリントン大統領は、衛星信号に加えられていた「ファズ」（意図的に加えられた誤差）の量を減らして一般にも利用できるよう、軍に指示した。この「ファズ」は、GPSの利用者に応じて位置の精度のレベルを変えさせるもので、「選択利用性」と呼ばれていた。軍はもちろん最高の精度で利用できた。二〇〇〇年に選択利用性が撤廃され、GPSは人々の生活と時間に浸食しはじめた。[39]

一九八〇年代後半から九〇年代前半にかけて、マジェラン社やトムトム社などの企業から初の一般向けGPS装置が発売された。それらの製品はすぐに普及し、車載ユニットから検針装置やバーコードによるID位置決定まで、さまざまな利用法が生まれた。[40] 一九九〇年代が進むにつれ、GPS装置はどんどん能力と洗練さを増し、あらゆる形の電子的な物質的関わりを前進させた。選択利用性が解除されると、GPSは解放され、新たなより深いレベルで文化のなかに浸透した。とくに重要だったのが、GPSと携帯電話技術との融合だ。

一九八〇年代の映画を見ても、人々が携帯電話を持たずに現代文明を渡り歩いていたことは信じがたい。通信線につながった電話からポケットのなかの電話への変化はあまりに急速かつ徹底的に起こり、それはちょうど、わたしたちの以前の生活と現在の生活とのあいだに、グランドキャニオンのような深く広い溝が開いたようなものだ。空港や駅のプラットホームで列に並びながらプラスチックの小さな箱を凝視している人たちを見ると、「以前はどうしていたんだろうか」と疑問を抱かずにはいられない。携帯電話はEメールやインターネットと同じく、新たな物質的関わりの基盤を作り、デジタル時代の人間的時間を変えた。しかし携帯電話技術はつねに、時間と同じく空間に関するものでもあった。あなたが電話をかけると、携帯電話ネットワークは、電話機から近くの基地局へ送信される電磁波信号を使ってあなたの位置を追跡する。この位置決定に注目すれば、携帯電話とGPSが共通の基盤を得るのは時間の問題だった。

GPSにとってきわめて重要な時計の同期を、携帯電話の位置決定に役立てるというのは、無理のある飛躍ではなかった。このGPSと携帯電話の融合にとってキラーアプリとなったのが、緊急通報者の位置特定だ。二〇〇二年にアメリカ連邦通信委員会は、すべての携帯電話に緊急時のGPS位置通報機能を搭載するよう命じた。[*41] それからまもなくして、急速に成長するスマートフォン市場においてGPSが機能として搭載されるようになった。二〇〇六年、ネクステル、スプリント、ベライゾンの各社が携帯電話GPSを採用し、高機能スマートフォンのGPS機能を売りこんだ。続いてアップル社がiPhoneを発売し、人間と機械とのインターフェースの様子を一変させた。iPhoneは、携帯端末の可能性を変えるうえで大成功を収めた。基本的にiPhoneは、完全にウェブにつながった（GPSにもつながった）ハンドヘルドコンピュータであるため、わたしたちの時間と空間との関係性はさらに変化した。競合企業がiPhoneの挑戦を受けて立つと、シリコンチップを基盤とした物質的関わりは「クラウドコンピューティング」の時代に突入した。一番近くのインド料理レストランからインド料理の歴史まで、あらゆる分野に関する人間のあらゆる知識を、無線のエーテルとも言える「クラウド」からいつでも即座に利用できる。自分がどこにいるかを含め、情報に即座にアクセスできないのは、過去の時代の遺物であるかのように思われるようになった。

GPSを搭載した携帯電話の登場により、超高精度の空間が超高精度の時間と織り合わされ、新たな標準として文化的生活がクラウドの速さにまで加速した。その過程でわたしたちは、心のなかにある個人的な時間の内なる場を手放し、いつでも利用可能でいつでも位置を決定でき、いつでも社会ネットワークの一部である、より内容の濃い公共的な場と交換した。わたしたちは、週末や家族旅行のあいだも、いつでも仕事をした。離れた国にいても、現状報告やミニブログの投稿によってつねに人に見られる状態にあった。よかれ悪しかれ、加速は速くなるという意味だけでなく、絶えずつながった公共空間が際限なく膨張し、避けるのが着実に難しくなっていることも意味した。

ダークな宇宙パートII――ダークエネルギー

ダークマターはいかなる宇宙論の枠組みにも当てはまらなかったが、必ずしも根本的な問題ではなかった。素粒子物理学者は、標準モデルを超えようとする試みのなかでつねに、より深遠な法則や新たな形態の物質が発見されるものと予想していた。宇宙の質量の大半がこのダークな形態を取っているという事実は、魅力的なものではあったが、苦労せずにインフレーションビッグバン理論に当てはめることができた。ビッグバン理論以後の時代における第二の大発見であるダークエネルギーは、それとまったく別の話である。ダークマターは早くも一九三〇年代のツヴィッキーの研究によって存在が示唆されていたが、ダークエネルギーは何の前触れもなく突如として姿を現した。

一九九八年、激しく競合しあう二つの天文学者グループが、何年にもわたる研究を完成させようとしていた。両者の目的は同じで、特別な種類の爆発する星を灯台として使うことで、ハッブルの距離＝速度の法則をかつてないほど遠くの宇宙空間まで拡張しようというものだった。ハッブルは、銀河の後退速度と銀河の距離との直線関係を発見したことを思いおこしてほしい。わたしたちから遠い銀河ほど高速で遠ざかっており、それは膨張宇宙において予想されるとおりだった。しかし一般相対論によれば、ハッブルの直線関係は、宇宙的スケールにおいて局所的な現象でしかないと予想される。はるか遠くの空間を見渡せば、ハッブルの法則は重力によって変化するはずだ。すべての物体がほかのすべての物体を引き寄せるため、宇宙の膨張は減速していなければならない。宇宙の重力がブレーキとして作用し、ハッブルの直線関係のグラフは距離が遠いところで下向きに曲がるだろうと、宇宙論学者たちは予想した。

一つはバークレー、もう一つはハーヴァードを拠点とする二つの研究グループは、宇宙膨張の減速の程度を見いだそうと互いに競争していた。宇宙膨張の減速度は、きわめて重要な宇宙の密度のパラメータであるΩと直接関係しているため、これは重要性の高い研究プロジェクトだった。宇宙の減速度を決定できれば、宇宙の全質量＝エネルギーを決定できる。ノーベル賞に値する結果になるはずだ。

両グループは同じ手法を使った。はじめに、遠くの銀河のなかに特別なタイプの超新星を探す。超新星は、老いた恒星の破滅的な爆発だ。わずか数年前に、Ｉａ型と呼ばれる特別な種類の超新星が、宇宙的距離を測るためのきわめて優れた物差しになることが明らかになっていた。エドウィン・ハッブルがアンドロメダ銀河までの距離を知るのに使った、ヘンリエッタ・リーヴィットのケフェウス型変光星と同じく、Ｉａ型超新星は標準光源となる。しかしケフェウス型超新星とは違いきわめて明るく、既知の宇宙のさしわたしの半分程度の距離を隔ててもなお見ることができる。そのため、ハッブルの法則を宇宙空間のより遠くにまで延長させるのに、ぴったりの道具だった。

遠くのＩａ型超新星を見つけるには、ハワイのマウナケア火山の頂上にある口径一〇メートルのケック望遠鏡（ハッブルの使ったフーカー望遠鏡の四倍近い大きさ）のような巨大装置を使うことが必要だった。両チームはそうした強力な望遠鏡を使って、ハッブルの法則のグラフの湾曲を見つけ、宇宙の減速度の値を発表しようと努力を重ねた。しかし、事態は予想どおりには進まなかった。「わたしは起きていることをあからさまに否定した」とハーヴァードチームのブライアン・シュミットは振り返る。[*42] データを集めて解析してみると、減速の証拠が何一つ見つからないことにシュミットのグループは仰天した。それどころか、すべてが逆の方向を示していた。超新星の観測結果によると、宇宙の膨張は実際には加速していたのだ。宇宙は現在、数十億年前より速く膨張していた。バークレーでは、チームリーダーのソール・パールミュッターが、同じ問題に直面して同じ反応を示していた。バークレーグループのデータ（異なる超新星を用いていた）も、加速を示した。「何か間違っているんじゃないか」とパールミュッターはチームのメンバーに聞いた。どちらのグループもデータを徹底的にチェックしなおし、毅然として結果を発表した。宇宙の加速膨張は世界じゅうでニュースとなった。

一夜にして宇宙論がひっくり返った。初期宇宙に関する本を書いた一流の宇宙論学者ロッキー・コルブは、「いまだに信じたくない」と驚きを示した。[*43] 研究者たちは疑っていたが、さらなる研究によって宇宙の加速膨張は注目に値する事実となり、宇宙論学者は自分たちのやってきたことを考えなおさなければならなくなった。

四〇〇年前にニュートンが示したように、加速には力が必要だ。そして、一八世紀と一九世紀の物理学者が証明したように、力にはエネルギーが必要だ。宇宙の加速膨張が発見されたということは、空間は力によって引き伸ばされており、そのため、反重力のように作用する新しい形態のエネルギーで満たされていなければならない。ニュートンの重力は引力しか及ぼさないが、アインシュタインの有名な宇宙定数は、反発力と重力が共存できることを物理学者に示していた。超新星のデータによって、何らかの形の反重力エネルギーが存在していなければならないことが明らかとなった。この新発見のエネルギーについては、空間を引き伸ばす力があること以外には何も分からなかったため、これにも「ダーク」の名前が付けられた。

理論宇宙論学者はすぐに、現在ダークエネルギーと呼ばれているもののモデルを構築した。真っ先に思い至る候補が、長年忘れられていたアインシュタインの宇宙定数だった。この定数は時空を引き伸ばす反発力を意味していることを、思い出してほしい。アインシュタインはもともと、望んだ定常宇宙を収縮から守る方法としてそれを導入した。大科学者が自分の最大のへまと考えたものは、実は途方もない先見の明の業《わざ》だったのかもしれない。多くの研究者にとって宇宙の加速膨張は、文字通り宇宙定数の復活を意味した。しかし、超新星のデータから求めた宇宙定数の値は、不可解なものだった。アインシュタインが宇宙定数を放棄したのち、物理学者たちは、宇宙定数は存在しない、あるいは数学的に考えてその値は正確にゼロだと考えた。しかしすぐに、量子力学と、そのもっとも重要な不確定性の概念によれば、真空にもエネルギーが沸き立っていることに気づいた。量子力学によれば、真空を含めいかなる系もある程度の不確定性なしに特定することはできないため、真空のエネルギーゼロの背景状態のなかでは「仮想」粒子が出現消滅しうる。物理学者がそのいわゆる「真空エネルギー」を計算してみると、その値は巨大で、そのため宇宙定数も巨大になることが分かった。宇宙定数がそのような値だったとしたら、空間は何十億年も前に引き裂かれていたはずだが、明らかにそのようなことは起きていない。そこで物理学者たちは、何らかのメカニズムによって量子真空エネルギーが打ち消され、宇宙定数がゼロになっているのだと思いこんでいた。
宇宙の加速膨張の観測によって、宇宙定数は、真空のゆらぎから予測されていた値よりはるかに小さいが、ゼロよりははるかに大きいことが示された。もしダークエネルギーが宇宙定数だとしたら、そのような予想外の値を取った理由を説明しなければならない。もちろん科学者たちは、新たに発見された宇宙の加速膨張と、宇宙のインフレーションの特徴である初期の短い加速膨張の期間との関連性を忘れなかった。そして一部の研究者は、初期宇宙のインフレーション場のように、現在の宇宙にはそれと似たようなエネルギーが充満しており、それはやがて消えていくのだと提唱した。二五〇〇年前のアリストテレスの宇宙論の文書から言葉を借りて、その理論上のエネルギー場には「クインテッセンス」という名前が付けられ、そのダークエネルギーの源としての可能性をめぐってたくさんの新たな研究が進められた。[*44]
宇宙定数やクインテッセンスのほかにも、ダークエネルギーの正体の候補が春の野の花のように次々に出現した。しかしいずれも、明らかに正しい完全な解ではなかった。ダークエネルギーは突如として舞台に飛び上がり、物理学者は大慌てでその破片を拾い集めた。

万物創造のさざ波——インフレーション宇宙論の勝利と悲劇

カメラが向けられるなか、科学者たちは部屋の正面のテーブルに並んだ。一九九二年六月五日、宇宙背景放射探査衛星（COBE）による新たな結果が発表されることになった。COBEの使命は、空のCMBの地図を以前より高解像度で作ることだった。科学者たちは、宇宙においてきわめて重要である化石の放射のできるかぎり詳細な地図を作ろうとしていた。第一段階としてＣＯＢＥチームは、空全体が名残の光子で輝いていることを改めて確認した。それらの光子は、一三七億光年遠くの、一三七億年昔に逆巻いていた宇宙プラズマから出てきたものだ。ＣＯＢＥの科学者たちはさらに先へ進み、天空の各地点どうしにおけるＣＭＢの小さな差異を探した。それらの差異は、原初のガスのなかにあったわずかに高温あるいは低温の塊やこぶとして解釈された。宇宙論学者は何年も前から、ビッグバンで誕生した一様な宇宙ガスのなかに、そのようなわずかな差異、小さなこぶが存在したと予測していた。

　宇宙論学者は、そのようなこぶが存在していたはずだと信じていた。それらが種となって、その後の宇宙の歴史へと成長した。ビッグバン理論によれば、銀河団、銀河、恒星、惑星、人間など、今日《こんにち》わたしたちが宇宙で見ているすべての構造は、それらのわずかなゆらぎとして始まったに違いない。それらの小さな塊から物語は始まり、その後は重力が役割を果たす。密度の高い塊は、重力によって周りのガスを引き寄せる。塊はどんどん大きく高密度になり、さらに遠くからより多くのガスを内側へ引きつける。そしてやがて、その塊が銀河や銀河団へ成長する。ＣＯＢＥの任務は、この宇宙構造構築の梯子の第一段を見つけることだった。記者会見に姿を現した科学者たちは、ＣＯＢＥがその任務を果たしたと断言した。

　科学者たちの後ろの壁には、ＣＭＢの非一様性を示した全天地図が掲げられていた。その地図はまだら模様の楕円形で、赤い不定形のしみが、ガスがわずかに低温（わずかに高密度）だった場所、青いしみがわずかに高温（わずかに希薄）だった場所を示していた――宇宙のあらゆる構造の最初の種だ。プロジェクトの科学者たちは、うれしくて我を忘れていた。ＣＯＢＥプロジェクトの科学者ジョ

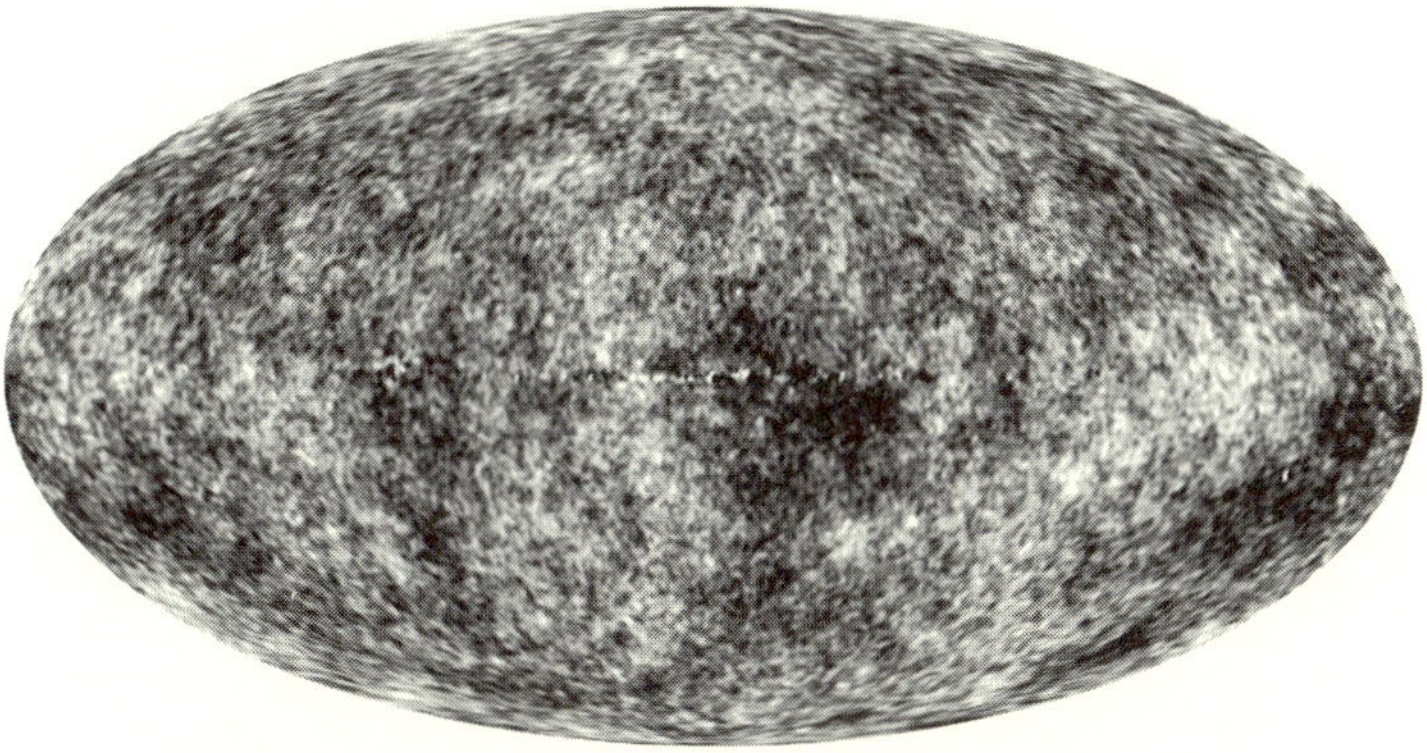

図8.7　万物創造のさざ波。COBEの後継機である軌道周回宇宙望遠鏡、ウィルキンソンマイクロ波異方性探査衛星（WMAP）が描き出した、CMBのゆらぎの全天地図。白は、ビッグバンから38万年後の初期宇宙における密度の高い領域、黒は密度の低い領域を表している。

ージ・スムートは、マイクに顔を近づけ、完成した地図を最初に見たときの印象を、「神の顔を見たようなものだった」と表現した。[*45] その詩的な失言は一部から非難を浴びることになるが、スムートの説明は完全に間違っていたわけではない。ＣＯＢＥは時間の始まり直後のこだまをとらえ、それにより、ビッグバン宇宙論とその現代の化身であるインフレーション理論の聖杯の一つを拾い上げたのだった。

　ＣＯＢＥより何年も前の一九七〇年代前半、アメリカに住むエドワード・ハリソンとロシア人ヤーコフ・ゼルドヴィッチという二人の宇宙論学者が、観測された空の銀河分布から時間を巻き戻し、ビッグバン後の宇宙プラズマに存在していたはずのゆらぎの分布を計算した。二人の計算によって、放射と物質が脱結合した（そのときＣＭＢが作られた）のちの物質の塊が、重力によってどのようにして定着したのかが明らかとなった。ハリソンとゼルドヴィッチは計算によって時間をさかのぼり、その塊の分布、すなわち「ゆらぎのスペクトル」が、今日《こんにち》わたしたちが見ているものを生み出したに違いないと判断した[*46]。

それから一〇年後にアラン・グースがインフレーションの概念を導入し、物理学者たちはその帰結を探りはじめた。そして一九八二年、ハリソンとゼルドヴィッチによる宇宙のゆらぎのスペクトルがインフレーション理論から自然に導かれることが分かった。最初期の宇宙における凄まじい膨張を引き起こしたインフレーション場は、もともと量子力学的な存在、すなわち量子場だ。量子力学のもっとも重要な性質は本質的なランダム性であるため、このインフレーション場の崩壊によって、急速に膨張する宇宙にランダムなゆらぎが生まれたに違いない。それらの量子ゆらぎが時空とともに拡大し、その塊、こぶ、波が、ビッグバンから三〇万年後のCMB光子の生成へとはるばる引き継がれた。CMBの物質と放射の脱結合は、その物語における重要な転換点だった。CMBの光子が解放される以前は、物質と放射が密接に結びついており、重力が構造を作ろうとしても放射がそれを均《なら》して消し去っていた。しかしCMBの放射が物質から脱結合すると、宇宙ガスは重力によって構造を作れるようになった[*47]。

それは、この新たなインフレーション理論にとって初期の重要な勝利だった。量子ゆらぎによってハリソン＝ゼルドヴィッチのゆらぎを再現できたことで、インフレーションが無用の長物ではないことが明らかとなった。それから一〇年後、COBEのデータは、ハリソン＝ゼルドヴィッチのゆらぎに見られるのと同じ塊やこぶの分布が、CMBにも厳然と存在していることを証明した。さらに一〇年後の二〇〇五年には、第二の衛星WMAPが、COBEの一〇倍の解像度でCMBを観測した。WMAPによるCMBの空の写真により、科学者たちはCOBEを超え、インフレーションビッグバン理論を含めさまざまな種類のビッグバン理論を直接厳密に比較できるようになった。そして再びイン

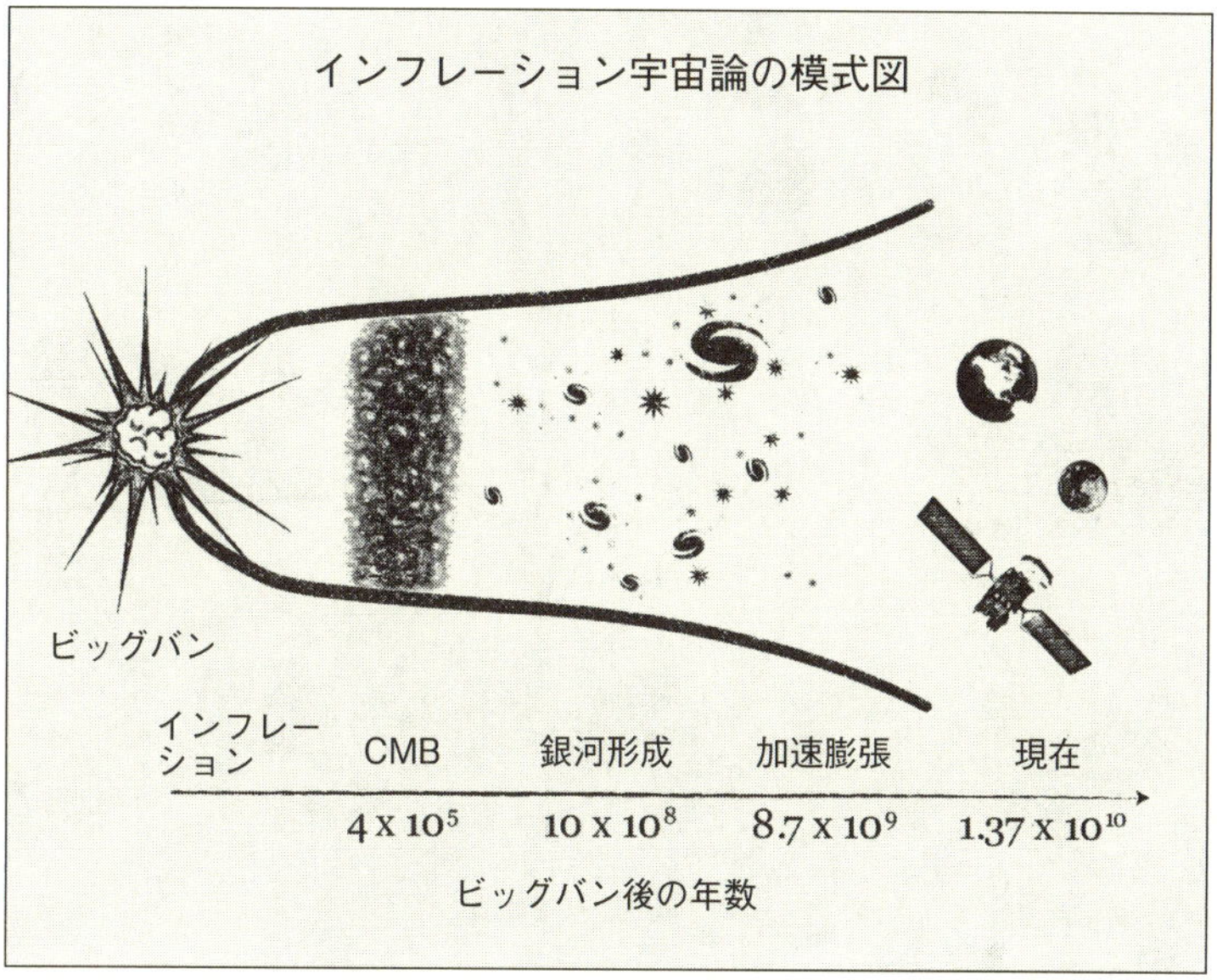

図8.8　インフレーション宇宙論における各年代。ビッグバン（左）から現在（右）までの宇宙の歴史の模式図。図の幅は、各時代における宇宙の半径を表している。

フレーションが勝利した。インフレーションのシナリオは、少なくともいくつかの実験的裏付けを獲得しようとしていた。

モデルとデータの正確な比較は、インフレーションによるＣＭＢのわずかな塊やこぶの予測よりもさらに先へ進められた。一九八〇年代や九〇年代、何十億光年にもわたる銀河の分布地図の作製がちょっとしたブームになった。スローンデジタルスカイサーヴェイなどのプロジェクトでは、ネットワークコンピュータと巨大なデータベースにつないだ専用の望遠鏡を使い、何十万個もの銀河を自動で観測した。それらの観測結果から何テラバイトものデータが得られ、銀河の三次元分布が徐々に浮かび上がってきた。ＣＭＢの地図に見られる構造を、時間をさかのぼってインフレーションと結びつけることができたのと同様に、宇宙全体にわたる銀河の分布地図に見られる構造も、時をさかのぼってＣＭＢと結びつけることができた。それらを組み合わせることで、10^{-33}秒から一三七億年後の現在までにわたる、宇宙の進化の一貫した歴史が浮かび上がってきた。

そのようにして二〇〇五年には、ＷＭＡＰのデータと別の観測結果を組み合わせ、宇宙論学者が何十年も論じ合ってきたパラメータを特定できるようになった。通常のバリオン物質の正確な量は五パーセント、現在では存在が受け入れられているダークマターの正確な量は二五パーセントだった。もっとも驚くべきこととして、新たに発見されたダークエネルギーの量も、観測によって間接的に、七〇パーセントと特定された。すべて足し合わせるとΩは一となった。こうして、ビッグバン宇宙論とインフレーション理論は厳密科学になった。

それはインフレーション理論の大勝利だった。しかしその舞台裏には、失敗の物語も進行していた。インフレーション理論は実は一つの理論でなく、いくつもの理論の集まりだった。ＷＭＡＰのデータによって、インフレーション理論が予測する宇宙の密度ゆらぎのスペクトルが裏付けられたが、量子ゆらぎはいくつものインフレーション理論のなかに要素として含まれていた。ＷＭＡＰのデータでは、それらの競合する理論を選り分けることはできなかった。さらに、一般的なインフレーション理論にも未解決の事柄が多く残されており、多くの科学者は疑念を抱きつづけていた。たとえば、インフレーション場が何でできていたか、あるいはそれがどのような物理原理に基づいていたかは、誰にも分からなかった。さらに悪いことに、インフレーション理論にも、独自の微調整がかなり必要だった。宇宙が複数の空っぽの領域にバラバラになったり、あるいはまったく機能しなくなるのを防ぐために、インフレーションの進行具合をちょうどうまく調節しなければならなかった。

一部の科学者にとってさらに見逃せないこととして、ＣＭＢ以後における宇宙論最大の発見であるダークエネルギーが、予想外の存在だったことがある。ダークエネルギーは決して、インフレーション理論に欠かせない部分として予測されてはいなかった。現在の宇宙の加速膨張は、表面的には、初期宇宙に起こった急激な膨張がもっと穏やかになったもののように見えるが、インフレーション理論ではそれら二つを結びつけることはできない。青リンゴの木の幹にジョナゴールドの枝を接ぎ木するように、現在の加速膨張の時代をインフレーション理論の上に継ぎ足さなければならない。多くの科学者にとって、真の完全な理論は、そのように継ぎ足したものであってはならない。要するに、加速膨張を驚きと受け取ることは許されない。

最後にもっとも重要なこととして、インフレーションはいまだに創世後の理論だった。正統的なインフレーション理論は、初期の不可能な特異点の後から物語を始める。宇宙と時間はいまだに説明なしに始まり、わたしたちはいまだにその理由を知りたがっている。インフレーション理論は有望ではあるものの、もっとも重要な疑問には答えていなかった。

二一世紀の最初の一〇年間で、宇宙論と素粒子物理学の分野全体は、時間の始まりというフロンティアを何とかして押し広げる準備を整えたように見える。科学者たちは、「ビッグバンの前に何が起こったか」という疑問に答えることを求めはじめた。新たな千年紀が始まるとともに、宇宙と時間に対する画期的な新たな描像が科学としてもたらされ、それを包含した文化が再び崖際に立つこととなる。

第9章　車輪のなかの車輪――サイクリック宇宙と量子重力の挑戦

――繰り返される時間による永遠の時間

アテナイ　紀元前三世紀

アテナイの広場《アゴラ》の北に面したゼウスの柱廊《ストア》から、何人かの学生が出てきた。勉強が進んでいる学生もいたが、高貴な家の若者などは哲学に馴染みがなかった。

彼は父親の希望に背いてここへやってきた。「おまえは一家の地所と国政に関わらなければならない」と父親は頭を振りながら言った。「ストア哲学者がおまえにでたらめな考え以外何か与えてくれるとは、わたしには思えない」

若者は歩きながら考えた。「疑問、それが彼らがわたしに与えてくれたものだ」

若者は、人生について、世界について、そしてそれらの複雑に絡み合った起源について、いくつもの疑問を抱いていた。それらの疑問は、子供の頃にはじめて哲学と出会ったとき（家族が勧める勉強をしていたとき）から彼を悩ませていて、彼は考えられるいくつかの答に飛びついた。

彼は、クリュシッポスの話を聞いたことがあった。クリュシッポスはストア哲学者で、その学派のほかの人と同じく、世界ははじめは火でできていたと説いた。わたしたちが見るものや出会うものはすべて、火とそれが変化したものでしかない。もっとも重要なこととして、クリュシッポスなどのストア哲学者は、宇宙の起源を解き明かしたと主張した。[*1] それがこの若者にとってもっとも重大な問題で、哲学者に会いにやってきたのはそのためだった。若者にとってその老人は期待外れではなかった。クリュシッポスの答を聞いた若者は、心の目の前に空そのものが開かれたように感じた。

起源などなかった。時間と宇宙は終わりのないサイクルで繰り返される。それぞれのサイクルは、火、すなわちエキピロシスで始まり、火で終わる。永遠の過去から永遠の未来まで、創造ののちに破壊が訪れ、さらに創造が続く。とても理想的で、そしてエレガントだ。

栈橋脇の市場《いちば》を横切る若者は、商品を入れた大きな焼き物の甕を持った商人や、船から積み荷を降ろすときの喧騒には気づかなかった。クリュシッポスの言葉がまだ耳のなかに響いていた。宇宙の大火ののち、すべてが再び数的な秩序を持つようになり、すべての特定の性質も以前と同じくもとの状態に戻り、「宇宙」となる。

「とても単純だ」。若者は、心の目に映る果てしない青空以外には何も気づかずにつぶやいた。「とても単純で……とても美しい」。

破滅的な失敗と永遠の希望——サイクリック宇宙論のサイクル

二〇〇〇年以上にわたる人類による宇宙論の探究を通じ、時間が単純に反復するという可能性はきわめて魅力的だった。宇宙が無から始まったとするといくつものパラドックスが導かれるため、論理的にその代わりとなる描像——永遠に存在する宇宙——は解として欠陥がなさそうに見え、簡単に放棄することはできない。しかし、一九六〇年代のビッグバン宇宙論の大勝利は、宇宙が進化してきたことを明らかにした。宇宙は変化してきたのだ。

アインシュタインや多くの人が望んだのと違い、宇宙は決して静止していなかった。静的モデルは、ハッブルの宇宙膨張の発見により運が尽きた。定常状態モデルは、宇宙は動いているがつねに同じに見えるというもので、別の種類の永遠性を示していた。しかし宇宙マイクロ波背景放射(CMB)の発見により、フレッド・ホイルによる人気のある定常状態モデルもまた運が尽きた。時間が「突然始まった」という一見ばかげた概念から逃れる方法を探すなかで、科学者たちは、相対論的な時空の枠組みの条件のもとで、循環するサイクルを探さなければならないと感じた。そうした理論がいくつか実際に詳細まで探究されたが、いずれの試みも破滅的な失敗に終わった。

アインシュタインの方程式に対する循環的な宇宙解は、早くから知られていた。フリードマンによる一九二〇年代の先駆的な論文では、膨張するように見える宇宙の三つの選択肢が示された。フリードマンの解のうち二つでは、膨張は永遠に続く。第三の解では、膨張ののちに収縮が起こる。これらのモデルにおいて宇宙定数をゼロと仮定すると、宇宙に待ち受けている運命を決めるのは、宇宙の物質密度——もっとも重要なパラメータ、オメガ(Ω)——だけだ。もし物質＝エネルギーの量が臨界値より高ければ(Ω>1)、重力によってやがて宇宙の膨張が止まり、宇宙はしぼむ風船のように逆戻りする。

一度膨張と収縮が起こったとしたら、それらは何度も起こらないと考える理由はない。そこでフリードマンは、第三の解を「周期的世界」と呼んだ。「時間はマイナス無限大からプラス無限大まで変化しうるもので、真の「終わりのない」周期性に至る」とフリードマンは考えた[*2]。「突然」始まった宇宙を忌み嫌うアインシュタインは、独自の宇宙論研究においてフリードマンの周期宇宙解をしばらく探究した[*3]。

しかしフリードマンは数理物理学者で、自分の解を物理的文脈のなかで考えようとはしなかった。そこで、物理化学の素養を持つカリフォルニア工科大学の理論家リチャード・トールマンが、フリードマンの振動宇宙モデルの研究を引き継いだ。しかしトールマンの研究は、サイクリック宇宙論に対する痛烈な批判で終わった。サイクリックモデルに異議を唱えた理由は、蒸気機関のサイクルを説明するのと同じ科学、すなわち熱力学に基づいていた。トールマンは、フリードマンの振動宇宙を物質と放射で満たすことにより、宇宙のエントロピーが蓄積し、周期的な宇宙のサイクルに弔鐘を鳴らすことを証明した。

熱力学の第二法則によれば、エネルギーが仕事（宇宙を膨張させるなど）をして変換されると、つねにエントロピーが生成することを思い出してほしい。エントロピーは廃熱と考えることもできるが、無秩序の尺度として捉えるともっと役に立つ。第二法則によれば、孤立系におけるエネルギーの変換は系のエントロピーを増大させる。したがって、系のなかの無秩序さも必然的に増加する。宇宙全体はまさに定義どおりの孤立系であるため、トールマンはそれに第二法則を当てはめ、周期宇宙の長期的発展をサイクルごとに追いかけた。そして、各サイクルでより多くのエントロピーが生成することを発見した。そのエントロピーはどこにも逃げられないので、次のサイクルへ引き継がれる。

宇宙の代わりにレゴブロックの入った袋を比喩として考えれば、トールマンのエントロピー問題を理解できる。はじめは、すべてのレゴブロックがきれいにつながっている。この袋の無秩序さとエントロピーは小さい。ここですべてのブロックをバラバラにすると、それらの無秩序さ――エントロピー――は増加する。この状態でそれらのブロックを袋に戻すと、ブロックはより多くの空間を占めるようになる。トールマンは振動宇宙のエントロピー変化を追いかけ、いわばこうした状況を発見した。サイクルごとに、エントロピーの増加によって宇宙が大きくなり、次の収縮に至るまでの時間が長くなる。サイクルごとに時間が長くなり、最終的には一つのサイクルが永遠に続くようになる。さらにトールマンは、さかのぼって追跡していくと、周期と周期のあいだの時間がどんどん小さくなることも示した。十分にさかのぼると、サイクルの長さはゼロに近づいていく。したがって、たとえ周期宇宙であっても、エントロピーのせいで始まりが存在していなければならない。永遠の過去は選択肢ではなかったのだ。*4

トールマンのエントロピー危機によってほとんどの科学者はそれ以上サイクリックモデルの探究をしなくなったが、振動の物理そのものが何らかの方法でエントロピーを減らし、振動モデルを救ってくれるのではないかという希望は残った。しかし一九五〇年代と六〇年代、この問題を研究したロシアの理論家グループが、その希望も打ち砕いた。*5 彼らは、宇宙の収縮段階における小さな時空のさざ波、つまり不規則性の行く末を調べ、それらのゆらぎが壊滅的に増幅されることを示した。宇宙が収縮するにつれ、時空の骨組みのなかの微小なゆらぎが一方向ずつ順番に大きく成長する。力の強いパン職人がこねる生地の塊のように、時空はいろいろな方向へ引き伸ばされてやがて混沌とし、ビッグクランチから誕生する宇宙はわたしたちの宇宙とは似ても似つかないものになる。アメリカ人物理学者のチャールズ・ミスナーは、この運命を現実世界の電化製品にたとえて「ミックスマスター［料理用ミキサー］宇宙」と呼び、それが振動モデルに対する第二の一撃となった。

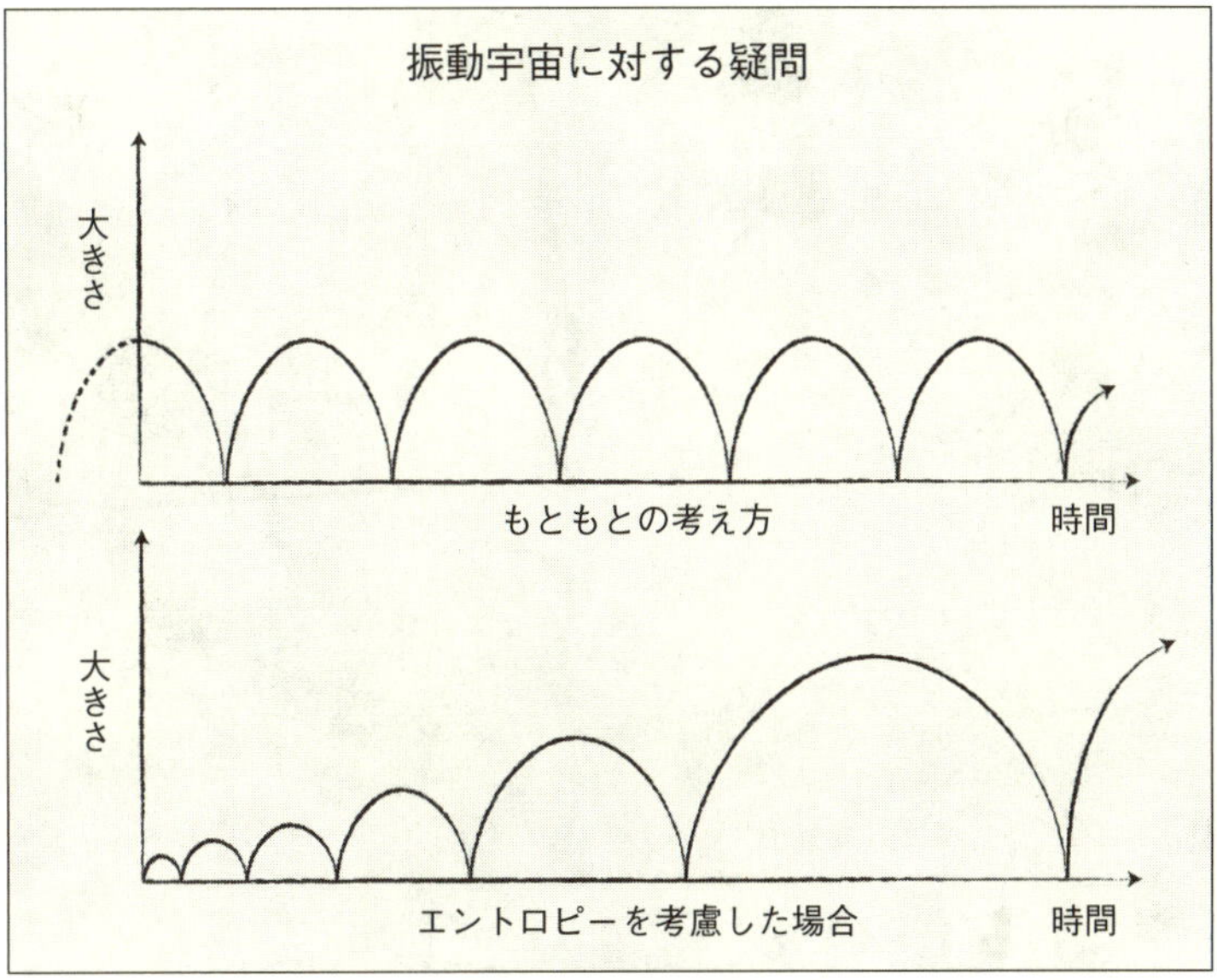

図9.1　相対論的宇宙論における振動。はじめ宇宙論学者は、フリードマンの閉じた宇宙の解を使ってビッグバンとビッグクランチの反復サイクルを作り出せるだろうと期待した。しかし、サイクルごとのエントロピーを調べたトールマンは、そのようなサイクルは永遠には続かず、やはり最初にビッグバンが必要となることを示した。

一九九〇年代には、エントロピー問題、ミックスマスターの災難、および、宇宙の密度が低すぎて将来ビッグクランチは起こりえないことが発見され、相対論的な振動宇宙モデルは命運が絶たれていた。この考え方が復活するには、一般相対論的宇宙論学者が七〇年にわたって探究してきた標準的なモデルとは、劇的に異なる形を取る必要があった。

神聖のなかの神聖——量子重力理論

特異点。すべては特異点に行き着く。アインシュタインの方程式に隠された膨張宇宙をフリードマンやルメートルが発見して以来、$t=0$における忌まわしい特異的挙動は宇宙論を悩ませてきた。宇宙の映画を始まりまで巻き戻すと、宇宙の半径はゼロに縮まる。宇宙のすべての中身を入れる余裕はない。空間の骨組みにおけるすべての点が、互いに積み重なる。宇宙の質量＝エネルギーは、体積ゼロの幾何学的な一点に押しこめられる。$t=0$では、宇宙の密度、温度、さらには空間の曲率も無限大に達する。それこそが、物理学者が特異点を忌み嫌うところにほかならない。

特異点において遭遇する無限大は、哲学者兼宇宙論学者が何千年にもわたって格闘してきた無限大とは違う。「宇宙は永遠に続くか」や「空間は無限に広がっているか」といった宇宙論の五つの大問題における無限大とは別物だ。無限大の密度と無限大の温度を持つ特異点は、もっとずっと実際的なものを表している。哲学的に深遠な事柄ではなく、物理学の欠陥を意味している。$t=0$の近くでは特異点の温度と密度がとてつもなく高くなるため、アインシュタインの方程式はもはや機能せず、現実の正確な記述ではなくなる。この種の問題は、地上の物理でも起こりうる。流体の流れや熱の伝導といったありふれた現象を記述する方程式にも、ときに無限大が現れる。その場合、その方程式の有効範囲を超えてしまったと判断される。さらに先へ進むには、基礎をなす物理をより深く記述した新たな方程式を見つけることが、つねに求められる。ビッグバンの始まりにおける宇宙の特異点も、いわば一時停止標識だった。

似たような破滅は、ブラックホールの中心でも起こる。崩壊する重い星を一般相対論によって記述すると、特異点が出現する。崩壊しつつある星の中心密度は、時空の曲率とともに無限大へ向かう。最終的に、崩壊によって生成するブラックホールは、中心に特異点――時空の骨組みに空いた穴――を持つ。*6

一般相対論学者のあいだでは、ブラックホールとビッグバン宇宙論の両方において、特異点と時空の猛烈な破綻を回避できるかもしれないという期待がつねにあった。しかし一九六〇年代と七〇年代に、スティーヴン・ホーキングとロジャー・ペンローズが一般相対論の構造に深く探りを入れ、特異点は避けようがないことを証明した。崩壊する星は必ず特異点で終わり、ビッグバン宇宙論は必ず特異点から始まる。これらの特異点定理の一番の教訓は、一般相対論の、方程式がそれ以上通用しない極限には、特異点という獣が潜んでいるということだった。さらに先へ前進するには、一般相対論の方程式を超えていかなければならなかった。

一般相対論における特異点の問題は昔から知られていたが、その解決法は物理学者の手をすり抜けてきた。一般相対論は古典理論である。時空は滑らかな骨組み——無限に分割できる連続体——として取り扱う。しかし量子物理学によれば、自然はもっとも深いレベルでは、決して連続体としての姿はしていない。量子力学から物理学者への一番の教えは、自然のすべてのものはバラバラの塊になっているということだ。自然は、根本的には粒状である。エネルギー、運動量、回転、スピン——最小レベルでは自然は連続的でなく、量子化されており、離散的で、砂浜を細かく見ると無数の微小な砂粒に分解されるのと同じように、粒々になっている。

こうして物理学者は、連続体を基礎とするアインシュタインの古典的な方程式はどこかの時点で成り立たなくなり、時空そのものが量子力学的になるはずだと悟った。そして、それが起こる物理的スケールも計算した。想像できないほど小さい10^{-35}メートルのプランク長さにおいて、滑らかな時空は破綻せざるをえない。[*7] この限界は時間のスケールでも表現でき、宇宙論にとってはそれがきわめて役に立つ。宇宙がプランク時間10^{-44}秒より若かったとき、時空は真の量子力学的な姿を見せていたに違いない。万物に対する量子的背景は、どのように想像したらいいのだろうか？　物理学者はこのような領域について考えるときに、文字通り無によって隔てられた時空の「泡」という言葉を使いたがる。時空の泡一つ一つが現実であり、そのあいだは存在していないというのだ。

量子化された泡のような時空を思い浮かべられなくても、心配しないでほしい。誰一人として、少なくとも完全に一貫した形で思い浮かべることはできない。五〇年以上の取り組みをよそに、物理学最高の頭脳はまだ、量子重力の完全な理論を導いていない。量子重力理論は大統一理論（ＧＵＴ）よりさらに重要であり、何十年にもわたって物理学の真の聖杯でありつづけてきた。

二〇世紀の最後の何年間かで、強い力、弱い力、電磁気力を統一するＧＵＴの探求は勢いを失った。一九六〇年代と七〇年代に探索されはじめた道筋は、うまくいっていなかった。その膠着状態を受け、ＧＵＴの諸問題を飛び越えて大統一へ直接たどり着く方法として、量子重力理論が新たな必要性を帯びるようになった。量子重力の真の説明が、すべての粒子とすべての力を説明できる包括的な理論、すなわち万物理論（ＴＯＥ）になるだろうと、ほとんどの物理学者は考えた。そして、その高い目標に到達すれば、ビッグバンの特異点を飛び越え、その先、すなわちそれ以前に何があったかを知ることができるはずだと確信した。

ひも理論のいくつもの革命

量子重力理論を導き出す道筋はいくつもあるが、本稿執筆時点ではいずれも不確実なままだ。最初に思いつく方法論は、アインシュタインの時空の方程式を採り上げ、単純にそれを量子化するというものだろう。以前に物理学のほかの分野でも同じことがおこなわれていた。古典的な連続体の方程式からスタートして、それを量子力学的に振る舞う形に変え、それに伴う不確定性、確率、不連続ジャンプを付け加える。*8 しかし、シリコンウエハーのなかの電子などでうまくいったその方法は、一般相対論では通用しなかった。一般相対論の方程式を直接的な方法で量子化する道筋は何度も探究されたが、決まって袋小路に突き当たった。量子重力への直線ルートは閉鎖されているようで、物理学者はもっと奇妙な理論領域を探し回らざるをえなくなった。その予想外の領域の一つにおいて、ひも理論が姿を現した。驚くような運命の展開として、一部の科学者が量子重力の最有力候補と期待しているものは、強い力のみを記述するための道筋として始まった。*9

ひも理論が誕生したのは、一九六八年、ヨーロッパ原子核研究機構（CERN）のガブリエーレ・ヴェネツィアーノが、強い核力の振る舞いを記述する新たな方程式を提唱したときだった。それから数年後にヴェネツィアーノの方程式は解釈しなおされ、粒子を振動するひもとして記述していることが明らかとなった。クォークをゼロ次元の「点粒子」としてでなく、きわめて小さいが長さを持つ一次元のひもとして考えることで、この新たな理論は魅力的な特徴を帯びるようになった。点粒子は、大きさ（半径）がゼロだとして扱わなければならないため、独自の特異性を示す。ゼロで割れば、答はもちろん無限大だ。したがって、点粒子が物理学者に押しつけてくる問題を、数学の芸当を使って片付ける、あるいは完全に避けなければならない。ひもの描像ではこれらの困難は現れないため、魅力的で新たな研究の道筋となった。

ひも理論は、技術的問題という茨の茂みで立ち往生したのち、一九八〇年代前半から半ばにかけて復活を見せた。いわゆるひも理論の第一次革命のなかで、物理学者たちは、標準モデルの既知の粒子や力のうちどれだけを基本的なひもの振動として説明できるかを示すことができた。そして、ひもの描像から自然と、重力を運ぶ量子――グラヴィトン――の一貫した記述が導かれることが分かり、物理学者は興奮を強めた。GUTの領域に端を発した理論が、点粒子を振動するひもに置き換えることで、重力を包含するまでに拡大し、万物理論を匂わせるようになったのだ。理論物理学者にとって、ひも理論の初期の探究はうきうきするような時間だった。物理学者のニール・トゥロックとポール・スタインハートは次のように述べている。「ひもの描像が美しいのは、ひもという一つの基本的存在によって、自然界で観測される無数の素粒子を説明できる可能性があるという点だ。……ほぼ一夜にして、研究の対象が粒子からひもへ移ったかのようだった」[*10]。ひもはあまりに小さすぎて直接見ることはできないが、もしひも理論が正しければ、四つの力に対応するものも含め、すべての既知の粒子および知りうる粒子を、ひもの性質によって記述できるだろう。

しかし、この大勝利にはそれ相応の代償が伴っていた。ひも理論は、ピュタゴラスもきっと笑みを浮かべるほどにきわめて数学的である。その抽象レベルは一般相対論や通常の量子物理学をはるかに凌ぎ、理論上の信条を大きく飛躍させることが求められる。ひも理論によって既知の粒子と力を再現するには、宇宙が我々の知覚するより多くの空間、いわゆる余剰次元を持っていなければならない。ひも理論では、宇宙は高さ、幅、奥行きという馴染み深い三次元に加え、六つの追加の空間次元を持っていなければならないのだ[*11]。それ以下の数では方程式が成り立たない。

なぜわたしたちは、それらの六つの追加の次元に向かって歩いて行くことができないのか？　ひも理論によれば、それは余剰次元が巻き上がっているからだという（物理学者は、余剰次元が「コンパクト化」されていると表現する）。それをイメージするために、一枚の紙を手に取り、それを極細のストロー状に丸めてみよう。十分遠くから見れば、二次元の紙が一次元の線になったかのように見え

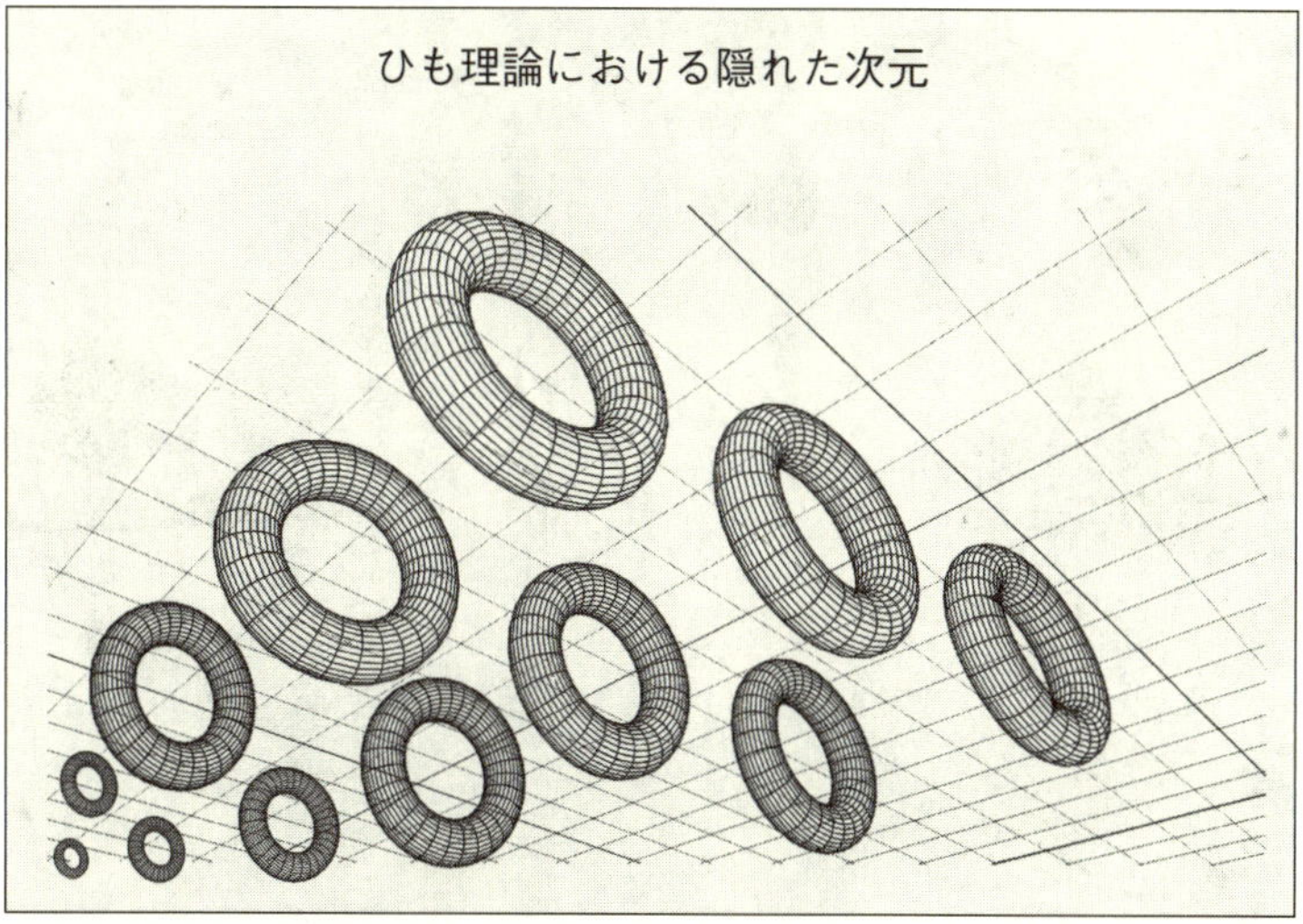

図9.2　ひも理論と余剰次元。ひも理論によれば、宇宙には6つの「隠された」余剰空間次元が存在する。余剰次元はわたしたちの3次元空間内のすべての点に存在しているが、巻き上がっているため、わたしたちが経験することはできない。

る。ひも理論の六つの余剰次元も、同じようにして「隠されて」いる。余剰次元はそれぞれあまりに小さいスケールで丸まっているため、わたしたちがそれらを経験することはできない（物理学者は、この次元の巻き上がりが測定可能な効果を及ぼすかもしれないと期待している）。

一部の物理学者は、この次元の数の多さをあまりに奇妙と捉えた。見えない余剰次元の存在は、ひも理論を否定するのに十分な理由となった。しかしそれ以外の人は、重力の量子論へ至る大きな一歩にしては、払うべき代償は小さいと考えた。

第一次ひも革命ののち、再び事態が混乱した。理論家たちは、ひも理論を構築する方法は一つでなく、互いに異なる五通りがあることに気づいた。そして、一九九〇年代半ばに物理学者のエドワード・ウィッテンが、五種類のひも理論はすべて、M理論と呼ばれるもっと深遠で統一的な構造物のそれぞれ異なる側面でしかないことを示し、第二次ひも革命が起こった（ウィッテンはMが何を意味するか決して口に出さなかったが、ほかの人たちはそれに「ミステリー」や「すべての理論の母《マザー》」といった意味を与えた）。この第二次革命のもっとも重要な特徴は、ひも理論の舞台に一連の新たな役者——多次元のブレーン（膜）——が登場したことだった。

ひも理論の驚くべき数学領域の探検のなかで、物理学者は、振動する一次元のひもに加え、多次元の振動する膜も存在しうることを発見した。二次元の膜の実例としては、ドラムにきつく張った皮が挙げられるだろう。物理学者はそれを2‐ブレーンと呼んでいる。さらに高次元のブレーン（pを次元数としてp‐ブレーンと呼ばれる）も存在しうる。これらのブレーンは、ひも理論（M理論）の一一次元宇宙（一〇個の空間次元＋時間次元）において基本的な役割を果たすようになった。物理学者は考えられるさまざまな多次元幾何のなかから、身をくねらせるひもやブレーンが衝突してさまざまな振動が発生し、もし理論が正しければそれが既知と未知を含め粒子としてわたしたちの前に姿を現すようなものを探した。

一九九九年にブライアン・グリーンが大ベストセラー『エレガントな宇宙』を出版し、ひも理論という言葉は、テレビ番組からポピュラー音楽まであらゆるものに登場するところとなった。一般向けにひも理論の意味を説明する、あるいは煙に巻くために書かれた記事、本、ウェブサイトがどんどん数を増した。しかしその頃にはすでに、ひも理論の波が物理学の世界全体に押し寄せていた。誹謗する人はまだ大勢いたが、ひも理論は理論基礎物理学の領域を支配するようになった。宇宙論もまた、ひも理論の革命に巻きこまれずにはいられなかった。二人のベテラン理論物理学者にとって、ひも理論の核をなす考え方は、過去と完全に決別し、ビッグバン宇宙論やインフレーション理論とのつながりを断ち切るきっかけとなる。

世界が衝突するとき——新たなサイクリック宇宙への一歩

ポール・スタインハートとニール・トゥロックにとって、ビッグバンは一九九九年の夏で終わった。二人の科学者は、主催したひも理論と宇宙論の学会が開かれているイギリスのケンブリッジの会場で座っていた。ひも理論は次の革命に入っており、真の量子重力理論が手に入りそうだという期待が高まっていた。その分野の進展を受け、スタインハートやトゥロックたちは、ひも理論と宇宙論の重なる分野を探索する機が熟したと感じた。[*12]

生まれたばかりの宇宙においてインフレーションを引き起こしたのは、ひもなのだろうか？　ひも理論は、標準モデルの二〇個の定数がどのように決まったのか、そして宇宙がどのようにして生命に適した形で微調整されたのかを、説明できるのだろうか？　もっとも重要なこととして、ひもとブレーンは、特異点のなかに分け入って宇宙の起源を説明する方法を提供してくれるのだろうか？　そのような疑問が、この学会のテーマだった。

スタインハートもトゥロックも、素粒子物理学と宇宙論の重なった領域において経験豊富な専門家だった。プリンストン大学教授のスタインハートは、インフレーションに関する初期の重要な研究において功績があった。[*13]ケンブリッジ大学のトゥロックは、素粒子物理学とそれが宇宙の進化に及ぼす影響の研究によって業績を重ねていた。二人とも、初期宇宙に関する支配的な宇宙論に疑念を抱きつつこの学会にやってきた。一九九九年にスタインハートは、自らその構築に力を貸したインフレーション理論に対して、深刻な疑問を抱くようになった。その疑問は厄介なほど膨らんでおり、スタインハートは、いつまで経っても宇宙の始まりを説明できないことに悩まされていた。トゥロックは、インフレーション理論を完全に受け入れたことは一度もなかった。急激な膨張を促す基本的メカニズムに関して、答が出ていない疑問があまりにも多く、トゥロックは満足できなかった。このような考えを抱きながら講堂の互いに反対端に座っていたスタインハートとトゥロックは、突如として別々に、時間の起源に代わるまったく同じアイデアを思いついた。

二人は、ペンシルヴェニア大学の物理学者バート・オヴルトによるブレーン宇宙《ワールド》に関する講演を聴いていた。オヴルトの目標は、重力がほかの三つの基本的な力に比べて弱く見える理由を説明することだった。その研究はひも理論における余剰次元の概念からスタートしたが、さらに一歩先へ進んでいた。オヴルトは、余剰次元の一つは巻き上がってなどいないかもしれないと考えた。もし余剰次元が巻き上がっておらず広がっていたら、より多くの空間と、より多くの物理の可能性が開ける。

オヴルトが探究していたモデルでは、わたしたちの三次元世界全体――すべての陽子、電子、銀河、惑星、人間を含む――は、次元が三より高い空間のなかで一つのブレーン（3‐ブレーン）を構成している。この多次元宇宙には別の3‐ブレーンも存在でき、それらは独自の陽子、電子、銀河、惑星、そして（もしかしたら）人間を持っているかもしれない。わたしたちの三次元宇宙は、より高次元の空間（「バルク」と呼ばれる）のなかにある一つの3‐ブレーンにすぎないということだ。オヴルトは、二つのブレーンワールドが、平行にぶら下げた二枚の新聞紙のように、「余剰」次元のなかで互いに隔てられているというモデルに注目した。この理論的思考実験のポイントは、四つの既知の力のうち三つは3‐ブレーンの上でしか「生きられない」ようになっていることを示すところにあった。

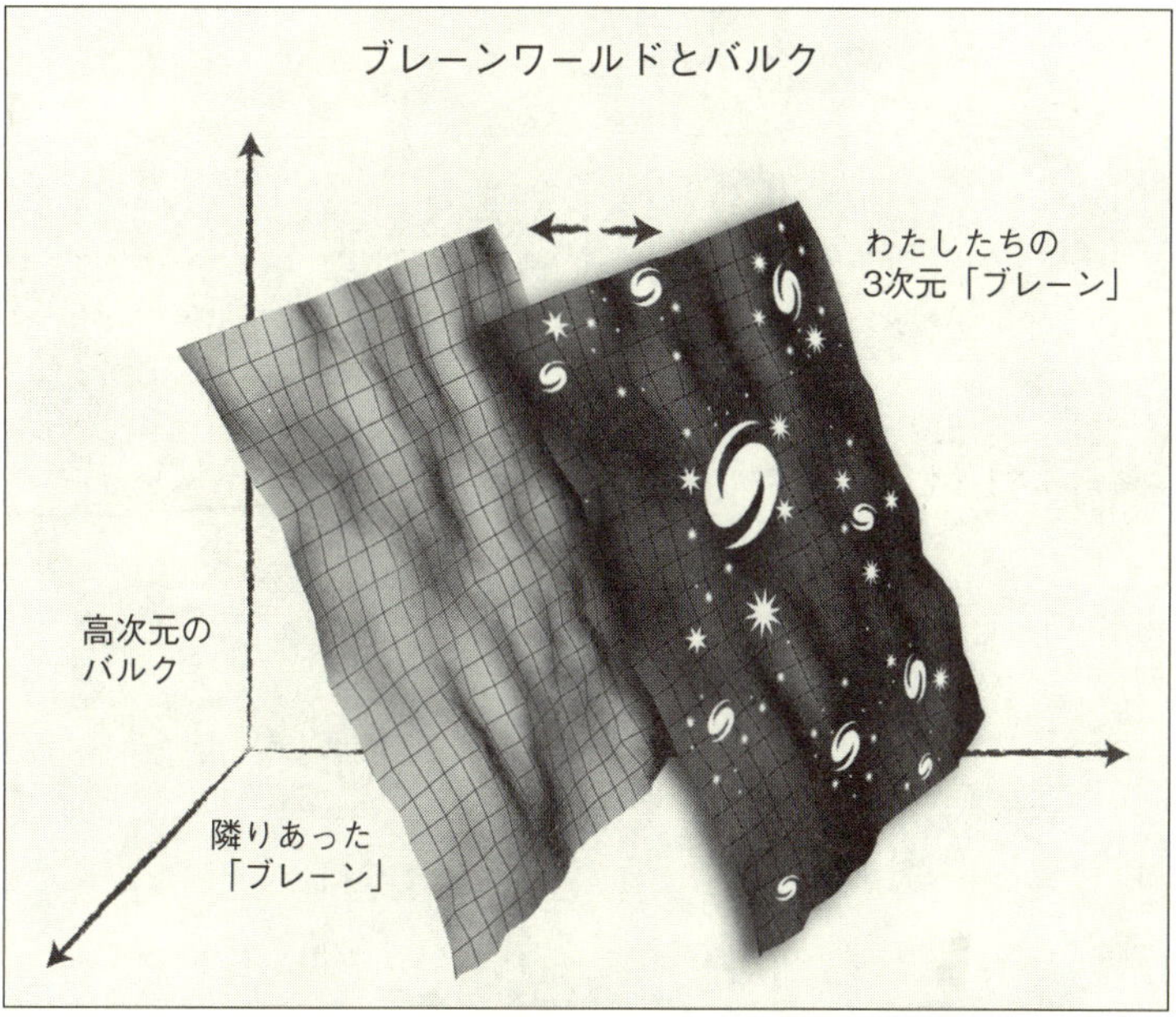

図9.3　ブレーンと宇宙論。わたしたちの3次元宇宙は、より高次元の空間（「バルク」と呼ばれる）のなかにあるシート、すなわち「膜」にほかならない。ほかにも3次元宇宙が存在し、それらは、バルクの余剰次元の一つにおいてわたしたちの宇宙から短い距離だけ離れているのかもしれない。

四番目の力である重力は、バルク全体に広がっていく。電磁気力と強い核力と弱い核力を三次元ブレーン内だけで作用するように仕向けるのは、アリに二次元の紙の上だけで動き回るよう強いて、紙からジャンプして離れることを認めないのに似ている。オヴルトの宇宙の理論は、余剰次元にもっと多くの空間がありながら、わたしたちの経験するものを3‐ブレーンの上（実際にはなか）に閉じこめてしまおうというものだ。オヴルトの理論では、ブレーンワールドのあいだの空間を含めこの高次元空間全体を満たす力は、重力だけである。この概念に基づけば、重力がバルク全体へ分散することで、重力の弱さを説明できるという。

　講堂の互いに反対端からオヴルトの講演を聴いていたスタインハートとトゥロックは、二人とも同じことを思いついた。ブレーンが動くことができたら、どうなるだろうか？　講演が終わって演壇に駆け寄り、オヴルトに質問を浴びせた二人は、すぐに、互いに同じ考えを抱いたことに気づいた。ブレーンワールドの衝突によって、ビッグバンを真似ることができるのではないか？　科学者は、そのような洞察的なひらめきを生きがいとしている。この単純なアイデアをきっかけに共同研究が始まり、ビッグバンに代わる理論として徹底的に探究される、高次元サイクリックモデルが誕生することとなる。

　スタインハートとトゥロックの洞察の中核をなしていたのは、それぞれの宇宙――それぞれの3-ブレーン――が隣の宇宙に力を及ぼすという事実だった。オヴルトの講演を聴いていた二人とも、二つのブレーンが余剰次元で定められる方向に沿って互いに近づいていったら何が起こるだろうかと考えた。二つのブレーンが近づくにつれ、「ブレーン間」の力は強くなり、蓄えられていたエネルギーが解放されて終末が訪れる。別々だった三次元宇宙――ブレーンによって規定される――が最終的に衝突すると、ビッグバンと同じようなことが起こるのではないか？　要するにスタインハートとトゥロックは、古典的なビッグバン宇宙論における謎めいた特異点を、ブレーンどうしの衝突に置き換えられるのではないかと考えたことになる。

　わたしたちが思い描いたイメージは、三つの方向へ無限に広がったブレーンが二つ、大きく離れて平行に並んでいるというものだった。この二つのブレーンのあいだにわずかな力が働いて互いを引き寄せ、四番目の次元に沿って、長い時間、もしかしたら無限の時間をかけてきわめてゆっくりと近づけていく。近づくにつれて力はどんどん強くなり、動きも加速して衝突に至る。衝突のとき、ブレーンの運動エネルギーは熱い放射へと転換される。*14

もしこのアイデアがうまくいけば、特異点の必要性はなくなる。さらに重要なこととして、始まりの必要性もなくなる。「始まり以前」の宇宙論的理論となるのだ。

悪魔は細部に潜んでいる。幸いなことに、ブレーンの衝突に対して通用する数学的仕掛けはきわめて正確で、かなり明示的に計算ができた。スタインハートとトゥロックがこのモデルのしくみに深く入りこむにつれ、二人を待ち受けるうれしい喜びはどんどん数を増していった。計算から出てきたもっとも重要な結果の一つが、ＣＭＢのスペクトルとして、こぶや振動を持つ正確に正しいものが導かれたことだった。

ブレーンワールドが互いに近づくにつれ、衝突を引き起こす力は、「風でなびくシーツのような」時空のさざ波を生み出す。このさざ波の源は、基本的に量子力学的なものだ。ブレーンが接近するにつれ、量子力学とそれに内在する確率によって、ブレーンの一部はわずかに強い力を感じ、別の部分はわずかに弱い力を感じることになる。その影響は驚くべきもので、ブレーンの一部（さざ波の山の部分）はほかの部分より先に衝突する。衝突によってエネルギーが解放されると、さざ波を起こしていたブレーンには自然と、より熱く低密度な領域と、より冷たく高密度な領域が作られる。つまり、スタインハートとトゥロックのモデルによれば、ＣＭＢに見られる高温と低温の領域の種は、ビッグバン後のインフレーションでなく、ブレーンワールドの衝突前に作用していた力によって作られたことになる。

次にスタインハートとトゥロックは、宇宙のなかでわたしたちの三次元部分における宇宙進化の物語が、従来のビッグバンのストーリーと正確に同じように展開することを示した。３‐ブレーンは衝突から跳ね返り、余剰次元に沿って互いに離れていく。しかし衝突で大量のエネルギーが解放されるため、それぞれのブレーンのなかの空間は、古典的なビッグバン理論と同じように固有の膨張を始める。ブレーンの衝突によって刻まれたさざ波は、膨張を通じて引き継がれ、密度と温度のゆらぎとなる。そうして、わたしたちの三次元空間のなかにおける物理が、標準的なビッグバン理論とまったく同じように進んでいく。核合成によって軽元素が作られ、ＣＭＢの光子が物質から脱結合する。さらに、標準的なビッグバンモデルと同様に、わたしたちの三次元空間内で作用する重力がやがてそのさざ波を捕らえ、銀河や銀河団へと変える。

二人の科学者はストア哲学者に敬意を払い、自分たちの最初のモデルにエキピロティック宇宙——「火のなかで生まれた宇宙」の意——という名前を付けた。二人は単純に、ブレーンがおそらく無限の時間をかけてゆっくり近づいていくと想像した。そして、一度のみの衝突に注目した。計算による驚きの結果として、このブレーンワールドの衝突は、ビッグバン後の宇宙のあらゆる特徴を、ビッグバン理論と同じくらいよく説明することができた。

始まりのない爆発——ダークエネルギーとサイクリックモデル

エキピロティックモデルが物理学の世界に登場すると、さまざまな反応があった。多くの科学者はインフレーション宇宙論にどっぷり浸かっており、ほかのものに目を向ける必要はないと感じた。また、代替理論としてあまりに奇抜で、たいして役に立たないだろうと考える人もいた。二〇〇一年、とくにある批判が、スタインハートとトゥロックに強い衝撃を与えた。エキピロティックモデルは、完全に平坦で完全に滑らかなブレーンワールドからスタートする。ブレーン間の力が時空のさざ波を刻み、それによって、観測されているCMBのゆらぎが正しく再現されるようにするには、それは必要な条件だった。最初にこぶや塊があると、計算は台無しになってしまう。批判する人たちは、その初期条件は厳密すぎて不自然だと論じた。批判を受けてスタインハートとトゥロックは、衝突が近づくにつれてブレーンワールドが自然と滑らかになるようなメカニズムを探しつづけた。

二人が最初にブレーンワールドの衝突のアイデアを思いついた一九九九年と、ブレーンの滑らかさの問題に直面した二〇〇一年とでは、一つ重大な違いがあった。その三年のあいだに科学者は、宇宙の加速膨張と、それが意味するダークエネルギーの衝撃を受け入れていた。しかし、インフレーション宇宙論モデルからダークエネルギーは自然には導かれず、その新たな事実は説明できないままだった。ブレーンワールドの滑らかさのジレンマについてあれこれ考えたスタインハートとトゥロックは、ダークエネルギーは宇宙論にとって招かれざる侵入者ではないかもしれないと悟った。恵みかもしれないというのだ。

ダークエネルギーが発見されたことで、インフレーション理論は突如として、二種類の見えない未知のエネルギーを必要とするようになった。一つはインフレーションを引き起こすもの、もう一つはわたしたちが現在見ている宇宙の加速膨張を引き起こすものだ。それはインフレーション理論にとって問題だった。しかしスタインハートとトゥロックはすぐに、もし自分たちの理論に一つ単純な要素を付け加えれば、ダークエネルギーが二重の役割を果たしてくれることに気づいた。その付け加える要素とは、エキピロシスが何度も起こるというものだった。

　二人はすでに、ブレーンワールドの衝突後にそれぞれの三次元宇宙が膨張を始めることを知っていた。そこにダークエネルギーを追加すると、膨張が加速し、空間は劇的に引き伸ばされて、長い期間のうちにきわめて希薄で滑らかになる。つまりダークエネルギーは、エキピロシスを正しく起こすのに必要な種類の空間を提供してくれるが、そのためにはブレーンを再び引き戻せなければならない。そこにダークエネルギーが、第二の方法で登場してくる。三次元宇宙のなかでは、ダークエネルギーは空間を加速膨張させる。しかしスタインハートとトゥロックは、3‐ブレーンのあいだの空間ではダークエネルギーが引力として作用し、三次元の「シート」を再び引き寄せることに気づいた。ダークエネルギーをこのような方法で用いると、二度目のブレーンの衝突が起こり、さらにその後、もともとのエキピロティックモデルと同様に再び跳ね返りが起こる。ダークエネルギーは、ブレーン内の空間を永遠に膨張させながらも、ちょうど二枚の板をつなぐバネのように、ブレーンワールドを何度も繰り返し衝突させる。スタインハートとトゥロックにとってダークエネルギーは、平滑性問題を解決する鍵となっただけでなく、モデルの全体像を一つにまとめ、まったく新しいサイクリック宇宙を生み出した。

　スタインハートとトゥロックの新たなエキピロティックサイクリックモデルは、以前のアイデアにあった落とし穴をすべて回避した。ダークエネルギーは高い圧力を生み出し、ブレーン内の空間とブレーン間の空間が激しく渦を巻くのを防ぐため、ミックスマスターの災難は決して起こらない。相対論的サイクリックモデルを死に追いやったエントロピーのジレンマも、新たなモデルでは余剰次元の

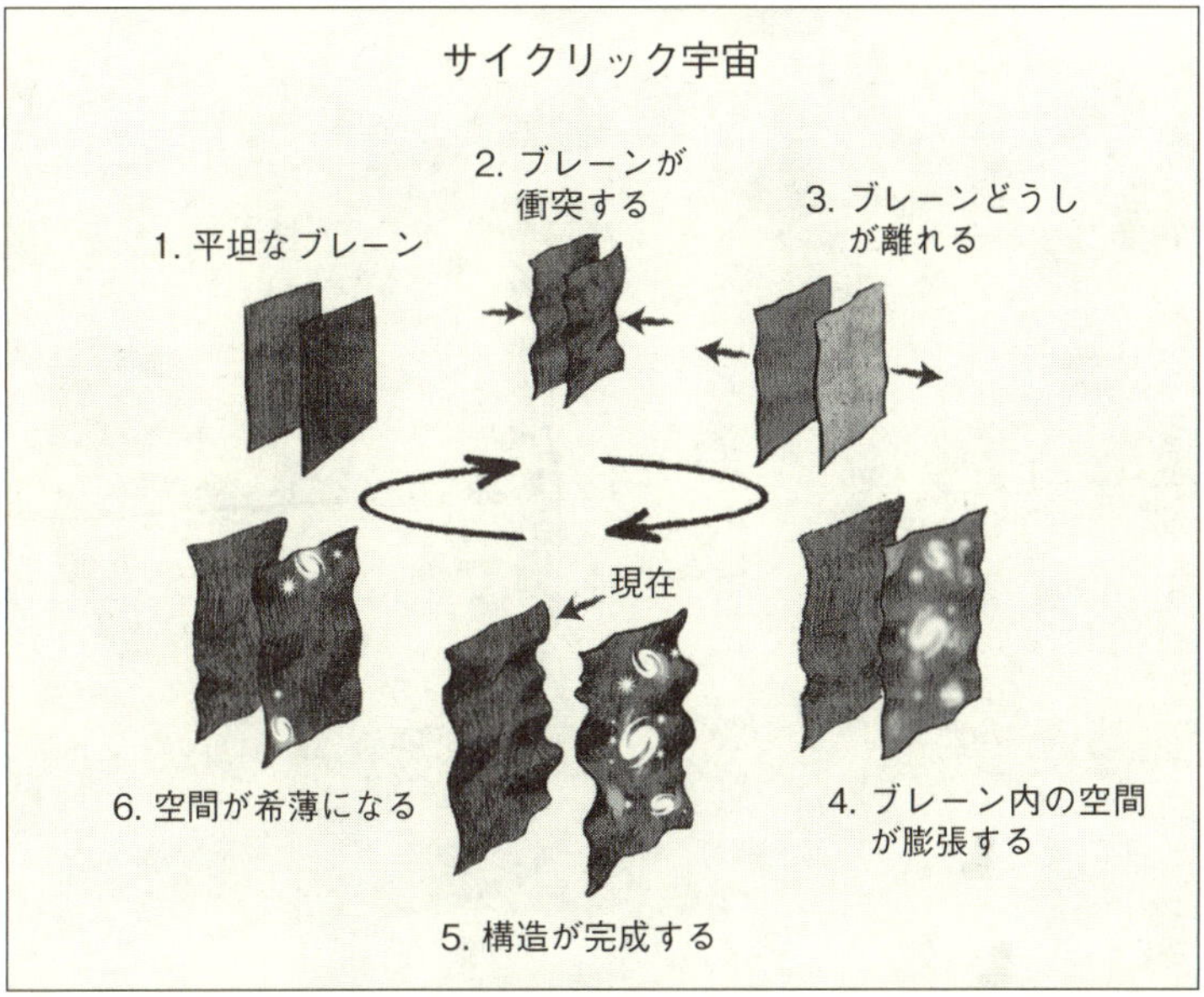

図9.4　ブレーンワールドのサイクリック宇宙論。スタインハートとトゥロックのサイクリックモデルでは、2つのブレーン（そのうちの一方がわたしたちの宇宙）が衝突し、離れていったのちに再び衝突する。1つのサイクルは何兆年もかかる。

おかげで回避される。トールマンの計算結果を詳しく見てみると、永遠に反復するサイクルを破綻させるのはエントロピーそのものでなく、空間一立方センチメートルあたりのエントロピーの量（エントロピー密度）であることが分かる。もし三次元空間が収縮するのであれば、すべてのエントロピーが微小な空間に押しこめられ、その高密度状態によって次のサイクルはさらに大きく、さらに長く続くようになる。しかし新たなサイクリックモデルでは、物質や放射やエントロピーが存在するブレーン内の三次元空間は、決して収縮しない。収縮するのは、ブレーンのあいだの空間、バルクのみが持つ余剰次元だ。ブレーン内の三次元空間は永遠に膨張しつづけるため、サイクルのたびに生成するエントロピーは絶えず薄まっていく。

スタインハートとトゥロックの見方によれば、以前の振動宇宙モデルを死に追いやっていた問題はすべて、このモデルの枠組みのなかで自然に解決される。理論的に余計に追加すべきものは何もない。どんな疑問が浮かび上がってきても、新たなサイクリックモデルは必ず答えてくれる。二人は次のように書いている。

このモデルには、わずかな変更さえも必要なかった。必要なのは、最初からずっとそこに存在していて気づかれるのを待っていたものを、発見することだけだった。この神秘的な経験は独特のものだ。……何か問題が起こるたびに、モデルにはすでにそれに答えるための材料が含まれていた。最初に思いついたときから、この描像に一つたりとも新たな要素を付け加えてはいない。[*15]

この種の「神秘的な経験」は、科学者の目にはよい理論と映る。新たなサイクリックモデルが先回りして数々の問題を解決してくれていたことで、スタインハートとトゥロックは、爆発や始まりとは関係のない宇宙の有効な理論に行き当たったと確信した。

現実に直面する――サイクリックモデルとデータ

ビッグバンに代わるものを考え出すという試みは、CMBの発見によっても終わることはなかった。一握りの天文学者や物理学者はいまだ納得しておらず、断固として代わりの宇宙論に取り組んでいた。

年月が進むにつれて彼らは、熱く高密度な状態から膨張する宇宙というビッグバンの基本的描像を支持する証拠が、山のように積み重なっていくのに直面した。ビッグバンに対抗するには、空間の膨張、軽元素の存在量、CMBの存在、CMBにおける温度と密度のゆらぎのパターン、空間内での銀河団の分布といった、それぞれ個別の証拠をすべて処理する必要があった。いずれの証拠も、宇宙が高温高密度状態から進化してきたことを指し示すもので、しかも互いに絡み合っていた。たとえば銀河団の分布は、CMBにおける温度と密度のゆらぎのパターンと直接関係しており、CMBに見られる塊が成長して、わたしたちが今日《こんにち》見ている銀河団となった。妥当と思われる代替宇宙論は、このような関係性を自然な形で再現できなければならない。しかしほとんどのモデルは、その基準に達していなかった。

スタインハートとトゥロックの、ブレーンワールドに基づくサイクリックモデルは、かなりの程度でその例外だった。このモデルによる具体的で検証可能な予測は、宇宙論学者がすでに手にしていたデータとよく一致した。その予測のほとんどは、インフレーション理論による予測と同じだった。エキピロティックサイクリックモデルは、インフレーションモデルと同様に、宇宙が平坦な空間を持つと予測する。[*16] またインフレーションモデルと同様に、CMBのゆらぎと銀河団の分布とのあいだに密接な関係があると予測する。つまり、インフレーションモデルとエキピロティックサイクリックモデルは、同等の資格を持っているように思われる。スタインハートとトゥロックは、「インフレーションの描像とサイクリックの描像は基本的に異なるものでありながら、驚くような数学的対称性のために、二つはほぼ完全に一致する」と述べている。[*17]

サイクリックモデルは、このように大多数の実験的検証結果を特別な微調整なしに自然な形で処理できるため、代替宇宙論として並外れている。ある意味、インフレーションモデルより優れている。インフレーションモデルでは、ダークエネルギーとインフレーション量子場を、一貫したモデルの自然な部分としてでなく、個別で無関係な存在として追加しなければならない。これら二つのまったく異なる宇宙の歴史物語は、重力波を用いる将来の検証実験によって区別できるはずだ。重力波は、時空の骨組みのなかを進むさざ波である。池に石を落とすとさざ波が広がるように、時空の背景のなかを質量＝エネルギーが動くと必ず重力波が発生する。まだ直接は観測されていないが、中性子星の連星など風変わりな天体が、その存在の間接的証拠を提供してくれる。[*18] 科学者たちは現在、ブラックホールの合体など、近くで起こる大規模な出来事から発生する重力波を拾おうと、高感度な検出器を建設している。時空のさざ波は、宇宙の歴史における最初の混沌とした瞬間にもいっせいに発生したと考えられている。その重力波の形と強度を予測することが、将来あらゆる宇宙論モデルの重要な検証法となる。この化石の重力波に関しては、インフレーションモデルはサイクリックモデルとまったく異なる予測を与える。この重力波を検出するには、宇宙空間に大規模な装置を設置する必要があり、それは何十年も先になりそうだ。しかし重力波が発見されれば、時間と宇宙の進化の描像のうちどれを放棄すべきで、どれが真理を主張できるかを見極められるだろう。

インド、ラージャガハ　紀元前六世紀

その老いたバラモンは、上衣を整え、教室が落ち着くのを待つ。生徒たちは気が散って騒々しく、庭に生える葉の大きな植物のあいだでおしゃべりしている。街は暑い日になりそうだったが、老師は喜んで待つ。生徒たちを家の勉強部屋に帰す前に、今日の授業内容を理解してもらいたかった。

老師は話しはじめた。「今日はインドラとアリの話をするから、この大きな世界のなかで、君たちがどこにいて何者なのかを理解するように」

インドラは神々の王だった。勇敢で威厳があり、慈悲の心を持ったインドラは、賢父のようなしっかりした手で神の世界と人間世界両方の面倒を見ていた。神々の町を破壊した大きな龍を倒したインドラは、芸術の主ヴィシュヴァカルマンに、偉大な大都市を再建させた。ヴィシュヴァカルマンは精を出し、素晴らしい庭と池と塔を備えた光り輝く宮殿を建てた。しかしインドラは満足しなかった。そして、「もっと大きい池、木々、塔、そして黄金の宮殿を作れ！」と求めた。ヴィシュヴァカルマンが一つかなえるたびに、インドラは別のことを要求した。神の世界の名匠は深い絶望に陥った。そして破れかぶれになり、神々のはるか上にいる普遍的精神ブラフマーに苦情を訴えた。ブラフマーはヴィシュヴァカルマンをなだめた。「戻りなさい。まもなく重荷から解放されるでしょう」

翌朝早く、宮殿の門の前に一人のバラモンの少年が現れ、偉大なインドラに会いたいと言った。「神々の王よ、あなたが建てられているこの宮殿のことを耳にしました。この豪華で広大な邸宅は、あと何年で完成するのですか？　あなたの先代のインドラのなかで、このような大事業を見事完成させた人は、もちろん誰もいません」

インドラは少年に気をよくした。この少年はどうして、自分以外のインドラのことを知っているのだろうか？　「少年よ、教えてくれ。わたし以外に何人のインドラに会ったり、話を聞いたことがあるのか？」

少年はまるでミルクのように温かく甘い声で答えたが、その言葉にインドラは、全身に冷たいものが走るのを感じた。少年は言った。「わが愛する子よ。わたしはあなたの父親を知っていました。祖父も知っていました。ヴィシュヌのへそに生えた蓮から生まれたブラフマーも知っています。そして、至高の存在であるヴィシュヌのことも知っています」

「神々の王よ、わたしは宇宙の恐ろしい崩壊を見てきました。サイクルが終わるたびにすべてが破壊されるのを、何度も繰り返し見てきました。そのときすべての原子が、そのもととなった永遠の原初の純水へと分解しました。いくつの宇宙が過ぎ去ったか、そして、形のない底知れぬ広大な水のなかから何度新たに万物が生まれたかを、誰が数えましょうか？　いったい誰が、無限に広がる空間を調べ尽くし、それぞれ独自のブラフマー、ヴィシュヌ、シヴァを持った、並んで存在する宇宙の数を数えましょうか？　それらの宇宙すべてのなかに何人のインドラがいるか、誰が数えましょうか？」

話の途中、大広間にアリの隊列が姿を現した。そして軍隊のような正確さで、床の上を行進した。少年はそれに気づき、突然笑い出した。「長い列をなすこのアリを見ていただきたい。どのアリもかつてはインドラでした。あなたのように、おこないによって神々の王の地位へと昇りました。しかし何度も生き返り、いまはアリになっています。このアリの隊列は、かつてのインドラの隊列です[*19]」

神々の王は言葉を失った。少年は振り返り、その場を去った。インドラは何日も一人きりで過ごした末、例の建築家を呼んでその仕事ぶりに感謝の言葉を述べた。「おまえは十分にやった。もう休んでいい」

老いたバラモンは話を終えた。目を閉じて深く息を吸いこみ、瞑想しながら息を吐いた。普段は騒々しい生徒たちも、あっけにとられて言葉なく座っていた。老師の口角にわずかに笑みが浮かんだ。たとえひとときだとしても、老師は生徒たちの想像力の扉を開いた。

時間のサイクルと万物創造

宇宙が永遠にサイクルを繰り返し、自己破壊の灰のなかから果てしなく復活するという魅力的な描像は、宇宙神話や宇宙科学における物語として何度も示されてきた。そのような宇宙には始まりも終わりもなく、無限の過去から無限の未来まで際限なく再生が繰り返される。しかし神話と科学との違いは、理論的一貫性と経験的証拠という科学の二つの絶対的原理にある。ルメートルは、自分とフリードマンによる一般相対論的解が意味する「不死鳥の宇宙」を魅力的だと感じたかもしれないが、その考えを理論的により深く探究すると決まって完全な失敗に陥った。サイクルごとに高密度のエントロピーが蓄積していくという性質と、時空がめちゃくちゃに振り回されるビッグクランチのミックスマスター段階が、サイクリックモデルの命運を絶った。古典的な一般相対論と物質の量子物理学を組み合わせても、サイクリック宇宙の存在を認める枠組みにはならなかった。スタインハートとトゥロックの新たなサイクリックモデルを成功させるには、古典相対論の外へ進まなければならなかった。ひも理論に触発された高次元ブレーンワールドの宇宙像を採り入れることによってのみ、その落とし穴を飛び越えることができた。新たなサイクリックモデルは、永遠に再生する美しい宇宙を包含するために、より多くの空間を必要とした。しかしそれもまた、大きな代償ではないのか？

二一世紀の最初の一〇年間が終わる頃、多くの物理学者にとって、ひも理論とその革命への興味は薄れていた。[*20] その一〇年間の前半にひも理論研究者たちは、いまだ発展途上のその理論は宇宙の進化をただ一つに特定できないことを発見した。ひも理論は、わたしたちの宇宙全体がどのように見えるはずかをただ一通りに予測せず、多くの理論家は、たくさんの宇宙の「ランドスケープ」というものについて語りはじめた。[*21] その新たな描像では、わたしたちの宇宙はひも理論によってただ一つに決定されるのではなく、膨大な数の可能性の一例にすぎない。最良の概算によれば、そのランドスケープのなかに存在しうる宇宙の数は、10^{500}程度と、いかなる目的にとっても事実上無限大に近い。わたしたちが住むこの一つの宇宙の特徴を明確に予測できないひも理論に、忍耐の限界を感じる人もいた。万物の理論どころか、「無意味の理論」だと批判しはじめる人もいた。

スタインハートとトゥロックのサイクリックモデルは、決してひも理論のしくみ全体を必要とするものではなかった。しかし、高次元のブレーンワールドの考え方から生まれたものであるため、わたしたちが直接経験するものを超えたところに横たわっている現実（余剰次元）に関する重要な仮定を、いくつか取りこんでいる。

もちろん、ひも理論だけが量子重力理論を作る道筋ではない。ほかにも、理論家が探索すべき豊かで肥沃な土壌を提供してくれるアイデアがある。それらの道筋はひも理論ほど関心を集めていないし、取り組みも限られているが、前進はしている。なかでももっとも知られていると思われるのが、ループ量子重力理論と呼ばれるものだ。[*22] ループ量子重力理論は、存在の基本原子という形に量子化された時空の詳細を解き明かすことを目指す。アブヘイ・アシュテカー、テッド・ジェイコブソン、カルロ・ロヴェッリ、リー・スモーリンなどの研究者が編み出したこの分野は、ひも理論よりも発展は遅い。ひも理論には欠点——ひものランドスケープ——があると受け取られ、人々に失望が広がった影響で、ループ量子重力理論や、それ以外の量子重力への道筋にいまや関心が集まっている。とくにループ量子重力理論は成熟しており、代替宇宙論として捉えられはじめるまでになっている。ペンシルヴェニア州立大学のマーティン・ボジョワルドなどループ量子宇宙論学者は、原子化された時空がビッグクランチの忌まわしい特異点をくぐり抜ける道筋を提供してくれるとして、独自のサイクリックモデルの証拠まで発見している。二〇一〇年に出版されたボジョワルドの一般書『時間以前』は、ループ量子宇宙論を素人向けに解説している。[*23]

サイクリック宇宙論にはほかにも種類がある。二〇〇九年にノースカロライナ大学の物理学者ポール・フランプトンが、独自のサイクリックモデルを採り上げた一般書『時間に始まりはあったか』を出版した。このボジョワルドの本が世に出た年に、誰あろうロジャー・ペンローズが、CMBのなかに一つ前のサイクルの証拠を発見したと主張した。その考え方は、『時間のサイクル』というタイトルの一般書にも採り上げられるはずだ。[*24] ビッグバン以前に手を伸ばす新たな理論の潮流は、明らかに、専門的な宇宙論の領域から人々の想像の領域へと押し寄せはじめている。[*25]

古代の限りないサイクルの夢は、明日の宇宙論の候補として立派に生きている。創造ののちに破壊が起こり、その後さらに創造が起こるという、古代インド人やストア哲学者が抱いた描像は、有望な代替モデルとして残っている。その枠組みを提供するのが、スタインハートとトゥロックによる衝突するブレーンワールドであろうが、あるいは別の形の量子重力理論であろうが、サイクルを必要とする古代の神話は生き残っており、いまだ割り引いて考えることはできない。

第10章　絶えず変化しつづける永遠——多宇宙の期待と危険
——永久インフレーション、時間の矢、人間原理

ロンドン　一九五〇年二月四日午後八時五〇分

長く冷たい冬のさなかの寒い夜だった。しかし外が凍える寒さだったため、家のなかでラジオを聞くのはますます心地よいものだった。それに、彼女が土曜の夜を費やすのは、ふつうのラジオ番組ではなかった。天文学者フレッド・ホイルによる、空間と星々と宇宙全体に関する素晴らしい講義だ。フレッド・ホイルの話は、今晩、友人のリリーがおぜんだてしようとしたあの痩せこけた少年トミー・マキューアンとのデートより、はるかに聞く価値がある。

彼女は一五歳、みんなの忠告に反してどうしても天文学者になりたかった。学校の図書館で見つけられる物理学や数学の本を片っ端から読み、両親には望遠鏡をせがみつづけた。科学に対する情熱を抱く彼女をただ一人励ましてくれる担任教師に、BBCで土曜日の夜に放送されているホイル教授の講義のことを聞き、ラジオは彼女の新しい生きがいになった。今夜はホイルの最終講義のうちの一回だった。彼女はすでにくらくらしていた。ホイルは、宇宙全体の科学、宇宙論と呼ばれる分野について話をしている。ほかの科学者が信じているらしい理論には、明らかに満足していない。彼女は、変わったヨークシャー訛りで繰り出される

図10.1　宇宙の声。イギリス人リスナーを虜にした、フレッド・ホイルによる天文学に関する1950年のBBCラジオ講義。宇宙論の講義のなかでホイルは、嘲笑するための言葉として「ビッグバン」という名前を考え出した。ホイルは自らの「定常状態」宇宙論を気に入っていた。

ホイルの説明のしかたが大好きだった。

その仮定として、宇宙は有限の時間の過去に、たった一度の巨大な爆発から始まったといいます。……このビッグバンの考え方は、わたしには満足のいくものではないように思えたので、詳しく調べてみたところ、いくつか深刻な問題点が導かれることが分かりました。

自分の理論について話しはじめたホイルは、それを定常状態モデルと呼んだ。アメリカ人のエドウィン・ハッブルが発見したように、宇宙は膨張しているが、その膨張には始まりも終わりもない。ホイルは自分の理論について、空間は膨張するものの、宇宙はつねに同じように見えると語った。そして、何十億年にもわたって一フレームずつ撮影した宇宙の映画を思い浮かべるよう言った。

その映画はどのように見えるでしょうか？

背景の物質から銀河が絶えず凝縮してくるように観測されるでしょう。系全体が膨張しているのは明らかですが、……この映画には興味深い単調さがあります。……宇宙の膨張によって絶えず消滅する銀河を補うように、その場所に新しい銀河が形成されるので、全体像は同じままです。不用意な観測者が上映のあいだに居眠りをしても、目が覚めたときに何か変化があったかどうか知るのは難しいでしょう。映画はどれだけ続くのでしょうか? 永遠に続くでしょう。*1

永遠に。その声が彼女の頭のなかで響いた。彼女はネグリジェの上にコートを引っかけ、凍える夜の空気のなかに走り出た。一週間前に積もった雪をスリッパがザクザクと踏みしめた。ロンドンの公営住宅の裏庭から見える星はさほど多くなかったが、そんなことは関係なかった。街の明るい光も、彼女に見える美をかき消すことはできなかった。彼女は立ち尽くして漆黒と星々を長いあいだ見つめ、そこにホイルの定常状態宇宙の自分なりのイメージを重ね合わせた。銀河が拡大し、新たな銀河が永遠に作られていく。「永遠に」。彼女は声に出しながら、冷たい空気のなかでそれが霧に変わるのを見つめた。「永遠ってどれだけ長いんだろうか?」

多宇宙の魅力

永遠はいくつもの仮面をかぶることができる。創造と破壊の限りないサイクルを駆け抜ける宇宙は、ビッグバンを超えた、ビッグバン以前の道筋を提供する。それは、時間の起源のジレンマに対する、エレガントで美的に満足できる解である。しかしそれが唯一の解ではない。

局所的には変化するものの、変化しない構造の枠組みのなかにはめられている永遠の宇宙への望みも、美的な説得力を持つ。アリストテレスからニュートンやアインシュタインまで、哲学者や科学者はみな、永遠に静止する宇宙像に惹きつけられてきた。しかし、ハッブルによる一九三〇年の宇宙膨張の発見と、一九九九年の加速膨張の発見は、古い静止状態の描像を不可能なものにした。時間の起源を過去未来にわたる永遠性に置き換えようとする人たちにとっては、静止状態は定常状態——つねに変化していながら同じに見える宇宙——に置き替えられなければならない。

フレッド・ホイルが一九五〇年代に定常状態宇宙論を構築しようとして重ねたたゆみない努力は、その科学的な美意識に促されたものだった。しかしホイルと共同研究者たちの努力は、宇宙が自らのありようをはっきりと主張したときに水泡に帰した。天文学のために調整されたマイクロ波アンテナという形の物質的関わりが、見まがいようのない信号を提供し、競合しあう宇宙史を取捨選択した。宇宙マイクロ波背景放射（ＣＭＢ）が発見されると、現在の宇宙が一三七億年前の宇宙と似ても似つかないことが明らかとなった。宇宙は定常状態にはない。つねに変化しており、いつも同じように見えることはない。こうしてホイルの定常状態モデルは、宇宙を時間の始まりから解放する、科学的に裏付けることのできる理論にはなりえなかった。

しかし、永遠への誘惑は消えなかった。そして新たな表現が見つけられるのを待っていた。永遠と定常状態宇宙に対する新たな可能性が、ビッグバンを救うために考え出された理論から誕生したというのは、かなり皮肉なことだ。インフレーション宇宙論が最初に定式化されてからわずか数年後に、その支持者のなかでもっとも創造性豊かな人たちが、ビッグバン以前以後のパラドックスから脱する方法を見つけた。インフレーションは永久インフレーションとなり、一つの宇宙は多宇宙となった。

　二〇世紀の最後の一〇年間が終わる頃、かつてはＳＦの領域だと見なされていた考え方が、確実な数学的基盤の上に乗せられた。複数の宇宙が、基礎物理学の要素となったのだ。さらに奇妙なことに、一部の科学者は、わたしたちが見ている宇宙の性質が選ばれるうえで、生命の存在自体が何らかの形で役割を果たしたのではないかと考えはじめた。ビッグバン「以前」の問題に対する別の解として、サイクリックモデルとまったく異なるものが、永久インフレーションと呼ばれる理論の形で姿を現した。しかし、この新たな理論の数々の帰結に目を通した多くの科学者は、それが科学的宇宙論の根本的な目的を定義しなおすよう求めていることを理解した。その解はあまりに代償が大きすぎるのではないだろうか？

　永久インフレーションと多宇宙を理解するには、インフレーションの始まり、つまり、極小のモグラ塚から宇宙規模の山を作るメカニズムから話を始めなければならない。

悪魔と細部――インフレーションを引き起こす

　アラン・グースを皮切りに宇宙論学者たちは、赤ちゃん宇宙の小さな一部を取ってきてそれを拡大させ、わたしたちが見ることのできる宇宙全体にするためのメカニズムとして、インフレーションを活用した。そして、実在の切れ端を10^{40}倍という巨大な倍率で拡大することにより、古典的なビッグバン理論のパラドックスをすべて解決した。時空は引き伸ばされて平坦になり、今日《こんにち》では互いに関連がないように見える領域どうしが、時間の始まりにおける最初のハーモニーを共有するようになり、望まれない磁気モノポールは散り散りになって観測不可能になる。[*2]

インフレーション理論はこのパラドックス潰しをすべて、宇宙論学者のショーン・キャロルが「ダークスーパーエネルギー」と呼んでいるもので初期宇宙を満たすことによって達成した。[*3] 空間を引き伸ばしたインフレーションの巨大な力は、このダークスーパーエネルギーが作用する宇宙のすべての領域で働き、万物創造のかけらを今日《こんにち》のわたしたちが見ることのできるすべてのものへとてつもなく膨張させた。しかし、インフレーション理論を成り立たせるには、スーパーエネルギーをちょうどよいタイミングでスタートさせストップさせるという芸当が必要だった。

グースたちははじめ、大統一理論（ＧＵＴ）に伴う量子場に蓄えられたエネルギーを使うことで、インフレーションを駆動させられるのではないかと期待した。物理学では、場は空間に広がる物理的実体だ。それと対照的に、電子のような粒子は、一つの時間において一つの場所に局在する。場が物理学の登場人物となったのは、一八五〇年代のことだった。磁石や電荷から空間へと広がる電磁場が、物理的な場の典型例だ。量子力学の枠組みのなかで場を記述する方法が理解されるまでにはしばらく時間がかかったが、一九四〇年代と五〇年代までには主要な諸原理が導き出された。霧が晴れると科学者たちは、場の量子論によって局所的な粒子と広がった場との区別も曖昧になることに気づいた。この理論では、わたしたちが知っている電子やニュートリノなどの粒子はすべて、広がった量子場の局在化した振動にほかならない。

グースたちは、初期宇宙を満たしていたはずの原初のＧＵＴ量子場の莫大なエネルギーを取り出して、それをインフレーションに使おうと思った。そして、それらの場のうちの一つが、もしちょうど適した形でビッグバン後の空間に広がっていれば、インフレーションを駆動させられるだろうと考えた。そのインフレーション量子場（何らかの形の量子を伴う）は、全体に広がるエネルギーを持った背景を作り出し、空間を埋める。この背景――偽の真空――のエネルギーをちょうどよい瞬間にちょうどよい方法で変換できれば、小さな空間領域をとてつもなく急激に膨張させられる。物理学の言葉で言えば、相転移が起こる。冷たい水が氷に変わるように、インフレーション場の偽の真空は空っぽの空間の真の真空に変わり、その過程で凄まじいエネルギーを解放する。相転移が終わると、残ったインフレーションのエネルギーが、新たに膨張した宇宙の領域を物質と光の粒子で満たし、熱いビッグバンにおける通常の歴史が進行していく。

しかし、インフレーション理論を成り立たせるには、偽の真空の量子場に蓄えられたポテンシャルエネルギーを記述する必要があった。わたしたちはみな、ポテンシャルエネルギーを重力という形で経験している。高い棚の上に置かれたボーリングの球は、床に転がったボーリングの球よりも多くのポテンシャルエネルギーを持っている。棚から床にボールを落とすと、重力場のポテンシャルエネルギーがボーリングの球の運動エネルギーに変換される。[*4] 加速して落下する球から急いで足をよけなければならないことが、ポテンシャルエネルギーが実在することの正真正銘の証だ。宇宙のインフレーションが働くようにするには、正しい形のポテンシャルエネルギーを持つ量子場を見つけなければならなかった。そして、その場がビッグバン後の微小な時空を大きく膨張させるには、エネルギーを隠し持った偽の真空の状態から低エネルギーの真の真空の状態へ、ちょうどよい形とちょうどよいタイミングで落下しなければならない。

その細部は、場そのものが変化したときにポテンシャルエネルギーがどのように変化するかを記述した、量子場のポテンシャルエネルギー曲線と呼ばれるものによって決まる。でこぼこの斜面を転が

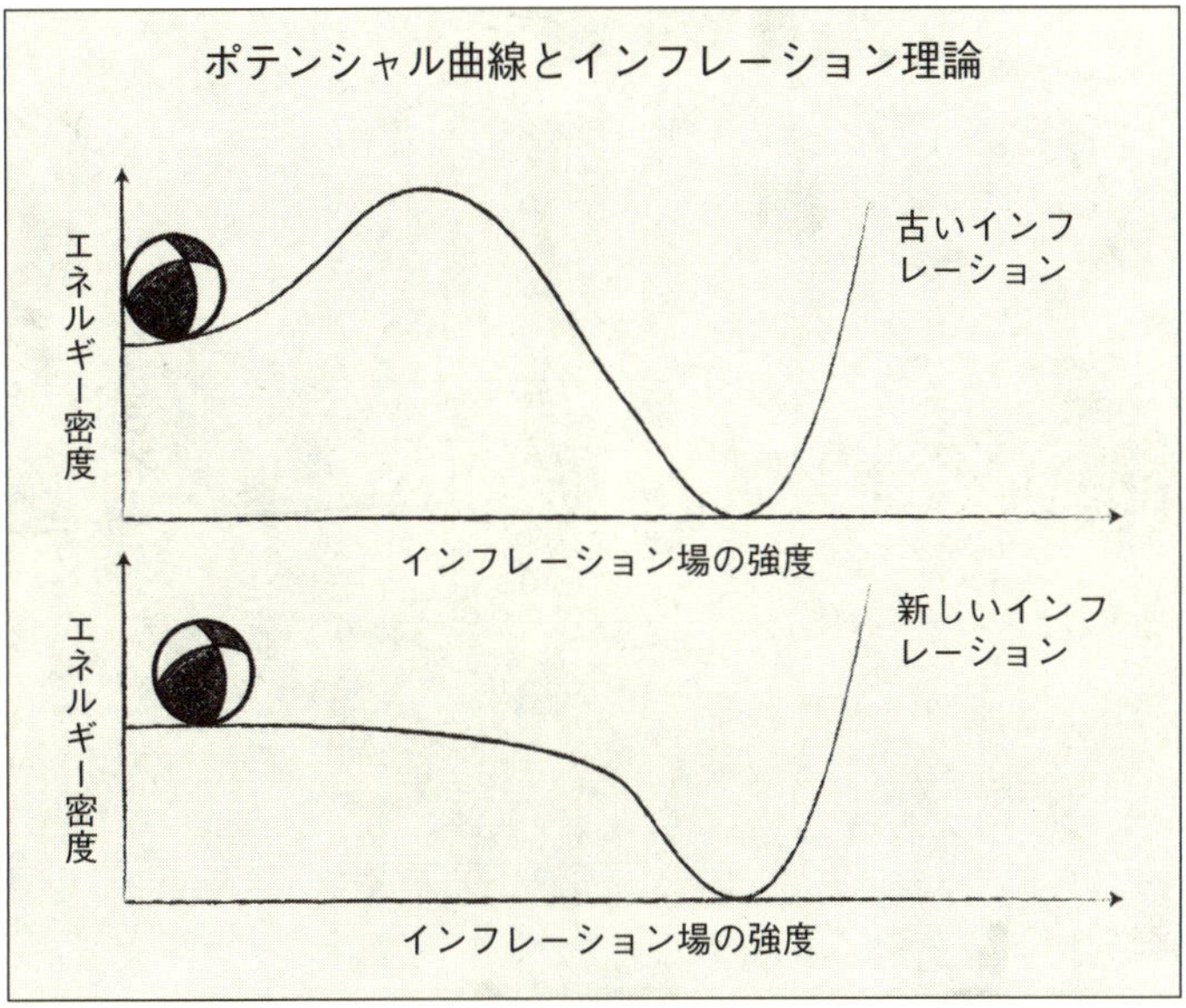

図10.2　インフレーション宇宙論におけるポテンシャルエネルギー曲線。2つのグラフは、それぞれ異なるモデルにおいて、インフレーションを引き起こす量子場のエネルギーが場そのものの変化に応じてどのように変化するかを表している。ポテンシャル曲線は、インフレーションを起こしている宇宙がどのように進化するかを左右する。わたしたちが住んでいるような宇宙をもたらす曲線もあれば、そうでない曲線もある。

り落ちるボールが小さなくぼみを越えるたびに速くなったり遅くなったりするように、ポテンシャルエネルギー曲線にこぶや波打ったところがあると、場の発展の様子が違ってくる。インフレーションの場合、極小点と呼ばれる「くぼみ」は、偽の真空から真の真空への転移を左右するためきわめて重要だった。

　インフレーション理論の成功の鍵は、量子場のポテンシャルエネルギー曲線の形が握っている。グースが最初に提唱したインフレーションモデルは、GUTから拝借したポテンシャルエネルギー曲線を使っており、今日《こんにち》わたしたちが見ている宇宙を作ってはくれないように見えるため、ほぼ失敗に終わった。グースが最初に提唱した「古い」インフレーションモデルでは、ダークスーパーエネルギー場が、ポテンシャルエネルギー曲線の高い場所にある局所的なくぼみで動きを止める。それが偽の真空状態だ。この状態に捕らえられた宇宙の部分は、インフレーションを起こし、膨張して引き伸ばされる。

次にグースは、場が極小点に捕らえられていた小さな空間領域が、放射性原子核のように自発的に崩壊し、宇宙の真の真空に対応する曲線上の低い位置へ移動すると考えた。この相転移は、沸騰している湯の入ったポットのなかで水蒸気の泡が発生するときの様子に似ている。インフレーションを起こしている空間の各部分は、それぞれ異なる時間に相転移を起こし、真の真空の泡を生成する。グースは、やがて真の真空の泡がすべて衝突して融合し、空間的に広がった一つの真の真空の宇宙を形成するだろうと考えた。しかし、タイミングがうまくいかなかった。偽の真空状態にある空間は依然として高速でインフレーションを起こしており、新たに発生した真の真空の泡どうしは急激に引き離され、相互作用することができない。理論に手を加え、真の真空の泡がもっと速く生成して互いに衝突できるようにしようとしても、インフレーションがその魔法を発揮する前にストップしてしまうだけだった。[*5]

グースのアイデアをめぐるこれらの問題が解決されたのは、数年後、理論家たちがGUTを捨て、別の種類の量子場をインフレーションの推進剤として使えばいいことに気づきはじめたときだった。それらの量子場は、知られているどんなGUT場（粒子）とも関係がなかった。それらは、場の量子論の基本的ルールに従って考え出されたものだった。GUTの枠組みを放棄するのは、敗北とは見なされなかった。初期宇宙の完全な理論は存在していなかったため、最初期の宇宙にどんな種類の量子場が存在していたか、誰にも分からなかった。そこでほとんどの物理学者は、「インフラトン」と呼ばれる粒子を伴ったインフレーション量子場として考えられるもののモデルを、自由に構築した。それらの代替モデルは、インフレーション場が偽の真空の極小点に捕らえられた状態からスタートするのではなく、インフレーション場がポテンシャルエネルギーの丘の頂上から出発し、真の真空状態へ向かってゆっくり転がり落ちていくようにする。物理学者が新たな種類のインフレーションモデルを構築するうえで使った比喩が、ランダムに押し出されて丘の頂上から転がり落ちるボールだ。曲線上の高い場所にあるスタート地点が不安定だと仮定すれば、わずかに押し出しただけでインフラトンがポテンシャル曲線を転がり落ちはじめることに、物理学者たちは気づいた。偽の真空状態に置かれた空間が長時間維持され、局所的な真の真空の泡が形成されるには、インフラトンが長い時間をかけて転がり落ちることが重要だった。

この「新しい」インフレーション理論は、グースの最初のモデルを悩ませたタイミング問題を克服し、わたしたちが現在見ている特徴をすべて持ち合わせた観測可能な宇宙を導いた。新しいインフレーションは目を見張る理論的成功であり、すぐに多くの人を改宗させた。科学者たちがインフラトンのいくつもの異なるポテンシャルエネルギー曲線を探し、それらが宇宙の進化に及ぼす影響を探究するにつれ、さまざまな種類の基本理論が急速に数を増していった。しかしまもなく人々は、宇宙の残りの部分、つまり偽の真空から真の真空への転移を起こさなかった部分について考えはじめた。偽の真空状態に留まったそれ以外の時空領域は、どうなるのだろうか？

一九八〇年代後半に物理学者たちは、わたしたちの宇宙へと成長した小さなかけらだけでなく、ビッグバン後の宇宙全体に対して、インフレーションがどのような影響を与えるのかを探りはじめた。

その結論は、インフレーション宇宙論の意味合いと、説明対象である宇宙の定義そのものを拡大させた。

インフレーションが永遠になる――多宇宙を作る

このようにインフレーションは、ビッグバン宇宙論と素粒子物理学を苦しめつづけたパラドックスに対するエレガントな解決法となっている。初期宇宙をダークスーパーエネルギーで満たし、ちょうど必要なときに空間を大きく膨張させ、その後は傍観して、モノポールや因果性などの問題がすべて消え去るのを見守る。しかし、インフレーションによってパラドックスを解決するための代償として、ビッグバンがわたしたちの見ているより多くの宇宙を作り出したということを認めなければならなかった。また同じく重要なこととして、わたしたちのパイの分け前とはまったく異なる状態にある領域が存在していることを、認めなければならなかった。瓶からひとたび精霊――宇宙の残りの部分――を逃がしてしまえば、それを再び閉じこめるのは難しいことに、物理学者は気づいた。

インフレーションの力添えのもとで宇宙のその残りの部分について最初に考えはじめたのが、アレクサンダー・ヴィレンキンとアンドレイ・リンデだった。[*6] 二人は、ビッグバン後の宇宙のうち真の真空へ崩壊した部分と、ダークスーパーエネルギーに満ちた偽の真空状態でインフレーションを続ける部分との関係を探りはじめた。[*7]

丘の頂上で完全に静止しているボールは、穏やかなそよ風や通り過ぎるトラックの振動だけで転がり落ちはじめる。インフレーションの場合、偽の真空への転移がいつ起こり、いつ真の真空へ向かって落ちていくかを決めるのは、量子力学だ。インフレーション宇宙論では、量子力学に伴うランダムなゆらぎを使って、小さな空間領域を偽の真空の高台へ押し上げ、その後、ポテンシャルエネルギー曲線上のより低い真の真空状態へ落下させる。量子的にランダムに押し上げられるのは、約10^{-33}秒に一回起こる。一部の空間領域では、そのランダムな押し上げが十分に積み重なって、インフレーション場を偽の真空状態から押し出し、斜面上を真の真空へと「転がり落とす」。この過程をさらに詳しく調べたヴィレンキンは、インフレーションを起こしている空間が、体積において、インフレーションを起こしていない空間をつねに上回ることに気づいた。ひとたびインフレーションが始まると、宇宙の一部はつねに偽の真空として取り残される。つまり、インフレーションはずっと起こりつづける。永久なのだ。

リンデらはヴィレンキンとともに、この永久インフレーションの考え方の帰結を導きはじめた。そしてその研究を通じ、宇宙の新たな歴史像と全体像が作り出された。わたしたちに観測可能な宇宙が作られた後もインフレーションが続くのだとしたら、いまだインフレーションを続けているほかの小さな空間領域が、独自のタイミングで独自に真の真空へ転移するのを妨げるのは、いったい何だろうか？　その答は、「何もない」だ。永久インフレーションのもとでは、それぞれの空間領域が偽の真空から真の真空へ独自に相転移を起こし、その過程でわたしたちの宇宙のような「ポケット宇宙」を作り出す。それらのポケット宇宙は、インフレーションを続けているあいだの空間によって凄まじいスピードで互いに引き離されるため、一般的に別のポケット宇宙から隔てられている。注意すべき点として、空間内を光の速さより速く伝わるものは存在しないが、この速度制限は空間自体の膨張速度には適用されない。したがって、ポケット宇宙はすべて、無限に広がる雄大な同じ時空の骨組みの一部ではあるものの、互いに因果的に接触できないよう引き離されている。

永久インフレーション理論は、それぞれ異なる領域を独自に真の真空へ落とすのを可能にすることで、宇宙に関する劇的な予測を与える。宇宙は一つではないのというのだ。

インフレーションが永久に続くとしたら、猛烈に膨張する偽の真空の背景から、絶えず真の真空のポケット宇宙が作られていることになる。それらの宇宙と、そのあいだにあってインフレーションを起こしている空間は、合わせて、多宇宙という新たな存在を形作る。多宇宙は、いわば宇宙の宇宙だ。わたしたちの住んでいるようなポケット宇宙がひとたび作られると、その歴史は標準的なビッグバン後のモデルにおいて起こるものとまったく変わらない。空間が膨張し、物質が冷え、原子核が形成されて、宇宙マイクロ波背景放射（ＣＭＢ）が観測可能な天空を満たす。ヴィレンキンは次のように言う。

インフレーションのために、これらの島のあいだの空間は急速に膨張し、さらに多くの島宇宙が生まれる余地を作る。したがって、インフレーションは暴走的プロセスであり、わたしたちの近傍では終わっているが、宇宙のほかの部分ではいまだ続いており、それらを凄まじい速さで膨張させ、わたしたちの宇宙のような新たな島宇宙をつねに生み出している。*8

しかし話はそこで終わらない。永久インフレーション理論の予測によれば、多宇宙のなかでほかの宇宙がいくつも作られるだけでなく、その大部分はわたしたちの住んでいる宇宙と似ても似つかないという。

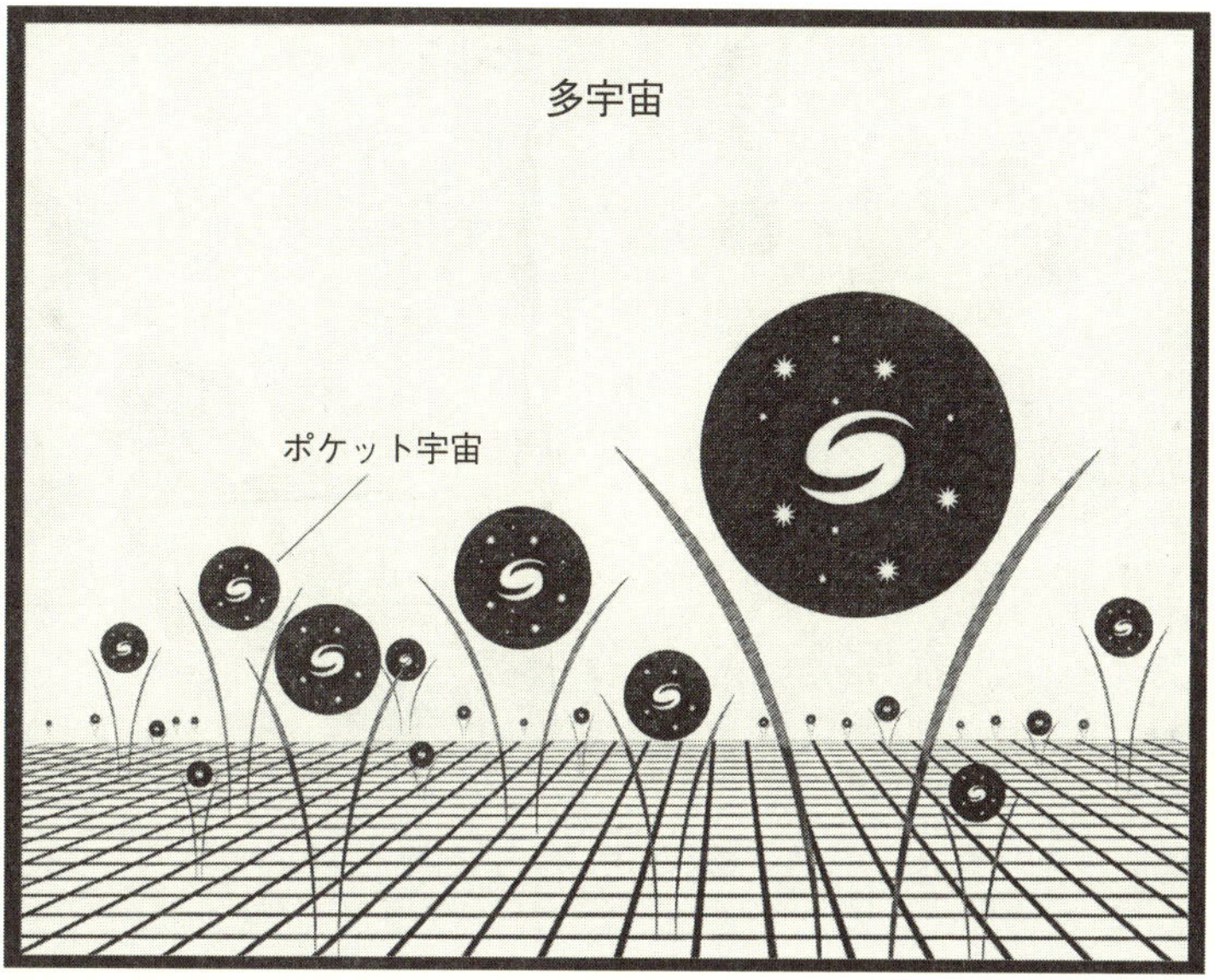

図10.3　永久インフレーションと多宇宙。永久インフレーションモデルでは、互いに異なる多数の時空領域が偽の真空から真の真空へ転移しうると仮定する。それによって「ポケット宇宙」の多宇宙が生まれる。それぞれのポケット宇宙は、独自の物理を持ちうる。

空間の小さなかけらを偽の真空から転移させる方法は、いくつもある。インフレーションが終わると、偽の真空のエネルギーが解放されてそれぞれのポケット宇宙が粒子で満たされ、通常の宇宙の進化が進むようになる。しかし、それらの粒子とそれが従う力の正確な形は、ポケット宇宙ごとに異なるだろう。それは、冷やした水のなかで氷が形成されるのに似ている。それぞれの氷の結晶は、その領域にあった水分子のランダムな運動をもとに、独自の結晶方向を取るようになる。凍る前の水はどの領域でも同じに見えるが、相転移では氷の形成によってその対称性が破れる。窓ガラス表面のある領域で形成された氷の結晶は、別の領域で形成された結晶と同じ向きではない。

凍りつつある水の比喩に基づくと、永久インフレーション理論では、それぞれのポケット宇宙は互いに異なる物理を持つかもしれないと予測される。偽の真空における最初の対称性と統一された物理は、ポケット宇宙のなかで起こる真の真空への転移のときに破れる。いくつかのポケットのなかでは電磁気力が存在せず、別のポケットのなかでは電磁気力がわたしたちの宇宙の一〇〇〇倍強いかもしれない。いくつかのポケットは二種類の強い核力を持っており、弱い核力は存在しないかもしれない。別のポケットではその逆かもしれない。可能性はほぼ無限だ。実はここでひも理論のランドスケープが関わってきて、偽の真空から真の真空への転移の方法を10^{500}通り提供してくれる。ひも理論が正しい万物理論だとしたら、それはインフレーションの基礎となるだろう。ひも理論の「エネルギーのランドスケープ」にある10^{500}個のくぼみが、ポケット宇宙におけるそれぞれ異なる10^{500}通りの物理法則となる。すべての可能性の一つ一つが、多宇宙全体のなかに存在するポケット宇宙にほかならない。

一九九〇年代以降、永久インフレーションは、古い単純なインフレーションからほぼ必然的に導かれる結論として認識された。時空全体がいっせいに偽の真空から転移するようなインフレーション理論を構築する方法もいくつかあったが、そのようなタイプのインフレーションはもっとも一般的な形ではなかった。インフレーションを起こす宇宙は、独自のしくみに身を任せることで、それぞれ異なるポケット宇宙と物理法則を取りそろえた、永久にインフレーションする宇宙となるようだ。こうして、宇宙論の辞書に「多宇宙」という言葉が付け加えられた。さまざまな学会で正気の物理学者たちが、多宇宙の性質を理論的に探究した。科学者はそれぞれ異なる物理法則を持つポケット宇宙について論じたが、目標はつねに、多宇宙全体を支配する（ひも理論などの）メタ法則を見つけることだった。それによって、ビッグバンからの意識の転換がはっきりと認識されるようになっていった。永久インフレーションが意味する永遠は、時間の始まりを帳消しにしてくれるように思われた。
過去と未来の両方における無限が、宇宙論に復活した。

多宇宙の時間の矢を突き通す

「本当の問題は時間の始まりでなく、時間の矢だ」と、カリフォルニア工科大学の理論物理学者ショーン・キャロルは言う。[*9] 学問の世界の内外で宇宙論の諸問題を深く考察するキャロルの見方によれば、問題なのは決して、ビッグバンの前に何が起こったかでなく、「以前」と「以後」という概念そのものだという。「わたしたちが本当に理解しなければならないのは、なぜ宇宙の時間には向きがあるのかだ」とキャロルは言う。[*10] キャロルいわく、永久インフレーションの多宇宙は、新たな形の大規模な定常状態モデルとなる。

時間の矢は、物理学においてもっとも深遠な問題の一つだ。ビッグバン宇宙論では、その難問を避けることはできない。問題は単純で、熱力学の第二法則とそれ以外の物理学の領域との境界にある。ニュートン以来、物理を記述する方程式は時間的に可逆だった。個々の物体を支配する法則は、時間の向きを気にかけない。二個のビリヤードの球が空間内で衝突する様子を撮影した映画を思い浮かべてほしい。その映画が順回転しているか逆回転しているかを見分ける方法はない。衝突する二つの原子でも同じことが言える。量子物理学の方程式もニュートンの方程式と同じく、時間の向きは組みこまれていない。

しかし、たとえば一ダースの玉子のなかにある膨大な数の原子を混ぜ合わせれば、様子はまったく違ってくる。突如として、過去と未来がまったく違って見えるようになる。誰もが知っているように、オムレツをもとの玉子に戻すことはできない。多数の原子の集合体では、熱力学が関わってきて、それとともにもっとも重要な量であるエントロピーが現れる。すでに、エントロピーについて考えるさまざまな方法を見てきたが、その一つが系の無秩序さの指標だった。この定義と表裏一体なのが、エントロピーを、系の各部分を配置する方法が何通りあるかと直接関連づけるというものだ。これらの定義が、重要な熱力学の第二法則と時間の向きとを結びつける。

空っぽの大きな部屋のなかで風船が割れると、そのなかにあった原子は空間全体を満たす。カップに入ったコーヒーを温めると、やがて室温まで温度が下がる。いずれの場合も、系は徐々に変化して平衡状態に達する。しかし物理学では、平衡状態とエントロピー最大の状態は同じものを意味し、いずれも、無秩序さが最大である状態に達した系に対応する。無秩序さが最大である状態とは、どういう意味だろうか？　それは単に、系の各部分を配置する方法の数が最大になっていることを、言い換えたにすぎない。たとえば、原子を部屋の隅に押しこめる方法は数通りかしかない。原子を密に詰めこまなければならず、原子のあいだにはあまり余裕がない。一方、同じ原子を部屋全体にばらまく方法はたくさんある。したがって、エントロピーの低い（すべての原子が部屋の隅にある）状態から、エントロピー最大（原子が部屋じゅうに散らばっている）状態へ至る経路が、時間の矢を定めることになる。平衡状態への道筋が、「以前」と「以後」とを区別する。ひとたび平衡状態に達すると、何も変化せず、過去と未来の違いは意味をなくす。

この定義を念頭に置けば、ビッグバンのエントロピー問題は、次のように単純に表現できる。わたしたちの宇宙は一三〇億年のあいだ進化しつづけてきたのだから、平衡状態から始まったはずはない。

宇宙のすべての物質、そしてエネルギー、空間、時間は、何らかの方法でエントロピーの低い状態から始まったのだ。変化や進化が起こりうるようにするには、それしか方法がない。ビッグバンから始まり、今日《こんにち》わたしたちが見ている驚くほど多様な恒星、惑星、人間の宇宙ができあがるようにするには、それしか方法はない。

ビッグバンが低いエントロピーを持っていたという考え方は、はじめは奇妙に思えるかもしれない。熱く混沌とした状態ではなかったのか？　今日見られる、恒星や惑星やシロアリであふれる空虚で冷たい宇宙のほうが、どうしてエントロピーが高いというのか？　その答は重力だ。宇宙は原子を入れた箱ではない。重力の影響で満ちた、膨張する時空だ。[*11] 計算に重力を含めると、滑らかな原初の原子スープから、今日わたしたちが見ている銀河が点在する宇宙への変化は、まさにエントロピーの増大として理解できる。しかし、進化とエントロピーと平衡とを結びつけるために、その細部をうまく調節する必要はない。（過去や現在のように）宇宙が進化しているのであれば、いまよりエントロピーが低い状態から始まったのは間違いない。

この点を認めると、数理物理学者のロジャー・ペンローズが一九七〇年代に考えたように、一つの問題が浮かび上がってくる。エントロピーが、系を配置する方法の数と同等だとすれば、ビッグバンにおけるエントロピーの低い状態は、きわめて起こりにくいことになってしまうのだ。

一〇〇万個の黒いビー玉と二、三個の白いビー玉が入っている袋に手を入れて、白いビー玉が出てきたら、相当驚くだろう。宇宙論学者が低エントロピーのビッグバンを説明しようとして直面したのは、まさにそのような状況だ。「初期宇宙を設定する方法はまさに無限通りあり、そのほとんどすべてが高いエントロピーを持っている」とショーン・キャロルは言う。しかしそれらの膨大な数の高エントロピー宇宙は、平衡状態からスタートし、進化や変化は起こりえない。

わたしたちの宇宙が低エントロピー状態から始まる確率は驚くほど低く、当惑させられるほどだ。説得力のある説明が見つからないかぎり、わたしたちのビッグバンはなぜか微調整されていたに違いないと認めざるをえない。この宇宙は平衡から信じがたいほどかけ離れた状態で始まり、そのため時間の矢を一方向へ向けることができる。微調整の問題は、素粒子物理学の標準モデルの際にも登場した。標準モデルに必要な二〇個ほどの定数は、驚くほど精妙な値を取っているのだった。もし自然がそれらの定数に少しだけ異なる値を「選んで」いたら、宇宙はあまりに異なる姿となり、わたしたちの知っている生命は決して誕生しなかっただろう。低エントロピーのビッグバンも、同様の微調整を必要とする。高いエントロピーから始まる宇宙を作る方法が数多くあるなかで、どうやって低いエントロピーから始まる宇宙に落ち着いたのだろうか？　物理学者にとって微調整は、奇跡が起こったと主張することに近く、ほとんどの科学者には合点がいかない。世界に対する科学の方法論の美しさは、純粋に物理的で妥当な説明を重視するところにあり、それは宇宙論のような分野でも同じだ。したがって、キャロルたちにとって本当の問題は、ビッグバン以前に何が起こったかを説明することだけではなく、わたしたちの宇宙が、きわめて起こりそうもない低エントロピーの状態から始まり、時間の矢が一方向へ向いたのはなぜかを説明することでもある。

キャロルたちは、この「わたしたちの宇宙」というキーワードを頼りにその答を探した。わたしたちの宇宙が多数の宇宙のなかの一つだとしたら、新たな種類の定常状態モデルが可能となり、時間の矢さえも説明できる。永久インフレーションにおける多数の宇宙が、キャロルが時間対称的な宇宙論を構築するうえで必要な原材料となった。キャロルは次のように説明している。

すぐに、永久インフレーションはどちらの方向にも進みうるのかと聞かれた。つまり、ビッグバンがたった一度である必要はないという意味だ。膨張せず、始まりも終わりもない背景から、つねにポケット宇宙が生まれてくる。永久インフレーションを働かせるのに必要なこつは、包括的な「出発点」を見つけることだ。それは簡単に達成できる条件であり、無限回起こり、永久インフレーションを両方向に進める。

キャロルが時間の対称性によって何を表現しようとしているかを、正確に把握するのは重要だ。どのポケット宇宙のなかでも、局所的な時間の矢は単に、低エントロピー状態から高エントロピー状態へ進む。その宇宙のなかに住んでいる人にとっては、過去は無秩序さの低い時間を、未来は無秩序さの高い時間を指す。キャロルが探しているのは、多宇宙全体の時間対称性だ。神の視点から見れば、進化する多数のポケット宇宙からなる構造全体は、その全体的な発展を映した映画を順回転させようが逆回転させようが、同じに見えるはずだ。

二〇〇四年にキャロルとその学生ジェニファー・チェンは、まさに探していたとおりの、全体的な時間の矢を持たない永久インフレーションを発見した。「必要なのは、空っぽの空間とダークエネルギーのかけら、そして少々の忍耐からスタートすることだけだ」とキャロルは言う。直観に反するように聞こえるが、ダークエネルギーによって膨張する空っぽの時空は、取りうるもっとも高いエントロピーを持つことが、詳細な計算から分かる。したがって、空っぽで平坦な時空は、一般的な宇宙が進化していく行き先の条件となる。それはもっとも一般的な宇宙平衡状態であり、ランダムに選んだ出発点から始まる、ランダムに選んだ宇宙において起こるものと予想される。それはまた、キャロルにとっての完全に一般的な出発点でもある。

量子力学によればすべてのエネルギー場がランダムなゆらぎを生じさせるため、空っぽで平坦な宇宙におけるダークエネルギーの背景も、キャロルとチェンにとってはきわめて重要だ。ダークエネルギーのなかでの急激な量子的盛り上がりは、二人が語る物語における次のステップの引き金となる。長い時間待っていると、強いゆらぎによって、空っぽの背景のなかの微小な領域が、インフレーションのポテンシャルエネルギー曲線の上を偽の真空状態まで押し上げられる。その結果、空っぽの空間から新たなインフレーション領域が生まれ、いくつもの赤ちゃん宇宙が作られる。「ポケット宇宙」でなく「赤ちゃん宇宙」という言葉を使っていることに注目してほしい。量子重力理論の詳細はまだ分かっていないが、物理学者たちは、量子ゆらぎによって、互いに切り離された個別の時空領域が誕生しうると考えている。キャロルはその可能性を利用して、自らの多宇宙理論を、通常の永久インフレーション理論よりも先まで推し進めた。赤ちゃん宇宙は親の時空から文字通り切り離され、それによって低エントロピー状態から始まる。その創造の性質ゆえ、赤ちゃん宇宙は低エントロピーで始まり、インフレーションと独自の進化を進めることができる。

キャロルは言う。「それらの赤ちゃん宇宙のうちのいくつかは、ブラックホールへ収縮して蒸発し、存在しなくなる。しかし、ほかの宇宙は永遠に膨張する。そして、やがて薄まって姿を消す。それらは新たな空っぽの空間となり、そこからさらにインフレーションが起こりうる」。膨張しつづける宇宙は包括的な空っぽの宇宙の状態へ向かって進化するため、このプロセス全体は何度も繰り返される。

さらに重要なこととして、このプロセスにおいて時間の向きは重要でない。「そこが不思議なとこ

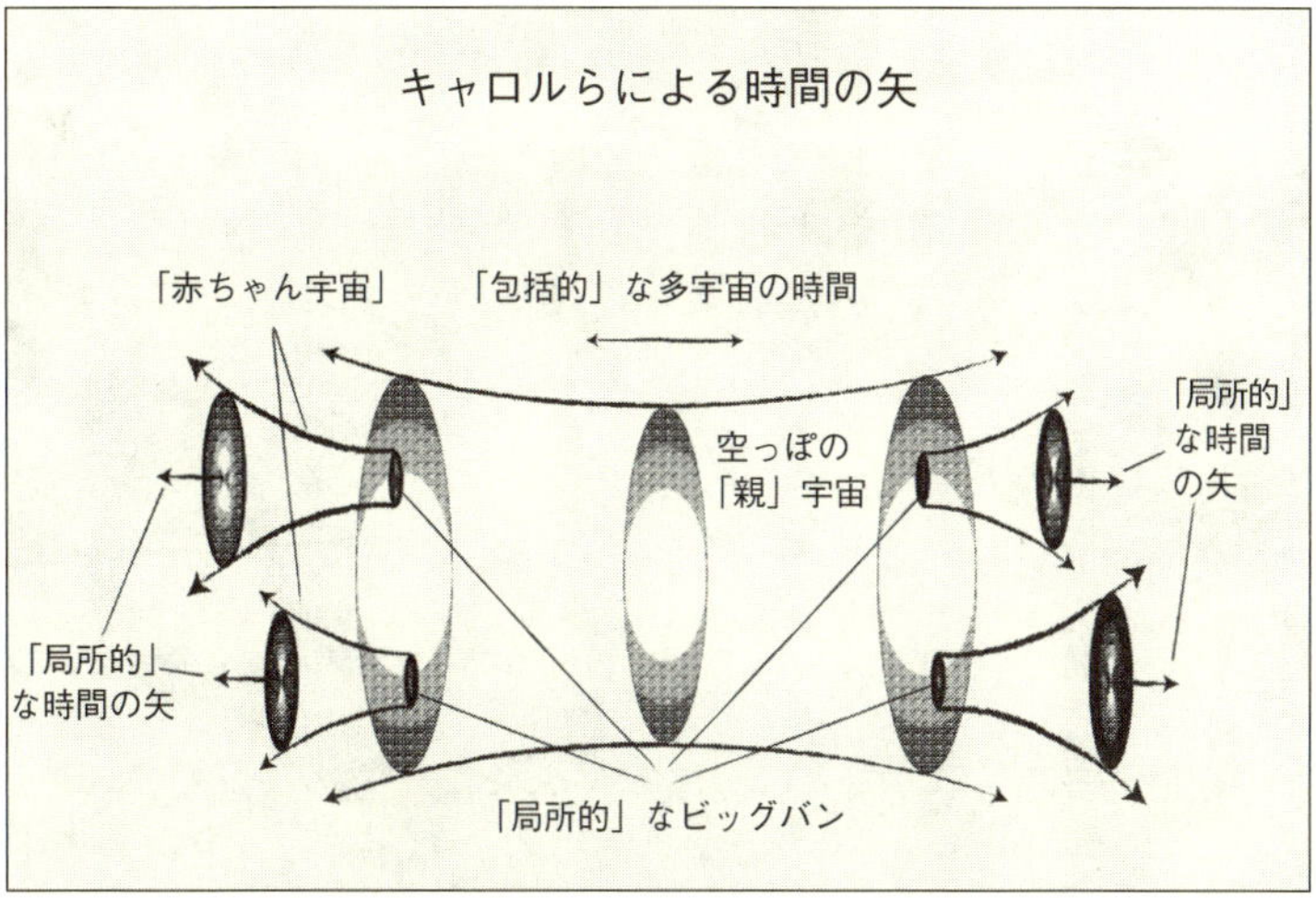

図10.4　時間対称的な定常状態多宇宙。平坦な空間の包括的状態から始まり、おのおの別々の「赤ちゃん宇宙」が作られる。それぞれの赤ちゃん宇宙は、独自の熱力学的な時間の矢を持つ。しかし多宇宙全体は、全体的な時間の向きを必要としない。

ろだ。インフレーションをする小さな宇宙は、包括的な出発点からどちらの方向にも進化できる」。キャロルが時間の向きと言うときには、神の立場に立って、多宇宙全体の視点から個々の赤ちゃん宇宙の進化を見ていることになる。「初期状態から時間をさかのぼって「インフレーションを」進めることもできる。それでも包括的な進化の様子は同じだ。その宇宙は空っぽになり、やがてひとりでにインフレーションを始める。したがって、わたしたちの宇宙のはるか過去、わたしたちのビッグバン（何も特別なものではない）の以前には、時間の矢を逆向きに走らせる別のビッグバンが見つかるだろう」。もっとも大きなスケールでは、宇宙全体は互いにつながった赤ちゃん宇宙の泡のようであり、それらの赤ちゃん宇宙は多宇宙の時間に関して完全に対称的だ。多宇宙全体において、時間の向きというものは存在しない。

キャロルとチェンの説には、めまいを起こさせるような魅力がある。多宇宙はつねに存在していて、将来も存在しつづける。ダイナミックで進化しているが、統計的な意味ではつねに変わらない。ビッグバンはわたしたちのビッグバンでしかなく、ただ一度のものではない。わたしたちがそれをわたしたちの過去と定義するのは、エントロピーがより小さいような方向だからだ。しかし、つねにより多くの赤ちゃん宇宙が生まれ、インフレーションを起こすため、多宇宙全体がエントロピーの上限に達することは決してない。新しい宇宙は、多宇宙の過去と未来へ絶えず流れていく。過去と未来の区別は、絶対的な意味を失う。特定の方向への普遍的な時間の流れは存在しないため、多宇宙は時間の外に存在している。「以前」という問題は答えるものではなく、ねじ伏せるものなのだ。

キャロルの見方では、永久インフレーションにおける多宇宙は、時間の始まりと時間の矢の両方を回避する方法となりうる。しかし多くの科学者にとっては、いかなる形の永久インフレーション理論も、喜ばしい進歩ではなかった。宇宙が多数存在する（いずれも観測されておらず、おそらく永遠に観測できない）というのは、真面目な科学というよりもスタートレックの一話に近いように思える。しかしほかの人たちにとって、この宇宙の過激な再定義は、宇宙論における最古の疑問に答えるだけでなく、科学の定義を新たな方向へ進めるものである。

わたしたちの平凡な宇宙——人間原理が新たな転向を引き起こす

物理学者や宇宙論学者にとって、微調整は重大な問題だ。標準モデルに必要な二〇個の定数から、ビッグバンに必要となる特別な低エントロピーの条件まで、生命を誕生させるには（小数点以下何桁までも）「ちょうどぴったりに」宇宙を作らなければならないという必要性は、何十年ものあいだ基礎物理学の研究に付きまとってきた。物理学の目的はつねに、自然界とその進化の正確な形を規定する、時間を超越した法則を見つけることだった。しかし科学者は、宇宙により深く探りを入れるごとに、特別な条件や定数値を選び出したという幸運により多く出くわすようになった。それらの幸運は、生命が成長しうる宇宙を作るのにちょうどぴったりの形で現れた。そのジレンマは、神を信じるインテリジェントデザイン説の支持者を満足させるものだった。微調整問題を受けて彼らは、超知性が万物創造のノブを回し、（無限の可能性のなかから）正確に正しい条件をダイヤルして、このありえないような宇宙を作り出したという証拠を、ほかならぬ物理学が提供してくれたと主張した。そのような安易な解決法は、ギリシャの理性主義の伝統を作ったタレスにより二五〇〇年前に始まった取り組みを、手放すものとなる。多くの科学者にとって、無限の宇宙を持つ多宇宙は、このジレンマに対する明快な説明を与えてくれるように思われた。しかしその力を完全に引き出すには、宇宙論の忌まわしい言葉である、人間原理に立ち向かわなければならなかった。[*12]

人間原理は、何十年ものあいだ宇宙論の思索の背景に漂っていた。[*13]もっとも単純な形の人間原理によれば、宇宙とその諸法則は、宇宙のなかにわたしたちが存在しているという事実と矛盾しないような形を取っていなければならないという。一見したところ同語反復であり、わざわざ言葉にする必要がないほど自明に思えるが、何年ものあいだ一部の物理学者や宇宙論学者は、人間原理を使って宇宙論の予測をおこなう方法を示そうと躍起になっている。一九五〇年代にはほかならぬフレッド・ホイルが、恒星内部で炭素（わたしたちの存在に欠かせない）が作られるには、特別な原子核反応が存在していなければならないと予測し、いち早く人間原理的論法の例にめぐりあった。ホイルによるこの原子核物理学上の予測は、わずか数年後に実験によって裏付けられた。もっと最近の例として、ノーベル賞を受賞した物理学者のスティーヴン・ワインバーグが一九九五年に、宇宙定数が、素粒子物理学の計算によって示されるよりもはるかに小さい理由を考えたときにも、人間原理は「成功」を収めた。

すでに述べたように、量子力学からは真空は空っぽの空間とほど遠いと予測されることを、物理学者は何年も前から知っていた。真空は、不確定性原理を破らずに出現と消滅を繰り返す仮想粒子で沸き返った状態だ。この量子真空は、まさに宇宙定数と同じく、全空間に広がるエネルギーとして表現できることに、素粒子物理学者は気づいた。しかし、真空エネルギーに基づいて宇宙定数の大きさを予測すると、その値は、わたしたちの知っている宇宙が決して生成しえないほどに大きいものとなった。そこで彼らは、量子真空のゆらぎが何らかの方法で打ち消し合っているに違いないと論じた。ほとんどの研究者は、ゆらぎは完全に打ち消し合い、宇宙定数は正確にゼロになっているだろうと考えた。ワインバーグはさらに、生命が形成されるには銀河が生成する必要があるという人間原理的論法を用い、宇宙定数の上限値を導いた。それ以上の値であれば、原始銀河は完全な形をなす前にバラバラに引き裂かれてしまうと、ワインバーグは論じた。そして、銀河や生命が存在するには、宇宙定数はそのちょうどの値でなければならず、それより大きくてはならないと結論づけた。一九九九年に発見されたダークエネルギーを宇宙定数と解釈すれば、その値はワインバーグが予測した範囲のなかに正確に入る。*14

人間原理はいくつもの形を取る。なかには、「生命の存在は、宇宙が生命の存在を認めなければならないことを物語っている」という、あまりに弱くて役に立たず、この考え方のいわばパロディーとなっているものもある。また、「物理法則は、生命を宇宙の進化に欠かせない特徴とするような形を取っていなければならない」という、あまりに強くて、唯物論的な科学者のほとんどが尻ごみするようなものもある。一九六〇年代後半から七〇年代に登場した人間原理を、ほとんどの科学者は、あまりに自明で役に立たない、あるいはあまりに厳しすぎて神秘主義の範疇であるとして拒んだ。たとえば、よく採り上げられるホイルの成功は、真の人間原理ではないとして斥けた。つまるところ炭素は、生命にとって重要であるのと同じく、石灰石にとっても重要だ。問題はつねに、この一つの宇宙の法則をわたしたちの存在とどのように結びつけられるかにあった。しかし、もし宇宙が二つ以上存在していたら、人間原理的論法はまったく新しい意味を帯びることになる。

多宇宙は、人間原理的論法を統計の問題へと変える。永久インフレーションは膨大な種類の宇宙を提供し、そのそれぞれは互いに異なる物理と、その物理を導く互いに異なる定数を持つ。可能性があまりに多いため、定数や初期条件が微調整されているように見えるこの特定のポケット宇宙にわたしたちが出現したことは、それほど神秘的な出来事ではなくなる。生命はこの宇宙の自然定数に対してきわめて敏感だが、多宇宙には無限大、あるいは無限大に近い数のポケット宇宙のサンプルがあるのだから、生命に適した定数はどこかで実現するはずだ。もちろんわたしたちは、その生命のくじを引き当てた宇宙の一つのなかにいる。しかし別の物理を持つ宇宙も存在し、それらの多くは生命を生み出しえない。それらの宇宙のいくつかでは、ダークエネルギーによって空間があまりに速く引き伸ばされ、銀河も形成されず、恒星の構造も存在しない。物質やエネルギーは、果てしない空虚に吹き渡る一陣の風のように散り散りになる。別の宇宙では、炭素などの元素の原子核物理があまりに違っていて、恒星の核のなかで重元素を作り出すことはできない。恒星が燃えても、生命はおろか惑星も存在を妨げられる。可能性はいくつもある。多宇宙では、人間原理的論法がそれらすべてを選り分ける一つの方法になると、一部の科学者は論じている。

なかには、この論理をさらに先へ進めている研究者もいる。長いあいだ科学の教義として、観測者の視点に基づいて現象を説明することは、いわば詭弁であると見なされてきた。科学者はコペルニクスの原理と呼ぶものをよく引き合いに出し、観測者が特別な時間や特別な場所にいて特別な結論を導くという主張を斥ける。一部の宇宙論学者は、多宇宙と人間原理的論法を用いて、わたしたちは「特別な」宇宙のなかにいるとさえ予想すべきでないと論じている。それはもう一つの微調整でしかないというのだ。

ポケット宇宙がたくさん入った多宇宙という袋に手を入れ、ランダムに一つ取り出してみよう。平均としては、多宇宙全体において平均的な条件を持つ宇宙が選び出されるだろう。同じことが、たまたまわたしたちが占めている宇宙にも当てはまる。コペルニクス原理が成り立つとしたら、わたしたちの宇宙は平均的な宇宙に近いものでなければならない。したがって科学者は、わたしたちの存在を用いて、多宇宙全体にわたるポケット宇宙の実際の統計について何かを示すことができるはずだ。わたしたち自身が平均的なありふれた宇宙にいるという以上のことは、期待すべきでない。この予想は、それをどのように捉えるかによって、屈辱的にもなれば侮辱的にもなる。

しかし宇宙論学者のあいだでは、「すべての宇宙にわたる統計」が何を意味するかをめぐって、非常に激しい論争がある。平均的な宇宙というものを定義するのは不可能だと論じる科学者もいれば、自分たちは実際に役立つ定義を与えているると主張する科学者もいる。しかしその技術的な論争の根底には、ビッグバン理論後の時代における宇宙論科学の方向性と目的に関する、もっと奥深い問題が横たわっている。

たくさんの宇宙、一つの科学

この分野の多くの研究者にとって、永久インフレーションはいまや、インフレーション理論の自然な帰結であると見なされている。それを足がかりとして、多宇宙という過激な可能性は、現実の可能性となっている。しかし研究の方法論として、何らかの観測的証拠の代わりに多宇宙を受け入れることの代償が、その利益を上回るかどうかは、まだ明らかになっていない。

多くの物理学者はおのおの信仰にかかわらず、非宗教的な神のようなもののイメージを共有しており、それが彼らの聖杯——究極の現実に対する究極の説明探し——に反映されている。[*15] 多くの人にとって、多宇宙とそれが意味する人間原理的論理は、その探究を侮辱するものにほかならない。現代の物理学の取り組みは、ピュタゴラスからケプラーやニュートン、さらにその先へ至るまでの輝かしい論究の連なりを引き継ぎ、ただ一つの統一された宇宙の記述を探すことにある。Tシャツに書けるほど簡潔なその記述は、この一つの宇宙の起源、形態、進化を疑いの余地なく決定することになる。これが、物理学の聖杯のなかの聖杯探しだ。標準モデル、大統一理論の探求、そして万物を記述する量子重力理論に掛けられた期待に向けて注ぎこむ努力はすべて、ただ一つの真なる現実の記述を見つけたいという古代からの欲求によって促されてきた。最終的な方程式が特定されれば、わたしたちの見ているすべてのもの、わたしたちが経験するすべてのもの、そして宇宙の歴史の全体——永遠であろうが時間的に始まりがあろうが——が明らかになるはずだ。もちろん、信仰上の畏《おそ》れがなければ、わたしたちは多宇宙の人間原理的論理に逃げることになる。

レオナルド・サスキンドは、その信者の一員ではない。「ひものランドスケープ」という言葉を作ったひも理論学者のサスキンドは、人間原理の時代が到来したと声高に説いている。[*16] 人間原理を採り入れることは、わたしたちの宇宙がこのような構造を取っている理由を明らかにするうえで、さらに前進するための手段だという。サスキンドたちは、ポケット宇宙とその統計に即して考え、いまや宇宙論の理論化の目的を変えるときだと提唱する。この宇宙を規定する一つの不変の自然法則を探すのでなく、すべての宇宙を支配する不変法則を探すべきだというのだ。そうすると、わたしたちの一つの宇宙の物理は、統計上の偶然だということになる。過激な考え方で、多くの科学者は激しく非難している。

もしインフレーションが真理であれば（支持する証拠は少ないがどんどん数を増している）、必ず永久インフレーションが起こるのだろうか？　もし永久インフレーションがインフレーションの帰結であれば、始まりや終わりを持たない多宇宙は必ず存在するのだろうか？　もし多宇宙が現実であれば、最終理論の壮大な夢を抱く物理学や宇宙論の取り組みは、純真な時代の遺物となるのだろうか？　多宇宙や永久インフレーションの問題には、最終的にはデータによって答を出さなければならない。しかし、データを集めるのにはどれだけの時間がかかるだろうか？　その間に、ビッグバン理論より先へ進むためにどれだけの代償を払うことになるのか？　物理学者、天文学者、宇宙論学者の共同体全体が、これらの問題に直面している。一部の人にとってその答は、多宇宙や、ひも理論に基づくサイクリックモデルでなく、まったく新しい根本的に異なる考え方のなかに潜んでいる。

第11章　幽霊を手放す——始まりの終わりと時間の終わり
——宇宙論の過激な代替理論の三幕

バイエルンアルプス　一九六三年一〇月

山岳地帯への単なる週末旅行のはずだった。しかし列車がミュンヘンに戻るなか、ジュリアン・バーバーは、自分がどこへ向かっているのか確信がなかった。

バーバーと一人の友人は、どこかへ出かけて精神を充電したいだけだった。博士研究がうまく進み、まもなく天体物理学の本格的な研究を始められる。少なくともそういう計画だった。しかしいまや、逃れようのない疑問がバーバーを捕らえ、明るい未来は覆された。

時間とは実のところ何だろうか?

二日前にバーバーは、列車で山岳地帯へ向かっていた。新聞を読んでいると、量子物理学の創始者の一人、ポール・ディラックに関する記事が目に入った。その記事は、ディラックによる時間、空間、相対論の新たな考え方について論じていた。ディラックは新たな研究によって、「物理学において四次元という必要条件がどれほど基本的なものか、疑いを抱くようになった」。そして、「時間そのものは何であるのか、わたしたちは問いただすべきだろう」と疑問を提起し、バーバーにこの重大局面をもたらした。

翌日、目を覚ましたバーバーはひどい頭痛に襲われ、友人には一人で山に登ってもらわなければならなかった。暗い部屋で一日じゅう横になりながら、ディラックの疑問が頭から離れなかった。まるで、偉大な物理学者の思索が、不愉快なたぐいの精神的消化不良をもたらしたようだった。

「時間そのものは何であるのか、問いただすべきだろう」

目が充血して精神がずたずたになったバーバーは、変化が必要だと気づいた。列車がミュンヘンに戻るなか、自分は、掲載を許可される「主流の」科学論文を書くような研究人生は送れないと悟った。アカデミックな物理学の世界を離れ、この一つの疑問にすべての精力を捧げなければならない。ほかに選択肢はなかった。バーバーは窓の外に目をやり、遠ざかっていく山々を見つめた。いまや自分なりの登るべき山があり、すべての時間と努力を、その登頂のために使わなければならない。[*1]

反逆者たち

ジュリアン・バーバーは、一九六三年のその日にポール・ディラックの時間と空間に関する考察と出会い、新たな人生を歩みはじめた。「その疑問を理解するのに何年もかかることは分かっていた。次々と論文を出すふつうの研究人生を歩んで、本当にどこかへたどり着く方法は、わたしにはなかった」とバーバーは言う。バーバーは勇敢な決意で博士研究をやめ、イングランドの田舎へ移り住んで、ロシア語の科学文書の翻訳で家族を養った。それから三六年後にバーバーは、ようやく手にした答を、何篇かの研究論文と『時間の終わり』という一般書のなかで発表した。[*2] 研究者としての所属はなかったが、世界じゅうの物理学者がバーバーの創造力豊かな理論に関心を持った。

バーバーは反逆的な物理学者で、ビッグバンより先、そしてそれより以前へ進むには、ひもやブレーンやインフレーションの新たな理論だけでは十分でないだろうと確信している。そして、何世紀にもわたって物理学が拠って立ってきた根本的前提に異議を唱えようとしている。そんな人物はバーバー一人ではない。

世界じゅうで、少数だが決意を固めた科学者のグループが、やはり反逆者のマントをかぶっている。彼らはそれぞれ独自に、物理学と宇宙論の最前線の進歩は滞っていると考えている。彼らの見るところ、新たに前進するには、現在の方法論やモデルから大胆に離れることが必要だという。そのなかの一部の人たちは、主流の研究を通じて、否応なく主流から外れた道を進むことになった。ほかの人たちは、宇宙論や基礎物理学の進む方向とどんどん折り合わなくなり、より深遠でより根本的な疑問を抱くようになった。彼らにとって、ひも理論とその10^{500}個の可能な解は袋小路に思われ、多宇宙モデルにおける観測不可能な膨大な数の宇宙は、科学というよりもSFのように映る。何か別のもの、何かよりよいもの、何かまだ考えられていないものを待たなければならない。

反逆者はおのおの、物理学と宇宙論における一つの根本的問題を見据えている。ほぼすべてのケースにおいて彼らが見据えているのは、時間の問題だ。彼らは、物理学による時間の記述のしかたを捨て去り、再び一から作ろうとしている。ときに、彼らが考えようとしている過激な答は、もし正しければ、時間そのものの意味と、宇宙論におけるその役割を根本的に変えるだろう。またときには、その批判が形而上学へ傾き、物理の意味やその発展のしかた、およびそれが時間とともにどのようにして始まったかを問いかける。いずれの場合にも、彼ら反逆者は主流に逆らい、時間、物理学、宇宙論の疑問をどのように問うべきかを、考えなおそうとしている。

第一幕——時間の終わり

物理学と宇宙論における時間の問題に対するジュリアン・バーバーの答は、単純であると同時に過激でもある。時間などというものは存在しないというのだ。[*3]

バーバーは言う。「時間を手でつかもうとしても、必ず指のあいだからするりと抜けてしまう。人々は時間が存在すると信じているが、それをつかむことはできない。わたしの感じるところでは、時間をつかめないのは存在していないからだ」。バーバーは、科学に対するその頑強な決意や信頼にはそぐわない、人を安心させるような魅力的な話し方をする。その極端な見方は、何年にもわたって古典力学と量子力学の核心を探ってきたことに由来する。アイザック・ニュートンは、時間を、至るところで同じ速さで流れる川のようなものとして考えた。アインシュタインはその描像を変え、空間と時間を一つの四次元の存在へと統一した。しかしアインシュタインでさえ、変化の尺度としての時間の概念に異議を唱えることはなかった。バーバーによれば、その問題は逆の見方をしなければならない。変化が、時間という幻想をもたらしているというのだ。パルメニデスの霊魂と交信するかのようなバーバーは、すべての瞬間がそれ自体完全な形で存在していると見る。そしてそれらの瞬間を、「諸々の現在《Nows》」と呼ぶ。

「わたしたちは生きながら、諸々の現在の連なりのなかを動いているように思われる。問題は、それらの諸々の現在が何なのかだ」。バーバーにとって、それぞれの現在は、宇宙の万物の配置にほかならない。「わたしたちは、ものは互いに決まった位置を占めているという印象を強く持っている。わたしの狙いは、(直接であれ間接的であれ)見ることのできないすべてのものを抽象化し、単純に、互いに異なる多数のものが同時に共存しているという考え方を捨てないことだ。単純に諸々の現在が存在し、それ以上でもそれ以下でもない」

バーバーのいう諸々の現在は、小説本をバラバラにして床にランダムにばらまいたページとしてイメージできる。それぞれのページは、時間に関係なく時間の外に存在する個別の実体だ。それらのページをある特別な順序に並べ、そのなかを一段階ずつ進んでいけば、物語が展開する。しかしどのようにページを並べようが、それぞれのページは完全で互いに独立している。バーバーは、「ジャンプする猫と着地する猫は同じでない」と言う。バーバーにとって現実の物理は、これらの諸々の現在が全体として一つになったものの物理を指す。過去の瞬間から未来の瞬間への流れというものは存在しない。宇宙に存在しうるすべての配置、万物のすべての原子が取りうるすべての位置は、同時に存在している。バーバーの言う諸々の現在は、完全に時間と関係ない広大なプラトン的領域のなかに、すべて同時に存在している。*4

「わたしにとって本当に興味深いのは、存在しうるすべての現在からなる総体がとても特別な構造をしていることだ。それは一国の地形《ランドスケープ》として考えることができる。その国の各地点が現在であり、国自体は時間と無縁で、完全に数学的なルールで作られているので、わたしはそれをプラトニアと呼ぶ」。バーバーの宇宙論は時間と無縁なため、ビッグバン「以前」の問題は決して起こらない。存在しているのは、万物の配置のランドスケープ、諸々の現在のランドスケープだ。「プラトニアは宇宙の真の舞台であり、その構造は、そのなかで展開する古典および量子物理に深い影響を与える」。バ

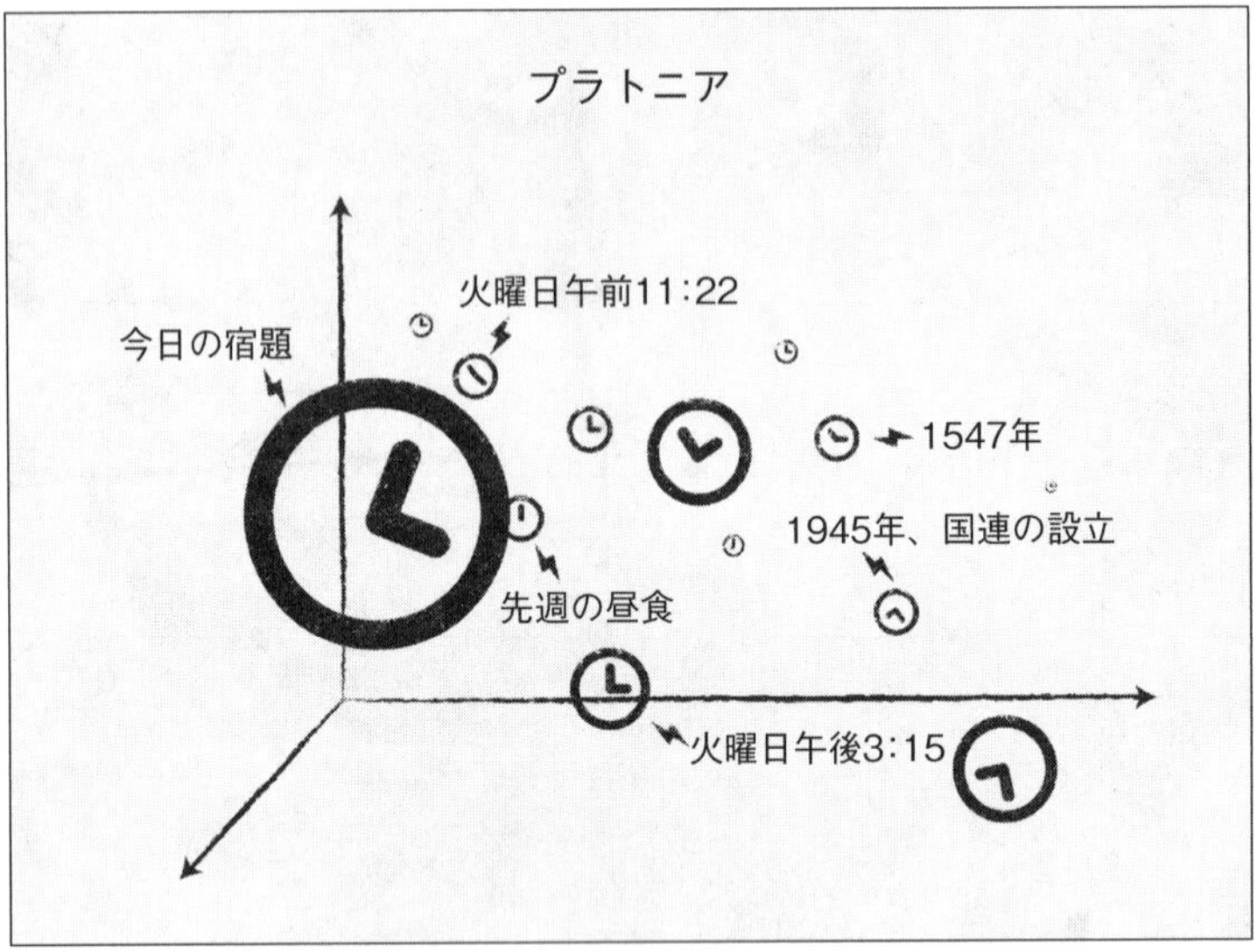

図11.1　時間と無縁の世界。ジュリアン・バーバーの説によれば、「プラトニア」が真の宇宙物理の空間であり、物理学者たちはそれを「配位空間」と呼んでいる。一つ一つの瞬間は、宇宙のすべての物質とエネルギーの配置を表した別個の「現在」である。一つの現在から別の現在へ時間が流れることはない。諸々の現在は永遠に存在しているが、それらの配置は、プラトニアという抽象空間における物理によって決まっている。いくつかの現在はつながっており、それによって時間の流れという幻想が生まれる。

ーバーにとって、ビッグバンは遠い過去の爆発ではない。それは、プラトニアという、互いに独立した諸々の現在が作り出す地形のなかの、一つの特別な場所にすぎない。

わたしたちが過去という幻想を抱くのは、プラトニアのなかのそれぞれの現在に含まれる物体が、バーバーのいう「記録」としての姿を見せるためだ。「先週の証拠」としてあなたが持っているのは、あなたの記憶だけだ。しかし記憶は、現在のあなたの脳のなかにあるニューロンの安定な構造によって生じる。地球の過去の証拠としてあなたが持っているのは、岩石や化石だけだ。しかしそれらは、現在わたしたちが調べている鉱物の配置という、安定な構造でしかない。ポイントは、わたしたちが持っているのはそれらの記録だけであり、それらはこの現在において持っているだけだという点だ」。バーバーの説では、それらの記録の存在は、プラトニアにおける諸々の現在のあいだの関係によって説明される。プラトニアのランドスケープのなかで、いくつかの現在は、すべて同時に存在していながら互いにつながっている。そしてそれらのつながりによって、記録が過去から未来へ整然と並んでいるように見える。見かけはそうだが、一つの現在から別の現在へという実際の時間の流れは、どこにも見つからない。

「整数を考えてほしい。すべての整数は同時に存在している。しかしそのうちのいくつかは、すべての素数の集合や、フィボナッチ級数から得られる数の集合のように、構造をなしてつながっている」。三という数が五という数より過去に現れるのではないのと同様に、猫がテーブルから飛び降りる現在が、猫が床に着地する現在よりも過去に現れることはない。[*5]

バーバーの物理学では、過去と未来、始まりと終わりは、単純に姿を消す。勘違いしないでほしいが、バーバーは物理学を研究している。「ショッキングな考え方であることは分かっているが、それを使って予測をおこない、世界を記述することができる」。バーバーは共同研究者たちと、プラトニアの物理から相対論と量子力学が自然に導かれることを示した一連の論文を発表している。

完全に時間と関係なしに、プラトニアのランドスケープ上に諸々の現在を配置するというバーバーの考え方は、「以前」の難題に対する解決法のなかでももっとも過激なものだ。しかしその大胆さは、科学史におけるこの奇妙な瞬間から始まる別の道筋を示している。量子重力理論の探索によって次元の数が増え、ダークエネルギーの発見によって宇宙論学者が黒板に向かう時代、基本原理はすべて容易に手に入るように思える。しかしバーバーはさらに後戻りし、「時間とは何か」という疑問に対して、「時間は存在しない」という、より基本的な答を示そうとしている。

バーバーの過激な態度は自ら選んだもので、それによってバーバーは研究者の職をやめ、イングランドの小さな家にこもった。だがほかの反逆者たちにとっては、背信の道は自分から選んだものでなく、無理矢理押しつけられたものである。

第二幕——時計の終わり

「わたしは、不変の法則の考え方を形而上学的に放棄しようとしたのではない」と、カリフォルニア大学デイヴィス校の物理学者アンドレアス・アルブレヒトは言う。「ある問題に直面し、それを解決しなければならなかっただけだ」[*6]。宇宙論学者として評価の高いアルブレヒトは、グースのインフレーション宇宙論を最初に採り上げた物理学者の一人だ。博士課程の大学院生としてポール・スタインハートとともに研究していたアルブレヒトは、インフレーション理論の鍵となる細部をいくつも練り上げた[*7]。

アンドレアス・アルブレヒトは若い頃に物理学に魅力を感じ、とくにその自然法則の記述に取り憑かれた。「高校の物理の教科書で原子のことを学んだのを覚えている。量子力学に関するその脚注に心を奪われた。わたしたちが見ているものの奥に、さらに深遠な法則が存在しているという考え方を、とても気に入った。それから何年も経ったけれど、いまだにその考え方がわたしを突き動かしている」

アルブレヒトを駆り立てたそのさらに深遠な法則は、ピュタゴラスやプラトンが聞いた誘惑の言葉と同じものだ。古代ギリシャ人からケプラーやニュートン、さらにはアインシュタインまで至る、永遠で不変の物理法則は永遠で不変の数学の言語の形を取っているという考え方が、物理学の世界に生きる若者たちを突き動かしている。そのプラトン的物理法則が、若者たちの想像力を捕らえ、彼らを畏敬の念で満たす。アルブレヒトもその刺激に突き動かされ、量子宇宙論学者としての成功を手にした。しかし皮肉なことに、自らの研究の根本的な基盤——物理法則は永遠だという核心的な考え方——に疑問を抱かせたのもまた、その分野における自らの研究だった。

量子物理学では、電子などの物体は確定した性質を持たないという、奇妙な特徴がある。量子力学では電子は同時にいくつもの場所に存在でき、観測によって一つの位置へ固定されるまではいわば潜在的な状態にある。場の理論の言葉を使えば、電子は波動関数で表現され、それが量子力学による電子とその性質の数学的な記述となる。古典物理学による記述では、電子は一つの時刻で一つの場所にのみ存在する。波動関数はそうではなく、電子を、同時にいくつもの異なる位置に存在できるものとして記述する。「量子物理学はもとから、共存する複数の可能性を提供する。共存するそれらの互いに異なる可能性すべてが、この理論の必然的な要素にほかならない」とアルブレヒトは説明する。

量子宇宙論は、宇宙全体を量子的対象として説明しようという試みだ。一九六〇年代から、ブライス・デ＝ウィット、ジム・ハートル、スティーヴン・ホーキングなどの物理学者が、宇宙全体を包含するための量子宇宙モデルの探求を始めた。[*8] つまるところ彼らは、宇宙の波動関数を探した。ホーキングは量子宇宙論（および宇宙の波動関数）の先駆的な研究から、時間の起源という概念すらない宇宙の「無境界」モデルを提唱した（有名な本『ホーキング、宇宙を語る』の主題）。[*9]

もちろん、完全な量子重力理論が見つかっていないため、量子宇宙論は考えうる理論の概略にしか

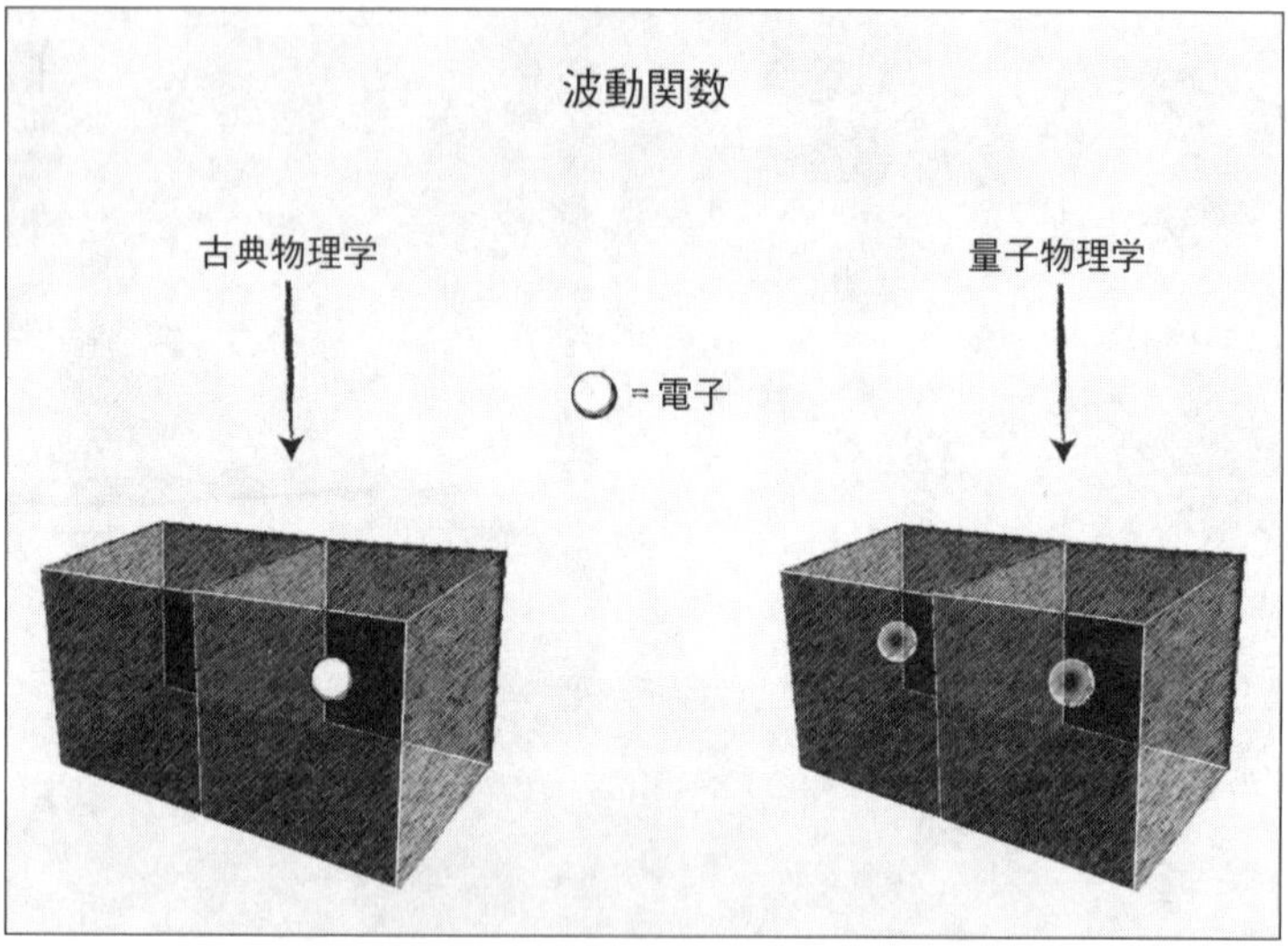

図11.2　量子物理学と波動関数。古典物理学では、すべての物体は位置など確定した性質を持つ。したがって、2つに仕切られた箱のなかで、古典的な電子は必ずどちらか一方だけに存在する。それに対して量子力学では、同時に複数の可能性が存在する。したがって、箱を開けるまでは、電子は箱の両側に存在する。

なりえない。研究者はこの分野を一歩ずつ探っていかなければならず、そうして最前線の研究を進めるなかで、量子物理学と宇宙論を結びつける予想外の新たな細部を明らかにした。アンドレアス・アルブレヒトはその境界領域の探究のなかで、「時計の曖昧さ」と、自らにとっての不変法則の終焉に行き当たった。

「わたしは一九八〇年代に量子宇宙論の研究を始めた。当時は、とても新しくてもホットなトピックだった」とアルブレヒトは言う。スティーヴン・ホーキングなどの物理学者の手で、量子力学、一般相対論、そして宇宙全体に関する考え方の概略が築かれた。それは、完全な量子重力理論がなくても可能だった。このように「半分目隠し」の状態で物理学の研究を進めるのは、新しいことではない。

「高校生のとき、原子のことはたくさん

学んだけれど、量子物理学はまだ勉強していなかった。それでも、すでに学んでいた不完全な道具を使って進めることができた。量子宇宙論を研究するときも、同じことをやっている」。インフレーション宇宙論は量子宇宙論の一形態と見なされており、その有用性ははっきりと証明されている。

アルブレヒトは単純な「おもちゃの」量子宇宙論モデルとして、時空の膨張など一般相対論の本質的要素と、共存する複数の可能性など量子物理学の本質的要素を採り入れたものに取り組んだ。「目的は、宇宙の量子的記述が一般的にどのような挙動を示すかを理解することだった。そうして、物理法則に関わるあの奇妙な性質を見つけた」。アルブレヒトは量子宇宙論の基本方程式の奥深くに、自らの信念を打ち砕く曖昧さを発見した。[*10]

「その問題は、時間と、あなたが時計と呼ぶことにしているものに関係する」とアルブレヒトは言う。通常の生活で時間を計る際には、何らかの物体を採り上げ、それを測定の基準——「時計」——として機能させる。時計は、蛇口からしたたり落ちる水滴でもいいし、振り子の揺れでもいいし、水晶の結晶の振動でもいい。いずれの場合にも、物理学者は世界の一部分、すなわち部分系を切り離し、それを時計として使う。量子宇宙論ではその切り離しが決して単刀直入にはできないことを、アルブレヒトは発見した。

アルブレヒトは問いかける。「『時間』を計るとはどういう意味だろうか？　この世界を、調べたい部分と、時計と呼ぶ部分とに分けなければならない。わたしの量子宇宙論の方程式にそれを組みこもうとしたら、ある大きな問題に突き当たった」

日々の物理学の（たとえば研究室の学生にとっての）進め方において時間がどのように見えるかと、量子宇宙論において時間がどのように見えるかは、根本的に異なる。通常の物理学でビリヤードの球の運動を計算しようとしたら、ニュートンの運動方程式に時間を放りこみ、力が球を動かすのに任せればいい。しかし、宇宙の基本的な歴史を説明しようとしたら、単に時間を仮定することはできず、量子宇宙論の方程式のどこに時間が潜んでいるかを見極めなければならない。つまり、数学的記述のどの部分が時間を表現しているかを、明らかにしなければならない。問題は、どのようにしてそれをやればいいかを教えてくれる処方箋が、一つに決まらないことだ。方程式のほかの部分から時間を切り離す方法がただ一つに決まらないため、宇宙がどのように進化するかを説明する法則も一つに決まらないのだ。

きわめて現実的な意味で言うと、このアルブレヒトの問題は、アインシュタインによる時間と空間の統一をもとに戻そうとしたことで姿を現した。「量子宇宙論では、方程式のどの部分が時間を記述しているかを判断しなければならない。実はその選択には任意性があった」とアルブレヒトは説明する。空間、時間、物質という、いずれもわたしたちに馴染み深い現実の一端は、それらの方程式のなかで別々のものとして現れるのでなく、宇宙誕生の量子宇宙論的モデルから「創発」するものと期待される。しかしアルブレヒトは、時間を切り離すとどうやら物理学全体がバラバラになってしまうらしいことを発見した。

「わたしはそれを時計の曖昧さと名付けた。基本的に、時計の選択が違うと、違う種類の物理が導かれる」とアルブレヒトは言う。それはまるで、デジタル腕時計を使うか大型振り子時計を使うかによって、陽子のようなきわめて重要な存在を記述する基本法則が変わってしまうようなものだ。物理法則のそのような曖昧さは、すべての物理的な事柄が時間によって定義されていることによる。「ボールとは何か？　それははずむもので、そこには時間が関わってくる。物差しとは何か？　それは長さが変化しない物体だ。そこにも時間が関わってくる。素粒子でさえ、時間によってどのように変化するか、あるいは変化しないかとして定義される性質を持っている」

基本的に、ボールや物差しや素粒子といった「もの」の記述こそが、科学者が自然法則と呼んでいるものにほかならない。アルブレヒトは、時間と物理法則の両方が曖昧で恣意的な選択に左右されることを発見し、驚きと恐怖を抱いた。「ばかげているように聞こえるが、方程式のどの部分が『時間』を表現しているかを選びなおしたら、電子を記述する数学が陽子を記述する数学に変わってしまった」。物理が変わった。法則が変わった。「選ぶ時計に応じて、まったく異なる種類の宇宙が導かれたのだ」とアルブレヒトは言う。

アルブレヒトにとっても予想外だった。「わたしたちは物理学者として、自分は事実にこだわる現実主義的な人間だと考えたがる。わたしの発見は、常軌を逸しているように思われた」。それはまさに常軌を逸した意味合いを帯びていた。「基本物理法則は基本的でないというのだ！」

アルブレヒトたちは、わたしたちの住んでいる宇宙がなぜこのような姿に見えるかを、量子宇宙論によって正確に知ることができるだろうと予想していた。時計の曖昧さは、その道筋を閉ざしてしまった。もしアルブレヒトが正しければ、宇宙の歴史を決める法則が決して前もって定まっていないのだから、量子宇宙論によって宇宙の歴史の道筋を完全に予測することは決してできない。

宇宙の発展に応じて何らかの方法で物理法則が決定されるという考え方は、完全に目新しいものではない。多くの人が二〇世紀後半でもっとも偉大な物理学者の一人に挙げるであろうジョン・ウィーラーは、一九八三年に発表した『法則のない法則』という題の論文のなかで、それに似たことを提唱している。[*11] ウィーラーは、自然法則自体は永遠でなく、この宇宙と独立してもおらず、何らかの形で宇宙の進化の一部をなしているとする枠組みを探していた。興味深いアイデアだと考えられたが、その時点でほとんどの研究者は、ウィーラーの説を真剣には受け取らなかった。アルブレヒトは次のように説明する。「ウィーラーが『法則のない法則』について話すたびに、わたしは何度も『どうかしている！』と思った。ところがいまでは、そこまでないがしろにしようとは思わない」

このジレンマについて考察を重ねたアルブレヒトは、自分は宇宙を一体のものとして記述しようとしているのだから、直面した問題は特別なものだと悟った。「この難題が浮かび上がってくるのは、宇宙論について考えているときだけだ。実験室での実験では『これが時計だ』とか『これがそれ以外のすべてだ』と言うのは簡単なので、宇宙のどの部分が時間を『表現する』かの選択は問題にならない」。しかし宇宙論は万物を一度に記述するため、どの部分系がほかのすべてのものの時間を表現するかを含め、「内側」と「外側」を定義するという問題が自然と出てくる。

もっとも基本的かつ包括的なレベルで宇宙と対峙したときにだけ、時計の曖昧さが現れてくることを悟ったアルブレヒトは、自らの研究が指し示す、恣意的な法則という奇妙な方向性を拒絶しなかった。「見て見ぬふりをしてその道を進まないこともできたが、わたしたちは物理学者として宇宙の完全な記述を探している。そのため、単に実験室の視点から予想されるものを超えて、先へ進まなければならない」

アルブレヒトにとって、この新しい考え方への転換が意味するところは、わたしたちが宇宙と呼んでいるものが、ランダムに定められた一組の法則を持つ現実の小部分にすぎないかもしれないということだった。すべて同じくランダムな別の法則を持つ、別の小部分、すなわち別の宇宙が存在しうる。このようにしてアルブレヒトの描像は、いま宇宙論の学会で日常的に論じられている多宇宙の考え方

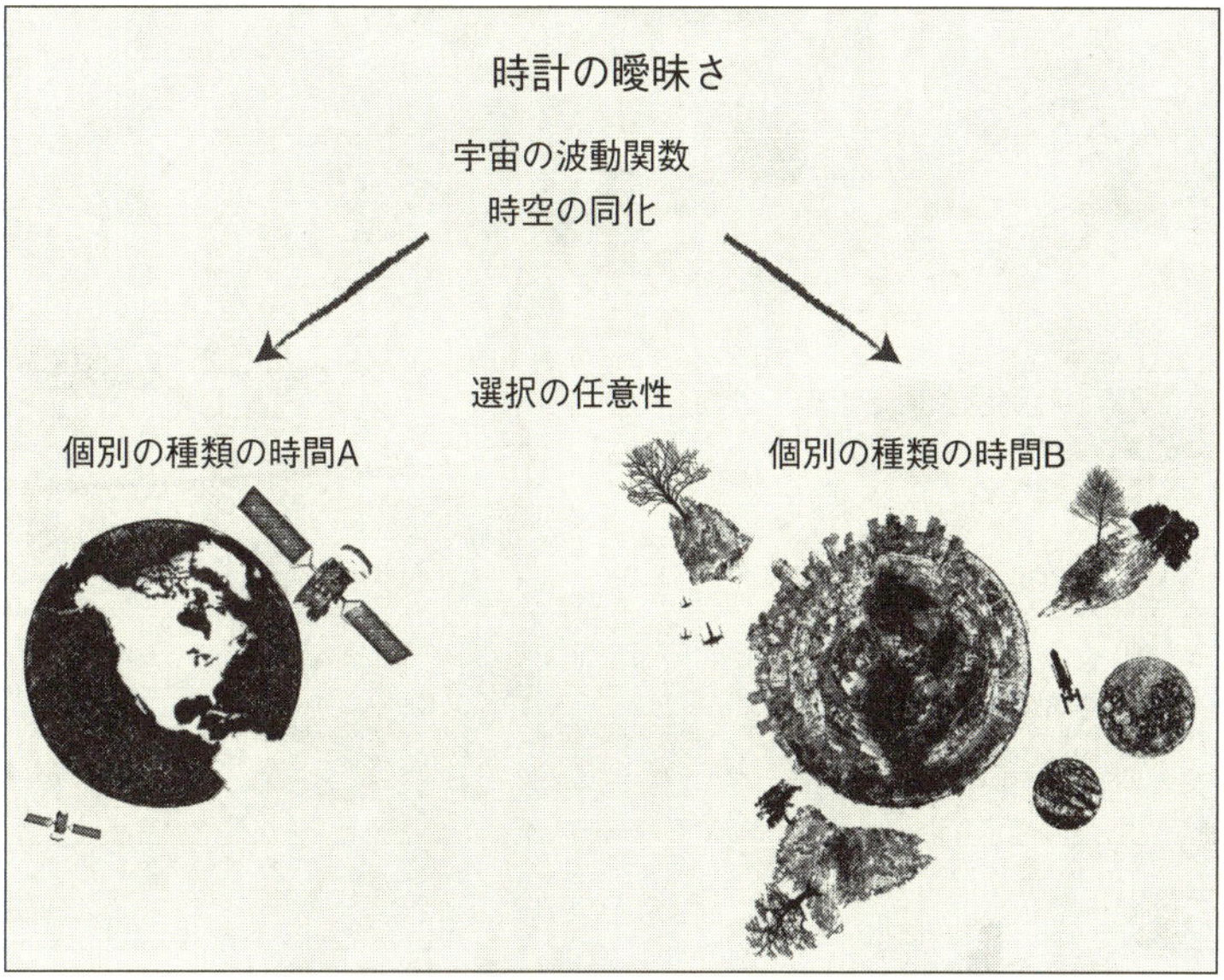

図11.3　時計の曖昧さ。量子宇宙論学者は、「宇宙の波動関数」のなかで時間と空間を分離しようとしたところ、あるパラドックスに直面した。時間の恣意的な選び方に応じて、劇的に異なる物理が導かれる。この図では、選択肢Aからはわたしたちの宇宙が導かれる。選択肢Bからは、まったく異なる物理法則群と、（たとえば）浮かぶ山々が存在する宇宙が導かれる。

と結びつくものかもしれない。しかし、アルブレヒトと多くの同僚とのあいだには、一つ重要な点で違いがある。アルブレヒトは言う。「ほとんどの人は、多宇宙と、互いに共存する多数の異なる宇宙について考えるとき、それらの基礎がすでに存在していると考える。そして、それらの互いに異なる宇宙を一度に支配する法則を、原理的に知ることができると考える」。ヴィレンキンやキャロルたちが研究した永久インフレーション理論では、まさにそのような方法論を用いて、多宇宙全体を記述する数理物理学的仕掛けを編み出した。アルブレヒトは、そのような道筋はもはや不可能かもしれないと考える。「時計の曖昧さは、わたしたちがみな望んでいる現実の物理法則は存在しないことを意味している。ある宇宙においてどのような種類の法則が出現するかは、そのなかに腰を下ろして何が起こるかを見るまでは、知りようがないのだ」

いずれも過激で仰天の可能性だが、アルブレヒトはそれらを追求して結論を導く決意を固めている。そして、天文学や素粒子物理学のデータから導かれる帰結を見守る決心をしつつ、自分の研究について言い訳はしない。「すべて崩れ去るかもしれないけれど、自然は直接的な経験を超えて先へ進むよう命令していると、わたしは思う。わたしの抽象的で不完全な観念を超えて先へ進めるのが、この研究でもっとも難しい部分だった。多くの人が、『どうやって処理すればいいのか』、つまり『時計の曖昧さを回避する方法はどうやって探せばいいのか』と聞いてくるだろう。取り組めば取り組むほど、それは不可能だと思えてくる。時計の曖昧さは、すべての量子宇宙論の定式化においてきわめて基本的なものだと思う。わたしたちは、物事はそのようになっていると受け入れ、それがどのように組み合わされているかを明らかにしなければならないのかもしれない」

第三幕――法則の終わり

アンドレアス・アルブレヒトは時間と無縁の法則の存在に対して形而上学的に異議を唱えようとしたのではないかもしれないが、ほかの人たちの目には、その問題の根源は形而上学と哲学にあると映ったかもしれない。ペリメーター理論物理学研究所の物理学者リー・スモーリンと、ハーヴァード大学の哲学者ロベルト・マンガベイラ・ウンガーにとって、前進するうえでの真の難題は、基礎物理学と宇宙論の取り組み全体を誤った道へ導いている暗黙の形而上学を乗り越えることだ。ウンガーとスモーリンは、勇敢な、あるいは無鉄砲な前進のなかで、多宇宙と高次元へつながる思考の哲学的限界に挑戦しようとしている。二人が見るところでは、それらの空想的な世界はそのまま空想であり、さらに進歩するには、わたしたちがもっとも大事にしている、物理法則は永遠であるという信念を検討しなおさなければならないかもしれない。

スモーリンとウンガーは、変わった取り合わせだ。スモーリンは尊敬されている理論物理学者で、素粒子物理学からひも理論やループ量子重力理論までさまざまな分野で研究してきた。[*12]そのため作家としても人気の高いスモーリンは、不承不承ながらも、ひも理論と現在の理論物理学の文化を批判するようになった。そして、より幅広い考え方や選択肢を探究しなければならないと論じている。ウンガーは名の知られたブラジル人哲学者で、ハーヴァード法科大学院の教授を務めている。[*13]そして、社会における法律の動的発展に関して幅広く執筆している。哲学の分野から実践的な政治学研究へ転向したウンガーは、ブラジルの戦略問題担当大臣も務めている。

出発点が大きく異なる二人は、法則は時間と無縁で永遠だという考え方を否定し、物理学のために根本的に新たな出発点を構築すべきだという点で、共通項を見いだした。

ほとんどの物理学者と同じくリー・スモーリンも、はじめは時間と無縁の法則の存在を信じていたが、宇宙論の進展に伴い、考えようのないものを考えなおさなければならなくなった。スモーリンは言う。「三〇年前、別の宇宙について語るのは科学の一部ではないと見なされていた。しかし徐々に変化が起こり、考えられる別の世界、すなわち、わたしたちと異なる数の次元や、異なる種類の粒子および力を持つ宇宙を記述する理論への取り組みが、受け入れられるようになった[*14]」。スモーリンに

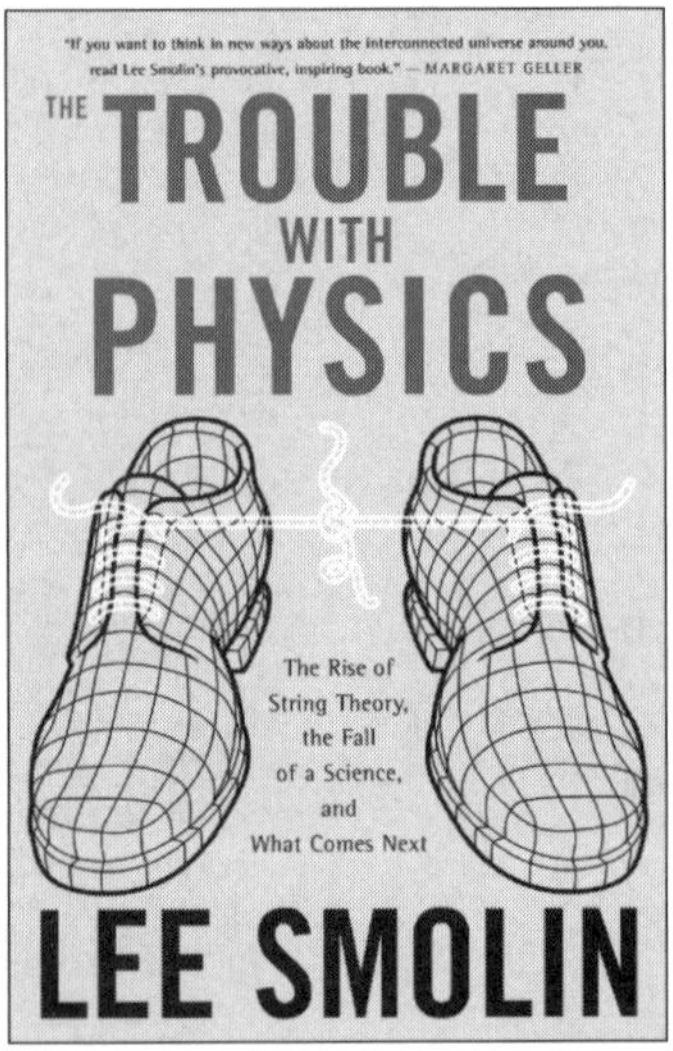

図11.4　リー・スモーリン著『迷走する物理学』。理論物理学者リー・スモーリンは、ひも理論と多宇宙理論を、わたしたちが観測している一つの宇宙に対する関心からあまりにもかけ離れているとして（哲学者ロベルト・ウンガーとともに）批判するようになった。

よれば、ここわずか数年で、別の世界は「単に考えられるもの」から「仮説上現実のもの」へ変わったという。「いくつかの学派では、それぞれ異なる次元、異なる素粒子、異なる法則を持った膨大な数の別の宇宙を含んだ宇宙《コスモス》について論じることが流行っている。きわめて優れた若い宇宙論学者のなかには、そのような多宇宙のシナリオの細部に研究のほとんどを費やしている人もいる」

　かつては独自の多宇宙理論を研究していたスモーリンだが、いまではそれらの理論を、物理学におけるより幅広い問題を暗示するものと捉え、基本的な哲学レベルで物理学を変えなければならないと確信している。[*15] スモーリンによれば、近年の進歩の裏には、二つの厄介な側面を持った暗黙の形而上学が隠されているという。その一つ目は、わたしたちの宇宙は多数の宇宙のうちの一つにすぎないという主張だ。二つ目は、時間は現実にとって基本的なものではなく、量子宇宙論の方程式など、より深遠な法則から創発するものだという主張である。スモーリンは、その方程式自体と、それが体現している形而上学的方法論は、疑わしいものとして考えなければならないと論じている。物理学と宇宙論の進め方に対して深遠な異議を唱えるところで、スモーリンとウンガーは共通の基盤を見いだした。

「科学者にとっては謎こそが財宝だ」。ウンガーは、科学者たちが隠れた次元や別の宇宙を含んだ理論を信じるようになった、現代の物理学の遍歴について悲しげに語る。ウンガーにとって、そのような種類の理論的構築物は本質的に虚構であり、それゆえ「寓話」であるという。ウンガーの指摘どおり、誰も別の宇宙や隠れた余剰空間次元など観測したことはない。その根本的事実が、現代宇宙論の研究分野全体が拠って立つ地盤を、おぼつかないものにしている。「科学者は解けない謎を重んじるべきで、はなから適当に片付けてしまうべきではない」とウンガーは続ける。

スモーリンとウンガーによれば、新しい諸理論の目に見えない「虚構」は、わたしたちが直接観察する世界から提起されたある難問を受けて作られたという。物理学者はたとえば量子重力理論を欲しがっており、ひも理論がその魅力的な候補に見える。しかしこの世界が三次元だけだったら、ひも理論における、点粒子をミクロなひもに置き換えるという作業はうまくおこなうことができない。それを受けてひも理論研究者は、「より多くの空間を追加し」、わたしたちの目から隠されている七つの余剰次元を含めるようにした。それによって、振動するひもに基づく量子重力の実際的枠組みを構築したが、その代償として、現実に七つの見えない次元を追加しなければならなかった。

ウンガーの目には、多宇宙ももう一つの虚構に映る。多宇宙理論は、標準モデルにおける二〇個の微調整された定数が示すジレンマを解決してくれる。多宇宙のなかにある宇宙では、わたしたちの宇宙における定数値は偶然にすぎない。それらの定数値は基本的な物理でなく、多宇宙を構成する数多くのポケット宇宙のなかでの、数多くの標準モデルにおける、単なる統計の問題となる。

多宇宙とひも理論の隠れた次元のいずれの場合にも、それらの理論は説明というものをせず、適当に片付けてしまっている、とウンガーは言う。それらの目に見えない宇宙や次元は、わたしたちが実際に経験する物事から、現実を奪い去っているという。「わたしたちの宇宙は存在しうる多数の世界の一つにすぎないなどと想像したら、この世界、わたしたちが見ている世界、わたしたちが説明を試みなければならない世界をおとしめることになってしまう」。ウンガーもスモーリンも、物理学の主眼を、それらの存在しうる世界から一つの現実世界へ再び戻したいと考えている。この世界は時間で満たされており、時間と無縁の法則は持っていない、と二人は言う。

スモーリンとウンガーの見方では、ひも理論や多宇宙理論の形而上学が、プラトンにまでさかのぼる古代の考え方をどのように受け継いでいるかを理解するのが、きわめて重要だという。尊重すべきその古代の見方によれば、理論物理学の役目は、時間と無縁な普遍的な自然法則を発見することにある。「定義上、その目的は超越的だ。それには、時間の外側にあって空間を超えた何らかの真理を理解する必要がある」とスモーリンは言う。スモーリンにとってもウンガーにとっても、宗教との関連性は明白だ。スモーリンは最近の論文のなかで次のように書いている。「この暗黙の超越性ゆえ、その目的は、さらに古い宗教上の形而上学的前提に留まっている。すなわち、わたしたちが経験する世界は、はるかに大きく時間と無縁である永遠の真理の現実よりも、現実性が低いという前提だ」。とくに哲学が科学の領域にこれほど多くの虚構を押しつけているのであれば、物理学をその種の哲学と結びつけておく必要はないと、スモーリンとウンガーは言う。

ウンガーは独自の研究によって、スモーリンが物理学の未来――時間と無縁な真理を含まない未来

――と考えている領域の一部の様子を、すでに描き出している。[16] その点で二人は、科学と哲学の境界線上に立っている。アンドレアス・アルブレヒトは、量子宇宙論の方程式を直接探究することによって時計の曖昧さを発見したが、ウンガーとスモーリンは、特定の方程式や物理的定式化よりも奥へ掘り進めたいと思っている。二人の見方では、その新たな全体像に対する方程式の導出は、のちにおこなわれることになるという。いまのところ二人は、そもそもそうした方程式に目を向ける理論的根拠についておおまかに論じようとしている。

スモーリンは言う。「一つの時刻にしか通用しない、新たな種類の法則を考えようとしなければならない。そのような法則は、時間の外側に存在しているという意味を持つ必要はないし、持つべきでもない。また、それが記述する宇宙から切り離されたものとして考えることもできないだろう」[17]。この区別はきわめて重要だ。もし時間が現実であれば、宇宙のなかにあるすべてのものは時間の一部であり、時間に支配されていることになる。すべての人間が痛いほど認識しているとおり、時間の本質は変化だ。この単純な事実をもとにスモーリンとウンガーは、宇宙論と基礎物理学の未来にとって自分たちの哲学がどういう意味を持つのかを考えた。わたしたちが「物理法則」と呼んでいるものは、時間における物語を含んでおり、発展するものなのかもしれない。その根底にある物理法則にとっても、歴史は重要かもしれない。「いまやわたしたちは、一つの宇宙の歴史に対する一度きりの記述と、その歴史を支配する諸原理の記述との区別を曖昧にするような法則群について、考えなければならないのかもしれない」。言い換えれば、物語と法則は一緒に展開する、つまり「一緒になる」のだ。

スモーリンとウンガーはまだ、進化する法則の概念を導いてはいない。いまだ旅の始まりだと考えている。彼らの考え方は過激に見えるかもしれないが、二人とも、宇宙論における、見えない世界に対する現在の暗黙の哲学もまた、伝統的な科学の営みから過激に逸脱していると感じている。その状況を考えれば、二人の見方も検討に値するはずだ。「手加減しないことに、どんな意味があるだろうか?」。ウンガーは、この一つの世界が示してくれる事実のみを扱うという、科学の長い伝統について語る。「この一つの世界だけを扱えと極端なまでに強いることに、どんな意味があるだろうか?それはどんな光を当てるだろうか?」

反逆者の叫び——時間、時計、法則を超えて

この章で紹介した反逆的な思想家たちは、時間と、ビッグバン以前に何が起こったかという問題に直面したときに、それぞれ異なる見方を示している。ジュリアン・バーバーは、そもそも「以前」と「以後」というものは決して存在しないのだから、ビッグバン「以前」は問題でないという。時間も変化も存在しないということだ。アンドレアス・アルブレヒトはもともとインフレーション理論を牽引する一人だったが、自らの量子宇宙論の方程式に従って論理的結論に達し、時計の曖昧さが時間と無縁な永遠の法則の可能性を飲みこんでしまうのを、驚きの目で見つめる。リー・スモーリンとロベルト・ウンガーは、余剰次元や別の宇宙を含んだ現代宇宙論の分野を見渡し、それらは虚構であると断言して、慎重に別の道筋を切り開こうとしている。いずれの研究者も真剣かつ冷静で、決意を固めているが、主流の宇宙論物理学が探究しようとしている範囲の境界線上、あるいは境界線を越えたところを探索している。

主流の宇宙論がビッグバンの標準モデルに代わるいくつもの奇妙に聞こえる理論を提供する時代に

あって、それらの考え方をあまりにも盛んに、しかもあまりにも遠くまで探究できるというのも、同じく奇妙に思われるかもしれない。しかし科学は結局のところ、思想家たちの共同体にほかならない。その共同体は何百年にもわたり、考えている問題のうちどれが基本的なものであるか、およびもっと重要なこととして、検討している方法のうちどれがその問題を攻略するのに適しているかに関して、独自の総意を構築してきた。ひも理論、ループ量子重力、ホログラフィック宇宙、ブレーンワールドなど、主流の宇宙論が現在提示している選択肢は、ほかの文化にとっては、戸惑わせような奇妙な言葉の連なりにしか見えないかもしれない。しかしそれらの理論も、目的と方法において理にかなっているという、科学界の共通感覚の枠組みに収まっている。人間原理などの概念がそこを逸脱しようとしているのは、科学の目的を変えることを求めているからだ。この章で見てきた四人の反逆者は、さらに先へ進み、おのおので、現代の宇宙論物理学の根底をなすいくつかの前提をさらに深く批判している。

反逆者と彼らの多様な見方の存在は、いまこの瞬間における宇宙論の構築物が不安定で危うい特徴を持っていることを物語っている。わたしたちは、宇宙はただ一度の創造の瞬間から始まったとする、いまや六〇年来のビッグバンモデルを超えて先へ進もうと、しっかり身構えている。創世論は終わった。しかし、何がその座を奪うのか？　奇妙な形で現実を求める新たな理論は、ウサギのように増殖している。決着を付けられる観測結果が得られるのは、よくて何十年も先のことだろう。ダークエネルギーのような新発見がいつ何時、現在の取り組みを転覆させ、わたしたちを新たな方向へ連れていくか分からない。これほど多くの変化と不確実性のなかでは、たとえ反逆者であれ公正に扱わなければならない。

第12章　もたれ合う藁の野原のなかで
——人間的時間と宇宙的時間の始まりの終わり

火星、タルシスヒルズ、ニューシアトル　西暦二二五六年

時間だ。

彼女は頭のなかでまばたきをして、前頭葉の奥にあるインプラントをシャットダウンした。あれほど没頭していたデータストリームが消え、視神経からの実際の入力に慣れるまでに、いつもどおり一分はかかった。壁のスクリーンは、火星地方時午後四時一五分を示していた。彼女がインワールドでネットワークにふけっていたのはたった一〇分だったが、内なる感覚としては何時間にも感じられた。データストリームはいつもそんなものだった。機械時間と直接接続すると、彼女の意識は、フェムト秒のクロックサイクルと、彼女の脳の生理の限界とのあいだで応答した。いまどきの太陽系の多くの住人にとっては、もちろんいつもながらの状態だった。人々はほとんどの時間をインワールドで過ごし、肉体の世話はウェットウエアやナノテクに任せていた。しかし、彼女にはもうたくさんだった。

それでも彼女はたくさんのことを済ませていた。宿題はほとんど片付けた。さて、市電の駅に両親を迎えに行かなければ。

両親は物理学者を目指す娘をとても誇りに思っていて、一緒に買い物に行こうと誘った。彼女は付き合ってあげた。

外側のドームをくぐりながら、彼女はまだ最後の問題のことを考えていた。余剰次元を正しく巻き上げることができていなかった。それは基本的な内容で、その年の学習内容全体の基礎だった。ひも理論入門だ。さかのぼること二二世紀、軌道コライダーによって、修正ひも共形理論による巨大余剰次元効果が発見された。いまやそれは、マイクロホール技術のなかで絶えず使われ、ほぼあらゆるものに動力を供給していた。彼女はその問題を解かないと、かなり頭が悪いと見られて、きっとイン＝ポール教授のグループには入れてもらえないだろう。

ドームの外では、暗くなりつつある赤みがかった火星の空に、星々が輝きはじめていた。遠くのタルシスバルジには、ブレーン発生機の明かりが見えた。彼女が希望を託す場所だ。イン＝ポールグループに入れれば、ずっと夢見てきた宇宙論をやって、バルクや、まさにこの場所、彼女を含め誰のそばにも幽霊のように漂っている別のブレーンを調査できる。データストリームのなかにいると時折、自分の身体が遠ざかって、その別の見えない次元に移動できたかのように感じることがあった。彼女は心躍らせていた。

誰かとぶつかって、彼女は我に返った。そして、市電の大勢の乗客と一緒にのろのろと歩いた。人混みのなかにいるのは嫌いだった。インワールドで買い物を済ませればよかったのだろうが、両親はもっとずっと保守的だった。それでも彼女には、両親と一緒の時間を過ごすことが幸せだった。

崖際に立つ

宇宙論に関する本が教訓で締めくくられることはあまりない。しかしこの本は違う。人間的時間の物語と、宇宙的時間に対する人間の心像の物語が、五〇〇〇年にわたる文化的革新を通じて互いに絡み合っているように、実は二つの教訓が絡み合っている。ここまでわたしたちは、始まりの終わりに、複数の方法でたどり着いた。

五〇〇〇年前の政治的に緊張した都市を礎《いしずえ》とする帝国の誕生から、二世紀前の商工業を礎とする帝国の成立まで、人間の文化は何度も繰り返し作りかえられてきた。ここ四〇年で組み上げられたデジタル世界も、創造の車輪が再び回されてできたものだ。いずれの段階でも、新たな時間の発明が文化的変化の中心をなしていた。バビロニアの商人にとっての一日は、イギリスの織物工場の労働者にとっての一日とはまったく違い、さらにその一日も、今日《こんにち》わたしたちが過ごしている、携帯電話とフェイスブックと電子カレンダーの日々とはあまりにかけ離れている。

わたしたちはつねに、世界の原材料との具現的な邂逅から、時間の新たな利用法を発明してきた。変化の中心的な推進役である物質的関わりは、過去五〇〇〇年でどんどん抽象的なものになっている。道具製作者の手に握られた重い石から始まり、コンピュータ制御とレーザー誘導によってシリコンチップに回路をエッチングするところまで到達した。しかし、原材料と技術的な最終製品との距離が広がりながらも、わたしたちが生きる時間は変化しつづけている。

時間と創世に関するわたしたちの物語である宇宙論もまた、文化的時間とおおよそ同期しながら変化してきた。はじめ人々の生活は、空、水、動物という織物と複雑に絡み合っていた。それから何千年も経ち、人類はもはや自然の一部でなく、自分たちは神の定めたとおり自然を超えた存在だと考えられていた。しかし一神教的な文化はいまだに、人類を、天使、恒星、惑星、地球が層をなす宇宙の中心に据えていた。現代科学の誕生（およびギリシャ人による理性の重視）とともに、わたしたちは宇宙の中心から次々と追いやられていった。いまやわたしたちは、無限という言葉に新しい直観的な意味を与えるような、広大な宇宙のなかに埋もれた、一つの銀河のなかの、一つの恒星の周りを回る、たった一つの惑星の上に住んでいる。

物語が変わると、宇宙的時間とその起源も変わった。人間による宇宙像は時間的な軌道上を行ったり来たりしたが、その発端は神話のなかで、創造された宇宙、永遠の宇宙、循環する宇宙として考えられた。遠い過去の神話の時代から、いくつもの宇宙的時間の可能性が考えられてきたが、いずれの文化も必然的に、そのうち一つか二つの時間の幾何に焦点を合わせた。新石器時代の農民は、永遠に回帰する周期的宇宙の物語に大きく頼った。キリスト教神学者は、聖書と、神による無からの創造の記述に頼った。そして科学の到来により、宇宙論的創世劇に、重力、エントロピー、相対論という新たな言語や新たな要求が入ってきた。

しかし宇宙論的物語の創作は、絶えることなくつねに、人間の文化の創造と固く結ばれたままだった。人間的時間と宇宙的時間は密接に結びつけられ、それらの結びつきは、中世の時計の鉄の歯車、ヴィクトリア時代の蒸気機関の鉄のボイラー、そして現代のコンピュータのなかでクロックサイクルを刻むシリコンチップによって作られてきた。

過去五万年を振り返り、また絶えず加速する未来を見据えるわたしたちは、特権的な立場に立っている。わたしたちはついに、宇宙的時間と人間的時間の対をなす変化のサイクルを認識し、それらのサイクルが、わたしたちは誰であり、何者であり、どこへ向かおうとしているのかをどのように語っているかを、問いかけられるようになった。これらの問いかけは、抽象的でもなければ瑣末なものでもない。なぜなら、宇宙的時間と人間的時間の絡み合いを認識すれば、両者が到達した転換点も認識できるからだ。このようにしてわたしたちは、生物種としてのわたしたち自身の始まりの終わりに到達する。

わたしたちが至った最初の疑問は、わたしたちが文化を作りはじめて以来ずっと時間を創造してきたという認識から浮かび上がってくる。人間的時間は時代の移り変わりとともに変化し、一人一人が生まれ出る時間の形態に関して、神から与えられたものや物理学から与えられたものは何もない。子供に時計の読み方を教えるときには、想像された時間の特定の枠組みのなかに子供を据えていることになる。子供が学校に入って、六時間目は算数だ、七時間目は国語だと気づいたときには、再び、特定の形の物質的関わりを通じて現実となった、文化的に定義された時間の枠組みのなかで自分たちが生きる訓練を、受けていることになる。仕事に就く頃には、この文化的時間に深く浸っていて、それを本来のとおりに――創作物として――見ることはほぼできなくなっている。

わたしたちのうち何人が、自分たちの時間に満足しているだろうか？　電子的に実現される技術を通じて加速する文化的生活は、わたしたちに大きな恩恵を与えてくれているが、Ｅメール、携帯電話、携帯メール、通信データが押し寄せてくるなかで、わたしたちはもっと働き、もっと生産し、もっと消費するよう強いられている。ここに第一の教訓がある。わたしたちはこれまで時間を発明してきて、いまも時間を発明しなおしているのだということを認識し、再び変化を起こす機会を自ら与えるのだ。

その実現には、単なる個人的選択肢を超えた緊急性がある。前世紀にわたる時間の加速は、エネルギー資源によって活気づいた文化の副産物だが、いまやそのエネルギー資源は明らかに限界に近づいている。人類の物語が、最終氷河期からの脱却という、気候に関する逸話から始まるのは、皮肉なことだ。いまや、多量の炭素を必要とする石油化学技術の急速な利用により、わたしたちの物語の次のステップは再び気候に左右されるようになる。そして次に起こることには、間違いなく新たな時間の発明が伴ってくるだろう。

わたしたちの始まりの終わりにおいて浮かび上がってくる第二の疑問においても、やはり選択が問題になってくる。宇宙と時間に関するわたしたちの科学的物語である宇宙論は、危機に瀕している。「以前」を伴わずに宇宙と時間が突如として創造されたとするビッグバン理論は、一蹴されようとしている。その代わりとして、ブレーンワールド宇宙論、永久インフレーション、多宇宙、ひも理論のランドスケープ、ループ量子宇宙論など、戸惑うほど多数の代替理論が登場している。なかにはほかのものより進展している理論もあり、多くは宇宙の舞台に風変わりな新しい役者を追加することを必要とする。最終的に観測結果やデータによってそれらの代替理論の成否が決すると期待されているが、そのような新たな宇宙論の決定的な検証テストとしては、どんなものが挙げられるだろうか？　科学とそれを支える文化は、その答が出るまでどれだけ待つことになるのだろうか？

さらに重要なこととして、宇宙論的な時間の概念の変化は、文化による時間の革新とどのように併走し、あるいは絡み合っていくのだろうか？　これらの疑問は、科学のおこない、科学が語る現実の性質、およびその人間生活との関わり合いに対するわたしたちの理解の核心に及んでくる。そこで第二の教訓が登場する。文化と、文化による宇宙の探究が、歴史を通じてどのように絡み合ってきたかを理解することにより、純粋な思考のエーテルのなかで発見がおこなわれてきたという単純な記述は、決して正確でないことを知らなければならない。わたしたちは、文化、科学、宇宙に関する幼稚な概念に終止符を打ち、世界と続けている会話に対するもっと繊細な見方を編み出さなければならない。
　本書の締めくくりに際して、宇宙的時間と人間的時間の両方における次のステップを特徴づけるであろう次の二つの疑問を、検討していくことにしよう。文化は宇宙論の観点から時間をどのように変えるのか？　宇宙論は文化の観点から時間をどのように変えるのか？

効率的な宇宙の暴政

今日《こんにち》わたしたちが生きている時間、わたしたちの生活を支配している時間は、効率性というたった一つの価値に基づいている。作業の完了や製品の製造に費やす時間を最小化することが、現代文化において何よりも重要な時間的価値だ。それはわたしたちの経済構造を形作り、その過程で、食事の取り方から子供の教育のしかたまで、あらゆる事柄を決めている。効率性は、現代西洋文化のもっとも重要な「時間の発明」である。ジェレミー・リフキンは著書『タイムウォーズ』のなかで次のように書いている。

　その［効率性の］導入により、現代の時間的方向性が完全に定まる。効率性は、価値であるとともに方法でもある。価値としての効率性は、すべての人間的時間をどのように使うべきかに関する、社会的規範となる。方法としての効率性は、物質的進歩の目標達成を早めるための、時間の最良の使い方となる。*1

リフキンによれば、効率性とは、分業、大量生産、科学的管理法の原理という、三つの異なる文化的革新が成熟したものだという。分業と大量生産はいずれも、産業革命におけるきわめて重要な側面だった。これらの面の根底をなす原理がはじめて明確に認識されたのは、アンブローズ・クラウリーの時代だった。その考え方は急速に広がった。たとえば時計製作者は、「一人が歯車を、一人がバネをつくり、一人が文字盤を彫る」といったように労働者たちを分け、工程全体が「一人一人に作業全体を負わせた場合よりも優れていて安価になる」ようにすることで、さらに多くの時計を製造できることに気づいた。[*2] 一九世紀はじめにイーライ・ホイットニーが、マスケット銃の製造に新たな「アメリカ方式」を用い、そのプロセスをさらに推し進めた。ホイットニーは、交換可能な標準的な部品をそれぞれ別々に製造させ、それらを集めて、各部品の製造法も、またマスケット銃を一から作る方法も知らないであろう労働者の手で組み立てさせた。

工業のピラミッドの最後の礎石であり、時間との新たな関わりである科学的管理法は、フレデリック・テイラーが考え出した。一八五六年にフィラデルフィアの裕福なクエーカー派の家に生まれたテイラーは、送水ポンプを製造する配管設備会社の作業場で働きはじめた。技術者の目線で周囲の作業をじっくり吟味したテイラーは、それぞれの「作業過程」をもっとも単純な要素へ分割し、各ステップを体系的に改善すれば、生産を拡大できることに気づいた。しかし体系的な改善には、体系的な学習が必要だ。テイラーは残りの人生をかけて、労働のあらゆる側面を「科学的に」分析するための原理を編み出した。テイラーの目標は、作業場と事務所の両方において、労働者のすべての作業段階や動作を能率化合理化することだった。テイラーの取り組みは世界を作りかえた。社会学者のダニエル

・ベルは次のように書いている。

いずれかの社会的大変革を一人の人物に帰することができたとしたら、生活様式としての効率性の論理はテイラーによるものだ。……一八九五年にテイラーが定式化した科学的管理法によって、わたしたちは、古いおおざっぱな分業法をはるかに超え、時間そのものの分割へと歩を進めた。[*3]

人間の行動を時間単位の抽象的な動作へ切り分けるうえで、テイラーが武器として使ったのが、ストップウォッチだ。すべての動作を一秒未満まで計測し、それによって標準化した。フォルダーファイルの引き出しを開けるのにかかる時間、〇・四秒。フォルダーを開くのにかかる時間、〇・四秒。引き出しを閉めるのにかかる時間、〇・二六秒。もっとも基本的な労働作業（工場労働者と事務労働者の両方の仕事において）の時間表が作られたことで、人々は事実上肉体から頭を切り離され、時間の流れのなかにおける行動に関する判断は、「科学的」管理者によってなされるようになった。

テイラーの考え方は、欧米全体で標準として採用された。最終的にテイラーの手法は世界じゅうに広がり、生活と時間における産業モデルが世界的なモデルとなった。そしてテイラーは正しかった。科学的な学習、管理、分析により、生産は大幅に増加した。しかし、この新しくより効率的な時間とともに生活するには代償を支払わなければならず、その請求書が、どうやらわたしたちの新たな地球規模の文化全体に届けられたのは、ようやくここ数十年のことである。

デジタル時代の到来は、当然、膨張しつづける効率性の宇宙に新たな次元を付け加えた。マイクロ秒以下で動作する機械により、人間の行動を調整、集約、追跡する能力が膨張し、しかも加速した。

もっとも重要なこととして、デジタル通信技術の登場により、労働と生活との区別が、見分けが付かないほど曖昧になった。スマートフォンのブラックベリーはすぐに「病みつきベリー《クラック》」となり、労働者は四六時中仕事をしている状態に入った。食事や子供の野球や公園の散歩を、「この電話に出ないといけない」とか「メールの返事を書かないといけない」といって中断したことが、何度あっただろうか？

二〇世紀末までに、ファーストフードの夕食や子供との「上質の時間」といった時間管理（および十分な個人的情報管理）は、すべての日常生活が進む舞台としてのエーテルとなっていた。すべてが加速し、ほぼ誰もが危機を感じていた。最近になるまでわたしたちは、この時間の加速の裏に、エネルギーや天然資源は限られた期間しか持たないと想定できる、あるいは無視できるという背景があることに気づかなかった。

前世紀における世界的な工業生産の加速は、単純に科学技術の賜物ではない。その科学技術を可能にしたのは、石油化学製品という形で際限なく供給されるように思える安価なエネルギーだ。一立方センチメートルの石油からは大量の有用なエネルギーを取り出すことができ、原子力以外のほかの資源は事実上太刀打ちできない。世界じゅうに埋蔵されている石油は、つまるところ、太陽エネルギーが何百万年分も蓄積されたものにほかならない。石油は、古代の生物が徐々に粘性の高い液体へ転換したもので、いまではわたしたちの文化のあらゆる面に動力を供給している。石油化学製品は、単に家のなかを暖めたり、自動車を動かしたり、食料を輸送したりするだけではない。石油から誘導した肥料が世界の莫大な農業生産を促しているという意味で、石油は食料そのものでもある。また、わたしたちは衣服として石油を身につけ、手には無数のプラスチック製品を持っている。石油がなければ、医薬品は開発されなかっただろうし、コンピュータのデジタル世界も決して作られなかっただろう。わたしたちはたった一世紀のうちに、蓄積されていたそのエネルギーのかなりの部分をうまく浪費してきた。そのエネルギーを使って文化を構築し、文字通り山を動かし、都市を空へ延ばし、わたしたち一人一人に、皿洗い、洗濯、料理をする使用人集団のパワーを与えてきた。

しかし、この加速する世界を構築するのにわたしたちが使ってきたエネルギーには、限界と悪影響がある。ほとんどの報告によると、採掘しやすい安価な石油を今後も地下から好きなだけ搾り取ろうとするかぎり、石油生産はピークに達する瞬間に近づいている、あるいはすでに過ぎているという。[*4]これ以上蛇口をひねることはできない。生産は必然的に減少するが、中国やインドがすでに台頭しつつあるため、需要は増加するだけだろう。もちろん、採掘困難な石油はまだどこかに眠っている。ブリティッシュペトロリアム社の悪名高い深海掘削施設、ディープウォーターホライゾン号は、ルイジアナ州沖合の海底にある採掘困難な油田の一つを深さ一・五キロメートルまで掘削していたが、二〇一〇年春に爆発事故を起こした。海底の油井《ゆせい》に蓋をするのに何カ月もかかり、五〇〇〇万バレルの原油が期せずしてメキシコ湾に流出した。この手の深海油田からカナダのアルバータ州にあるタールサンドまで、入手困難な石油を手に入れるには賄いようのない環境的代償が伴うことが、徐々に明らかとなっている。

しかし、たとえそのような石油が手に入ったとしても、熱力学の第二法則が再び頭をもたげ、何もただでは手に入らないことを思い出させる。急速に加速する超効率的な文化を構築するために、何千万年も昔の安価なエネルギーの蓄えを使い尽くすなかで、わたしたちは地球の大気化学を変えてきた。何十億トンもの二酸化炭素や、メタンなどの温室効果ガスが大気中に急速に蓄積し、もともとその化石燃料を作った太陽エネルギーを捕らえる能力を引き上げている。地球温暖化、あるいはもっとよい言葉を使えば気候変動は、その影響として現在進行している。

気候がどの程度まで変化するかを正確に予測するのは不可能だが、実際に変化するであろうという証拠は圧倒的に存在している。「たいしたことはない」と「世界の終わりだ」という両極端のあいだに位置するであろう実際の影響により、次の世紀には人間の文化は、先細るエネルギー供給という障害と、そのエネルギーの利用によって進行する気候変動という難関とのあいだの、苦しく危険な旅路に直面することになるだろう。安価なエネルギー源の枯渇と、淡水の供給をめぐる世界的な競争の激化といったほかの形の資源枯渇が組み合わさり、わたしたちは再び文化的変化の道筋に立っているように思われる。[*5] 今回は物質的枯渇という形の物質的関わりが、再び変化を引き起こす推進力となるだろう。新たな形の物質的関わりを見つける、あるいはかつての物質的関わりを再認識するというわたしたちの能力が基盤となり、選択肢あるいは必要性を通じて、新たな制度上の事実が考え出されるだろう。そして過去何度も起こってきたように、わたしたちは、新たな社会慣習や新たな物質的関わりに伴って、新たな形の時間を考え出すことになるだろう。

製作中の宇宙——宇宙論と宇宙の真理

それは高さ二二メートル、重量は七〇〇〇トンに達する。[*6] その八角形の巨体には、全長二九〇〇〇キロメートルのケーブルが出入りしている。[*7] それらのケーブルは、電力を供給し、積み重ねられたシリコンウエハーのパネルから何ペタバイトものデータを何台ものコンピュータへ送り届ける。[*8] 人はそれをアトラスと呼ぶ。素粒子物理学の未来を象徴する粒子加速器、大型ハドロンコライダー（ＬＨＣ）のもっとも重要な検出器だ。アトラス検出器の中心を貫く真空の金属チューブは、遠く離れた地下施設まで伸びている。トンネルに沿ってそのチューブをたどっていくと、二七キロメートルで一周する。[*9]トンネル内を走るその金属チューブを、超低温のヘリウムに浸された超伝導磁石が取り囲んでいる。チューブのなかでは、陽子が光速まであとわずかというスピードに加速する。チューブの一方の壁際を、陽子のビームが一方向に周回する。チューブのもう一方の壁際で安全な距離を保つ別のビームが、逆方向の軌道に沿って周回する。そしてアトラスの巨大な胃袋の中心で、互いに反対方向に走る物質の流れが、磁石の力によって互いに近づけられる。粒子が衝突するとバラバラに壊れ、あらゆる方向に破片が飛び散る。検出器のなかでは、その衝突の痕跡を捕まえて測定する。データがコンピュータに流れこんできて、その一瞬の記録が作成される。この宇宙の最初期の歴史においてかつて一度だけ存在していた条件を、人類が、ごく短時間でしかもきわめて小規模ではあるものの、何とかして再現したものだ。

ＬＨＣの建設には、二〇年という年月と九〇億ドル以上の資金が費やされた。スイスのジュネーヴ郊外にあるこの加速器は、二〇カ国以上が何千人もの科学者や技術者の努力によって運営する国際的な研究施設だ。それは史上最大の物理学実験である。基礎物理学の分野全体の期待が、その周回する陽子ビームに乗っている。ひも理論の間接的証拠からダークマターの直接的検出まで、ＬＨＣは、ついに物理学者を標準モデルの先へと連れていく推進力になるだろうと期待されている。しかしその規模、費用、組織ゆえ、ＬＨＣは別のこともまた象徴している。それは、近年になってわたしたちが構築した文化とともに生まれ、またその文化から生まれた、新たな科学の進め方の極致である。

物理学と宇宙論科学は、日常生活と同じく、新たな効率性の文化によって根本的に変化した。とくに第二次世界大戦後の年月には、大きな問題に答えるための巨大な工業規模の取り組み、いわゆる「ビッグサイエンス」が発展した。素粒子物理学はビッグサイエンスの発展を牽引し、天文学的な費用と、巨大工場のように大勢のスタッフを必要とする、次々に大きな粒子加速器を建設していった。それらの取り組みがなかったら、レプトン、クォーク、力媒介ボゾンからなる標準モデルは、決して完成しなかっただろう。宇宙計画も、ビッグサイエンスのもう一つの好例だ。控えめな目的を持った研究用の宇宙望遠鏡を設計し、組み立て、打ち上げるだけでも、それに必要なインフラはいくつもの大陸に及ぶ。それほどの人間的取り組み、技術的詳細、資金調達の管理は、急速に変化する物質的関わりの能力と、それに伴うあらゆる文化的振る舞いに寄与し、またそれらに依存してきた。

ハイパーリンクされたインターネットは、ある意味、素粒子物理学者の研究道具として誕生した。最初のウェブブラウザーは、計算天体物理学の研究室から生まれた。それらの技術は、より大きな文化へと爆発的に流れこんでいわば人間の行動のランドスケープを配線しなおすとともに、科学の文化とその可能性をも作りかえた。わずか数十年前には科学者が何カ月もかけてやっていたことが、いまではわずか数秒で済み、しかも何百万回も繰り返すことができる。何十億光年にも広がる銀河の地図が自動データ収集によって作成されたことは、現代の宇宙論が拠って立つ、コンピュータによって可能となった効率性の一例にすぎない。何百人もの科学者や工学者や技術者が協力して、WMAP衛星と、宇宙マイクロ波背景放射（CMB）の高解像度の地図を作り上げたことは、そのもう一つの例である。フェイスブックやウィキペディアやアマゾンを生んだのと同じたぐいの物質的関わりがなかったら、WMAPが、電子的ネットワークで互いにつながった何千人もの科学者に宇宙論上のいくつもの結論を提供するのは決して不可能だっただろう。

これらの取り組みを背景として、ビッグバン理論における爆発に対して異議が唱えられた。理論家は、宇宙論の構築における自分自身の責務に従って、実験を通じた大規模な世界の探究に寄与し、またそれに対応した。彼らの取り組みは、数理物理学の言語や理論モデルによって表現され、いまや宇宙と時間に関する新しい過激な物語となっている。問題は、次に何が起こるかだ。

ウィルソンとペンジアスによる一九六四年のCMBの検出は、偶然の賜物だった。そのことが、二人の物語とビッグバン科学の物語をこれほどまでに魅力的なものにしている。二人は、まるで森のなかを歩いていてロゼッタストーンにつまずいたかのように、宇宙進化の真の歴史を物語る証拠に出くわした。その発見には、わたしたちにとって教訓が含まれている。CMBはビッグバンモデルを声高に支持したため、それと相異なる意見はすべてただちに却下された。完璧な証拠だった。ふつうのテレビでスノーノイズを見つめるだけで、無秩序なちらつきのなかにCMBの光子を何個か見つけることができた。その意味で、テレビ技術という形の日常生活の物質的関わりによって、誰もがビッグバンを「見る」ことができた。新たな代替宇宙論も、それと同じく説得力のある証拠を見つけられるのだろうか?

ひも理論は、多様な分野における深遠な数学的洞察をもたらしてきた。最終的にひも理論は、まったく新しい物理学の基礎であると証明され、実験による独自の裏付けを見いだすかもしれない。それはわくわくするような進展になるだろう。見えない次元の存在が実験的に確認されれば、わたしたちの「宇宙」という概念の意味合いが劇的に拡大するだろう。しかし逆に、ひも理論は数学以上の何ものでもなく、知性的には豊かだが物理的には実体のない、相互に関連したアイデアの集合体でしかないことが、明らかになるかもしれない。多宇宙も、わくわくするような可能性だ。もし実験結果や観測結果のなかにほかの宇宙の証拠が姿を現せば、人類の宇宙論的想像力の扉が開かれ、真の宇宙の背景に対してわたしたち自身を位置づけるという人類の取り組みの、新たな一章が始まるだろう。しかし、銀河の地図にもCMBにも、ほかのいかなるものにも、たった一つの別の宇宙の証拠さえも決して見つからないかもしれない。一世紀前のエーテルのように、多宇宙は、科学者が深く抱いていた願望以上のものではなかったことが、明らかになるかもしれない。

これらの疑問を踏まえて今日《こんにち》多くの科学者は、宇宙論が、ひも理論における余剰次元や永久インフレーション理論で用いられる複数の宇宙といった、現在のところ観測不可能である存在に頼っていることを批判している。とくにひも理論は三〇年以上前からさまざまな形で存在してきたが、いまだに観測や実験との具体的な関係を築いてはいない。ひも理論の支持者は、それには待たなければならず、この理論の手の届く範囲を考えれば待つ甲斐があると主張している。しかし、科学界やそれを支える文化は、はたしてどれだけ長く待とうとするだろうか？

さらに重要な疑問として、新しい過激な宇宙の定義は、いったいどのような形を取るのだろうか？　CMBの検出は、ビッグバンモデルの完全勝利を宣言した。多宇宙のような深遠な宇宙論的存在の証拠は、CMBのように反対意見を抑えこめるほどに、疑いようのないものとなるのだろうか？　あるいは、ひも宇宙論などの証拠は、ゆらぎのスペクトルにおける小数点以下九桁程度の効果の奥底に潜んでいて、その解釈は何十年も一つにまとまらないのだろうか？　隠れた次元や別の宇宙に関する、説得力のある直接的な証拠が得られなかったら？　それでも宇宙論学者は、見かけの微調整などの観測事実を説明するには理論にそれらの特徴を追加する以外に方法はないとして、それらの存在を仮定しつづけるのだろうか？

最後に、科学そのものの定義、そしてその根本的目的は、新たな理論やその新たなデータとの比較に応じて変えるべきなのだろうか？　ひも理論はわたしたちの宇宙をただ一つのものとして予測できず、ほぼ無限に広がる可能な宇宙のランドスケープを提供するだけだということが認識されると、多くの人は落胆した。レオナルド・サスキンドを含めほかの人たちにとって、その認識は、宇宙論科学に対する異なるアプローチ、すなわち人間原理的アプローチを指し示していた。存在や現実に関するもっとも古くもっとも深遠な疑問を取りこむほどにまで拡大した科学は、どのように変わるべきだろうか？　そもそも変わるべきだろうか？

これらの疑問の答は、明らかに、物理学実験や天文観測のための新技術という形の物質的関わり次第だろう。宇宙空間に設置される超高精度の重力波検出器が数十年以内に打ち上げられると思われ、それは新しい物質的関わりの一つの方向性を象徴する。重力波検出器は、代替宇宙論の証拠をもたらしてくれるかもしれない。しかし、計画されている重力波検出器が、新たな宇宙論が予測する信号を捕らえられるほど高感度かどうかは、まだ明らかでない。ビッグバンに代わる理論に関する疑問の答もまた、科学を支える文化次第だろう。

ひも理論やブレーン宇宙論や多宇宙モデルに対する強力で説得力のある証拠が、今後数十年で得られるかもしれない。しかしもし得られなかったら、現在これほど活発に追求されている方法論全体が道半ばで挫折するかもしれない。もしこれらの新たな宇宙論による予測が実験の手の届く範囲を超えたままだったら、それらの宇宙論を追求する取り組みは先細っていくだろう。一世紀前のエーテルと同様に、何千という科学論文が、理論的な袋小路の単なる歴史的遺物になってしまうかもしれない。

科学も文化も永遠に待つことはないだろう。とくに文化が自らの変化に直面すれば、宇宙という構造物は高く伸びていくだろう。そうなれば、宇宙的時間を定義しなおすための真に過激な方法論が、支え、励み、および資金を求めはじめるかもしれない。

もっとも重要な点としてここまで見てきたように、文化はつねに、自らの制度上の事実や組織原理を維持するために宇宙論を必要とする。その観点から見ると、ミリ秒未満のクロックサイクルで時間を構築した文化が、創造から10^{-33}秒後に起こった出来事に焦点を当てた宇宙論に自らの像を見いだそうとするのは、驚くことではない。わたしたちは技術が前進させる科学の文化のなかに生きており、科学がわたしたちの宇宙論の枠組みや方向性を提供してくれると期待している。カレン・アームストロングは何千年も前の人間の文化について、役に立たなくなった神話は姿を消すと語った。同じことが、科学的な宇宙の物語にも言える。今日《こんにち》なお人間の文化は支配的な宇宙論を必要としており、文化が変われば宇宙という構造物も変わるだろう。ビッグバン後の時間についてわたしたちが学んできたことは揺るがない。宇宙が膨張し、素粒子が融合して軽原子核が生成し、ＣＭＢの光子が解放されて宇宙空間を永遠に旅し、そして水素の海のなかから銀河が凝集してきたという物語は、現代科学の最高の偉業だ。しかしその物語を設定する文脈は、いまや流動的になっている。始まりにおける爆発、始まりという言葉の意味そのものが、大混乱しているのだ。

宇宙的時間と人間的時間の絡み合った進化を見れば、もっとも深遠な疑問が浮かび上がってくる。宇宙論科学における真理の本質とは何か？　わたしたちは、この宇宙のうちどの程度を客観的に調べることができるのか？

一九九六年に物理学者のアラン・ソーカルが、新たな原稿に最後の仕上げを施し、ある学術雑誌に投稿した。その原稿は新たな実験方法や新たな理論計算を記述したものでなく、その学術雑誌も科学雑誌ではなかった。ソーカルはその新たな著作を、「ポストモダンの文化研究」をもっぱら扱う雑誌『ソーシャルテキスト』に投稿したが、その論文は最初から最後まで無意味なでっちあげだった。

この雑誌は、一九八〇年代と九〇年代に一部の人文学者が「科学は社会的に構築されたものだ」と論じたことで勃発した、いわゆるサイエンスウォーズを採り上げた特集号を出版しようとしていた。彼ら人文学者の見方では、科学の営みのなかに本来の真理は存在しないという。科学の結論は、合意されたある種の虚構、すなわちブリッジやチェスのような、作り上げられたルールに則ったゲームだというのだ。社会構成主義的議論に用いられる用語の多くは、ポストモダニズム的な文学研究から拝借したもので、きわめて不明確で難解だった。ソーカルの論文『境界を越えて――量子重力の変化解釈論へ向けて』は、量子重力理論は文化的創作物であり、明らかに言語学的慣習のみに依存したものだとする、社会構成主義的主張を支持する体《てい》を取っていた。もちろんアラン・ソーカルは、そんなふうには考えていなかった。そうでなく、「たとえ無意味な事柄が縦横無尽にちりばめられた論文でも、もし（a）よさそうに見え、（b）編集者のイデオロギー的偏見におもねったものであれば、その学術雑誌はこの論文を掲載してくれるのではないか」、それを見極めたかったのだ。[*10] はたして論文は掲載され、ソーカルがでっちあげを暴露するとこの雑誌は屈辱を受けた。その後の激しい論争は、いまなお完全には収まっていない。

科学は社会的構築物であり、世界そのものの構造の側面を明らかにするものではないという主張は、明らかに間違っている。ＣＭＢの研究のような、きわめて深遠で技術に依拠した問いかけに対しても、世界ははっきりと答えてくれる。しかし、宇宙論の中核をなす五つの疑問のような、包括的問題に対する科学の邂逅を扱う場合には、社会構成主義と対極をなす、哲学者が素朴実在論と呼ぶものも、同じように間違いである。

哲学者や科学者は何世紀ものあいだ、現実主義と、その対極をなす反現実主義をめぐって論争を闘わせてきた。哲学者のサミール・オカーシャは次のように言う。

> 現実主義者は、科学の目的は世界の真の記述を提供することだと考える。それはかなり当たり障りのない教義のように聞こえる。科学は世界の偽の記述を作ることを目的としているなどと考える人は、誰もいないからだ。しかし、反現実主義者はそうは考えない。反現実主義者は、科学の目的は世界のある部分——「観測可能な」部分——の真の記述を提供することだと考える。世界の「観測不可能な」部分に関するかぎり、科学の語ることが真であろうが偽であろうが大差はないと、反現実主義者は言う。*11

どんな主義でもそうだが、これら二つの立場には非常に数多くのバリエーションがある。素朴実在論とは、科学が、完全に客観的で完全に独立した正確で完璧な現実の記述を提供するという考え方だ。日々の生活では素朴実在論は意味をなすが、宇宙全体と向かい合う場合には根本的な問題となる。その理由は明らかで、アンドレアス・アルブレヒトが時計の曖昧さの探究のなかでそれを採り上げている。わたしたちは、研究したいと思っている系、すなわち宇宙のなかに閉じこめられている。研究したいと思っている宇宙の実例がたった一つしかないため、その研究は、たとえば実験室で金属棒の熱伝導を調べることとはまったく異なる。もっとも重要なこととして、空間と時間の両方に関して本来無限の可能性があることを考えると、「宇宙」、すなわち研究したいと思っている系に対するわたしたちの定義が、研究を始めるうえで正しいものかどうかさえ、確信はできない。

宇宙は、鉄の棒や、発芽する種や、磁気トラップのなかの原子や、遠くの恒星の周りを回る惑星とは違う。宇宙は存在全体であり、そのため、わたしたちは観測するものしか「得られない」。そこから最善を尽くして組み立てていかなければならない。そしてまさにその認識ゆえに、文化との相互作用に対するより豊かでより興味深い全体像が前面に出てくる。

本書を通じて追いかけてきた、宇宙的時間と社会的時間の分かちがたい絡み合いに関する議論は、二つのまったく異なる方法で解釈できるだろう。第一の解釈は、さほど興味深いものではない。技術の変化によって、科学者は世界を研究する能力を高め、その技術と新たなデータや新たな方法論に対して宇宙論が反応を示す、という解釈だ。これは、高校で聞くようなある種の勝利主義的な平明な物語だ。すなわち「科学の行進」という陳腐な思想であり、簡単に読んで簡単に考えられるようにできている。一方、宇宙的時間と社会的時間に対する第二の解釈は、もっと豊かな描像を描き出す。物質的関わりが、文化的心像と宇宙論的心像の両方を形作るという解釈だ。物質的関わりは、可能性の地平を作り出す。その素材は宇宙論のデータだ。それらのデータは、わたしたちの問いかけに対する世界の応じ方にほかならない。しかし、わたしたちが想像する物語――わたしたちが想像できる物語――は必ず、物質的関わりによって可能となった文化的心像によって作られる。

上流と下流の両方に流れる物質的関わりは、科学を含め人間の文化が位置するための、想像力に富んだ新しいランドスケープの可能性を作り出す。文化の構築物を通じたそれらのランドスケープの創出は、想像を可能にするとともに抑えこむ宇宙論の構築物にとっての、一連の新たな可能性を開く。この想像力に富んだ移り変わるランドスケープは、わたしたちの宇宙論構築の取り組みを新たな方向へ向けさせ、神話の時代からわたしたちが抱いてきた疑問に対して新たな答え方を生み出す。科学者もほかの人と同じく、文化の制度上の事実のなかで生まれた。比喩や類推や創造的空想の個人的な蓄えは、わたしたちが育った特定の世界によって形作られる。宇宙論学者が、物質的関わりによって与えられたデータに対する想像力豊かな答え方を組み立てようとするとき、この文化的背景から、時計仕掛けの宇宙やミックスマスター宇宙といったものが出てくる。こうして、文化と宇宙論は、創造、問いかけ、応答の対をなすプロセスを双方向に流れる。

一九四八年に比較神話学者のジョーゼフ・キャンベルが、多種多様な世界的宗教と神話体系に注目し、それらはおのおのが「神の仮面」であると主張した。一九八五年に宇宙論学者のエドワード・ハリソンは、宇宙論の歴史に注目し、その移り変わる数々の考え方は「宇宙の仮面」であると主張した。ハリソンは、一つの物理的宇宙——究極の現実——と、文化的に想像された多数の宇宙——わたしたちが探究や解釈を通じて組み立てた現実——とを区別し、次のように書いている。

一つの人間社会が存在するところには、たとえそれが原始的なものであっても、一つの宇宙が見つかる。そして一つの宇宙が存在するところには、たとえそれがどんな種類のものであっても、一つの社会が見つかる。両者は手を取り合っており、一方がなければもう一方は存在しない。宇宙は社会を一つにまとめ、そこに属する人々が意思疎通をして思考や経験を共有できるようにする。……宇宙と社会はそれぞれ、何を認識して何が有効な知識であるかを定め、社会に属する人々は、認識するものを信じ、信じるものを認識する。[*12]

この最後のポイントがもっとも過激だ。それぞれの社会は、信じるものを認識する。したがって、文化的に押しつけられたそれぞれの枠組みは、わたしたちの探究を可能にしながらも、わたしたちの宇宙の概念を抑えこむフィルターとして作用する。

この見方は、科学からその胸躍らせる大きなパワーを奪うものだろうか？　決してそんなことはない。宇宙はここに存在しており、応えてくる。科学的過程、科学の方法論、そして何よりも重要な（科学にとって決定的な）、研究における誠実さの倫理の発見は、わたしたちの進化におけるきわめて重要なステップだった。一六世紀から明確な形を取るようになった科学研究は、物質的関わりに桁外れの新たなパワーとエネルギーをもたらし、わたしたちの視野と能力を大きく拡大させた。科学は、世界の内なる構造を見るわたしたちの能力を変えてきた。しかしここで、わたしたちは個々の宇宙を見ているだけであって、この宇宙全体を見てはいないと認識することによって、科学は何であって何をするものかという単純な解釈を超えて進んでいくべきだ。宇宙と文化は果てしなく絡み合っていると認識することによって、両者に対するわたしたちの見方を変えることができ、また変えるべきだ。わたしたちに必要なのは、この宇宙全体と、わたしたちが作り出した個々の宇宙に対する適切な関係を、より意味深く理解することだ。

ゾウを調べる盲目の哲学者たちの古い物語がある。一人は尻尾を触って、ゾウはヘビに似ていると断言する。別の人は耳を触って、ゾウはヤシの葉のようだと断言する。三人目は足を触って、ゾウは木のようだと断言する。この宇宙そのものと、それぞれの文化が自分たちのために考え出した宇宙との関係も、この哲学者たちとゾウとの関係に似ている。いまは、宇宙を無限のゾウとして、あるいはさらに望むべきは、無限の面を持つダイヤモンドとして見るべきときだろう。文化が変わると、その異なる面が見えてくる。この宇宙そのものがわたしたちのあらゆる説明よりも根本的に大きいままだったとしても、それによってわたしたちはより深い理解を得ることになる。つまるところ、もっとも重要なのは宇宙との対話だ。文化と宇宙像が絡み合って進化することを認めたところで、科学のパワーが損なわれることはない。それによって、宇宙の一員としてのわたしたちの役割を、よりはっきりと認識できるようになるのだ。

ぶっきらぼうに言えば、わたしたちは決して、創世物語からつまはじきにされることはない。わたしたちはつねに、部分的ではあるが不可欠な形で、その共同創造者だ。この見方を取ることで、わたしたちはもっとも過激な一歩を踏み出す。宇宙において人類を取るに足らないものにした内省的なコペルニクス主義に別れを告げ、わたしたちにはきわめて重要な立場、すなわち、人間として生き、文化を作り、科学を実践するという創造的行為を通じて明らかになった、個々の宇宙の中心を占める生命という立場があることを、認識するようになるのだ。

もたれ合う藁の野原

スローフード運動は、ファーストフード産業への反動として始まった。イタリア人作家カルロ・ペトリーニが一九八六年に考え出したこの運動は、ローマ中心部にマクドナルドの店舗がオープンしたことに抗議するために興《おこ》った。スローフード運動は明らかに、時間と物質的関わりを重視していた。スローフード運動の主張によれば、食に関してもっとも重要なことは、食事の準備に費やす時間からくる満足感、その食事をほかの人と分け合うことで得られる喜び、そして原材料の生産による生態系への影響だという。スローフード運動の使命を記した文書によれば、「人々の感覚を呼び覚まして鍛えることにより、人々が食べる喜びを再発見し、その食品がどこから来たのか、誰が作ったのか、どのように作られたのかに気を配る重要性を理解する手助けとなる」[*13]。

スピード重視で構築された文化のなかで、スローフードの考え方は人々の琴線に触れた。急速に広がったスローフード運動は、現在では一三二カ国で一〇万人の会員を誇っている。二〇〇四年にカルロ・ペトリーニは、雑誌『タイム』の「今年のヒーロー」の一人に選ばれた。選出理由は、「農業、産業、商業、環境というすべてのパラメータを考慮しようという意欲が、スローフード運動の真の強みとなっている」からだという[*14]。

カルロ・ペトリーニは、わたしたちが生まれ出た加速する時間は文化的創作物であり、その創作された時間は変えることができると考えている。同じように考え、時間を創造しなおすための独自の展望を抱いている人がほかにも大勢いる。切迫する資源枯渇の圧力がわたしたちにのしかかっていることを見て取り、労働、生産、消費の新たなモデルに基づく新しい経済を論じている人もいる。ほかには、わたしたちの存在している時間が及ぼす個人的な影響に注目し、効率性の要求から自らを解放すべしと論じている人もいる。金持ちになるためでなく、自由になるためのビジネスモデルを作ろうとする、「ライフスタイル起業家」という人たちも登場している。これらの運動はいずれも、その恩恵とともに、現在の形の文化的に創作された時間が深い不満の風潮を作り出してきたと力説する。

五万年にわたって文化的時間と宇宙的時間がどのようにして手を取り合って出現してきたかを考察すれば、「新しい時間」を求める運動に対して、より幅広い見方を当てはめることができる。はじめに、宇宙論は象牙の塔のなかで追求される単なる抽象的な取り組みではないことが分かる。それは、人間の取り組みのなかに意味を見いだすうえできわめて重要な部分だ。また、宇宙論的な時間像の変化が、文化的な時間像の変化を伴っていることも分かる。宇宙論科学が直面している現在の危機は、人間の取り組みの基盤に変化が迫っていることを指し示している。ビッグバン理論を超えたさまざまな宇宙論を論じる科学者たちが、ほぼ月ごとに新刊本を出版しているという事実は、何か意味のあることを物語っているはずだ。変化は近づいている。

それらの変化は、プラスになるのと同じく容易に、マイナスになるかもしれない。気候変動や資源枯渇によって圧力を受けた文化は、隠れた次元や別の宇宙を探すのに必要な次のビッグサイエンスに資金をつぎこめないことに気づくかもしれない。あるいは、精力的なビッグサイエンスの追究と新たな形の物質的関わりが、エネルギーと組織の新たな様式を提供することで、わたしたちの関心事を整理しなおすかもしれない。アンドレアス・アルブレヒトなどの科学者は、すべての新しい宇宙論的な時間像を、根本的により流動的で柔軟な時間の描像を包含するものとして捉えている。それらの時間像のうちの一つが、やはりより流動的で柔軟な人間的時間の種として作用するかもしれない。いずれにしても、文化的時間と宇宙的時間の絡み合いを認識することは、それらの深い関係性を認識し、生物種としてのわたしたち自身の子孫の終焉を見据えることにほかならない。

わたしたちの時間がつねに創作物であったことをはじめて認識できれば、次にどんな時間を創作すれば役に立つかという、もっと意図的な疑問を問うことができる。文化的時間と宇宙的時間のあいだの謎めいた絡み合いを認識できれば、わたしたちは「最終理論」という形の神を探すのをやめ、創世物語におけるわたしたちの正当な——正当的に中心の——位置を見つけるかもしれない。いずれにしてもわたしたちは、自分たちが属している場所、わたしたちの宇宙——意義と可能性に満ちた宇宙——の中心へと戻ってきたことに気づく。ビッグバン宇宙論を超えて始まりの終わりを認識するなかで、わたしたちは、わたしたち自身の始まりの終わりをも認識するかもしれない。その有利な位置から、わたしたちの次の進化段階の始まりを、その物質的関わりが地球全体を包みこむ真のグローバルな文化として目にすることができる。

ここまで宇宙論と文化の歴史をたどってきたなかでは、もっぱら西洋、そしてヨーロッパの伝統とその影響にのみ焦点を当ててきた。宇宙、文化、時間の新しい適切な理解を包含できる新たな比喩を探すことに際しては、ここまで採り上げてこなかった文化の一つに目を向けることになるかもしれない。人間の経験という相対的世界——わたしたちが考える宇宙——と、根底にある絶対的な現実——現実の宇宙——との緊張状態を考察するうえで、仏教哲学は縁起と呼ばれる教義を重視する。[*15] その見方によれば、宇宙のすべてのもの——すべての物体、思考、存在、事象、過程——は、ほかのすべてのものに依存している。完全に孤立して存在するものは何一つない。そこには、宇宙、すなわち、わたしたちが絶対的存在にかぶせた仮面も含まれる。

心に浮かんでくるイメージは、収穫後の小麦畑だ。束ねた小麦の高い柱が、二本ずつ互いにもたれ合って直立している。どちらが身を任せていてどちらが支えているかと聞くのは意味がない。それぞれがもう一方に身を任せ、それぞれがもう一方の支えを必要としている。

宇宙について学べば学ぶほど、宇宙は無意味に見えてくるという主張がたびたびなされる。人間と宇宙との意義深い邂逅をありのままに見つめれば、「完全に孤立して存在するものは何一つない」という、このしばしば批判される虚無主義に、手を加えることができるかもしれない。人間が宇宙を作り、宇宙が人間を支える。世界のなかに埋めこまれているわたしたちは、外を見て、それに応じて努力と献身により発見をおこない、その発見したものを形作り、研究や調査によってそれをすべて尊重するという存在だ。宇宙と人間との相互依存性を見れば分かるように、たとえ畏敬の念を抱かせる宇宙の広大さを理解しはじめたとしても、宇宙におけるわたしたちの位置を軽んじるべきではない。最終理論を要求するのでなく、宇宙との終わりのない対話に焦点を当てるべきなのかもしれない。もっとも重要なのはその対話であり、その想像上の終わりではない。それは神聖な探究の営みであり、そのなかでわたしたちは、どんどん大きくなる総体の輪郭を経験に基づいて丁寧に描いていく。この対話は、ダイヤモンドの無数の面を明るく輝かせる。この対話は、わたしたちのなかに、意味で満たされた、そしてこれまでもずっと意味で満たされてきたパワーと能力を注ぎこむ。

　わたしたちはこれまでずっと、宇宙との協力者以外の何ものでもなかった。つねに繰り返し、わたしたちと一緒に存在している時間と宇宙の共同制作者だった。それがわたしたちの物語を有意義なものに、わたしたちの宇宙を意味深いものにしている。わたしたちはつねに、自分たちの経験という布地を織って、文化的に共有される時間を作り、その過程で、つねにわたしたちの関与を求める宇宙とますます親密になってきた。ステップごとにわたしたちは新たな展望を得るが、決して最終的な展望には達しないだろう。それでいい。ステップごとにわたしたちは、宇宙の本質的な謎を満たす畏怖と美をより深く感じ取る。そのステップを過去からたどり、未来へとはっきりつながる道筋を見通せるのなら、新たな明快さと目的を持ってその偉大な取り組みを続けるのに十分な時間は、間違いなくあるはずだ。

謝辞

本書の執筆は発見の長い旅路であり、わたしを思いもよらなかった場所へと導き、問いかけたもの（たくさんのことを問いかけた）よりはるかに多くのことを与えてくれた。旧石器時代の狩猟採集者から大型ハドロンコライダーまでの分野をすべてカバーするうえで手助けをしてくれた、多くの友人や協力者に、深く感謝している。彼らがいなかったら、わたしは早いうちに迷子になり、きっともとの道へは戻ってこられなかっただろう。

ロス・ユーン社のハワード・ユーンは、本書が単に宇宙論の新しい考え方を説明する以上のものになりえることを、はじめて見抜いてくれた。ハワードの導きを得られてわたしはとても幸運だった。フリー・プレス社のヒラリー・レドモンは、宇宙と文化の絡み合った物語のなかにどれだけ多くのものが含まれているかを、わたしよりはるかによく理解してくれた。ヒラリーがいなかったら、この旅路に出発することさえできなかっただろう。細かいところまで目が行き届き、また全体像をできるかぎり大きく捉えられる編集者と一緒に仕事ができたのは、喜びだった。本書の執筆において、レナード・ロバージに第一稿の編集者を務めてもらえたのは、とても幸運なことだった。レナードは、実話に徹するうえで手助けをしてくれただけでなく、時間と歴史に関するいくつもの優れた考え方や新たな視点を提供してくれた。レナードの助力には深く感謝している。シドニー・タニガワは、のちの原稿に磨きを掛けるうえで見事な仕事を果たしてくれた。本書のオリジナルの図はサミーア・ゼイヴリーによるもので、わたしのひどい下絵をサミーアが優雅な芸術作品へ変えるのを見ているのは、とても愉快だった。最後に、著述の神々は本書の企画に微笑みかけることを決め、調査助手としてデイヴィッド・パンザレッラを遣わしてくれた。デイヴィッドはロチェスター大学で文学を学んでいて、この企画に加わる少し前に卒業し、何よりも根気強く、本書における諸概念を徹底的に調べ、事実確認と原稿の脚注付けの膨大な作業を引き受けてくれた。しかし、文章に何か間違いがあったら、それはすべてわたしの責任だ。

このような本を書くうえで、わたしは大勢の学者に助けを求め、彼らはとても気前よく時間を割いてくれた。アンソニー・アヴェニは、重要な概念を理解するうえで手助けしてくれただけでなく、いくつもの章を通読してくれた。コリン・レンフルーとの議論は、旧石器時代と新石器時代に関する重要な洞察を与えてくれた。ピーター・ガリソンとの議論は、時間と技術の役割に関する考え方を広げるうえで手助けとなった。アンドレアス・アルブレヒトは、とても気前よく時間を割いて何度も議論に乗り、また重要な章を通読してくれた。代替宇宙論の発展に関する彼の洞察は、本書にとってきわめて重要なものとなった。わたしのよき友人で一緒にブログを書いているマフセロ・グレイゼフも、宇宙論の話題やより幅広い哲学の話題に関するわたしの説明に、重要な修正を与えてくれた。リー・スモーリンは、物理学の最前線の話題に関する説明においていつも大いに手助けをしてくれ、わたしはリーの気前のよさに感謝している。ブルース・バリック、ウッディー・サリヴァン、ジュリアン・

バーバー、ポール・スタインハート、ロベルト・マンガベイラ・ウンガーとの折に触れた議論も、大いに役に立った。また、ショーン・キャロルとジェニファー・ウーレットとはじめの頃に交わした会話もためになった。

本書における宇宙論の考え方の一部は、雑誌『ディスカヴァー』に寄稿した記事ではじめて追求したものだ。その編集部に所属するコリー・パウエルと仕事ができるのはつねに幸運なことだったし、フレッド・グータールと再び協力できるのは喜びだった。また、ナショナルパブリックラジオのわたしたちのブログ 13.7 Cosmos and Culture に関わっているすべての人にも感謝したい。そのブログへの投稿から何度もアイデアの芽が生まれ、わたしは、ライト・ブライアン、アイダー・ペラルタ、ウルスラ・グッドイナフ、スチュアート・カウフマン、アルヴァ・ノーイの助力と交流に感謝する。そしていつものように、K・C・コールの先見性と友情に感謝する。

本書のいくつもの章を通読し、気前よく時間を割いて言い回しから時空の性質まであらゆることを議論してくれたロチェスター大学の友人たちには、大いに恩を感じている。仲間の天文学者ダン・ワトソンは、わたしの科学的良心として振る舞い、原稿全体を通読して鋭い洞察を与えてくれた。現代言語文化学科のトム・ディペロは、文化歴史学者の目で本書を見て、論述のなかでわたしが気づいていなかった側面を指摘してくれた。哲学科のアリッサ・ネイは、きわめて貴重なことに、わたしが追求していた考え方の根底にある流れを指摘してくれた。また、ニック・ビゲローの助力と理解力にも感謝する。また、キャロル・ラッタのさまざまな形の助力にも感謝する。

もちろん、机に一人かじりついている時間が意味をなしたのは、その後に別のことがあったからにほかならない。大勢の素晴らしい人たちの友情と支えがなかったら、息抜きの時間に、一人つぶやいて映画『宇宙空母ギャラクティカ』の再上映を見る以外に何もすることがなかっただろう。ジューン・アヴィノンやグレッグ・ヴァン・マニーンと一緒に街なかをぶらぶらしていなかったら、いまだに書き上げられていなかっただろう。彼らニュージャージー州からの移住仲間は頼りになる連中で、これからもずっと敬愛したい。トム・スロッサワーとメアリー・スロッサワーは、どんなことがあろうとわたしの変わらぬ友人だ。ジル・パッラムとティム・モーリスは、どうしても必要となった鬱憤晴らしを一度ならずさせてくれた。芸術家スティーヴ・カーペンターとのいまも続く協力関係は、つねにひらめきの源泉である。サラ・スリヴォとの会話は、わたしをいつも正気に保ってくれた。ナンシー・ピグノットの思いやりに感謝する。そしてもちろん、ポール・グリーンとロバート・ピンカスがいなかったら、この取り組み全体は無意味になっていただろう。マーガレット・キングよ、永遠にありがとう。アダム・ターナーよ、君にも。わたしの姉エリザベス・フランクは、いつもそばにいて耳を貸してくれ、その年月の末に、それはどんなに素晴らしいことだったことか。ヘンドリック・ヘルマーは、わたしが望むときにうれしい笑いを提供してくれた。そしてイングリッド・フランクとジョージ・リチャードソン、君たちはもちろんわたしなりの発想の源だ。

　我が子、サディー・アヴァとハリソン・デイヴィッドへ、万事良好だ。すごいことばかりしてくれてありがとう。そしてアラナ……わたしは思っていることを言い、言っていることを思っている。

訳者あとがき

時間というものは、誰もが身近に感じていながら、どうにもとらえどころのない厄介な概念である。わたしたちはつねに時間の経過を感じているが、改めて「時間とは何か」と聞かれると答に窮してしまう。深く考えすぎれば、哲学的思考の罠にはまって抜け出せなくなる恐れさえある。時間以外の基本的な物理的概念は、具体的にイメージし、実際に測ったり比べたりできる。たとえば長さは、二つの物体を並べれば比較できる。さらに、基準となる長さをあらかじめ定めておけば、それと比較することによって、長さを数値として表すことができる。重さなどもしかりだ。ところが時間については、二つの時間を持ち寄って並べ、どちらが長いかを比べることなどできない。時計やストップウォッチを使って計ればいいと思われるかもしれないが、よくよく考えると、最初に計ったときと次に計ったときでその時計が同じように動いているという保証はない。さらに、普段わたしたちが時間の基準として使っている、地球の自転周期などの自然現象も、それが一定不変のリズムを刻んでいるかどうか、本当のところは分からない。このように、時の経過の中で時間がつねに同じように流れているかどうかを確かめるのは、原理的に不可能ではないかと思われる。それでも人類は、はるか昔に高度な意識を獲得して以来、時間とは何であるかをさまざまな形で想像してきた。そしてそれは、人間の思考や文化、あるいは社会構造と、密接に関わりつづけてきた。

本書は、物理学者である著者が、この曖昧模糊《あいまいもこ》とした時間という概念に対する人々の考え方の変遷を、先史時代から現代に至るまでたどり、科学、社会、文化におけるその役割を探った本である。各時代における時間に対する描像は、その時代の科学技術や宇宙観と密接な関係にあり、本書ではその関係性についても詳しく論じている。また、社会や文化もその時代における時間のとらえ方に深い影響を受けてきたといい、それについても細かく論じられている。

著者によれば、人間が時間をどのように感じるか、そして時間をどのような単位に分割するかは、その時代ごとの人間の生活のしかたに左右されるという。先史時代には、生活に直結する季節の移り変わりや昼夜のサイクルが時間のリズムを決めていたが、時代が下るにつれて人間活動のペースが速まり、時、分そして秒の単位が必要となっていった。さらに現代では、コンピュータ技術や通信技術により、秒よりもさらに短い時間単位までもが大きな重要性を帯びるようになった。古代に秒やミリ秒という時間が存在していたかどうか、それは哲学の範疇に含まれる問だが、少なくとも人間のとらえ方としてはそのような短い時間単位は存在していなかったと言える。著者は、人々が感じ、それに基づいて生活を送る時間（「人間的時間」）は、その時代の人々がいわば作り出したものであり、そのときの社会や文化と切り離して論じることはできないという。そして、「人間的時間」が形作られ発展する際には必ず、時計の発明や天文観測技術の進歩など、実際の道具や機械を通じて人間が自然界と新しい形の関係性を持つこと（「物質的関わり」）が必要だったと、著者は言っている。たとえば中世、街の中心に鐘楼が建てられたことで、市民が共通の時間に基づいて行動するという規範が作られた。あるいは、現代ではコンピュータによるスケジュール管理が普及したことで、人間の行動が分単位で縛られるようになった。このように、人々が生活の基盤とする時間の概念も、時代時代の文化的要求や技術的能力によって規定され、歴史とともに移り変わってきたと著者は言う。

さらに著者は、この「人間的時間」と、太陽や月の動きなどから人間が感じ取り、自分たちとは切り離された宇宙全体に流れるものとして認識する時間（「宇宙的時間」）とを、区別して論じている。天体の運動や種々の自然現象を支配するリズムに対応するこの「宇宙的時間」は、しかし「人間的時間」と密接にからみ合っているという。一日の太陽の動きが人間の寝起きのパターンを決めているように、「人間的時間」が「宇宙的時間」に基づいて定められることは容易に理解できるが、逆に「宇宙的時間」もまた、その時代ごとの「人間的時間」に応じて姿を変えてきたと著者は言う。各時代の人々は、そのときの技術的能力にかなった形で宇宙をとらえ、そこから見いだされる自然現象のリズムを、その時代の文化や社会構造に即した形で解釈した。それがとくに顕著に現れているのが、「時間には始まりがあったのか」、あるいは「時間は永遠に続いているのか」といった問に対する人々の考え方である。古代ギリシャでは、ストア哲学の思想に基づいて、時間の流れは循環しており、始まりも終わりもないとされていた。一方、キリスト教が絶対的に支配していた中世ヨーロッパでは、教会の教義に基づいて、時間には始まりがあったと考えられていた。このように、その時代の人々の文化や思想が、人間を超越した宇宙レベルでの時間の描像にも大きな影響を与えたのだという。すなわち、各時代において、「人間的時間」と「宇宙的時間」は、人々の「物質的関わり」を通じて相互に影響を与え、互いの変化をもたらしたと著者は論じている。

古代の自然哲学から現代の相対性理論や量子力学に至るまで、従来の科学理論では必ず、時間を、あらかじめ定まった普遍的なパラメータとして扱う。相対性理論では観測者の立場によって時間が伸び縮みすることはあるが、時間が客観的な物理量であることは何ら変わらない。時間の流れが始まる「以前」や、それが終わった「以後」などというものを、そのような従来の科学理論によって厳密に記述することは不可能である。また、時間とは何かという問に答えられる物理理論もない。熱力学では、エントロピーが増大する方向が時間の進む方向だとされているが、その議論は多数の物体が関係したときの確率論に基づいており、もっとも基本的な、個々の物体を扱う理論はすべて時間的に対称で、時間の進む方向は指定されていない。しかしいま、自然のもっとも奥深い姿を解き明かそうとする新たな理論のなかには、時間の概念を根本から変えようとしているものもあると著者は言う。本書では、そのなかでもわたしたちの目には突飛に映る理論がいくつか紹介されている。たとえば、時間はわたしたちの幻想にすぎないと論じる理論では、すべての瞬間がもとから存在しており、それらが辻褄のある形で並んでいるために、わたしたちは時間の流れを感じるのだという。このような、わたしたちの想像力をはるかに超える理論が、哲学的、あるいは実用的にどれほどの意味があるかは定かでないが、時間という概念がどれほどとらえがたい代物であるかを如実に物語っているのは間違いない。

このように、いま宇宙論の科学には大変革が起きようとしており、ビッグバン理論に代わりうる種々の新たな宇宙論や、自然科学のありようそのものを問いなおすさまざまな議論が展開されていると著者は言う。それにあわせて、現代科学におけるいまの時間の概念も、今後、時代が変わってわたしたちの宇宙観が大きく修正されれば一変するかもしれない。科学理論は決して自然界の客観的絶対的な姿ではなく、人間が想像力を発揮して自然界をできる限りの正確さで記述しようとしたものにすぎない。したがって科学理論は、それを発展させた科学者たちの考え方や、ひいてはそのときの社会や文化の姿に大きな影響を受ける。それに伴って、科学の根幹をなす時間の概念も、時代が移り変わって人々の思考が変化すれば、根本的に修正を余儀なくされるだろう。著者によれば、いまはちょうどそのような大変革の瀬戸際にあり、やがて、宇宙論をはじめとした科学、そして時間の概念そのものが様変わりするかもしれないという。

本書は、時間という概念に対する人々の認識の移り変わりを、時代を追ってたどっていくという、ユニークな視点の本である。古代や中世を採り上げた前半では、おもに神話や宗教における時間の概念や宇宙観が、また近代以後の時代を採り上げた後半では、科学的な宇宙論や時間の概念が中心的な話題となっているが、上述のようにいずれも文化や社会と密接に関係しており、一貫した「時間史」を形作っている。著者は、時間という抽象的な概念を扱いながらも、現実から乖離した空理空論に陥ることなく、思想、社会、文化、科学、技術という実際的な枠組みのなかでその変遷を論じている。人類がこれまで時間という概念にどのように向き合ってきたか、そして、今後わたしたちの宇宙観や時間に対する認識がどのように変化しようとしているのかが、本書からは如実に浮かび上がってくるはずだ。

著者のアダム・フランクは一九六二年生まれ、アメリカ、ニューヨーク州にあるロチェスター大学で理論天体物理学の教授を務めている。おもにスーパーコンピュータなどを用いて恒星の誕生や死を研究しているが、その傍ら、科学と文化の関係にも関心を持っている。科学雑誌『ディスカヴァー』では長年記事を書いており、ほかにも一般向けの科学記事を多数執筆している。初めての著書である前作*The Constant Fire: Beyond the Science vs. Religion Debate*は、科学と宗教の対立を従来と異なる視点で捉えた本で、本書はそれに続く二作目である。フランクは他に四人の科学者と共同で、科学と文化の関わりを論じるブログ13.7 Cosmos and Cuture（http://www.npr.org/blogs/13.7/）を設けている。

最後になったが、編集作業を丁寧に進めていただいた早川書房の東方綾氏と校正者の二タ村発生氏に感謝申し上げる。

図6.6 Library of Congressの厚意による.

図7.1 写真はNational Nuclear Security Administration/Nevada Site Officeの厚意による.

図7.2 出典, National Museum of the U.S. Air Force.

図7.3 出典, *Buffalo News* Archive.

図7.4 Estate of Ralph A. Alpher, Ph.D., Victor S. Alpher, Ph.D., Executorの許可を得て使用. この写真の使用は, 本著者の意見や見解をDr. Ralph A. AlpherやDr. Victor S. Alpherが是認したことを意味しない.

図7.6 版権, Decca RecordsおよびUniversal Music.

図7.7 出典, The Emilio Segrè Visual Archives of the Niels Bohr Library and Archives.

図8.1 出典, www.slipstick.com/images/maccalendarlg.jpg.

図8.2 出典, Fermilab.

図8.4 出典, Caltech Archives.

図8.5 出典, M. Blanton and the SDSS Collaboration.

図8.6 出典, RAND MR614-A.2. 許可を得て転載.

図8.7 出典, NASA/WMAP Science Team.

図10.1 Master and Fellows of St. John's College, Cambridgeの許可を得て複製.

図11.4 Lee Smolin, *The Trouble with Physics* (New York: Houghton Mifflin, 2006)の表紙.

ほかの図はすべてSameer Zaveryによる.

図版の出典

図1.1 Peabody Museum of Archaeology and Ethnology, Harvard University, 2005.16.318.38の厚意による.

図1.2 出典, Eric Lebrun.

図1.3 写真と図, Anthony Aveni.

図2.1 出典, The British Museum.

図2.2 写真, Adam Frank.

図2.3 J. Norman Lockyer, *The Dawn of Astronomy* (London: Cassell & Co., 1894), 35より複製.

図2.4 出典, Wikipedia.

図2.5 出典, Jane E. Harrison, *Epilegomena and Themis* (New Hyde Park, NY: University Books, 1962), 98に基づくVatican Museumのスケッチ. Anthony F. Aveni, *Empires of Time* (Boulder: University Press of Colorado, 2002), 45に複製.

図3.1 出典, Bibliotheque Nationale de France collectionの一部.

図3.2 出典, Cosmas Indicopleustes, *Christian Topography* (c. 550). Helge Kragh, *Conceptions of Cosmos* (New York: Oxford University Press, 2007)に複製.

図3.3 出典, Bartholomaeus Angelicus, *De Proprietatibus Rerum* (Lyons, 1485), the Huntington Libraryより.

図3.4 出典, Bayerische Staatsbibliothek collectionの一部.

図3.5 出典, Petrus Apianus, *Cosmographicum liber* (1533)より.

図3.6 Helge Kragh, *Conceptions of Cosmos* (New York: Oxford University Press, 1996), 48より複製.

図4.1 出典, Deutsches Museum collection in Munichの一部.

図4.2 出典, Rene Descartes, *Le Monde* (1633).

図4.3 出典, Charles J. E. Wolf, *Histoire de l'Observatoire de Paris de sa fondation à 1793* (Paris: Gauthier-Villars, 1902).

図4.4 出典, *La lumière électrique* (Paris: Aux Bureaux Du Journal, 1885).

図4.5 Library of Congressの厚意による.

図5.1 Library of Congressの厚意による.

図5.2 出典, Cartlon J. Corliss, *The Day of Two Noons* (Washington, DC: Association of American Railroads, 1952). Peter Galison, *Einstein's Clocks, Poincare's Maps* (New York: W.W. Norton, 2003), 124に複製.

図5.3 Library of Congressの厚意による.

図5.4 出典, Max Flückiger, *Albert Einstein in Bern* (Bern: Verlag Paul Haupt, 1974), 61.

図6.1 写真の出典, General Electric.

図6.2 出典, The Huntington Library.

Yamey, Basil S. "Double-Entry Bookkeeping, Luca Pacioli and Italian Renaissance Art." In *Arts and Accounting*. New Haven: Yale University Press, 1989.

Yoffee, Norman. *Myths of the Archaic State: Evolution of the Earliest Cities, States and Civilizations*. New York: Cambridge University Press, 2005.

Zimmer, Heinrich Robert. *Myths and Symbols in Indian Art and Civilization*. Edited by Joseph Campbell. 2nd ed. New York: Bollingen, 1974.［邦訳は『インド・アート――神話と象徴』ハインリッヒ・ツィンマー著，宮元啓一訳，せりか書房，1988年］

Traveler's Official Railway Guide for the United States and Canada. New York: National Railway Publication Co., 1881.

U.S. Arms Control and Disarmament Agency. *Worldwide Effects of Nuclear War: Some Perspectives*. Whitefish, MT: Kessinger, 2004.

Unger, Roberto Mangabeira. *Law in Modern Society: Toward a Criticism of Social Theory*. New York: Free Press, 1976.

——. *The Self Awakened: Pragmatism Unbound*. New York: Harvard University Press, 2007.

Van Keuren, David K. "Moon in their Eyes: Moon Communication Relay at the Naval Research Laboratory, 1951–1962." In *Beyond the Ionosphere: Fifty Years of Satellite Communication*, edited by Andrew J. Butrica. Washington, DC: NASA History Office, 1997.

Varela, Francisco J., Evan Thompson, and Eleanor Rosch. *The Embodied Mind: Cognitive Science and Human Experience*. Cambridge, MA: MIT Press, 1991.［邦訳は『身体化された心——仏教思想からのエナクティブ・アプローチ』フランシスコ・ヴァレラ，エヴァン・トンプソン，エレノア・ロッシュ著，田中靖夫訳，工作舎，2001年］

Vilenkin, Alexander. *Many Worlds in One: The Search for Other Universes*. New York: Hill and Wang, 2006.［邦訳は『多世界宇宙の探検——ほかの宇宙を探し求めて』アレックス・ビレンケン著，林田陽子訳，日経BP社，2007年］

Weiner, Stephen. "Systems and Technology." In *Ballistic Missile Defence*, edited by Ashton B. Carter and David N. Schwartz. Washington, DC: Brookings Institution, 1984.

Wheeler, John Archibald, and Hubert Zurek Wojciech, eds. *Quantum Theory and Measurement*. Princeton, NJ: Princeton University Press, 1983.

Will, Clifford M. *Was Einstein Right? Putting General Relativity to the Test*. New York: Perseus, 1984.［邦訳は『アインシュタインは正しかったか？』クリフォード・M・ウィル著，松田卓也，二間瀬敏史訳，TBSブリタニカ，1989年］

Williamson, Mark. *Spacecraft Technology: The Early Years*. History of Technology Series. 2nd ed. Bodmin, Cornwall: Institution of Engineering and Technology, 2008.

Wilson, Peter. *The Domestication of the Human Species*. New Haven: Yale University Press, 1988.

Witham, Larry. *Measure of God: Our Century-Long Struggle to Reconcile Science and Religion*. San Francisco: HarperSanFrancisco, 2005.

Woit, Peter. *Not Even Wrong: The Failure of String Theory and the Search for Unity in Physical Law*. New York: Basic Books, 2006.［邦訳は『ストリング理論は科学か——現代物理学と数学』ピーター・ウォイト著，松浦俊輔訳，青土社，2007年］

Wolf, Edward L. *Nanophysics and Nanotechnology: An Introduction to Modern Concepts in Nanoscience*. 2nd ed. Moerlenbach: Wiley VCH, 2006.［邦訳は『ナノ構造の科学とナノテクノロジー——量子デバイスの基礎を学ぶために』エドワード・L・ウルフ著，吉村雅満ほか訳，共立出版，2011年］

and Development 21, no. 2 (1998): 181–200.

Stamos, David N. *Darwin and the Nature of Species*. Albany: State University of New York Press, 2007.

Staw, Barry M., ed. *Research in Organizational Behavior: An Annual Series of Analytical Essays and Critical Reviews*. Vol. 27. San Diego: JAI Press, 2006.

Stein, James D. *How Math Explains the World: A Guide to the Power of Numbers, from Car Repair to Modern Physics*. New York: HarperCollins/Smithsonian Books, 2008.［邦訳は『不可能、不確定、不完全——「できない」を証明する数学の力』ジェイムズ・D・スタイン著，熊谷玲美，田沢恭子，松井信彦訳，早川書房，2011年］

Steinhardt, Paul J., and Neil Turok. "The Cyclic Model Simplified." *New Astronomy Reviews* 49, no. 2–6 (2005): 43–57.

——. *Endless Universe: Beyond the Big Bang*. New York: Doubleday, 2007.［邦訳は『サイクリック宇宙論——ビッグバン・モデルを超える究極の理論』ポール・J・スタインハート，ニール・トゥロック著，水谷淳訳，早川書房，2010年］

Sterling, Christopher H. "Amos 'n' Andy." In *Encyclopedia of Radio*. New York: Fitzroy Dearborn, 2004.

——. "Blue Network." In *Encyclopedia of Radio*. New York: Fitzroy Dearborn, 2004.

Stern, S. Alan. *Our Universe: The Thrill of Extragalactic Exploration as Told by Leading Experts*. New York: Cambridge University Press, 2001.

Strasser, Susan. *Never Done*. New York: Pantheon,1982.

Streeter, Thomas. *The Net Effect: Romanticism, Capitalism, and the Internet*. New York: New York University Press, 2011.

Susskind, Leonard. *The Cosmic Landscape: String Theory and the Illusion of Intelligent Design*. New York: Hachette, 2005.［邦訳は『宇宙のランドスケープ——宇宙の謎にひも理論が答えを出す』レオナルド・サスキンド著，林田陽子訳，日経BP社，2006年］

Suzuki, Shunryu. *Zen Mind, Beginner's Mind*. Boston: Shambhala, 2010.

Swan, Laura, ed. *The Benedictine Tradition: Spirituality in History*. Collegeville, MN: Order of St. Benedict, 2007.

Tattersall, Ian. "Once We Were Not Alone." *Scientific American* (January 2000).

Tedlock, Barbara. *The Woman in the Shaman's Body: Reclaiming the Feminine in Religion and Medicine*. New York: Bantam, 2005.

Thai, Khi V., et al. *Handbook of Globalization and the Environment*. Boca Raton, FL: CRC, 2007.

Thorne, Kip S. *Black Holes and Time Warps: Einstein's Outrageous Legacy*. New York: W. W. Norton, 1994.［邦訳は『ブラックホールと時空の歪み——アインシュタインのとんでもない遺産』キップ・S・ソーン著，林一，塚原周信訳，白揚社，1997年］

Thurston, Hugh. *Early Astronomy*. New York: Springer-Verlag, 1993.

Todd, Deborah, and Joseph A. Angelo Jr. *A to Z of Scientists in Space and Astronomy*. New York: Facts on File, 2005.

Schwoch, James. *Global TV: New Media and the Cold War, 1946–69*. Urbana: University of Illinois Press, 2009.

Sharman, Russell Leigh, and Cheryl Harris Sharman. *Nightshift NYC*. Berkeley: University of California Press, 2008.

Shaw, Ian, and Robert Jameson. *A Dictionary of Archaeology*. Padstow, Cornwall: Blackwell, 2002.

Shearer, Benjamin F., et al. *Home Front Heroes: A Biographical Dictionary of Americans During Wartime*, edited by Benjamin F. Shearer. Westport, CT: Greenwood Press, 2007.

Sies, Luther F. *Encyclopedia of American Radio, 1920–1960*. Rev. ed. New York: McFarland & Co., 2008.

Silverman, Mark P. *Quantum Superposition: Counterintuitive Consequences of Coherence, Entanglement, and Interference*. Berlin: Springer, 2008.

Skempton, Alec. *A Biographical Dictionary of Civil Engineers in Great Britain and Ireland 1500–1830*. London: Thomas Telford, 2002.

Smith, Fred H. "Neandertal and Early Modern Human Interactions in Europe." *American Anthropologist* 110, no. 2 (June 2008).

Smolin, Lee. *The Life of the Cosmos*. Oxford: Oxford University Press, 1998.［邦訳は『宇宙は自ら進化した――ダーウィンから量子重力理論へ』リー・スモーリン著，野本陽代訳，日本放送出版協会，2000年］

——. "On the Reality of Time and the Evolution of Laws." Work in progress presented at the Perimeter Institute for Theoretical Physics, Ontario, Canada, October 2, 2008.

——. *Three Roads to Quantum Gravity*. New York: Basic Books, 2001.［邦訳は『量子宇宙への3つの道』リー・スモーリン著，林一訳，草思社，2002年］

——. *The Trouble with Physics: The Rise of String Theory, the Fall of a Science, and What Comes Next*. New York: Houghton Mifflin Harcourt, 2007.［邦訳は『迷走する物理学――ストリング理論の栄光と挫折、新たなる道を求めて』リー・スモーリン著，松浦俊輔訳，ランダムハウス講談社，2007年］

——. "The Unique Universe." *Physics World* (June 2009): 21–26.

Sobel, Dava. *Longitude: The True Story of a Lone Genius Who Solved the Greatest Scientific Problem of His Time*. New York: Walker, 1995.［邦訳は『経度への挑戦――一秒にかけた四百年』デーヴァ・ソベル著，藤井留美訳，翔泳社，1997年］

Sokal, Alan. "A Physicist Experiments with Cultural Studies." *Lingua Franca* (May/June 1996).

Solomon, Anne G. K. "The Global Positioning System." In *Triumphs and Tragedies of the Modern Presidency: Seventy-Six Case Studies in Presidential Leadership*, edited by David Abshire. Westport, CT: Praeger, 2001.

Soter, Steven, and Neil de Grasse Tyson, eds. *Cosmic Horizons: Astronomy at the Cutting Edge*. New York: New Press, 2000.

Spelke, Elizabeth. "Nativism, Empiricism and the Origins of Knowledge." *Infant Behavior*

Richards, E. G. *Mapping Time: The Calendar and Its History*. New York: Oxford University Press, 1998.

Rifkin, Jeremy. *Time Wars: The Primary Conflict in Human History*. New York: Simon & Schuster, 1989.［邦訳は『タイムウォーズ——時間意識の第四の革命』ジェレミー・リフキン著，松田銑訳，早川書房，1989年］

Rist, John. *The Stoics*. Berkeley: University of California Press, 1998.

Rooksby, Rikky. *Inside Classic Rock Tracks: Songwriting and Recording Secrets of 100 Great Songs from 1960 to the Present Day*. San Francisco: Backbeat Books, 2001.

Rosenberg, Daniel. "Marking Time." *Cabinet* (Winter 2007).

Rudel, Anthony J. *Hello, Everybody! The Dawn of American Radio*. New York: Harcourt, 2008.

Sadava, David, et al. *Life: The Science of Biology*. 9th ed. Sunderland, MA: Sinauer Associates, 2009.［邦訳は『カラー図解　アメリカ版　大学生物学の教科書』D・サダヴァ他著，石崎泰樹，丸山敬監訳・翻訳，講談社，2010年］

Salles, Ricardo. "Introduction: God and Cosmos in Stoicism." In *God and Cosmos in Stoicism*, edited by Ricardo Salles. New York: Oxford University Press, 2009.

Samama, Nel. *Global Positioning: Technologies and Performance*. Hoboken, NJ: John Wiley, 2008.

Sandage, Allen, et al. *Centennial History of the Carnegie Institution of Washington*. Volume 1: *The Mt. Wilson Observatory*. New York: Cambridge University Press, 2004.

Sartori, Leo. "Effects of Nuclear Weapons." In *Physics and Nuclear Arms Today: Readings from Physics Today*, edited by David Hafemeister. New York: American Institute of Physics, 1991.

Sassen, Saskia. *Territory, Authority, Rights: From Medieval to Global Assemblages*. Princeton, NJ: Princeton University Press, 2006.［邦訳は『領土・権威・諸権利——グローバリゼーション・スタディーズの現在』サスキア・サッセン著，伊藤茂訳，明石書店，2011年］

Scharf, John Thomas. *A History of Philadelphia, Vol. III*. Philadelphia: J. H. Everts, 1884.

Schiffer, Michael B. *Power Struggles: Scientific Authority and the Creation of Practical Electricity Before Edison*. Cambridge, MA: MIT Press, 2008.

Schivelbusch, Wolfgang. *Disenchanted Night: The Industrialization of Light in the Nineteenth Century*. Translated by Angela Davies. Berkeley: University of California Press, 1988.［邦訳は『闇をひらく光——19世紀における照明の歴史』W・シヴェルブシュ著，小川さくえ訳，法政大学出版局，1988年］

Schmandt-Besserat, Denise. *How Writing Came About*. Austin: University of Texas Press, 1996.［邦訳は『文字はこうして生まれた』デニス・シュマント＝ベッセラ著，小口好昭，中田一郎訳，岩波書店，2008年］

Schwarzlose, Richard Allen. *The Nation's Newsbrokers: The Rush to Institution, from 1865 to 1920*. Evanston, IL: Northwestern University Press, 1990.

North, John. *God's Clockmaker: Richard of Wallingford and the Invention of Time*. London: Continuum, 2006.

——. *A Norton History of Astronomy and Cosmology*. New York: W. W. Norton, 1995.

Nowell, April, and Mark White. "Growing Up in Middle Pleistocene." In *Stone Tools and the Evolution of Human Cognition*. Boulder: University Press of Colorado, 2010.

Okasha, Samir. *Philosophy of Science: A Very Short Introduction*. New York: Oxford University Press, 2002. [邦訳は『科学哲学』サミール・オカーシャ，廣瀬覚訳，岩波書店，2008年]

O'Regan, Gerard. *A Brief History of Computing*. London: Springer, 1998.

Park, David Allen. *The Grand Contraption: The World as Myth, Number, and Chance*. Princeton, NJ: Princeton University Press, 2005.

Penrose, Roger. *Cycles of Time: An Extraordinary New View of the Universe*. New York: Alfred A. Knopf, 2011.

Plastkett, J. S. "The Expansion of the Universe." *Journal of the Royal Astronomical Society of Canada* 27, no. 35 (1933).

Pohv, Bogdan, et al. *Particles and Nuclei: An Introduction to the Physical Concepts*. Translated by Martin Lavelle. 6th ed. Heidelberg: Springer-Verlag, 2008.

Polchinski, Joseph. *String Theory: An Introduction to the Bosonic String, Volume 1*. New York: Cambridge University Press, 1998. [邦訳は『ストリング理論』J・ポルチンスキー著，伊藤克司，小竹悟，松尾泰訳，シュプリンガー・フェアラーク東京，2005年]

Popper, Karl. *The World of Parmenides: Essays on the Presocratic Enlightenment*. New York: Routledge, 1998.

Powell, Corey. *God in the Equation: How Einstein Transformed Religion*. New York: Free Press, 2003.

Raysman, Richard. *Emerging Technologies and the Law: Forms and Analysis*. New York: Law Journal Press, 2003.

Reinhardt, Carsten. *Chemical Sciences in the 20th Century: Bridging Boundaries*. Moerlenbach: Wiley VCH, 2001.

Renfrew, Colin. *Prehistory: The Making of the Human Mind*. New York: Random House, 2007. [邦訳は『先史時代と心の進化』コリン・レンフルー著，小林朋則訳，ランダムハウス講談社，2008年]

Report of the Annual Meeting of the British Society for the Advancement of Science. London: Taylor and Francis, 1872.

Rhodes, Richard. *Dark Sun: The Making of the Hydrogen Bomb*. New York: Simon & Schuster, 1995. [邦訳は『原爆から水爆へ——東西冷戦の知られざる内幕』リチャード・ローズ著，小沢千重子，神沼二真訳，紀伊國屋書店，2001年]

——. *The Making of the Atomic Bomb*. New York: Simon & Schuster, 1986. [邦訳は『原子爆弾の誕生』リチャード・ローズ著，神沼二真，渋谷泰一訳，紀伊國屋書店，1995年ほか]

Macey, Samuel L. *Encyclopedia of Time*. New York: Garland, 1994.

Madsen, Mark S. *The Dynamic Cosmos: Exploring the Physical Evolution of the Universe*. Cornwall: CRC, 1995.

Mansfield, Victor. *Synchronicity, Science and Soul-Making: Understanding Jungian Synchronicity*. Peru, IL: Open Court, 2001.

Marber, Peter. *Seeing the Elephant: Understanding Globalization from Trunk to Tail*. Hoboken, NJ: John Wiley, 2009.

Marshack, Alexander. *The Roots of Civilization*. Mount Kisco, NY: Moyer Bell, 1991.

Marshall, Catherine C. "How People Manage Information over a Lifetime." In *Personal Information Management*, edited by William P. Jones and Jaime Teevan. Seattle: University of Washington Press, 2008.

Martin, Donald H. *Communication Satellites*. 4th ed. El Segundo, CA: Aerospace Corporation, 2000.

McCloskey, Donald. "The Industrial Revolution 1780-1860: A Survey." In *The Economics of the Industrial Revolution*, edited by Joel Mokyr. Totowa, NJ: Rowman & Littlefield, 1985.

Miller, Richard Lee. *Under the Cloud: The Decade of Nuclear Testing*. The Woodlands, TX: Two Sixty, 1991.

Milliken, E. K. *English Monasticism: Yesterday and Today*. London: George G. Harrap, 1967.

Misner, Charles, Kip S. Thorne, John Archibald Wheeler. *Gravitation*. New York: Freeman, 1973. [邦訳は『重力理論――gravitation-古典力学から相対性理論まで, 時空の幾何学から宇宙の構造へ』若野省己訳, 丸善出版, 2011年]

Mithen, Steven. *After the Ice: A Global Human History*. Cambridge, MA: Harvard University Press, 2003.

——. *The Prehistory of the Mind: The Cognitive Origins of Art, Religion and Science*. New York: Thames and Hudson, 1996. [邦訳は『心の先史時代』スティーヴン・ミズン著, 松浦俊輔, 牧野美佐緒訳, 青土社, 1998年]

Mitton, Simon. *Conflict in the Cosmos: Fred Hoyle's Life in Science*. Washington, DC: Joseph Henry, 2005.

Morris, I. *Why the West Rules—for Now*. New York: Farrar, Straus & Giroux, 2010.

Mumford, Lewis. "The Monastery and the Clock." In *Technic and Civilization*. New York: Harcourt Brace, 1934. [邦訳は『技術と文明』ルイス・マンフォード著, 生田勉訳, 鎌倉書房, 1953年]

Neuenschwander, D. "History of Big Bang Cosmology, Part 3: The De Sitter Universe and Redshifts." *Radiations Magazine* (Fall 2008): 68.

Neugebauer, Otto. *The Exact Sciences in Antiquity*. New York: Dover, 1969. [邦訳は『古代の精密科学』O・ノイゲバウアー著, 矢野道雄, 斎藤潔訳, 恒星社厚生閣, 1984年]

Norris, Robert. "Global Nuclear Stockpiles, 1945-2006." *Bulletin of the Atomic Scientists* 62, no. 4 (July-August 2006): 64.

Knowles, David. *The Monastic Order in England: A History of Its Development from the Times of St. Dunstan to the Fourth Lateran Council, 940–1216*. New York: Cambridge University Press, 1963.

Kragh, Helge S. *Conceptions of Cosmos: From Myths to the Accelerating Universe: A History of Cosmology*. New York: Oxford University Press, 2007.

——. *Cosmology and Controversy: The Historical Development of Two Theories of the Universe*. Princeton, NJ: Princeton University Press, 1996.

——. "Cosmology and the Entropic Creation Argument." *Historical Studies in the Physical and Biological Sciences* 37, no. 2 (2007): 369.

Kunstler, James Howard. *The Long Emergency: Surviving the End of Oil, Climate Change, and Other Converging Catastrophes of the Twenty-First Century*. New York: Grove, 2006.

Kyvig, David E. *Daily Life in the United States 1920–1939: Decades of Promise and Pain*. Westport, CT: Greenwood, 2002.

Landau, Elaine. *The History of Everyday Life*. Minneapolis, MN: Twenty-First Century Books, 2006.

Le Goff, Jacques. *Time, Work & Culture in the Middle Ages*. Chicago: University of Chicago Press, 1980. [邦訳は『もうひとつの中世のために——西洋における時間、労働、そして文化』ジャック・ル・ゴフ著，加納修訳，白水社，2006年]

Lee, R. Alton. *The Bizarre Careers of John R. Brinkley*. Lexington: University Press of Kentucky, 2002.

Leeming, David Adams. *The World of Myth: An Anthology*. New York: Oxford University Press, 1990.

Lemaître, Georges. "L'Univers en expansion." *Ann. Soc. Sci. Bruxelles* A 21 (1933): 51–85.

Levinson, Nancy Smiler. *Magellan and the First Voyage Around the World*. New York: Clarion, 2001.

Lewis, Richard. "Telstar: First with the Most." *Bulletin of the Atomic Scientists: The Magazine of Science and Public Affairs* 18, no. 10 (December 1962).

Lewis, Tom. *Empire of the Air: The Men Who Made Radio*. New York: Edward Burlingame, 1991.

Lewis-Williams, David, and David Pearce. *Inside the Neolithic Mind: Consciousness, Cosmos, and the Realm of the Gods*. London: Thames and Hudson, 2005.

Lindberg, David C. *The Beginnings of Western Science*. Chicago: University of Chicago Press, 1992. [邦訳は『近代科学の源をたどる——先史時代から中世まで』高橋憲一訳，朝倉書店，2011年]

Logsdon, Tom. *Understanding the Navstar: GPS, GIS, and IVHS*. 2nd ed. New York: Chapman & Hall, 1992. [邦訳は『GPS入門——カー・ナビゲーションが開く21世紀のITS社会』トム・ロジスン著，穴井誠二訳，ゼンリンプリンテックス，1999年]

Lowrie, William. *Fundamentals of Geophysics*. 3rd ed. Cambridge: Cambridge University Press, 2002.

University of Michigan Press, 1972.［邦訳は『仕事と日』（岩波文庫）ヘーシオドス著，松平千秋訳，岩波書店，1986年］

Hewson, Claire, et al. *Internet Research Methods: A Practical Guide for the Social and Behavioural Sciences*. Thousand Oaks, CA: Sage, 2003.

Holton, Gerald James, and Stephen G. Brush. *Physics, the Human Adventure: From Copernicus to Einstein and Beyond*. Piscataway, NJ: Rutgers University Press, 2004.

Hoskin, M. A., "Newton, Providence and the Universe of Stars." *Journal for the History of Astronomy* 8 (1977): 77–101.

Howse, Derek. *Greenwich Time and Longitude*. London: Philip Wilson, 1997.［邦訳は『グリニッジ・タイム――世界の時間の始点をめぐる物語』デレク・ハウス著，橋爪若子訳，東洋書林，2007年］

Hubbard, Richard K. *Boater's Bowditch: The Small-Craft American Practical Navigator*. Camden, ME: International Marine/McGraw-Hill, 2000.

Hughes, Edward. *North Country Life in the Eighteenth Century: The North-East, 1700–1750*. New York: Oxford University Press, 1952.

Humphrey, Paul, ed. *America in the 20th Century: 1940–1949*. 2nd ed. Tarrytown, NY: Marshall Cavendish, 2003.

Hunger, Herman, and David Pingree. *Astral Sciences in Mesopotamia*. Leiden: Brill, 1999.

Isaacson, Walter. *Einstein: His Life and Universe*. New York: Simon & Schuster, 2007.［邦訳は『アインシュタイン――その生涯と宇宙』ウォルター・アイザックソン著，関宗蔵，松田卓也，松浦俊輔訳，武田ランダムハウスジャパン，2011年］

Johnson, David Martel. *How History Made the Mind: The Cultural Origins of Objective Thinking*. Peru, IL: Open Court, 2003.

Johnson, L. W., and M. L. Wolbarsht. "Mercury Poisoning: A Probable Cause of Isaac Newton's Physical and Mental Ills." *Notes and Records of the Royal Society of London* 34, no. 1 (July 1979).

Jones, Tony. *Splitting the Second: The Story of Atomic Time*. Philadelphia: Institute of Physics, 2001.［邦訳は『原子時間を計る――300億分の1秒物語』トニー・ジョーンズ著，松浦俊輔訳，青土社，2001年］

Katz, Jonathan I. *The Biggest Bangs: The Mystery of Gamma-Ray Bursts, the Most Violent Explosions in the Universe*. New York: Oxford University Press, 2002.

Kelly, Mary Pat. *"Good to Go": The Rescue of Capt. Scott O'Grady, USAF, from Bosnia*. Annapolis: U.S. Naval Institute Press, 1996.

Kemp, Barry J. *Ancient Egypt: Anatomy of a Civilization*. New York: Routledge, 2006.

Khoury, Justin, et al. "The Ekpyrotic Universe: Colliding Branes and the Origin of the Hot Big Bang." *Physical Review* D 64, no. 12 (November 28, 2001).

King, Henry C. *The History of the Telescope*. New York: Dover, 1955.

Klein, Étienne, and Marc Lachièze-Rey. *The Quest for Unity: The Adventure of Physics*. New York: Oxford University Press, 1999.

Grand, Edward. *Much Ado About Nothing: Theories of Space and Vacuum from the Middle Ages to the Scientific Revolution*. New York: Cambridge University Press, 1981.

Green, Lelia. *The Internet: An Introduction to New Media*. Berg New Media Series. New York: Berg, 2010.

Greene, Brian. *The Elegant Universe*. New York: W. W. Norton, 1999. ［邦訳は『エレガントな宇宙――超ひも理論がすべてを解明する』ブライアン・グリーン著，林一，林大訳，草思社，2001年］

Gregory, Jane. *Fred Hoyle's Universe*. New York: Oxford University Press, 2005.

Grewal, Mohinder S., et al. *Global Positioning Systems, Inertial Navigation, and Integration*. 2nd ed. Hoboken, NJ: John Wiley, 2007.

Guth, Alan. *The Inflationary Universe: The Quest for a New Theory of Cosmic Origins*. New York: Basic Books, 1998. ［邦訳は『なぜビッグバンは起こったか――インフレーション理論が解明した宇宙の起源』アラン・H・グース著，はやしはじめ，はやしまさる訳，早川書房，1999年］

Guth, Alan, and Paul J. Steinhardt. "The Inflationary Universe." *Scientific American* 250 (1984): 90.

Haberman, Arthur. *The Making of the Modern Age*. Toronto: Gage, 1984.

Hadamard, J., ed. "Newton and the Infinitesimal Calculus." In *Newton Tercentenary Celebrations*. Cambridge: The Royal Society, 1947.

Hahn, Roger. "Laplace and the Mechanistic Universe." In *God and Nature: Historical Essays on the Encounter between Christianity and Science*, edited by David C. Lindberg and Ronald L. Numbers. Berkeley: University of California Press, 1986. ［邦訳は『神と自然――歴史における科学とキリスト教』D・C・リンドバーグ，R・L・ナンバーズ編，渡辺正雄監訳，みすず書房，1994年］

Halpern, Paul. *Countdown to Apocalypse: A Scientific Exploration of the End of the World*. New York: Perseus, 1998.

Handberg, Roger. *Seeking New World Vistas: The Militarization of Space*. Westport, CT: Praeger, 2000.

Harrison, Edward. *Cosmology: The Science of the Universe*. New York: Cambridge University Press, 2000.

——. *Masks of the Universe*. New York: Macmillan, 1985.

Hartle, James. "Theories of Everything and Hawking's Wave Function of the Universe." In *The Future of Theoretical Physics and Cosmology: Celebrating Stephen Hawking*, edited by G. W. Gibbons, P. Shellard, and S. J. Rankin. New York: Cambridge University Press, 2003.

Hawking, Stephen. *A Brief History of Time*. New York: Bantam, 1988. ［邦訳は『ホーキング、宇宙を語る――ビッグバンからブラックホールまで』S・W・ホーキング著，林一訳，早川書房，1989年］

Hesiod. "Works and Days." In *Hesiod*. Translated by Richmond Lattimore. Ann Arbor:

1992年]
Feynman, Richard. *Perfectly Reasonable Deviations from the Beaten Track: The Letters of Richard P. Feynman*. Edited by Michelle Feynman. New York: Basic Books, 2006. [邦訳は『ファインマンの手紙』リチャード・P・ファインマン著，ミシェル・ファインマン編，渡会圭子訳，ソフトバンククリエイティブ，2006年]
Fischer, Henry George. "The Origin of Egyptian Hieroglyphs." In *The Origins of Writing*, edited by Wayne M. Senner. Lincoln: University of Nebraska Press, 1991.
Flichy, Patrice. *The Internet Imaginaire*. Cambridge, MA: MIT Press, 2007.
Flinn, M. W. *Men of Iron: The Crowleys in the Early Iron Industry*. Edinburgh: Edinburgh University Press, 1962.
Frampton, Paul H. *Did Time Begin? Will Time End? Maybe the Big Bang Never Occurred*. Singapore: World Scientific, 2009.
Freeman, Charles. *The Closing of the Western Mind: The Rise of Faith and the Fall of Reason*. New York: Alfred A. Knopf, 2003.
Futrell, Robert Frank. *Ideas, Concepts, Doctrine: Basic Thinking in the United States Air Force: 1907–1960*. Vol. 1. Maxwell Air Force Base, AL: Air University Press, 2002.
Galison, Peter. *Einstein's Clocks, Poincare's Maps*. New York: W. W. Norton, 2003.
Gamow, George. *Creation of the Universe*. New York: Viking Press, 1952. [邦訳は『ガモフ全集　第7巻　宇宙の創造』ジョージ・ガモフ著，伏見康治訳，白揚社，1952年]
Garfield, Jay L. *Empty Words: Buddhist Philosophy and Cross-Cultural Interpretation*. New York: Oxford University Press, 2002.
Gates, Charles. *Ancient Cities: The Archaeology of Urban Life in the Ancient Near East and Egypt, Greece, and Rome*. New York: Routledge, 2005.
Gilbert of Mons. *The Chronicle of Hainaut*. Translated by Laura Napran. Woodbridge, Suffolk: Boydell Press, 2005.
Gilbert, William. *On the Loadstone and Magnetic Bodies and on the Great Magnet the Earth*. Translated by Paul Fleury Mottelay. New York: John Wiley, 1893.
Gleiser, Marcelo. *The Dancing Universe: From Creation Myths to the Big Bang*. Lebanon, NH: Dartmouth College Press, 2005.
——. *The Prophet and the Astronomer: A Scientific Journey to the End of Time*. New York: W. W. Norton, 2003.
——. *A Tear at the Edge of Creation: A Radical New Vision for Life in an Imperfect Universe*. New York: Free Press, 2010.
Glennie, Paul, and Nigel Thrift. *Shaping the Day: A History of Timekeeping in England and Wales 1300–1800*. New York: Oxford University Press, 2009.
Goldsworthy, Adrian Keith. *How Rome Fell: Death of a Superpower*. New Haven: Yale University Press, 2009.
Gorst, Martin. *Measuring Eternity: The Search for the Beginning of Time*. New York: Broadway Books, 2001.

Press, 2004.
Davis, J. C. *Utopia and the Ideal Society: A Study of English Utopian Writing 1516–1700.* New York: Cambridge University Press, 1981.
Dever, Carolyn. *Skeptical Feminism: Activist Theory, Activist Practice.* Minneapolis: University of Minnesota Press, 2004.
Dicke, R. H., and P. J. E. Peebles. "The Big Bang Cosmology—Enigmas and Nostrums." In *General Relativity: An Einstein Centenary Survey*, edited by Stephen Hawking and W. Israel. Cambridge: Cambridge University Press, 1979.
Dohrn-van Rossum, Gerhard. *History of the Hour: Clocks and Modern Temporal Orders.* Translated by Thomas Dunlap. Chicago: University of Chicago Press, 1996.［邦訳は『時間の歴史——近代の時間秩序の誕生』ゲルハルト・ドールン－ファン・ロッスム著，藤田幸一郎，篠原敏昭，岩波敦子訳，大月書店，1999年］
Doncel, Manuel G. "On Hertz's Conceptual Conversion: From Wire Waves to Air Waves." In *Heinrich Hertz: Classical Physicist, Modern Philosopher*, edited by Davis Baird, R. I. G. Hughes, and Alfred Nordman. Hingham, MA: Kluwer Academic, 1998.
D'Onofrio, Mauro, and Carlo Burgiana, eds. *Questions of Modern Cosmology: Galileo's Legacy.* Berlin: Springer-Verlag, 2009.
Dooley, Peter C. *The Labour Theory of Value.* New York: Routledge, 2005.
Dreuille, Mayeul de. *The Rule of St. Benedict: A Commentary in Light of World Ascetic Traditions.* Leominster, Herefordshire: Newman Press, 2000.
Ducasse, Alain. "Carlo Petrini: The Slow Revolutionary." *Time Europe*, October 11, 2004.
Dusseldorp, G. L. *A View to a Kill: Investigating Middle Paleolithic Subsistence Using an Optimal Foraging Perspective.* Leiden: Sidestone Press, 2009.
Dyson, Marianne J. *Space and Astronomy: Decade by Decade.* Twentieth-Century Science. New York: Facts on File 2007.
Eddington, Arthur Stanley. *The Expanding Universe.* New York: Macmillan, 1933.［邦訳は『膨張する宇宙』エッディントン著，村上忠敬譯註，恒星社，1936年］
Edwards, Emory. *Modern American Locomotive Engines, Their Design, Construction and Management: A Practical Work for Practical Men.* Philadelphia: Henry Carey Baird, 1895.
Ekirch, A. Roger. *At Day's Close: Night in Times Past.* New York: W. W. Norton, 2005.
Eliade, Mircea. *Myth and Reality.* Prospect Heights, IL: Waveland, 1998.［邦訳は『エリアーデ著作集第7巻　神話と現実』ミルチャ・エリアーデ著，中村恭子訳，せりか書房，1973年］
——. *The Myth of the Eternal Return or Cosmos and History.* Translated by Willard R. Trask. Princeton, NJ: Princeton University Press, 1991.［邦訳は『永遠回帰の神話——祖型と反復』エリアーデ著，堀一郎訳，未來社，1963年］
Ferris, Timothy. *Coming of Age in the Milky Way.* New York: HarperCollins, 1988.［邦訳は『銀河の時代——宇宙論博物誌』ティモシー・フェリス著，野本陽代訳，工作舎，

Penguin, 2010.
Carroll, Bradley W., and Dale A. Ostlie. *An Introduction to Modern Astrophysics*. New York: Pearson, 2007.
Cartledge, Paul, Paul Millett, and Sitta von Reden. *Kosmos: Essays in Order, Conflict and Community in Classical Athens*. New York: Cambridge University Press, 1998.
Castelden, Rodney. *The Stonehenge People: An Exploration of Life in Neolithic Britain, 4700–2000 BC*. New York: Routledge, 2002.
Caygill, Howard. *A Kant Dictionary*. Padstow, Cornwall: Blackwell, 1995.
Christianson, Gale E. *Edwin Hubble: Mariner of the Nebulae*. Chicago: University of Chicago Press, 1995.
Clausius, Rudolph. "Prof. R. Clausius on the Second Fundamental Theorem of the Mechanical Theory of Heat." *London, Edinburgh, and Dublin Philosophical Magazine and Journal of Science* 35 (January–June 1868).
Cole, David J., Eve Browning, and Fred E. H. Schroeder. *Encyclopedia of Modern Everyday Inventions*. Westport, CT: Greenwood Press, 2003.
Coles, Peter. *The Routledge Companion to the New Cosmology*. New York: Routledge, 2001.
Coles, Peter, and Francesco Lucchin. *Cosmology: The Origin and Evolution of Cosmic Structure*. 2nd ed. Hoboken, NJ: John Wiley, 2003.
Copernicus, Nicolaus, *On the Revolutions of the Heavenly Spheres*, Translated by Charles Glenn Wallis. Philadelphia: Running Press, 2002.［邦訳は『天体の回転について』コペルニクス，矢島祐利訳，岩波書店，1953年］
Corliss, Carlton J. *The Day of Two Noons*. 6th ed. Washington, DC: Association of American Railroads, 1952.
Coughtry, Peter J. "Report of the Scientific Secretary." Paper presented at the Nato Advanced Research Workshop: Nuclear Tests: Long-term Consequences in the Semipalatinski/Altai Region, Barnaul, Russia, September 5–10, 1994.
Croddy, Eric A., and James J. Wirtz, eds. *Weapons of Mass Destruction: An Encyclopedia of Worldwide Policy, Technology and History*. Santa Barbara, CA: ABC-CLIO, 2005.
Croswell, Ken. *The Universe at Midnight: Observation Illuminating the Cosmos*. New York: Free Press, 2001.
Dalley, Stephanie. *Myths from Mesopotamia: Creation, the Flood, Gilgamesh and Others*. Oxford: Oxford University Press, 1998.
Darling, David J. *The Complete Book of Space: From Apollo 1 to Zero Gravity*. Hoboken, NJ: John Wiley, 2003.
Davidson, Iain, and April Nowell. *Stone Tools and the Evolution of Human Cognition*. Boulder: University Press of Colorado, 2010.
Davies, Paul C. W. "John Archibald Wheeler and the Clash of Ideas." In *Science and Ultimate Reality: Quantum Theory, Cosmology, and Complexity*, edited by John D. Barrow, Paul C. W. Davies, and Charles L. Harper Jr. New York: Cambridge University

年]
Benn, Charles D. *China's Golden Age: Everyday Life in the Tang Dynasty*. New York: Oxford University Press, 2004.
Berlinski, David. *Newton's Gift: How Sir Isaac Newton Unlocked the System of the World*. New York: Free Press, 2000.
Berners-Lee, Tim, and Mark Fischetti. *Weaving the Web: The Original Design and Ultimate Destiny of the World Wide Web by Its Inventor*. San Francisco: HarperSanFrancisco, 1999. [邦訳は『Webの創成——World Wide Webはいかにして生まれどこに向かうのか』ティム・バーナーズ＝リー著, 毎日コミュニケーションズ, 2001年]
Bille, Matthew A., and Erika Lishock. *The First Space Race: Launching the World's First Satellites*. College Station: Texas A&M University Press, 2004.
Bodanis, David. *$E=mc^2$: A Biography of the World's Most Famous Equation*. 2nd ed. New York: Walker, 2005. [邦訳は『$E=mc^2$——世界一有名な方程式の「伝記」』デイヴィッド・ボダニス著, 伊藤文英, 高橋知子, 吉田三知世訳, 早川書房, 2005年]
Bojowald, Martin. *Once Before Time: A Whole Story of the Universe*. New York: Random House, 2010.
Borst, Arno. *The Ordering of Time: From the Ancient Computus to the Modern Computer*. Chicago: University of Chicago Press, 1993. [邦訳は『中世の時と暦——ヨーロッパ史のなかの時間と数』アルノ・ボルスト著, 津山拓也訳, 八坂書房, 2010年]
Brantingham, P. Jeffrey, Steven L. Kuhn, and Kristopher W. Kerry. *The Early Upper Paleolithic Beyond Western Europe*. Berkeley: University of California Press, 2004.
Bray, John. *Innovation and the Communications Revolution: From the Victorian Pioneers to Broadband Internet*. Bodmin, Cornwall: Institution of Engineering and Technology, 2009.
Bruce, Robert V. *Bell: Alexander Graham Bell and the Conquest of Solitude*. Ithaca, NY: Cornell University Press, 2000. [邦訳は『孤独の克服——グラハム・ベルの生涯』ロバート・V・ブルース著, 唐津一監訳, NTT出版, 1991年]
Burns, Edward McNall. *Western Civilizations: Their History and Their Culture*. New York: W. W. Norton, 1968.
Calaprice, Alice, and Trevor Lipscombe. *Albert Einstein: A Biography*. Westport, CT: Greenwood Press, 2005.
Cambray, Joseph, and David H. Rosen. *Synchronicity: Nature and Psyche in an Interconnected Universe*. New York: Cambridge University Press, 2009.
Campbell, Todd. "The First Email Message: Who Sent It and What It Said." *Pretext* (March 1998). http://web.archive.org/web/20030806031641/www.pretext.com/mar98/features/story2.htm (accessed December 20, 2010).
Carlisle, Rodney. *Scientific American: Inventions and Discoveries*. Hoboken, NJ: John Wiley, 2004.
Carroll, Sean. *From Eternity to Here: The Quest for the Ultimate Theory of Time*. New York:

参考文献

Abbott, Elizabeth. *A History of Celibacy*. New York: Da Capo, 2001.

Albrecht, Andreas, and Neil Turok. "Evolution of Cosmic Strings." *Physical Review Letters* 54 (1985): 1868.

Albrecht, Andreas Dimopoulos, et al. "New Inflation in Supersymmetric Theories." *Nuclear Physics* B 229 (1983): 528.

Angelo, Joseph A., Jr. "Gamow, George." In *Encyclopedia of Space and Astronomy*. New York: Facts on File, 2006.

Armstrong, Karen. *A Short History of Myth*. New York: Canongate, 2005. [邦訳は『神話がわたしたちに語ること』カレン・アームストロング著，武舎るみ訳，角川書店，2005年]

Audoin, Claude, and Bernard Guinot. *The Measurement of Time: Time, Frequency, and the Atomic Clock*. Cambridge: Cambridge University Press, 2001.

Aveni, Anthony. *Empires of Time: Calendars, Clocks, and Cultures*. Boulder: University Press of Colorado, 2002.

Bahn, Paul G., and Jean Vertut. *Journey Through the Ice Age*. Berkeley: University of California Press, 1997.

Baillargeon, Renée. "How Do Infants Learn About the Physical World?" *Current Directions in Psychological Science* 3, no. 5 (1994).

Bainton, Roland H. *Here I Stand: A Life of Martin Luther*. Peabody, MA: Hendrickson, 1977. [邦訳は『我ここに立つ――マルティン・ルターの生涯』ローランド・ベイントン著，青山一浪，岸千年訳，聖文舎，1954年ほか]

Barbour, Julian. *The End of Time: The Next Revolution in Our Understanding of the Universe*. New York: Oxford University Press, 1999.

Barfield, Woodrow, and Thomas Caudell. *Fundamentals of Wearable Computers and Augmented Reality*. Mahwah, NJ: Lawrence Erlbaum, 2001.

Barlow, Maude. *Blue Covenant: The Global Water Crisis and the Coming Battle for the Right to Water*. New York: New Press, 2009. [邦訳は『ウォーター・ビジネス――世界の水資源・水道民営化・水処理技術・ボトルウォーターをめぐる壮絶なる戦い』モード・バーロウ著，佐久間智子訳，作品社，2008年]

Bartky, Ian R. *Selling the True Time: Nineteenth-Century Timekeeping in America*. Stanford: Stanford University Press, 2000.

Barton, John H., and Lawrence D. Weiler, eds. *International Arms Control: Issues and Agreements*. Stanford: Stanford University Press, 1976.

Barton, Tamsyn. *Ancient Astrology*. New York: Routledge, 1994. [邦訳は『古代占星術――その歴史と社会的機能』タムシン・バートン著，豊田彰訳，法政大学出版局，2004

16. Smolin, "On the Reality of Time and the Evolution of Laws."
17. Smolin, "The Unique Universe," 26.

第12章

1. Rifkin, *Time Wars*, 123.
2. この引用は，イギリス人経済学者で哲学者のサー・ウィリアム・ペティーの1682年の言葉による．Dooley, *The Labour Theory of Value*, 30.
3. Rifkin, *Time Wars*, 127.
4. 石油供給やそれ以外の資源枯渇の問題について愉快に，そして若干意地悪く概説したものとしては，Kunstler, *The Long Emergency*を見よ．
5. Barlow, *Blue Covenant*.
6. M. Barret, "ATLAS Experiment Reports Its First Physics Results from the LHC," http://atlas.ch/news/2010/first-physics.html (accessed February 20, 2011); Office of Science, U.S. Department of Energy. "The Sensitive Giant: At CERN, ATLAS Effort Emphasizing People Skills." U.S. Department of Energy Research News, http://www.eurekalert.org/features/doe/2004-03/dnal-tsg032604.php (accessed February 20, 2011).
7. Barret, "ATLAS Experiment Reports."
8. 同上.
9. Jonathan Leake, "Big Bang at the Atomic Lab After the Scientists Got Their Maths Wrong," *Sunday Times* (London), April 8, 2007.
10. Sokal, "A Physicist Experiments with Cultural Studies."
11. Okasha, *Philosophy of Science*, 59.
12. Harrison, *Masks of the Universe*, 2, 1.
13. "Slow Food," http://www.slowfood.com/about_us/eng/mission.lasso (accessed February 20, 2011).
14. Ducasse, "Carlo Petrini."
15. 縁起はサンスクリット語でプラティーテャ＝サムトパーダといい，「因縁共起」や「因縁生起」と訳されることもある．縁起について学問的に考察したものとしては，Garfield, *Empty Words*, 24を見よ．

3. さらに情報を知りたい読者は，ショーン・キャロルの素晴らしい本を見よ．Carroll, *From Eternity to Here*.
4. 同上.
5. Guth, *The Inflationary Universe*; Guth and Steinhardt, "The Inflationary Universe," 90を見よ.
6. Carroll, *From Eternity to Here*.
7. Davies, "John Archibald Wheeler and the Clash of Ideas," 20を見よ.
8. Vilenkin, *Many Worlds in One*, 170.
9. キャロルの言葉は，著者による取材より.
10. この記述の一部は，著者が雑誌*Discover*に書いた"3 Theories That Might Blow Up the Big Bang," April 2008に掲載された.
11. Carroll, *From Eternity to Here*, 357を見よ.
12. Davies, "John Archibald Wheeler and the Clash of Ideas."
13. Gregory, *Fred Hoyle's Universe*.
14. Susskind, *The Cosmic Landscape*, 79.
15. Davies, "John Archibald Wheeler and the Clash of Ideas," xv.
16. Susskind, *Cosmic Landscape*.

第11章

1. この説明は，2010年9月17日のジュリアン・バーバーへの取材による.
2. Barbour, *The End of Time*.
3. 本章の一部の初出は，著者の記事"3 Theories That Might Blow Up the Big Bang"および"Is the Search for Immutable Laws of Nature a Wild-Goose Chase?" *Discover* (April 2010).
4. Barbour, *The End of Time*, 47.
5. 同上，229.
6. アルブレヒトの言葉は，著者による取材より.
7. Albrecht et al., "New Inflation in Supersymmetric Theories," 528.
8. Hartle, "Theories of Everything and Hawking's Wave Function of the Universe," 38を見よ.
9. Hawking, *A Brief History of Time*, 140.
10. Andreas Albrecht and Alberto Iglesias. "The Clock Ambiguity: Implications and New Developments," in *The Origin of Time's Arrow* (New York: New York Academy of Sciences Press, 2008).
11. Wheeler and Wojciech, eds., *Quantum Theory and Measurement*.
12. Smolin, *Three Roads to Quantum Gravity*.
13. Unger, *Law in Modern Society*; Unger, *The Self Awakened*.
14. スモーリンとウンガーの言葉は，著者による取材より.
15. Smolin, *The Life of the Cosmos*.

クリュシッポスの宇宙サイクルについて，「すべての宇宙サイクルにおける最初と最後の火は，完全に一様化した状態の神そのものにほかならない」と書いている．Salles, "Introduction," 3-4.
2. Steinhardt and Turok, *Endless Universe*, 175.
3. Kragh, *Conceptions of Cosmos*, 147.
4. Dicke and Peebles, "The Big Bang Cosmology," 511.
5. Misner et al., *Gravitation*, 805.
6. Thorne, *Black Holes and Time Warps*.
7. Misner et al., *Gravitation*, 11.
8. Smolin, *Three Roads to Quantum Gravity*を見よ．
9. Steinhardt and Turok, *Endless Universe*, 124.
10. 同上，125, 129.
11. 専門的でない説明は，Greene, *The Elegant Universe*, 206を見よ．きわめて専門的な説明は，Polchinski, *String Theory*, 1-6で読むことができる．
12. これ以降，Steinhart and Turok, *Endless Universe*の記述を拝借する．このテーマに関する元論文は，Khoury et al., "The Ekpyrotic Universe,"およびSteinhardt and Turok, "The Cyclic Model Simplified," 43-57を見よ．
13. Albrecht and Turok, "Evolution of Cosmic Strings," 1868; Guth and Steinhardt, "The Inflationary Universe," 90.
14. Steinhardt and Turok, *Endless Universe*, 148.
15. 同上，189.
16. これ以外の新しいサイクリック宇宙論と区別するために，エキピロティックサイクリックモデルという用語を使うことにする．
17. Steinhardt and Turok, *Endless Universe*, 197.
18. 重力波とパルサーの説明は，Will, *Was Einstein Right?* 181を見よ．
19. 以下の出典の記述からはわずかに修正した．Zimmer, *Myths and Symbols in Indian Art and Civilization*, 3; Leeming, *The World of Myth*.
20. Woit, *Not Even Wrong*; Smolin, *The Trouble with Physics*.
21. Susskind, *The Cosmic Landscape*.
22. Smolin, *Three Roads to Quantum Gravity*.
23. Bojowald, *Once Before Time*.
24. Frampton, *Did Time Begin? Will Time End?*
25. Penrose, *Cycles of Time*.

第10章

1. ホイルの講義は，「雪に閉じこめられた」1950年1月と2月の土曜日に放送された．放送の正確な日付が定かでないため，ここでは1950年2月4日土曜日を選んだ．Gregory, *Fred Hoyle's Universe*, 47, 48.
2. さらに完全な説明は，Guth, *The Inflationary Universe*を見よ．

20. Coles, *The Routledge Companion to the New Cosmology*, 66.
21. Ωが最初に1より大きければ，永遠に1より大きい．最初に1より小さければ，永遠に1より小さい．
22. Kragh, *Conceptions of Cosmos*, 233.
23. Guth and Steinhardt, "The Inflationary Universe," 90を見よ．
24. Soter and Tyson, eds., *Cosmic Horizons*.
25. Kragh, *Conceptions of Cosmos*, 213.
26. Sobel, *Longitude*, 16.
27. Samama, *Global Positioning*, 21.
28. Lowrie, *Fundamentals of Geophysics*, 70.
29. 同上．
30. 同上．このシステムは24基の衛星からなり，つねに5から8基の衛星が視界に入る．
31. 同上．
32. 同上．1989年と1993年にギリシャでおこなわれた，衛星を用いた一連の測定により，ギリシャ南西部は年間20から40 mm程度南西に移動していることが明らかとなった．
33. Audoin and Guinot, *The Measurement of Time*, 99; Logsdon, *Understanding the Navstar*, 166.
34. Jones, *Splitting the Second*, 136.
35. 同上．
36. Richard Pogge, "Real-World Relativity: The GPS Navigation System," http://www.astronomy.ohio-state.edu/~pogge/Ast162/Unit5/gps.html (accessed February 18, 2011).
37. Kelly, *"Good to Go,"* 135.
38. Solomon, "The Global Positioning System," 108.
39. Grewal et al., *Global Positioning Systems, Inertial Navigation, and Integration*, 144.
40. Barfield and Caudell, *Fundamentals of Wearable Computers and Augmented Reality*, 374.
41. Raysman, *Emerging Technologies and the Law*, 1-24.
42. Gorst, *Measuring Eternity*, 281.
43. 同上，282.
44. Gleiser, *A Tear at the Edge of Creation*, 96.
45. Stern, *Our Universe*, 51.
46. Coles and Lucchin, *Cosmology*, 263.
47. Gleiser, *The Prophet and the Astronomer*, 282.

第9章

1. 周期的宇宙論は，ストア哲学の正統的な思想に広く見られる．宇宙は徹底的で破壊的な大火で終わるという．クリュシッポスは，その大火において，すべてを焼き尽くす火はおろか，本質的な変化は起こらないと論じている．リカルド・サレスは，

60. Kragh, *Cosmology and Controversy*, 129.
61. Powell, *God in the Equation*, 169.
62. 同上.
63. Kragh, *Cosmology and Controversy*, 199.
64. 同上，85.
65. Mitton, *Conflict in the Cosmos*, 134.
66. Gorst, *Measuring Eternity*, 254.
67. Croswell, *The Universe at Midnight*, 45.
68. Mitton, *Conflict in the Cosmos*, 204.

第8章

1. Suzuki, *Zen Mind, Beginner's Mind*, 12.
2. Steve Lohr, "Is Information Overload a 650 Billion Dollar Drag on the Economy?" *New York Times*, December 20, 2007, http://bits.blogs.nytimes.com/2007/12/20/is-information-overload-a-650-billion-drag-on-the-economy (accessed December 29, 2010).
3. Schiffer, *Power Struggles*, 144.
4. Bruce, *Bell*, 181.
5. Campbell, "The First Email Message."
6. 同上.
7. Hewson et al., *Internet Research Methods*, 4.
8. Tom Van Vleck, "The History of Electronic Mail," http://www.multicians .org/thvv/mail-history.html (accessed February 24, 2011).
9. ファイル転送の概念として，今日広く使われているファイル転送プロトコル（FTP）を開発したのは，トムリンソンではない．しかし，トムリンソンが実験的に開発したプロトコルCPYNETがそのファイル転送プロトコルに活用され，Eメールへ進化した．Campbell, "The First Email Message."
10. 同上.
11. Flichy, *The Internet Imaginaire*, 46.
12. O'Regan, *A Brief History of Computing*, 188.
13. Streeter, *The Net Effect*, 126.
14. Berners-Lee and Fischetti, *Weaving the Web*, 68を見よ.
15. Green, *The Internet*, 33.
16. Marshall,"How People Manage Information over a Lifetime," 70.
17. 光の速さは運動速度の上限であるため，どんな加速器も粒子をcにきわめて近い速さまで加速する．大きい加速器ほど粒子により多くのエネルギーを与えるが，粒子の実際の速度はわずかしか上昇しない．
18. Feynman, *Perfectly Reasonable Deviations from the Beaten Track*, 100.
19. Pohv et al., *Particles and Nuclei*, 3.

30. Croddy and Wirtz, eds., *Weapons of Mass Destruction*, 26.
31. Dyson, *Space and Astronomy*, 122-23.
32. Handberg, *Seeking New World Vistas*, 77.
33. Weiner, "Systems and Technology," 51-52.
34. For a complete breakdown of nuclear weapons by country and year, see Norris, "Global Nuclear Stockpiles, 1945-2006," 66.
35. Barton and Weiler, eds., *International Arms Control*, 56.
36. Kragh, *Conceptions of Cosmos*, 178.
37. これらの元素のなかでもっとも豊富に存在する同位体.
38. Angelo, "Gamow, George," 257.
39. 同上.
40. Kragh, *Conceptions of Cosmos*, 178.
41. 同上.
42. Todd and Angelo, *A to Z of Scientists in Space and Astronomy*, 10.
43. のちのモデルでは，この原子核生成の開始時間はもっと早められた．R. Alpher and R. Herman, "Remarks on the Evolution of the Expanding Universe," *Physical Review*, 75 (1949) 1089-99, and Kragh, *Conceptions of Cosmos*, 183を見よ.
44. Gamow, *Creation of the Universe*, 62.
45. D'Onofrio and Burgiana, eds., *Questions of Modern Cosmology*, 48; Kragh, *Cosmology and Controversy*, 130.
46. Kragh, *Conceptions of Cosmos*, 183.
47. Todd and Angelo, *A to Z of Scientists in Space and Astronomy*, 11.
48. Rooksby, *Inside Classic Rock Tracks*, 21-22.
49. Lewis, "Telstar," 38.
50. ソー＝デルタロケットと同じシリーズのロケットに，ICBMとして提案されたソー＝インターコンティネンタル（「ソーリック」）ロケットがあった．しかしその計画は，アトラスとタイタンのＩＣＢＭを優先するために中止された．Darling, *The Complete Book of Space*, 432-33.
51. Shearer et al., eds., *Home Front Heroes*.
52. Van Keuren, "Moon in Their Eyes," 9.
53. Williamson, *Spacecraft Technology*, 179.
54. アメリカ初の人工衛星エクスプローラー1号は，1958年1月31日に打ち上げられた．Bille and Lishock, *The First Space Race*, 130.
55. Martin, *Communication Satellites*, 4, 7, 8.
56. Bray, *Innovation and the Communications Revolution*, 214.
57. Thai et al., *Handbook of Globalization and the Environment*, 104.
58. Walter Cronkite, "The Day the World Got Smaller," NPR, July 23, 2002, http://www.npr.org/news/specials/cronkite (accessed February 23, 2001).
59. Schwoch, *Global TV*, 1.

*Atomic Bomb*で知ることができる.

9. ハイゼンベルクは，日々の人間スケールの現象を扱うわたしたちの現在の言語や抽象的な語彙では，原子を概念的に説明することは不可能だと論じていた．Stein, *How Math Explains the World*, 57.
10. Silverman, *Quantum Superposition*, vii.
11. Mansfield, *Synchronicity, Science and Soul-Making*, 32.
12. Reinhardt, *Chemical Sciences in the 20th Century.*
13. エディントンが科学的な創世物語を口に出そうとしなかったのは，個人的な信念によるところがあったのかもしれない．エディントンはクエーカー派として育てられた．キリスト教の護教論者ではなかったが，科学の領域と宗教の領域をない交ぜにしないよう，次のように警告した．「宗教上の特有の信念を，物理科学のデータあるいは物理科学の方法から証明しようという考え方は，受け入れられない」. Witham, *Measure of God*, ix.
14. Kragh, *Cosmology and Controversy*, 46.
15. Caygill, *A Kant Dictionary*, 136.
16. Holton and Brush, *Physics, the Human Adventure*, 497.
17. Lemaître, "L'Univers en expansion," 51–85.
18. Plastkett, "The Expansion of the Universe," 252.
19. Kragh, *Conceptions of Cosmos*, 157.
20. Eddington, *The Expanding Universe*, 125.
21. Madsen, *The Dynamic Cosmos*, 6.
22. エティエンヌ・クラインとマルク・ラシエーズ＝レイは，ルメートルがビッグバン理論に反対したことを，16世紀に生まれた宇宙論にカトリック教会が反対したことになぞらえている．カトリック教会は，膨張宇宙の考え方は「一定不変の宇宙という何世紀にもわたる教義と相容れない」とした．Klein and Lachièze-Rey, *The Quest for Unity.*
23. Halpern, *Countdown to Apocalypse*, 11.
24. 核兵器の威力をTNTに換算して表現する方法は，原子爆弾に固有の放射能の致死性が考慮されていないため，誤解を招きやすい．核爆発の際に放射される中性子，ガンマ線，ベータ粒子は，生体組織にちょうど最大限の損傷をもたらすような平均自由行程を持っている．核爆発の有害な影響に関する綿密な研究は，Sartori, "Effects of Nuclear Weapons," 2を見よ.
25. Humphrey, ed., *America in the 20th Century*, 640.
26. Rhodes, *Dark Sun*, 497.
27. "Harold Agnew on: The 'Mike' Test," *American Experience*, PBS, http:// www .pbs. org/wgbh/amex/bomb/filmmore/reference/interview/ agnewmiketest.html (accessed February 11, 2011).
28. Futrell, *Ideas, Concepts, Doctrine*, 1:513.
29. 同上，202.

46. Doncel, "On Hertz's Conceptual Conversion," 73.
47. Rudel, *Hello, Everybody*, 13.
48. 同上.
49. 同上.
50. Lewis, *Empire of the Air*, 89.
51. Rudel, *Hello, Everybody*, 28.
52. 同上，31.
53. 同上，33.
54. 同上.
55. 同上.
56. 同上，65.
57. 同上，66.
58. 同上，83.
59. Lee, *The Bizarre Careers of John R. Brinkley*, 97.
60. Rudel, *Hello, Everybody*, 209.
61. Sterling, "Amos 'n' Andy" , 125–26.
62. Rudel, *Hello, Everybody.*
63. 同上.
64. Sies, *Encyclopedia of American Radio, 1920–1960*, 1:607.
65. Rudel, *Hello, Everybody.*
66. 同上.

第7章

1. キャッスル・ブラボー実験の詳細な記述は，Miller, *Under the Cloud*を見よ.
2. 同上，188–92.
3. 同上．キャッスル・ブラボー実験による放射性降下物は，最終的に太平洋上1万8000平方キロの範囲に広がった．U.S. Arms Control and Disarmament Agency, *Worldwide Effects of Nuclear War*, 7も見よ.
4. 予想では，爆発は高さ40キロメートルに達し，放射性微粒子が数百キロメートル四方へ「安全に」散らばるとされていた．しかし，すぐそば（30キロメートル離れたエンユの管制掩蔽壕）の放射線レベルが驚くべき速さで危険なレベルまで上昇し，研究者や下士官たちは放射線レベルが十分に下がるまで掩蔽壕のなかに足止めされて，外へ出ることができなかった．Miller, *Under the Cloud*, 191, 193.
5. Peter J. Coughtry, "Report of the Scientific Secretary," Paper presented at the Nato Advanced Research Workshop: Nuclear Tests: Long-term Consequences in the Semipalatinski/Altai Region, Barnaul, Russia, September 5–10, 1994, 1998.
6. Katz, *The Biggest Bangs*, 35.
7. Wolf, *Nanophysics and Nanotechnology*, 3.
8. 原子爆弾の歴史に沿った量子力学の詳細な歴史は，Rhodes, *The Making of the*

15. Sandage et al., *Centennial History of the Carnegie Institution of Washington.*
16. Kragh, *Conceptions of Cosmos.*
17. 同上，110.
18. 同上.
19. 同上，80.
20. 同上，118.
21. 同上，117.
22. 同上，118.
23. Gorst, *Measuring Eternity*, 215.
24. やはりローズ奨学生だったジェイコブ・ラーセンは，ハッブルについて次のように書いている．「ハッブルが大げさなイギリス訛りを身につけようとしていたのを，みんなで笑っていた．……辻褄が合っていないから，『バスタブでバースに入ろう』なんて言うんじゃないかって，いつもみんなでからかっていた」. Christianson, *Edwin Hubble*, 65.
25. Kragh, *Conceptions of Cosmos*, 119.
26. 同上，115.
27. 同上.
28. 同上，119.
29. Gorst, *Measuring Eternity*, 221.
30. Kragh, *Cosmology and Controversy*, 7.
31. そのわずか20年前に，天文学者のフーゴ・フォン・ゼーリガーが，一定の密度で無限に広がる宇宙はニュートンの法則と相容れないことを証明していた．Kragh, *Conceptions of Cosmos*, 109.
32. Neuenschwander, "History of Big Bang Cosmology," 26.
33. Gorst, *Measuring Eternity.*
34. Neuenschwander, "History of Big Bang Cosmology," 27.
35. North, *God's Clockmaker.*
36. 正確に引用すると，「わたしたちの系がまるで宇宙における疫病流行地のように避けられなければならないのは，いったいなぜなのだろうか」. Eddington, *The Expanding Universe.*
37. Gorst, *Measuring Eternity.*
38. Kragh, *Conceptions of Cosmos*, 140.
39. Gorst, *Measuring Eternity*, 227.
40. Kragh, *Conceptions of Cosmos*, 141.
41. Gorst, *Measuring Eternity*, 233.
42. Cambray and Rosen, *Synchronicity*, 18.
43. Rudel, *Hello, Everybody!*, 94–95.
44. 同上.
45. 初期におけるNBCの分裂の詳細は，Sterling, "Blue Network"を見よ．

20. この実験では，交差させた光線を一つにまとめ，エーテルに対して装置を平行あるいは垂直に動かした状態で比較した．光の波の頂点の相対位置のずれを比較すれば，エーテルに対する運動による光の速さの変化を検出できるはずだった．この実験は干渉測定と呼ばれる．
21. Galison, *Einstein's Clocks*, 261–62.
22. 同上，258.
23. 同上，253.
24. 同上，262.
25. 同上，265.
26. 英語翻訳版の表題は"The Foundation of the General Theory of Relativity"といい，*Annalen der Physik* (1916)で発表された．Calaprice and Lipscombe, *Albert Einstein*, 70.
27. 同上，67.
28. Galison, *Einstein's Clocks*, 29.
29. 同上，34.
30. 同上，325.
31. 同上，312.
32. 同上，327–28.

第6章

1. Strasser, *Never Done*, 105.
2. Landau, *The History of Everyday Life*, 26.
3. 同上.
4. 同上，26–27.
5. Dever, *Skeptical Feminism*, 133.
6. Strasser, *Never Done*, 79.
7. Cole, et al., *Encyclopedia of Modern Everyday Inventions*, 171.
8. 同上，11.
9. Marber, *Seeing the Elephant*, 100.
10. Kyvig, *Daily Life in the United States 1920–1939*, 56.
11. 同上.
12. 同上，55, 202.
13. Loretta Lorance, "Promise, Promises: The Allure of Household Appliances in the 1920s," *Part*, Spring 1998, http://web.gc.cuny.edu/dept/arthi/part/ part2-3/house.html.
14. 恒星のなかには，1秒あたりに放射するエネルギーがほかの恒星より多いものもある．したがって，夜空で明るく見える恒星でも，もともとはエネルギーの放射量が少ないが，より多くのエネルギーを発する遠くの恒星よりも地球に近いという場合もある．Carroll and Ostlie, *An Introduction to Modern Astrophysics*.

73. Kragh, *Conceptions of Cosmos*, 102.
74. *Report of the Annual Meeting of the British Society for the Advancement of Science*.
75. Kragh, *Conceptions of Cosmos*, 106.

第5章

1. *Traveler's Official Railway Guide for the United States and Canada*, 108.
2. McCloskey, "The Industrial Revolution 1780–1860," 58.
3. 1865年にはすでに，アメリカ全土に電話線が縦横に走っていた．ウェスタンユニオン社が7万1000キロ，アメリカンテレグラフ社が3万7000キロ，ユナイテッドステーツテレグラフ社が2万6000キロの電信線を引いていた．Schwarzlose, *The Nation's Newsbrokers*, 10.
4. 1770年代に運行されたこの「フライングマシン」号は，ニューヨーク市とフィラデルフィアのあいだの160キロメートルの行程をわずか2日でつなぎ，奇跡のスピードと宣伝された．マップクエストによれば，現在ニューヨーク市からフィラデルフィアまでは2時間しかかからない．Scharf, *A History of Philadelphia*, 3:2159.
5. 急行列車ではその旅程は約3時間だった．途中停車すると4時間近くに達した．Edwards, *Modern American Locomotive Engines, Their Design Construction and Management*, 130.
6. ペンシルヴェニア鉄道はフィラデルフィア時間に基づいて運行されていたが，それはニューヨーク時間より5分遅れていて，ボルティモア時間より5分進んでいた．Corliss, *The Day of Two Noons*, 2. 路線上のオールバニーやバッファローなどいくつかの都市では，20分以上ずれた地方時が用いられていた．Bartky, *Selling the True Time*, 22.
7. Galison, *Einstein's Clocks, Poincaré's Maps*, 125.
8. たとえば，1874年までにはペンシルヴェニア鉄道は，フィラデルフィア時間と，オハイオ州コロンバスの時間に基づいて運行されていた．Bartky, *Selling the True Time*, 244.
9. Galison, *Einstein's Clocks*, 126.
10. 同上，99.
11. 同上，116.
12. 同上，122.
13. 同上，123.
14. 同上，127.
15. 1881年，フロリダからニューヨークへ行くのに約16時間かかっていた．*Traveler's Official Railway Guide for the United States and Canada*, 321.
16. Galison, *Einstein's Clocks*, 136.
17. 同上，141.
18. 同上，144.
19. Isaacson, *Einstein*, 114.

41. 同上.
42. Harrison, *Cosmology*, 74.
43. Kragh, *Conceptions of Cosmos*, 82.
44. Hahn, "Laplace and the Mechanistic Universe," 256.
45. Carlisle, *Scientific American*, 209.
46. Haberman, *The Making of the Modern Age*.
47. Sassen, *Territory, Authority, Rights*, 103.
48. Ekirch, *At Day's Close*, 3.
49. 同上, xxxi.
50. 同上, 15.
51. 同上, 328.
52. 蜜蠟や鯨蠟でできた蠟燭はとくに高価だった. ホレース・ウォルポールによる1765年の見積もりによれば, パリの裕福な資本家ラボルド侯爵は, 豪華な自宅の暖房と照明のために2万8000リーブル以上の金を使っていたという. 同上, 103.
53. 同上, 300.
54. 同上, 302.
55. 同上, 334.
56. 同上, 93.
57. Schivelbusch, *Disenchanted Night*, 93.
58. 同上, 110.
59. 同上, 111-13.
60. 同上, 115.
61. 同上, 34.
62. Ekirch, *At Day's Close*, 333.
63. Sharman and Sharman, *Nightshift NYC*, 113.
64. Schivelbusch, *Disenchanted Night*, 58.
65. 同上, 65.
66. 同上, 70.
67. 同上, 71.
68. Sharman and Sharman, *Nightshift NYC*, 113.
69. 時間とエントロピーとの真の関係については今日なお議論されているが, それらが何らかの形で絡み合っているという点では一般的に意見が一致している (「時間の矢」という表現は, 1947年にアーサー・エディントンが考え出した).
70. Kragh, *Conceptions of Cosmos*, 102.
71. Clausius,"On the Second Fundamental Theorem of the Mechanical Theory of Heat," 419.
72. ダーウィンとライエルは, 進化の本性に関して熱心に手紙のやりとりをした. ダーウィンはライエルの著作に詳しく, ライエルの斉一説の後継者を自負していたらしい. Stamos, *Darwin and the Nature of Species*, 54.

13. Skempton, *Biographical Dictionary*, 160.
14. Hughes, *North Country Life in the Eighteenth Century*, 341.
15. Glennie and Thrift, *Shaping the Day*, 168–69.
16. Dohrn-van Rossum, *History of the Hour*, 287.
17. ニュートンが生まれたのは，当時使われていたユリウス暦で1642年のクリスマスだった．ニュートンが世を去る前にイングランドはグレゴリオ暦に切り替え，ニュートンの誕生日は1643年1月4日に変わった．Berlinski, *Newton's Gift*.
18. 同上，152–54.
19. Johnson and Wolbarsht, "Mercury Poisoning."
20. Abbott, *A History of Celibacy*, 345.
21. Stephen D. Snobelen, interviewed by Paul Newall, "Stephen D. Snobelen," 2005, http://www.galilean-library.org/site/index.php?/page/index.html/_/interviews/stephen-d-snobelen-newton-reconsidered-r39 (accessed September 21, 2010).
22. 同上.
23. 同上.
24. Grand, *Much Ado About Nothing*, 10.
25. 同上，54.
26. Kragh, *Conceptions of Cosmos*, 68.
27. 同上，66–67.
28. Robert Rynasiewicz, "Newton's Views on Space, Time, and Motion," in *The Stanford Encyclopedia of Philosophy*, ed. Edward N. Zalta, Fall 2008 ed., http://plato.stanford.edu/archives/fall2008/entries/newton-stm/ (accessed October 20, 2010).
29. Macey, *Encyclopedia of Time*, 426.
30. Popper, *The World of Parmenides*, 123; Hadamard, "Newton and the Infinitesimal Calculus," 123.
31. Sobel, *Longitude*, 11.
32. 現代の六分儀の利用法については，Hubbard, *Boater's Bowditch*, 157を見よ．
33. Howse, *Greenwich Time and Longitude*, 75.
34. ハリソンがクロノメーターを開発したのは，いわゆる経度賞を狙うためだった．1714年にイギリス政府は，経度の問題を解決した人物に2万ポンドの賞金を与えることにした．角度0.5度（時間にして2分）未満の精度を持つ経度測定システムを開発すれば，その賞に名乗りを上げることができた．多くの発明家が挑戦したが，当時の科学界を代表する人々を含め多くの発明家が失敗した．
35. Howse, *Greenwich Time and Longitude*, 75.
36. 同上.
37. Kragh, *Conceptions of Cosmos*, 76.
38. 同上.
39. Hoskin, "Newton, Providence and the Universe of Stars," 79.
40. Kragh, "Cosmology and the Entropic Creation Argument," 371.

49. 同上.
50. 同上， 129–33.
51. 同上， 146
52. 同上， 282
53. Mumford, "The Monastery and the Clock," 17.
54. Yamey, "Double-Entry Bookkeeping, Luca Pacioli and Italian Renaissance Art," 125.
55. Bainton, *Here I Stand*, xvii.
56. Levinson, *Magellan and the First Voyage Around the World*, 52.
57. Kragh, *Conceptions of Cosmos*, 50.
58. North, *A Norton History of Astronomy and Cosmology*, 283.
59. 同上， 319.
60. King, *The History of the Telescope*, 30.
61. Ferris, *Coming of Age in the Milky Way*, 101.
62. Copernicus, *On the Revolutions of the Heavenly Spheres*, 14, 15.
63. Kragh, *Conceptions of Cosmos*, 57.
64. Gilbert, *On the Loadstone and Magnetic Bodies and on the Great Magnet the Earth.*
65. Kragh, *Conceptions of Cosmos*, 63.
66. Gorst, *Measuring Eternity*, 15.
67. 同上， 40.
68. North, *God's Clockmaker*, 201.
69. Borst, *The Ordering of Time*, 97.

第4章

1. Skempton, *A Biographical Dictionary of Civil Engineers in Great Britain and Ireland 1500–1830*, 160.
2. Flinn, *Men of Iron*, 200–2.
3. グレゴリオ暦によれば，クラウリーは1658年生1713年没，ニュートンは1643年生1727年没.
4. Skempton, *Biographical Dictionary*, 160.
5. Davis, *Utopia and the Ideal Society*, 351.
6. 同上.
7. Flinn, *Men of Iron*, 53.
8. Skempton, *Biographical Dictionary*, 160.
9. 1713年のクラウリーの死後にこの製鉄所を経営した人たちは，引き続きこの『規則書』に従った.
10. Allen C. Bluedorn and Mary J. Waller, "The Stewardship of the Temporal Commons," in *Research in Organizational Behavior*, vol. 27, ed. Barry Staw 377.
11. 同上.
12. Davis, *Utopia and the Ideal Society*, 353.

14. 同上.
15. Richards, *Mapping Time*, 239–46.
16. この一節は，チャールズ・フリーマンによる有名な中世ヨーロッパ研究書の題から拝借した．Freeman, *The Closing of the Western Mind.*
17. Johnson, *How History Made the Mind*, 92.
18. 同上.
19. Park, *The Grand Contraption*, 168.
20. Kragh, *Conceptions of Cosmos*, 34.
21. Goldsworthy, *How Rome Fell*, 2–3.
22. Kragh, *Conceptions of Cosmos*, 36–37.
23. 同上，37.
24. Lindberg, *The Beginnings of Western Science*, 204.
25. アリストテレス宇宙論におけるこの不満の一つが，もしもっとも外側の空間が真空であれば，創世記の一節において天空の上に水が存在することを説明できないことだった．Kragh, *Conceptions of Cosmos*, 38.
26. 同上，42.
27. 同上.
28. 同上.
29. 同上，45.
30. Gilbert of Mons, *Chronicle of Hainaut*, 115.
31. Dohrn-van Rossum, *History of the Hour.*
32. Aveni, *Empires of Time*, 80.
33. 同上，80.
34. 同上，80–81.
35. 分割された時間の利用は，当時，知識階級に特有のものだった．Dohrn-van Rossum, *History of the Hour*, 18–19.
36. The Rostrum and the Grecostasis. Aveni, *Empires of Time*, 81.
37. Dohrn-van Rossum, *History of the Hour*, 57–59.
38. Mumford,"The Monastery and the Clock," 13–14.
39. Dohrn-van Rossum, *History of the Hour*, 29.
40. 同上，36.
41. 同上.
42. 同上，37.
43. 同上，37–38.
44. 同上，208.
45. 同上，248.
46. 同上，200.
47. Le Goff, *Time, Work and Culture in the Middle Ages*, 295.
48. Dohrn-van Rossum, *History of the Hour*, 45.

ルコスが築いた枠組みに深く依拠している．Thurston, *Early Astronomy*, 133, 143–170.

43. John Palmer, "Parmenides," in *The Stanford Encyclopedia of Philosophy*, ed. Edward N. Zalta, Fall 2008 ed., http://plato.stanford.edu/entries/ parmenides/ (accessed October 21, 2010).
44. Daniel W. Graham, "Heraclitus," in *The Stanford Encyclopedia of Philosophy*, ed. Edward N. Zalta, Fall 2008 ed., http://plato.stanford.edu/archives/ sum2011/entries/ heraclitus/ (accessed November 10, 2010).
45. Rist, *The Stoics*, 183.
46. Sylvia Berryman, "Leucippus," in *The Stanford Encyclopedia of Philosophy*, ed. Edward N. Zalta, Fall 2010 ed., http://plato.stanford.edu/entries /leucippus/ (accessed November 8, 2010).
47. Kragh, *Conceptions of Cosmos*, 18.
48. Gleiser, *The Dancing Universe*, 3.

第3章

1. 改革派のベネディクト会修道士たちは，自分たちと同様に改革意識を持った司教を任命してもらえればと，時折ローマに手紙を書いた．Swan, *The Benedictine Tradition*, 35.
2. 聖ベネディクトゥスは，勤行を通じて神をあがめる仲間の修道士をとくに重用した．Dreuille, *The Rule of St. Benedict*, 235.
3. 聖具保管者は，儀式のための法衣を保管するとともに，修道院の時間管理もおこなった．聖具保管者は鐘を鳴らすのを指示したが，自ら鐘を鳴らしたかどうかは定かでない．部下がいたのかもしれない．Knowles, *The Monastic Order in England*, 429–30; Milliken, *English Monasticism*, 73.
4. 教会のおもな聖務日課は，未明の朝課（徹夜課とも呼ばれる），夜明けの賛課，早朝の一時課，午前の三時課，昼の六時課，午後の九時課，夕方の晩課，就寝前の終課．朝課，賛課，晩課だけは教会でおこなわれ，ほかは各個人で唱えられた．Knowles, *The Monastic Order in England*, 378, 449–51.
5. この年代については異論があるが，これ以降，中世の大学が設立され，ヨーロッパの思想のなかに科学的思考が再び広い足場を確保した．
6. Richards, *Mapping Time*, 219.
7. 同上，210; Aveni, *Empires of Time*, 91–92.
8. Aveni, *Empires of Time*, 89, 98.
9. 同上，99.
10. 同上．
11. 同上，100.
12. Richards, *Mapping Time*, 215.
13. Aveni, *Empires of Time*, 100.

15. Richards, *Mapping Time*.
16. 同上.
17. Aveni, *Empires of Time*, 99-100.
18. Kragh, *Conceptions of Cosmos*, 7.
19. 同上，7.
20. 同上，8.
21. Dalley, *Myths from Mesopotamia*.
22. Neugebauer, *The Exact Sciences in Antiquity*.
23. Ian Johnston, "Device That Let the Greeks Decode the Solar System," *Scotsman*, November 20, 2006; Ian Sample, "Mysteries of Computer from 65 BC Are Solved," *Guardian*, November 30, 2006.
24. ヘレニズム時代は，西洋の思想が爆発的に発展した瞬間だった．知識探究の新たな方法と，周囲の世界との関わり合いが始まった時代だ．唐王朝について詳しくは，Benn, *China's Golden Age*を見よ．
25. Aveni, *Empires of Time*, 36-46.
26. 同上，36.
27. 同上，37.
28. 同上.
29. 以下の引用部は，Hesiod, *Works and Days*から行番号を明示して引用した．
30. Aveni, *Empires of Time*. 43-44.
31. 同上，45.
32. 同上.
33. 「KOSMOS」は古代ギリシャの思想における広漠で複雑な概念だが，本書にもっとも関係のある意味合いとしては，地球と天空を結ぶ普遍的な天の秩序を指す．Cartledge, et al., *Kosmos*.
34. Harrison, *Masks of the Universe*, 50-51.
35. 同上.
36. 同上，51.
37. Carl Huffman, "Pythagoras," in *The Stanford Encyclopedia of Philosophy*, ed. Edward N. Zalta, Winter 2009 ed., http://plato.stanford.edu/entries/ pythagoras/#LifWor (accessed January 30, 2011).
38. Harrison, *Masks of the Universe*.
39. Kragh, *Conceptions of Cosmos*, 17.
40. Christopher Shields, "Aristotle," in *The Stanford Encyclopedia of Philosophy*, ed. Edward N. Zalta, Winter 2009 ed., http://plato.stanford.edu/archives/ win2009/entries/ aristotle/ (accessed September 27, 2010).
41. Kragh, *Conceptions of Cosmos*, 20.
42. 周転円は，紀元前147年から127年までの何度かにわたり，ヒッパルコスなど大勢のギリシャ人天文学者に利用された．プトレマイオスによる周転円の理論は，ヒッパ

42. 意識において物理的具現化が果たしうる役割に関する優れた研究が，Varela, et al., *The Embodied Mind*に示されている．
43. Mithen, *After the Ice*, 178.
44. Lewis-Williams and Pearce, *Inside the Neolithic Mind*, 227.
45. Shaw and Jameson, *A Dictionary of Archaeology*, 546; Castelden, *The Stonehenge People*, 101.
46. Renfrew, *Prehistory*, 133.
47. コリン・レンフルーは，ストーンヘンジの構造物は「より壮大な社会的現実」をもたらし，同時に「対象とする人間社会を宇宙と整列させようという意図的な試み」を表していると論じている．同上，155.
48. Armstrong, *A Short History of Myth*, 41.
49. 同上，43–44.
50. 同上，55–56.
51. Eliade, *Myth of the Eternal Return*, 54.

第2章

1. Barton, *Ancient Astrology*, 12. アンミサドゥカの治世の正確な年月に関しては若干議論があるが，一部の学者によれば，紀元前1646年あるいは1581年がその始まりだと推測されている．Hunger and Pingree, *Astral Sciences in Mesopotamia*, 38.
2. アンミサドゥカがそのような法律を制定したという記録はないが，結婚の日取りを決めるうえで天文学的予測が役割を果たしていたことは分かっている．Barton, *Ancient Astrology*, 29.
3. Yoffee, *Myths of the Archaic State*, 210–11.
4. 主要都市の一つの名前からハラッパー文化と呼ばれているこのインダス川流域の社会は，紀元前2600年頃から1900年頃に栄えた．Gates, *Ancient Cities*, 67.
5. ウルは紀元前第3千年紀後半から第2千年紀前半にかけて絶頂に達した．第1バビロニア王朝は，ハンムラビの支配が始まった紀元前2000年頃から1530年頃まで及ぶ．同上，53, 56.
6. Kemp, *Ancient Egypt*, 14.
7. Aveni, *Empires of Time*, 67.
8. いくつかの研究によれば，貨幣の利用は紀元前8000年頃にまでさかのぼるかもしれないという．これらの小さな円錐，球体，円板，円筒は，新石器時代の人々が数を数えるのに使った．Schmandt-Besserat, *How Writing Came About*, 7–9.
9. 同上，117–18.
10. Fischer, “The Origin of Egyptian Hieroglyphs,” 67–70.
11. Gates, *Ancient Cities*, 71.
12. 同上，71.
13. Renfrew, *Prehistory*, 99.
14. Aveni, *Empires of Time*, 114.

18. 上部旧石器時代のツールキットには，斧，掻器，矢尻が含まれていたと思われる．Davidson and Nowell, eds., *Stone Tools and the Evolution of Human Cognition*, 4.
19. 研究によると，技術の進歩は何百万年も停滞していたものの，中部新石器時代（78万年前から126万年前）のなかでは，一般的に語られているより大きな違いがあったようだ．Nowell and White, "Growing Up in Middle Pleistocene," 71.
20. Mithen, *The Prehistory of the Mind*, 43–45.
21. Baillargeon, "How Do Infants Learn About the Physical World?"; Spelke, "Nativism, Empiricism and the Origins of Knowledge."
22. Mithen, *Prehistory of the Mind*, 54–55.
23. 同上，71.
24. この概日周期は，動物に囲まれた環境で光と闇に曝されることにより調整される．つまり，昼夜の周期に支配される．哺乳類の概日周期は，視神経交差の上部にある2つのニューロンの塊が担っている．Sadava et al., *Life*, 1128.
25. 月が軌道を１周するのにかかる時間は，実際には朔望月より短い．その周期は恒星月と呼ばれ，27.3日に相当する．このずれが生じるのは，月が地球の周りの軌道上を動くと同時に，地球が太陽の周りの軌道上を動くためだ．そのため，月が1恒星月で軌道を１周しても，地球の運動のせいで天空上における月の位置がずれているため，太陽と１列に並ぶためにはさらにもう少し動かなければならない．
26. エリアーデは，神話は「原初の時間，『始まり』の虚構の時間」と結びついているという．そのような形で神話は，地球的時間と宇宙的時間の始まりを説明したいという現代科学の衝動と関連している．Eliade, *Myth and Reality*.
27. 同上，9.
28. Schmandt-Besserat, *How Writing Came About*, 122.
29. Mithen, *Prehistory of the Mind*, 47.
30. 同上，47.
31. 同上，47.
32. 同上，48.
33. Armstrong, *A Short History of Myth*, 14–15.
34. 同上，13.
35. 同上，15.
36. 同上，15.
37. 同上，16.
38. アームストロングは，この天神はしばしば姿を隠し，人々との関わりを持たなくなったように見えたと指摘している．天神は「離れた」，あるいは「去った」と表現されている．同上，21.
39. Mithen, *After the Ice*, 12.
40. ウィルソンは，狩猟採集から農耕牧畜への変化とその文化の発展への影響が，劇的なものだったことを示している．Wilson *The Domestication of the Human Species*.
41. Renfrew, *Prehistory*, 70.

注

はしがき

1. Morris, *Why the West Rules—for Now*. モリスのこの優れた本に記されている進化上の「コア」は，さらに昔の先史時代から始まる．

第１章

1. Bill Giles, "Katabatic Winds," BBC, http://www.bbc.co.uk/weather/ features/az/alphabet31.shtml (accessed August 24, 2010).
2. アブリブランシャールのシャーマンが女性だったかどうかは定かでない．しかし考古学的証拠に基づけば，旧石器時代の別の集団では女性がシャーマンを務めていたと考えられる．Tedlock, *The Woman in the Shaman's Body*, 1.
3. Bahn and Vertut, *Journey Through the Ice Age*, 17; Rosenberg, "Marking Time."
4. Rosenberg, "Marking Time."
5. 同上．この骨片は1915年に発見され，マーシャックがそれを手に入れたのは1965年だった．
6. マーシャックはこの彫りこみを次のように描写している．「69個の印からなるヘビのような図形で，点や線の変化が24カ所ほど見られる．……制作者が彫り終えたときには，このヘビ図形は2カ月，すなわち2つの『月』を表現していた」．Marshack, *The Roots of Civilization*, 45–48.
7. 先史時代における月を用いた時間の評価のそれ以外の例も，考慮に値する．マーシャックは，年代記を含めそれらの遺物のいくつかを詳しく採り上げている．同上，96–97.
8. Aveni, *Empires of Time*, 58; Mithen, *After the Ice*, 8.
9. Brantingham, et al., *The Early Upper Paleolithic Beyond Western Europe*, xiii.
10. Aveni, *Empires of Time*, 58.
11. Mithen, *After the Ice*, 3–4, 8–9.
12. Burns, *Western Civilizations*, 9.
13. Aveni, *Empires of Time*, 33–69は，先史時代からギリシャの初期古典時代までの，暦の一区切りにおける時間の体系化の最初期の試みについて探求している．
14. Mithen, *After the Ice*, 151.
15. Tattersall, "Once We Were Not Alone," 58.
16. Smith, "Neandertal and Early Modern Human Interactions in Europe," 257.
17. 解剖学上，ネアンデルタール人の脳の大きさ（1532 cm^3）は，現代の人類（1355 cm^3）よりかなり大きかった．しかしネアンデルタール人は身体が大きかったことを考慮に入れると，脳の大きさと体重との比は，ネアンデルタール人で3.08，現代の人類で3.06とほぼ等しい．Dusseldorp, *A View to a Kill*, 21.

時間《じかん》と宇宙《うちゅう》のすべて
2012年4月20日　初版印刷
2012年4月25日　初版発行
*
著　者　アダム・フランク
訳　者　水《みず》谷《たに》　淳《じゅん》
発行者　早川　浩
*
印刷所　精文堂印刷株式会社
製本所　大口製本印刷株式会社
*
発行所　株式会社　早川書房
東京都千代田区神田多町2－2
電話　03-3252-3111（大代表）
振替　00160-3-47799
http://www.hayakawa-online.co.jp
定価はカバーに表示してあります
ISBN978-4-15-209293-9　C0040
Printed and bound in Japan
乱丁・落丁本は小社制作部宛お送り下さい。
送料小社負担にてお取りかえいたします。

ハヤカワ・ポピュラー・サイエンス

神は妄想である
——宗教との決別

THE GOD DELUSION
リチャード・ドーキンス
垂水雄二訳
46判上製

圧倒的な説得力の全米ベストセラー

人はなぜ神という、ありそうもないものを信じるのか？　なぜ神への信仰だけが尊重されなければならないか。非合理をよしとする根強い風潮に逆らい、あえて反迷信、反・非合理主義の立場を貫き通すドーキンスの畳みかけるような舌鋒が冴える。日米で大論争を巻き起こした超話題作

ハヤカワ・ポピュラー・サイエンス

重力の再発見

――アインシュタインの相対論を超えて

REINVENTING GRAVITY

ジョン・W・モファット

水谷淳訳

46判上製

アインシュタインの一般相対論は間違っていたのかもしれない。

一般相対論を銀河の力学へと適用を広げるうちに、矛盾を示す観測結果が得られ、つじつまあわせのため、ダークマターなどの存在が仮定されている。新たな理論が必要なのではないか。重力理論研究の権威が、パラダイムシフトの瀬戸際に立つ最新宇宙論を語る。